"十二五"职业教育国家规划教材
经全国职业教育教材审定委员会审定

21世纪高职高专电子信息类规划教材

现代交换原理与技术（第2版）

陈永彬 等 编著

人民邮电出版社
北京

图书在版编目（CIP）数据

现代交换原理与技术 / 陈永彬等编著. -- 2版. --
北京 : 人民邮电出版社, 2013.9
21世纪高职高专电子信息类规划教材
ISBN 978-7-115-31850-3

Ⅰ. ①现… Ⅱ. ①陈… Ⅲ. ①通信交换－高等职业教育－教材 Ⅳ. ①TN91

中国版本图书馆CIP数据核字(2013)第141003号

内容提要

本书从应用角度出发，紧紧围绕交换的核心，比较全面、系统地介绍了通信网中各种交换技术的基本概念、特点及其工作原理。

全书共分 11 章。第 1 章是绪论，介绍了交换的产生与概念，以及各类交换技术的原理与其发展过程；第 2 章讲解了交换单元及其网络；第 3 章阐述了电路交换的基本原理与技术；第 4 章叙述了信令系统；第 5 章介绍了 C&C08 交换机；第 6 章讲解了通信工程设计与综合布线技术；第 7 章阐述了分组交换与帧中继技术；第 8 章讲解了 ATM 交换技术；第 9 章介绍了路由器与 IP 交换技术；第 10 章介绍了下一代网络体系与软交换；第 11 章介绍了光交换技术。

本书每章都配有内容简介，重点、难点、小结和各种类型习题，便于教学和读者自学。

本书可作为本科和高职高专院校通信、电子信息类专业，以及其他相关专业的教材或教学参考书，也可供通信工程技术人员参考使用。

◆ 编　　著　陈永彬 等
　责任编辑　武恩玉
　责任印制　彭志环
◆ 人民邮电出版社出版发行　　北京市丰台区成寿寺路 11 号
　邮编　100164　　电子邮件　315@ptpress.com.cn
　网址　https://www.ptpress.com.cn
　北京盛通印刷股份有限公司印刷
◆ 开本：787×1092　1/16
　印张：19.25　　2013 年 9 月第 2 版
　字数：506 千字　　2024 年 8 月北京第 20 次印刷

定价：45.00 元

读者服务热线：(010)81055256　印装质量热线：(010)81055316
反盗版热线：(010)81055315
广告经营许可证：京东市监广登字 20170147 号

第 2 版前言

本书为第 2 版，内容较新，强调主流技术，紧跟技术发展。所选内容主要涉及目前我国电信行业使用的主要设备和技术，在内容阐述上具有一定的前瞻性，注重对网络的融合和下一代网络技术的介绍。本书重点介绍了各种交换技术的背景、原理和主要技术及设备；主要内容涉及交换的基本概念、原理，网络基本理论，各种主流交换技术及其应用。

本书以语音通信和数据通信及其网络融合为主线，对电路交换技术、分组交换技术、ATM 交换技术、电信工程设计及综合布线技术进行详细阐述，同时，第 2 版增加了交换单元与交换网络相关内容，从应用的角度对华为 C&C08 交换机软硬件进行了详细阐述，增加了习题种类和数量，便于学生巩固已学知识。在本书修订过程中，为了学生更好地拿到程控交换机务员岗位证书，针对培训大纲要求，增加了 C&C08 相关内容，这样就将职业资格认证考试内容融为一体，便于提升学生的工程素养。

交换的概念是伴随电话的出现而产生的，随着科技的发展，交换技术也从传统的电路交换、报文交换、分组交换发展到以 ATM、IP 为核心的宽带交换，同时，在软交换和光交换技术方面也取得了重大成就。

交换的实质就是将输入用户的信息根据用户意愿转移到输出端口，以达到经济、快速并满足服务质量要求的信息转移目的。自从电话交换机发明以来，交换技术也从承载单一业务的电路交换、报文交换等窄带交换技术发展到承载多种业务的宽带交换技术，并向 NGN 方向发展。

现代各种交换技术从本质上讲，是通信技术与计算机技术结合的产物。现代各种交换系统实质上是一个由计算机控制的完成信息处理、存储和转移任务的应用系统。

现有的通信网，无论是局域网还是广域网，绝大多数都是交换式通信网。现代交换机具有强大的信息交换能力、信息处理能力和出色的稳定性，同时解决了网络智能化问题，增强了网络的实用性和灵活性，降低了组网成本，提高了网络性能。从通信网络的发展可以看出，通信网的演进离不开交换技术的突破，交换是网络的核心，网络是信息传送的平台。在交换与网络共同支撑的信息社会的基础设施中，电路交换技术、ATM 交换技术以及路由器与 IP 交换技术都发挥了极其重要的作用。

本书在编写过程中注重选材，概念清楚，思路明晰，力求使本书内容丰富新颖、图文并茂，具有系统性、先进性和实用性。

本书是作者在总结 20 余年从事通信工程实践和科研工作的基础上，结合多年教学、教改经验，并大量参阅了国内外有关文献，在原有讲稿的基础上编写而成的。它既有国内外专家知识精华的浓缩，也包含作者多年专业知识的积累，希望能给读者带来一些启迪和帮助。为了便于教学和学习，在书中各章中增设了内容提要、重点难点和小结，并附有各种题型的练习，这样有利于学生提纲挈领地学习和巩固所学知识。

本书的第 1 章、第 2 章、第 3 章、第 5 章、第 7 章、第 8 章由陈永彬编写，第 9 章和第 10 章由王飞编写，第 4 章由宋海英编写，第 6 章由李传学编写，第 11 章由蔡方凯编写。全书由陈永彬主编，蔡方凯主审。

由于编者水平有限，书中难免有不妥之处，敬请广大读者批评指正。

编者

2013 年 3 月

目　录

第8章 ATM交换技术 ---------- 215

第9章 路由器与IP交换技术 ---------- 244

第10章 下一代网络体系与软交换 ---------- 268

第11章 光交换技术 ---------- 284

第 1 章

绪论

【本章内容简介】绪论是本课程的奠基部分，也是对课程整体的概述。本章从交换与通信网的概念出发，阐述了交换设备在通信网中的地位，以及电信网络常用的交换技术。主要内容有：通信的概念，交换的由来，通信网的构成要素，面向连接和无连接网络的工作原理，信息传送模式，信息网络的分类及其业务特点；同时对电路交换、报文交换、分组交换及各种宽带交换技术进行了简要介绍。

【本章重点难点】本章重点掌握交换与通信网的概念、交换设备在通信网中的作用，以及针对不同业务出现的典型交换技术及其特点；难点是对多层交换技术的理解。

1.1 交换与通信网

在古老的传说中，神能超越时空屏障，把任何事物看得清清楚楚，听得明明白白，这就是我们常说的“千里眼”、“顺风耳”。如今，随着通信技术的发展和广泛应用，我们人人都已成为“千里眼”、“顺风耳”。

世界上最早的通信手段出现在中国商周时代，周幽王“烽火戏诸侯”就是古代通信的一种形式。公元 968 年，我们的祖先就发明了一种叫“竹信”的东西，它被认为是今天电话的雏形，可见我们的祖辈是何等聪明。而现代的通信手段最早出现在欧洲，1793 年，法国查佩兄弟俩在巴黎和里尔之间架设了一条 230km 长的以接力方式传送信息的托架式线路，这就是电报的雏形。

【相关知识】 “竹信”就是用一根绳子连接两个小竹筒，在竹筒的一方可以听见另一方小声说话。

1.1.1 点对点通信系统

通信（Communication），是指人与人或人与自然之间通过某种行为或媒介进行的信息交流与传递，从广义上说，通信双方或多方在不违背各自意愿的情况下，无论采用何种方法，使用何种媒介，只要是将信息从一地传送到另一地，均可称为通信。

由"通信"到"电信"，一字之差，却牵动了一场革命，拉开了人类信息彼此沟通和飞速发展的帷幕，我们今天常说的通信，通常是指电通信，简称电信（Telecommunication），电信具有迅速、准确、可靠等特点，且几乎不受时间、地点、空间、距离的限制，因而得到了飞速发展和广泛应用。

通信技术是研究如何将信源产生的信息，通过传输媒介高效、安全、迅速、准确地传送给受信者的技术。

1. 通信的发展

从古代的通过驿站快马接力、飞鸽传书、击鼓、烽火报警、符号、身体语言等方式进行信息传递，到今天的固定电话、电视、卫星、移动电话、互联网，甚至视频电话等各种现代通信方式，通信技术发生了天翻地覆的变化。

人类用电来传送信息的历史是由电报开始的，1837 年 9 月 4 日，莫尔斯制造出了一台电报机。电报机的发报装置是由电键和一组电池组成；按下电键，便有电流通过，按的时间短些表示点信号，按的时间长些表示"划"信号。电报机的收报机装置较复杂，它是由一只电磁铁及有关附件组成的；当有电流通过时，电磁铁便产生磁性，这样由电磁铁控制的笔也就在纸上记录下点或横线。当时，这台发报机的有效工作距离为 500m。之后，莫尔斯又对这台发报机进行改进。1844 年 5 月 24 日，在华盛顿国会大厦联邦最高法院会议厅里，莫尔斯再次对改进后的电报进行发/收试验，传送了"上帝创造了何等的奇迹！"这短短一句话，从而正式拉开了具有现代意义的电信序幕。

电报（Telegraph）是一种以符号（点、划）传送信息的方式，即所谓的数字方式。电报的基本原理是：把英文字母表中的字母、标点符号和空格按照出现的频度排序，然后用点和划的组合代表这些字母、标点和空格，使频度最高的符号具有最短的点划组合；"点"对应于短的电脉冲信号，"划"对应于长的电脉冲信号；这些信号传给对方时，接收机把短的电脉冲信号翻译成"点"，把长的电脉冲信号转换成"划"；译码员根据这些点划组合就可以译成英文字母，从而完成了通信任务。

19 世纪 30 年代之后，人们开始探索用电磁现象来传送音乐和话音的方法，1876 年，美国人贝尔发明了电话。1877 年，在波士顿设的第一条电话线路沟通了查尔斯·威廉斯先生的各工厂和他在萨默维尔私人住宅之间的联系。同年，有人第一次用电话给《波士顿环球报》发送了新闻消息，从此开始了公众使用电话的时代。

2. 点对点通信系统

"电信"是什么？国际电联的定义是：使用有线电、无线电、光或其他电磁系统的通信。

通信的目的是实现信息的传递。我们通常把信息的发生者称为信源，信息的接收者称为信宿，传播信息的媒介称为载体，信源和信宿之间的信息传输的途径与设备称为信道。在电信系统中，信息是以电信号或光信号的形式传输的。完成信息传递的通信系统至少应由终端和传输媒介组成，如图 1.1 所示。终端将含有信息的消息（如电报、话音、图像、计算机数据等）转换成传输媒介能接受的信号形式，同时将来自于传输媒介的信号还原成原始消息；传输媒介则把信号从一个地点传送至另一个地点。我们通常将这种仅涉及两个终端和传输媒介的通信方式称为点对点通信，因此构成的系统称为点对点通信系统。

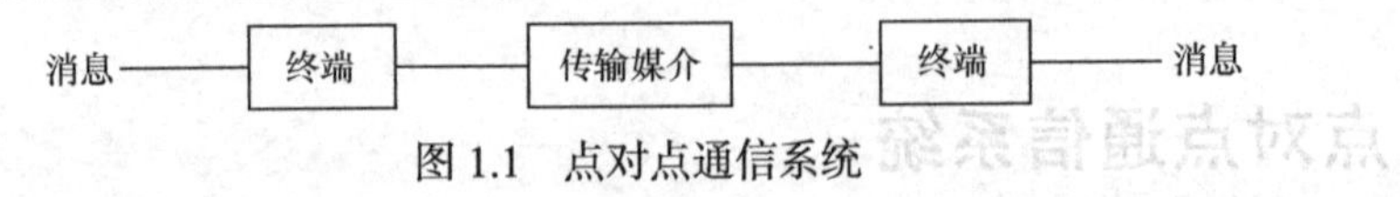

图 1.1 点对点通信系统

3. 全互连方式

随着社会生产的发展，人们相互之间需要进行远距离信息交流，而且人数日益增多，当用户数量增加时，要实现用户间相互通信，最直接的方法是把所有终端两两相连，如图 1.2 所示。

从图 1.2 实现通信的方式可以看出，它采用的方法是通过通信线路使所有终端两两相连来实现信息的传递，我们称这种通信方式为全互连方式。可以看出，在全互连方式中，线路投资成本高，繁杂的线路架设制约了该技术的发展，且随着用户数的增加和用户之间距离的延长，网络建设成本迅速膨胀，用这种方式实现信息传递存在如下缺点。

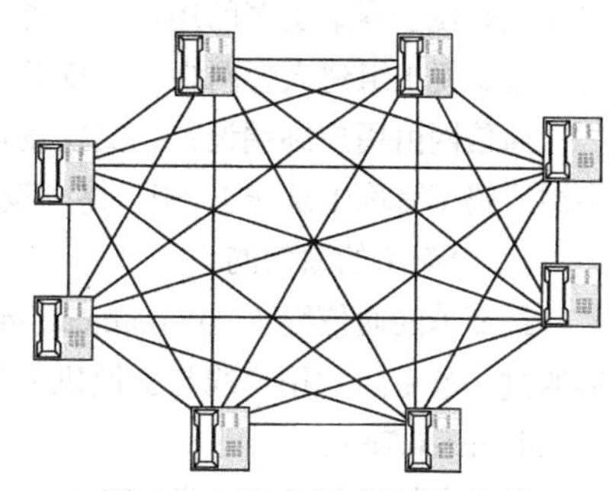

图 1.2 用户间全互连方式

（1）线路投资成本高。当存在 N 个终端时需要 $N(N-1)/2$ 条线对。

（2）终端设备需要的接口数量多。当存在 N 个终端时，每个终端需要 $N-1$ 条线与其他终端相连，因此需 $N-1$ 个接口。

（3）实用化程度低。当 N 值较大且距离较远时，需要大量的传输线路，因此全互连方式无法实用化。

（4）管理维护不方便。由于每个用户处的线对和接口较多，操作使用极不方便，管理、维护也非常困难。

因此，在实际应用中，全互连方式仅适合终端数目较少，地理位置相对集中，且可靠性要求较高的场合。

1.1.2 交换与交换设备

我们知道，全互连方式随着用户数的增加和距离的延长，问题越来越突出。为解决这些问题，可以设想在用户分布密集的中心安装一个设备，每个用户都用一条线对（用户线）与该设备相连，如图 1.3 所示。

这样，任意两个用户需要通话时，主叫方先通知给设备，然后由该设备通知被叫方，并在设备的内部将主/被叫之间的线路连通，以便双方通信；在通话完毕后，为了让设备资源（绳路）能被其他用户使用，主叫方或被叫方需再通知设备将双方的连接拆除，这种方式称为交换，完成交换的设备称为交换设备。

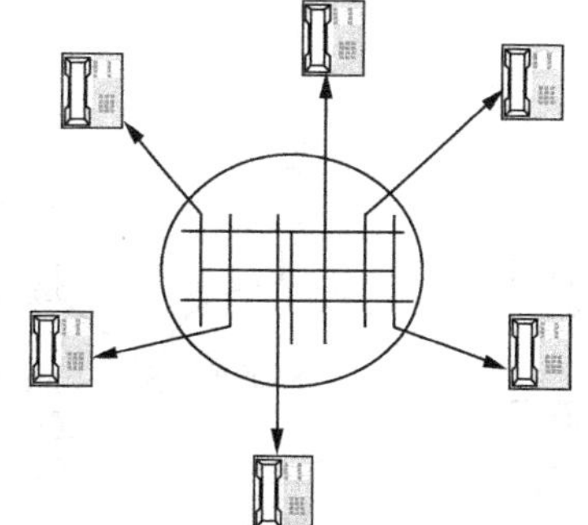

图 1.3 用户间通过交换设备连接

可以看出，交换设备的作用就是在需要通信的用户之间建立连接，通信完毕拆除连接，这种设备就是我们今天常说的电路交换机（Switch）。有了电路交换机，每个用户只需一对线对就可以满足信息传递要求，采用这种方式实现多个终端之间互通，使得线路的投资费用大大降低，用户线的维护也变得简单容易。

通过交换设备实现通信的系统，除了需要终端和传输线路外，还需要交换设备。尽管这种系统增加了交换设备的费用，但由于交换设备的利用率很高，节省了大量的通信线路投资，当终端数量很多且分布距离较远时，总的投资和管理费用大大下降。

1.1.3 通信网

我们知道，最简单的通信系统就是点对点通信，但这不能称为通信网。通信网是一种使用交换设备和传输设备将地理上分散的终端设备互连起来实现信息交换的系统。也就是说，有了交换系统，才能使某一地区内任意两个终端用户相互接续，才能组成通信网。

我们将采用交换设备完成信息传递的网络称为交换式通信网，可以看出，交换式通信网的一个重要优点是便于容纳更多的用户，节省线路资源，降低网络组建成本。因此，交换式通信网的一个重要优点就是便于组建大型网络，该技术一直沿用至今。

通信网由用户终端设备、交换设备和传输设备组成。在固定电话网中，交换设备间的传输线称为中继线路（简称中继线），用户终端设备至交换设备的传输线称为用户线路（简称用户线）。

1. 最简单的通信网

最简单的通信网（Communication Network）仅由一台交换机组成，如图 1.4 所示。每个通信终端通过一条专门的用户线与交换机中的相应接口连接，实际中的用户线常是一对绞合的塑胶线，线径在 0.4mm～0.7mm。

根据电气电子工程师学会（IEEE）的定义，交换机应能在任意选定的两个用户线之间建立和释放一条通信链路。也就是说，交换机就是在通信网中根据用户的需要，在主叫与被叫之间建立连接和拆除连接的设备。

2. 由多台交换机组成的通信网

自从 1876 年美国人贝尔发明电话以来，人类就可以利用电信号进行远距离语音传送，实现通信双方在两地之间的通话。

话音是人类进行信息交流的主要方式，电话通信由于其实用性迅速得以普及，这是电路交换技术产生的基础。随着电话用户数量的增加，为了降低通信网的投入以及营运成本，1878 年出现了磁石电话交换机。随着用户数量的增加及分布区域的扩大，要实现所有用户之间能相互通信，由一台交换机覆盖所有用户而组建的通信网不是最经济的网络结构。于是出现了由多台交换机组成的通信网，如图 1.5 所示。因此，通信中交换的概念源于电话交换。

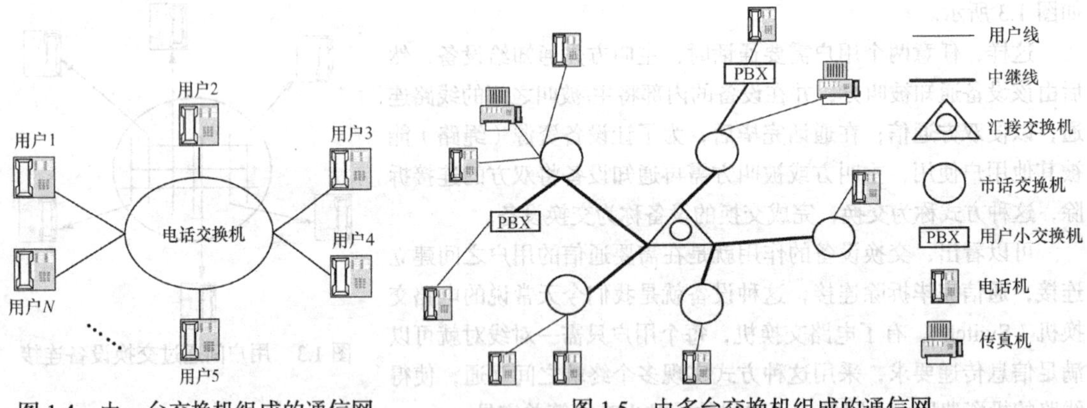

图 1.4　由一台交换机组成的通信网

图 1.5　由多台交换机组成的通信网

在多台交换机组成的通信网中，直接连接电话机或其他终端的交换机称为本地交换机或市话交换机，相应的交换局称为端局或市话局；仅与各交换机连接的交换机称为长途交换机。交换机之间的线路称为中继线，用户终端与交换机之间的连线称为用户线。显然，长途交换机仅涉及交换机之间的通信，而市内交换机，包括用户小交换机（PBX），既涉及交换机之间的通信，又涉及交换机与终端的通信。

由多台交换机组成的通信网可以实现地理位置分散的多个用户之间的通信。要实现全球用户之间的通信，需要由若干交换机组成的大型通信网才能实现。因此，广域网是由若干交换设备、传输设备和终端设备按照一定的拓扑结构组成的复杂通信系统。

3. 几个概念

（1）用户小交换机（PBX）：直接连接话机或终端的交换机。用户小交换机的中继线与市话交换机用户线相连。PBX 常用于一个集团的内部。PBX 的每一条中继线对于市话交换机只相当于一个普通的电话机用户线，只是话务量较大。由于公共电话网只负责接续到用户线，进一步从 PBX 到话机的接续常需要由人工完成，或采用特殊的“直接拨入”（DID）设备。

（2）自动用户小交换机（PABX）：用户小交换机具有自动交换能力时，称为自动用户小交换机。

（3）本地交换机或市话交换机：直接连接用户交换机、用户电话机或终端的交换机。相应的交换局称为端局或市话局。

（4）汇接交换机：仅与各交换机连接的交换机。当各交换机距离很远时，也称为长途交换机。

（5）长途交换机：在通信网中，能够实现长途交换功能的交换机称为长途交换机。

1.1.4 通信网的工作方式

在由多台交换机组成的通信网中，信息在网络中由信源传送到信宿时，网络有两种工作方式：面向连接（CO，Connection Oriented）和无连接（CL，Connectionless）。

1. 面向连接网络

（1）面向连接网络的工作原理

面向连接网络的工作原理如图 1.6 所示。例如，信源 A 有 3 个数据块要送到信宿 B，其工作过程是信源 A 首先发送一个“呼叫请求”消息到交换机 1，要求将信息送到目的地（信宿 B）。交换机一通过其路由表确定将该消息发送到交换机 2，交换机 2 又决定将该消息发送到交换机 3，交换机 3 又决定将该消息发送到交换机 6，交换机 6 最终将“呼叫请求”消息传送到信宿 B。如果信宿 B 准备接受这些数据块的话，它就发出一个“呼叫接受”消息到交换机 6，这个消息通过交换机 3、交换机 2 和交换机 1 送回到信源 A。这样，各交换机在信源 A 和信宿 B 之间建立一条供信息传输的通路（连接），信源和信宿之间就可以经由这条建立的连接（图 1.6 中黑体线所示）来交换数据块了。此后的每个数据块都经过这个连接来传送，不再需要选择路由。因此，来自信源的每个数据块，穿过交换机 1→2→3→6 进行传送，而来自信宿的每个数据块穿过交换机 6→3→2→1 进行传送。数据传送结束后，由任意一端用一个“清除请求”消息来终止这一连接。

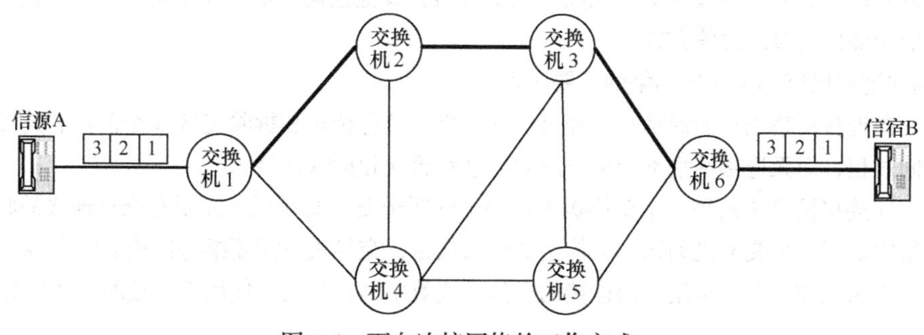

图 1.6 面向连接网络的工作方式

（2）连接种类

在实际通信过程中，面向连接网络建立的连接有两种：实连接和虚连接。

① 实连接。用户通信时，如果建立的连接无论是否有用户信息传递，这条连接始终存在，且每一段占用恒定的电路资源，连接之间没有信息传送时，其电路资源也不能够被其他用户使用，这个连接就称为实连接，电路交换技术就是采用实连接方式。

② 虚连接。如果电路资源的分配是随机的（动态的），用户有信息传送时才占用电路资源（带宽

根据需要分配），无信息传送就不占用电路资源，对用户的识别改用标志，即一条连接使用相同标志，统计占用电路资源，我们将这种为了传送信息把一段又一段线路资源串接起来的标志连接称为虚连接，分组交换的虚电路方式和 ATM 交换技术采用的都是虚连接方式。显然，实连接的电路资源利用率低，而虚连接的电路资源利用率高。

2. 无连接网络

下面说明无连接网络是如何实现信息传送的，如图 1.7 所示。

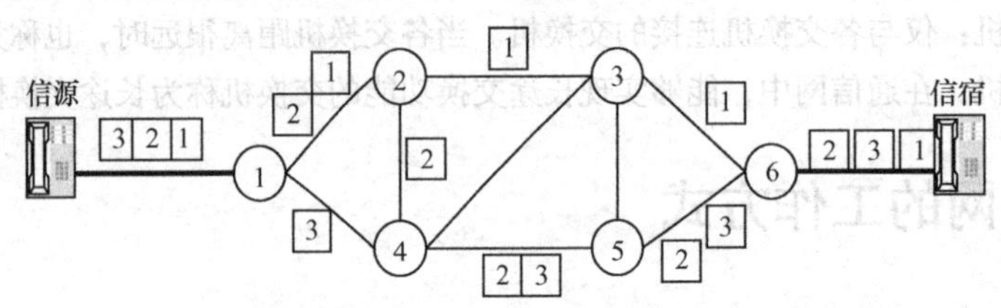

图 1.7　无连接网络的工作方式

例如，信源有 3 个数据块要送到信宿，它把地址信息附加到数据块内，将数据块 1、2、3 一连串地发送给本地交换机 1。交换机 1 将到达的数据块放入存储器中停留很短时间，进行排队处理，根据数据块地址信息进行路由选择，一旦确定了新的路由，就很快将数据块输出。假设在对数据块 1、2 进行处理时，交换机 1 得知交换机 2 的队列短于交换机 4，于是它将数据块 1、2 排入交换机 2 的队列，但对数据块 3 进行处理时，交换机 1 发现现在到交换机 4 的队列最短，因此将数据块 3 排在交换机 4 的队列中。在以后通往信宿路由的各节点上都做类似的处理。这样，每个数据块虽都有同样的目的地址，但并不遵循同一路由。由于路由不同，数据块 3 有可能先于数据块 1、2 到达节点 6。为了正确接收信息，就需要目的交换机重新对用户数据块进行排序，以恢复它们原来的顺序。

为了方便理解面向连接方式和无连接方式，我们将通信网与直观的交通网比较。交换设备相当于道路交汇处，无连接方式相当车辆从甲地到乙地时，在道路交汇处由驾驶员选择路线，只有道路空闲时，车辆才能通过，因此在许多道路交汇处需要停靠，在不同质量路段运行速度不一，有时遇见道路拥塞时，还要考虑如何绕道走，时效性较差。面向连接相当于直达列车，车辆从甲地到达乙地的线路，首先计划好并确定，直达列车在运行期间的确定线路，其他任何车辆不能使用，保持一路畅通，实时性强，类似于面向连接的通信方式。

3. 面向连接网络和无连接网络的主要区别

（1）面向连接网络用户的通信总要经过建立连接、信息传送和拆除连接 3 个阶段，连接的建立需要一个时间过程；而无连接网络不为用户的通信过程建立和拆除连接。

（2）面向连接网络中的每一个交换机为每一个呼叫选路，交换机中需要有维持连接的状态表；而无连接网络中的每一个交换机为每一个传送的信息选路，交换机不需要维持连接的状态表。

（3）用户信息较长时，采用面向连接的通信方式效率高；反之，使用无连接的方式要好一些。

1.1.5　交换技术有关术语介绍

电路（Circuit）就是在通信系统中两个终端之间（有时需通过一个或多个交换节点）为了完成信息传递而建立的通信路径。

物理（实）电路：物理电路是终端设备之间为了传送信息而建立的一种实连接，终端之间可通过这种连接收/发信息。当某一时间段某条物理电路没有信息传送时，线路的传输能力不能为其他终端服务。因此，物理电路具有资源独占的特点。

虚电路：虚电路是终端设备之间为了传送信息而建立的一种逻辑连接，终端之间可通过这种连接收/发信息。但是，当某一时间段某条虚电路没有信息传送时，线路的传输能力可以为其他终端服务。因此，虚电路可提高线路资源利用率。虚电路这一术语用于描述共享的电路，其共享不被该电路的用户所知。

【相关知识】 “虚电路”这个术语源于计算机体系结构，当我们操作计算机时，最终用户感到计算机具有比实际配置大的内存。这种另外的“虚拟”内存实际上是硬盘上的存储空间。虚电路（以及虚拟存储器）的特征是看得见，摸不着。

为了便于理解，我们对包括“虚拟”在内的一些术语进行比较，如图 1.8 所示，以便我们进一步理解这些术语，同时会感到很有趣。

		看得见吗?	
		能	不能
存在吗?	在	物理的	透明的
	不在	虚拟的	雾网（供应上的声明）

图 1.8　交换技术常用术语比较

1.1.6　信息传送模式

信息在通信网中的传送方式称为传送模式，它包括信息的复用、传输和交换方式。复用方式和传输方式对交换方式有很大影响，复用方式在前面的课程中已经学过，因此本节将介绍信息传送模式，通信网中的信息传送模式分为同步传送模式（STM，Synchronous Transfer Mode）和异步传送模式（ATM，Asynchronous Transfer Mode）两种。

1. 同步传送模式

同步传送模式是采用同步时分复用（STDM，Synchronous Time-Division Multiplexing）、传输和同步时分交换（STDS，Synchronous Time-Division Switching）的技术。

所谓时分复用，就是采用时间分割的方法，把一条高速数字信道分成若干条低速数字信道，构成同时传输多个低速数字信号的信道。

同步时分复用是指将一个时间段划分为若干基本时间单位，我们将这个时间段称为帧，基本时间单位称为时隙。通常，一帧的时长是固定的（常见的为 125μs），我们对帧中划分的时隙按顺序编号。所有复帧中编号相同的时隙称为一个子信道，该信道是恒定速率的，具有周期出现的特点。一个子信道传递一路信息。这种信道由帧中的位置确定，故称为位置化信道，因为根据它在时间轴上的位置，就可以知道是第几路信道，如图 1.9（a）所示。

对同步时分复用信号的交换，实际上是对信息所在位置的交换，即时隙的内容在时间轴上的移动，称为同步时分交换。

同步时分复用的优点是，在通信网中，通信双方一旦建立连接，该连接的服务质量便不会受网络中其他用户的影响。但是为了保证连接所需带宽，必须按信息最大速率分配信道资源。这一点对恒定比特率业务没有影响，但对可变比特率业务会有影响，它会降低信道利用率。

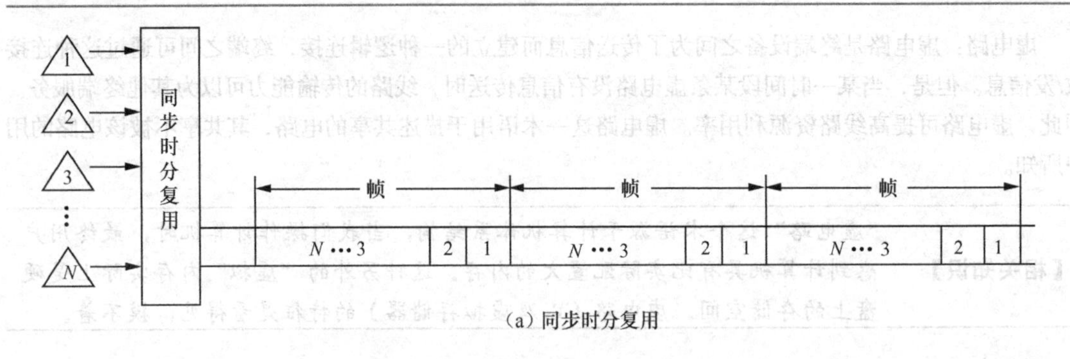

（a）同步时分复用

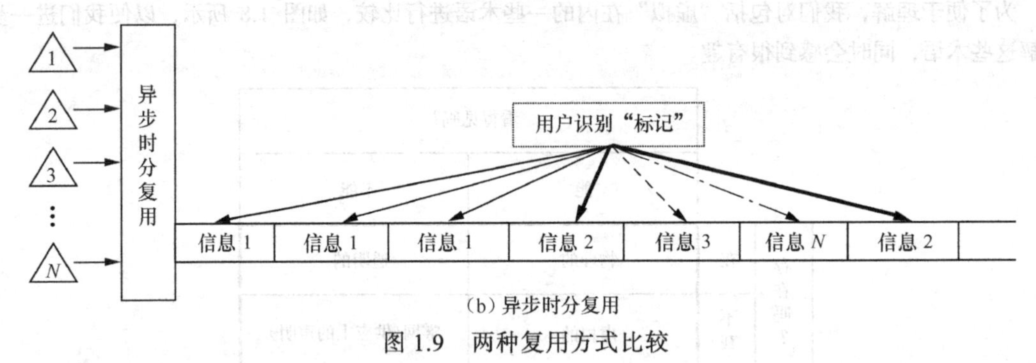

（b）异步时分复用

图 1.9 两种复用方式比较

2. 异步传送模式

异步传送模式采用异步时分复用（ATDM，Asynchronous Time-Division Multiplexing）、传输和异步时分交换（ATDS，Asynchronous Time-Division Switching）技术。

异步时分复用是指我们同样将一个时间段分为若干基本时间单位，每个基本时间单位仍称为时隙，并给每个时隙一个编号，该编号代表一个线路资源，每个子信道用编号来区分。同时将需要传送的信息分成很多小段，并对每段附加标志码，称其为分组。标志码指明分组从哪里来，到哪里去，来自同一用户信息分组的标志码相同。分组在线路中采用统计（动态）资源分配方式占用时隙编号，也就是说，各个分组在复接时，可以使用任何时隙（子信道）。这样子信道就可以用标志码表示，我们把用标志码标识的信道称为标志化信道。这时，一个子信道中的信息与它在时间轴上的位置（即时隙）没有必然联系。将这样的子信道复用技术称为异步时分复用（也叫统计时分复用），如图 1.9（b）所示。

对异步时分复用信号的交换，实际上就是按照每个分组信头中的路由标记，将其分发到出线，这种交换方式叫异步时分交换（也叫“存储—转发”交换）。

异步时分复用的优点是能统计地、动态地占用信道资源。在连接建立并给连接分配带宽时，异步传送模式与输出业务流速率无关，可以不按最大信息速率分配带宽。在相等的信道前提下，ATM 比 STM 接纳的连接数更多。

1.1.7 信息网络的分类及其业务特点

1. 信息网络的分类

目前，现代通信网建有各种类型的信息网络，我们可以从不同的角度对其进行分类。

（1）按信息传递方式划分，有：

- 同步传送模式（STM）的综合业务数字网（N-ISDN）；
- 异步传送模式（ATM）的宽带综合业务数字网（B-ISDN）等。

（2）按业务划分，有：

- 电话网——主要业务为电话、图文传真及低速数据、慢速图像等；
- 电报网——主要业务为电报和低速数据；
- 有线电视（CATV）网——主要业务为视频（电视）信号及语音、数据；
- 计算机网络——主要业务为计算机数据及分组语音、图像等。

（3）按管理体制划分，有：

- 公用网——是向社会公众开放的通信网，主要包括公用电话交换网（PSTN，Public Switched Telephone Network）、公用数据网（PDN，Public Data Network）及因特网（Internet）等；
- 专用网——是指机关、企事业单位自建或利用公用资源在逻辑上建立一个仅供本部门内部使用的通信网，如用户小交换机（PBX）、虚拟用户交换机（Centrex）、校园网等。

（4）按交换方式划分，有：

- 电路交换（CS，Circuit Switching）——适用于双向、实时的语音交换与非突发性数据等信息交换；
- 报文交换（MS，Message Switching）——适用于报文信息的传送；
- 分组交换（PS，Packet Switching）——适于计算机分组数据信息的交换，如 PDN、LAN 等。

（5）按服务范围划分，有：

- 长途网；
- 本地网；
- 广域网；
- 城域网；
- 局域网。

（6）按收信者是否运动划分，有：

- 移动通信网；
- 固定通信网。

（7）按拓扑结构划分，有：

- 星型；
- 总线型；
- 环型；
- 网状型；
- 混合型。

（8）按技术层次划分，有：

- 业务网——指向用户提供通信业务的网络，包括固定电话网、移动电话网、IP 电话网、数据通信网、智能网、综合业务数字网（ISDN）等；
- 传送网——指数据信息传送网络，由传输线路和传输设备组成，它是通信基础网络，包括 PDH 传送网、SDH 传送网和 WDM 传送网；
- 支撑网——指为业务网和传送网提供支撑的网络，它保障通信网络的正常运行和通信业务的正常提供，包括 N0.7 信令网、数字同步网和电信管理网。

（9）按传输媒介划分，有：

- 有线通信——是指传输媒介为导线（架空明线、电缆、光缆及波导等）形式的通信，其特点是媒介看得见、摸得着；
- 无线通信——是指传输消息的媒介是看不见、摸不着（如电磁波）类型的通信。通常，有线通信亦可进一步再分类，如明线通信、电缆通信、光缆通信等；无线通信常见的形式有短波通信、微波通信、卫星通信、散射通信和移动通信等。

2. 信息网络业务的特点

随着科学技术的发展，电信业务从早期的电报、电话发展到数据、图形、图像、动画等多媒体信息的传送。由于信息多媒体化，导致新一代业务传送具有与传统业务不同的传输特性。

（1）各种业务信息的传输要求具有不同的速率。

如视频信号的传输速率就有较大的跨度，在进行质量较低的慢扫描可视通信时，每 3s 传输一幅画面需要的传输速率为 14.4kbit/s，但如果传输的是高清晰度电视（HDTV）数据信号，需要传输速率大约为 20Mbit/s。同样是数据的传输，例如远程登录、Internet 访问，由于用户在许多时间处于键盘操作和信息阅读阶段，利用电路方式将会导致较低的信道利用率。

（2）各种业务信息的传输要求具有不同的突发率。

突发率是业务峰值比特率与平均比特率的比值。突发率越大，表明业务速率变化越大。不同的业务在平均比特率和突发率方面都有不同的特征，见表 1.1。可以看出，高清晰度电视、语音的突发率低，交互式数据的突发率高。

（3）各种业务信息的传输具有不同的误差要求。

数字信号由二进制“0”和“1”的编码表示。对于语音码组，传输中如果 1bit 发生错误，不会影响它的语义，如果小部分内容失真较大，根据前后语义的相关性，也可以推断其含义。但对于有些类型的数据，如计算机通信、银行业务、军事密码，如果一个码组在传输中发生 1bit 差错，则在接收端可能被理解成完全不同的含义。特别对于军事、医学、银行等关键事务处理，发生的毫厘之差都会造成巨大的损失。一般而言，话音通信比特差错率可达 10^{-3}，而数据通信的比特差错率必须控制在 10^{-8} 以下。

表 1.1　几种业务的平均比特率和突发率

平均比特率	业务	突发率	平均比特率	业务	突发率
32kbit/s	语音	2	1.5Mbit/s～15Mbit/s	标准质量数据	2～3
1kbit/s～100kbit/s	交互式数据	10	15Mbit/s～150Mbit/s	高清晰度电视	1～2
1kbit/s～10kbit/s	批量数据	1～10	200kbit/s～2Mbit/s	高质量可视电视	5

（4）各种业务信息的传输具有不同的时延要求。

有些业务要求有很小的时延，这类业务叫实时业务，如 64kbit/s 的话音和可视电话业务。而大多数数据业务对时延并不敏感，如电子邮件、信息下载。

（5）各种业务信息的传输具有不同的抖动要求。

有些业务要求有很小的时延抖动（抖动是指信息的不同部分到达目的地时具有不同的时延）到达对端。实时业务要求传送抖动较小，而数据业务对抖动几乎没有什么要求。

综上所述，不同的通信业务具有不同的特点，因而在网络发展过程中形成了不同的交换技术。

1.2 交换技术

交换设备是通信网的重要组成部分，从通信资源分配的角度来看，交换就是按照某种方式动态地分配传输线路资源的一种运作。当然，这也是一门技术，称为交换技术。交换技术可以说是网络时代的核心技术，交换机具有强大的寻址能力，不仅解决了网络智能化的问题，也促进了网络的发展。

1.2.1　交换技术分类

交换技术从传统的电话交换技术发展到包括综合业务交换技术在内的现代交换技术，经历了人工交换、机电交换和电子交换（程控数字交换、分组交换、宽带交换）3 个阶段。交换方式主要有电路交换、报文交换、分组交换和宽带交换，如图 1.10 所示。

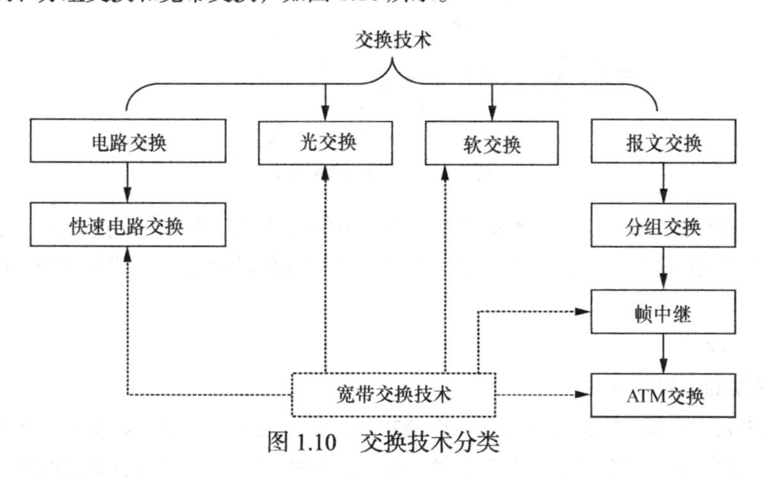

图 1.10　交换技术分类

1.2.2　电路交换技术

电路交换（CS，Circuit Switching）是指终端之间通信时，通信一方通过网络交换设备给另一方发出呼叫，另一方接受呼叫后，交换机就在收、发端之间建立一条临时的电路连接，该连接在整个通信期间始终保持接通，直到通信结束才释放。这种工作方式称为电路交换。

电路交换是最早出现的一种交换方式，电话交换就是电路交换方式的一个典型应用。电路交换技术是一种主要适用于实时业务的通信技术，它在双方通信前需要建立专用的连接通路，如果没有空闲的线路资源，连接就不能建立，通信就不能进行，也就是存在呼损；电路交换所分配的带宽是固定的，在连接建立后，即使无信息传送，也要占用信道带宽，所以电路利用率比较低。但电路交换的最大优点是实时性好，特别适合话音业务。

电路交换适合于实时性要求强的业务，如话音通信、模拟视频传送、文件传送、高速传真业务等，但它不适合突发性强、业务量小和对差错敏感的数据通信业务。

1.2.3　报文交换技术

为了克服电路交换资源独占，通信线路利用率低，存在呼损，网络中各种不同类型和特性的用户终端之间不能相互通信的缺点，人们提出了报文交换。

1. 报文交换过程

报文交换的基本原理是“存储—转发”。如图 1.11 所示，如果用户 A 要向用户 B 发送信息，用户 A 与用户 B 之间不需要事先建立连接通路，而只需用户 A 与交换机接通，由交换机暂时把用户 A 要发送的报文接收和存储起来，交换机根据报文中提供的用户 B 的地址确定报文在交换网络内的路由，并将报文送到输出队列上排队，等到该输出线空闲时，立即将该报文送到下一个交换机，依此方法，最后送到终点用户 B。

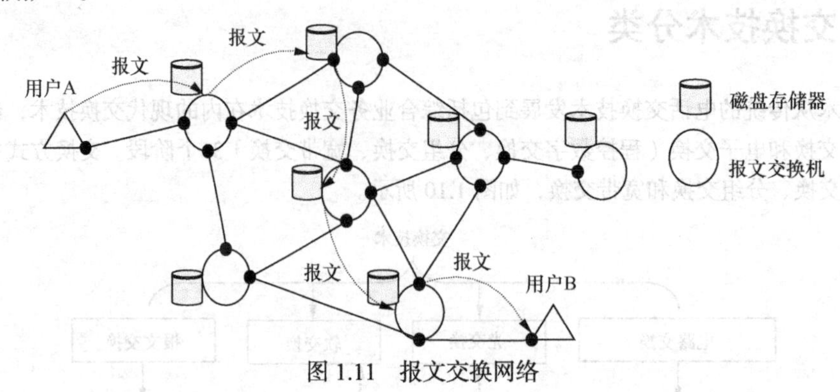

图 1.11　报文交换网络

报文交换中信息的格式是以报文为基本单位的。一份报文包括 3 部分：报头或标题（由收/发信站地址及其他辅助信息组成）、正文（用户信息）和报尾（报文的结束标志，若报文的长度有规定，则可省去此标志）。

2. 报文交换的特点

（1）报文交换的主要优点

① 通信线路利用率高。报文交换中没有电路接续过程，报文以存储—转发方式在网内逐节点传输数据，可以多个用户同在一条链路上传送数据。而电路交换中，当用户占有交换电路后，即使该通路不传送数据，也不允许其他用户使用。

② 不同速率、不同类型的终端之间可以互通，不要求通信双方同时工作。由于报文交换采用存储—转发方式进行信息传递，只要到目的地方向的线路有空闲，报文就向目的地传送，线路资源动态分配，因此，报文交换技术使不同速率、不同类型的终端之间可以互通。

③ 无呼损。由于采用存储—转发方式，可将用户信息存储在交换机的存储器中，如果报文所要选用的路由示忙，则报文在该节点排队、等待，路由出现空闲立即传送。

④ 可节省终端操作人员的时间、可同发。由于采用存储—转发方式，用户信息存储在交换机的存储器中。同一报文可由交换机转发到许多不同的收信地址，即实现同报文通信。

（2）报文交换的缺点

① 实时性要求不高。以报文为单位进行存储—转发，网络传输时延大。信息在交换节点需要选择路由，有时需要排队、等待，因而要引起时延，不能满足实时性要求高的通信。

② 对交换机存储器容量和速度提出了更高要求。由于采用存储—转发方式，报文交换机要有能力存储用户发送的报文，其中有的报文可能很长，同时在网络忙时，排队报文就多，报文交换机要有能力存储用户发送的报文；同时，随着网络负载的变化，信息传送时延变化也较大，有时需占用大量的交换机内存和外存。

③ 报文交换不适用于实时交互式数据通信。报文交换适用于公众电报和电子信箱业务。公用电信网中的电报自动交换就是报文交换的典型应用。

1.2.4　分组交换技术

电路交换技术由于资源独占不利于数据通信，而报文交换又因为以报文为单位，遇到长报文传送时，短报文在节点的等待时间较长，导致该技术的信息传送时延大，不能满足短报文用户要求。为了减少短报文在网络传送中的时延，如果将需要传送的长报文划分成若干段（分组），每段具有统一格式且长度比长报文短得多，则便于在交换机中存储及处理。分组在交换机中一旦确定了新的路由，就很快发送到下一个节点机，短报文的分组通过交换网络（节点）的平均时延比报文交换要短得多。

分组交换实质上是在“存储—转发”的基础上发展起来的。但分组交换与存储—转发式的报文交换不同之处在于：报文交换以报文为单位，而分组交换需要将用户传送的信息分割成若干个组（packet），并为其附上分组头，分组头中含有地址或其他控制信息。每个分组标识后，在一条物理线路上采用动态复用的技术，可以同时传送多个数据分组，资源利用率高。

分组交换采用的路由方式有数据报（Datagram）和虚电路（Virtual Circuit）两种。

1. 数据报方式

数据报方式类似于报文传输方式，只是传输的分组很“短”。数据报方式将每个分组作为一份报文来对待，每个数据分组中都包含终点地址信息，分组交换机根据地址信息和网络状况为每一个分组独立地寻找路径，如果某条路径发生阻塞，它可以变更路由，因此一份报文包含的不同分组可能沿着不同的路径到达终点，在网络终点需要重新排序。

2. 虚电路方式

虚电路方式类似于电路交换方式，只是这里建立的连接是“虚连接”。在虚电路方式中，两个终端设备在开始传输数据前，必须通过网络建立逻辑上的连接。即通过发送呼叫请求分组建立端到端的虚电路；一旦建立，同一呼叫的数据分组沿这一条虚电路传送；数据传输完毕，由清除分组拆除虚电路。由于分组交换采用统计复用技术，在网络中建立的是虚电路而非物理电路，在数据通信过程中，不像电路交换方式是透明传输的，它会受到网络负载的影响，分组可能在分组交换机中等待。虚电路方式的连接为逻辑连接，并不独占线路资源，在一条物理链路上可以建立多个虚电路，以达到资源共享的目的。虚电路方式资源利用率比电路交换方式的高，但实时性没有电路交换方式好，虚电路方式实际上是数据报方式和电路交换方式的一种折中方案。

1.2.5　宽带交换技术

宽带交换技术就是指支持传输比特速率高于 2Mbit/s 的交换技术。常用的宽带交换技术有快速电路交换、帧中继、ATM 交换、IP 交换、标记交换、软交换和光交换技术。

1. 快速电路交换

通信双方在约定的信道中可以快速进行信息传输，从而满足实时通信，这是电路交换显著的优点，但是传统的基于语音通信的电话网在灵活性方面和网络传输效率方面存在着不足，电话网提供的传输速率为 64kbit/s，不适合波动性业务和宽带业务，基于这一点，人们提出了改进的电路交换技术。

为了将电路交换的概念扩展到具有波动性和突发性的业务传输场合，人们提出了快速电路交换的设想，在呼叫建立时，用户请求一个带宽为基本速率的某个整数倍的连接，此时网络根据用户的申请寻找一条适合用户通信的通道，但是并不建立连接和分配资源，而是将通信所需要的带宽、所选的路由编号填入相关的交换机中，当用户传送信息时，网络迅速按照用户的申请分配通道完成信息的传输。这种方式的网络必须有能力快速测知信源是否发送数据，同时必须在较短的时间内完成端到端的链路建立，要求网络有高速的计算能力。

快速电路交换在实践中很少被应用。

2. 帧中继

自 20 世纪 80 年代分组交换网投入运营以来，分组交换技术在不同终端互连、局域网互连等方面发挥了巨大作用，为数据通信网的发展做出了重要贡献。然而，到了 80 年代后期，由于电信网络及相关技术突飞猛进的发展演变，特别是计算机的广泛使用，使得分组交换网不能满足宽带数据业务需求，因此，人们开始探索高速分组交换技术。

由于光纤的出现，而且光纤的优点是其他传输介质无法比拟的，因此导致了通信干线迅速光纤化。光纤抗干扰能力强，信道产生的误码低，这为我们通过简化通信协议来减少中间节点对分组的处理，发展高速的分组交换机，以获得高的分组吞吐量和小的分组传输时延，发展快速分组交换（FPS，Fast Packet Switching）提供了可能，因此后来出现了快速分组交换技术，即帧中继（FR）和信元中继（ATM）。

快速分组交换可以理解为采用了尽量简化的协议，只具有核心网络的功能，可以提供高速、高吞吐量、低迟延的交换。

帧中继（FR，Frame Relay）是快速分组交换网的一种，它以 X.25 交换技术为基础，摒弃其中烦琐过程，改造了分组结构，获得了良好的性能。分组交换从源端到目的端的每一步中都要进行复杂的处理，在每一个中间节点都要对分组进行存储，并检查数据是否存在错误。

采用帧中继方式的网络中各中间节点没有网络层，并且数据链路层也只有一般网络的一部分（增加了路由功能），中间节点不进行差错控制，也无需回送确认帧。

3. ATM 交换

（1）ATM 概念的提出

分组交换技术的广泛应用和发展，使得当时的网络环境中，出现了以传送语音业务为主的电路交换网（PSTN）和以传送数据业务为主的分组交换网（PSPDN）两大阵营共存的局面，语音业务和数据业务的分网传送，促使人们思考一种新的技术来兼具电路交换和分组交换的优势，并且同时向用户提供综合的业务（包括语音业务，数据业务，图形、图像业务等）服务。由此在 20 世纪 80 年代末，由 CCITT 提出了宽带综合业务数字网（B-ISDN）的概念，并提出了一种全新的技术异步传输模式（ATM）。

（2）定义

ATM 是异步传送方式（Asynchronous Transfer Mode）的简称，它是指以信元为单位，采用异步时分复用（ATDM，Asynchronous time-Division Multiplexing）、传输和异步时分交换（ATDS，Asynchronous Time-Division Switch）技术。

ATM 的思想是：利用电路交换和分组交换在信息转移过程中的优势，尽量把交换的处理负担从交换机转移到通信的两端，以最大限度地减少交换机的处理时间，网络能够提供综合业务，给用户和网络操作者以最大的灵活性。CCITT（现 ITU-T）在 1988 年 11 月通过的一系列建议文件中选择 ATM 作为 B-ISDN 的目标交换方式。

（3）ATM 交换的原理

ATM 以信元为单位进行数字信息的交换和传输，信元具有固定长度，由 5 个字节的信头和 48 个字节的信息域共 53 个字节组成。ATM 技术无论传送何种信息，都以面向连接的方式在一条虚电路上传输，该虚电路是通过呼叫处理功能在用户间半永久地建立的。ATM 的信息传送是异步的，信元在时间轴上没有固定的位置，信元流所载运的信息和时间之间没有任何联系。

ATM 可根据用户信息的有无来分割信元，适应于任何速率的通信，可高速率地传输突发业务。依靠标志码（VCI/VPI）来区分各路信号，通过改变标志码来完成交换的任务。ATM 技术能够根据需要动态地分配有效容量，利用单一结构交换所有业务。

（4）ATM 的特点

ATM 技术的一个突出特点是将面向连接机制与分组机制结合，在通信开始之前，需要根据用户的要求建立一定带宽的连接，但是该连接并不独占某个物理通道，而是和其他连接统计复用某个物理通道，同时所有的媒体信息，包括语音、数据和图像等信息都被分割并封装成固定长度的分组（信元）在网络中传送和交换。ATM 技术的另一个突出特点是提出了保证 QoS 的完备机制，同时由于当时光纤已广泛使用，光纤提供了低误码率的传输通道，所以可以将流量控制和差错控制移到用户终端，网络只负责信息的交换和传送，从而使信息传输时延减少，使得 ATM 技术非常适合传送高速数据业务。

ATM 交换技术采用统计复用、动态分配带宽、信元长度固定等方式进行交换，具有不依赖于业务类别、支持各种类型业务、高速率交换等特点，是目前一种先进的宽带交换技术。

从技术角度来讲，ATM 几乎无懈可击。但是，ATM 技术的复杂性导致了 ATM 交换机造价极为昂贵，并且在 ATM 技术上没有推出新的业务来驱动 ATM 市场，从而制约了 ATM 技术的发展，目前 ATM 交换机主要用在骨干网络中，主要利用 ATM 交换机的高速和 QoS 的保证机制，并且主要提供半永久连接。

4. 计算机网络交换技术

计算机网络，就是利用通信设备和线路将地理位置不同的、功能独立的多个计算机系统互连起来，以功能完善的网络软件（即网络通信协议、信息交换方式、网络操作系统等）实现网络中资源共享和信息传递的系统。

局域网可分成 3 大类；一类是平时常说的局域网 LAN；另一类是采用电路交换技术的局域网，称计算机交换机（CBX，Computer Branch Exchange 或 PBX，Private Branch Exchange）；还有一类是新发展的高速局域网（High Speed Local Network，HSLN）。

在 LAN 和 WAN 之间的是城市区域网（Metropolitan Area Network，MAN），简称城域网。MAN 是一个覆盖整个城市的网络，但它使用 LAN 的技术。

局域网的特性主要涉及拓扑结构、传输媒体和媒体访问控制（Medium Access Control，MAC）3 项技术问题，其中最重要的是媒体访问控制方法。

环形或总线拓扑中，由于只有一条物理传输通道连接所有的设备，因此，连到网络上的所有设备必须遵循一定的规则，才能确保传输媒体的正常访问和使用。常用的媒体访问控制方法有：具有冲突检测的载波监听多路访问 CSMA/CD（Carrier Sense Multiple Access/Collision Detection）、控制令牌（Control Token）和时槽环（Slotted Ring）3 种技术。

（1）网间连接器分类

两个网络之间要互连时，它们之间的差异可以表现在 OSI 七层模型中的任一层上。用于网络之间互连的中继设备称为网间连接器，按它们对不同层次的协议和功能转换，可以分为以下几类。

① 转发器（Repeater），在物理层间实现透明的二进制比特复制，以补偿信号衰减，用来延长网络传输距离。

② 网桥（Bridge），提供链路层间的协议转换，在局域网之间存储和转发帧，是链路层设备，它用来创建两个或多个 LAN 分段。

③ 路由器（Router），路由器从某个端口收到一个数据包，它首先把链路层的包头去掉（拆包），读取 IP 地址，然后查找路由表，若能确定下一步往哪送，则再加上链路层的包头（打包），把数据包转发出去；如果不能确定下一步的地址，则向源地址返回一个信息，并把这个数据包丢掉。因此，路由器属于网络层，用来连接不同的网络。

④ 网关（Gateway），又称网间连接器、协议转换器。网关在传输层上以实现网络互连，是最复杂的网络互连设备，仅用于两个高层协议不同的网络互连。网关既可以用于广域网互连，也可以用于局域网互连，是一种充当转换重任的计算机系统或设备。在使用不同的通信协议、数据格式或语言，甚至体系结构完全不同的两种系统之间，网关是一个翻译器。与网桥只是简单地传达信息不同，网关对收到的信息要重新打包，以适应目的系统的需求。同时，网关也可以提供过滤和安全功能。大多数网关运行在 OSI 7 层协议的顶层——应用层。

（2）多层交换技术

① 一层交换技术。我们知道，第一层是 OSI 的物理层。1 层交换机就是物理层设备，传统的电路

交换就属于这一层。如程控电话交换机就属于一层交换机。

② 二层交换技术。第 2 层是 OSI 的数据链路层。二层交换机是数据链路层的设备，它能够读取数据包中的 MAC 地址信息并根据 MAC 地址来进行交换。

交换机内部有一个地址表，这个地址表标明了 MAC 地址和交换机端口的对应关系。当交换机从某个端口收到一个数据包，它首先读取包头中的源 MAC 地址，这样它就知道源 MAC 地址的机器是连在哪个端口上的，再去读取包头中的目的 MAC 地址，并在地址表中查找相应的端口，如果表中有与这个目的 MAC 地址对应的端口，则把数据包直接复制到这个端口上，如果在表中找不到相应的端口，则把数据包广播到所有端口上，当目的机器对源机器回应时，交换机又可以根据目的 MAC 地址与哪个端口对应，在下次传送数据时，就不再需要对所有端口进行广播了。

二层交换机就是这样建立和维护它自己的地址表。由于二层交换机一般具有很宽的交换总线带宽，所以可以同时为很多端口进行数据交换。如果二层交换机有 N 个端口，每个端口的带宽是 M，而它的交换机总线带宽超过 $N \times M$，那么该交换机就可以实现高速交换。二层交换机对广播包是不做限制的，把广播包复制到所有端口上。目前，二层交换机一般都含有专门用于处理数据包转发的专用集成（ASIC，Application Specific Integrated Circuit）芯片，因此转发速度可以做到非常快。

二层交换机采用了基于硬件的转发机制，能够转发各种数据链路层的协议，包括局域网中的以太网和高速令牌环网以及广域网（WAN）中通过 VC 交换的帧中继（FR）和异步转移模式（ATM）等，经典的 LAN 多端口网桥也属于这一层。该层支持简单的网络分段，并能令网络性能有明显的改善。

③ 三层交换技术。第 3 层是 OSI 的网络层。三层交换并非只使用第三层的功能，而是把第三层的路由选择与第二层的交换功能结合起来，实现了网络分组快速交换的设备。三层交换机并不是简单地把路由器设备的硬件及软件简单地叠加在局域网交换机上。

我们知道，网络层的主要任务是为分组寻找合适的路由。传统的路由器由于使用通用的 CPU 和软件来实现对数据报的转发，因而延迟比较大，转发的速度也比较慢，而第三层交换正是针对这个问题提出的。第三层交换机的目标在于要兼备两个特征，并通常采用专用集成电路将常用的软件功能固化在硬件之中，形成完备的路由器的子集。在未来的第三层交换机中，还将具备更多的功能，成为功能更加完备的路由器。例如，除了具有转发的功能外，还将具备自动划分数据流等级与服务等级的功能，以及提供某种形式的 QoS 等，这将是第三层交换机的另一个重要特征。

从 20 世纪 90 年代中期起，世界上各大公司都纷纷对第三层交换进行研究，并提出了许多不同的方案，推出了许多产品。比较有影响的有：Ipsilon 公司的 IP 交换，Cisco 公司的标记交换（TAG Switching），东芝公司的信元交换路由器（CSR，Cell Switching Router）和 IBM 公司的 ARIS（Aggregate Route Based IP Switching），以及 IETF 的多协议标记交换（MPLS，Multi-Protocol Label Switching）等。

【相关知识】 IETF 是 Internet 工程任务组（Internet Engineering Task Force）的简写。成立于 1985 年，是一个松散的、自律的、志愿的民间学术组织，它是推动 Internet 标准规范制定的最主要的组织。

（3）IP 交换技术

IP 交换（IP Switching）技术是一种将第二层交换功能和第三层路由功能结合起来的技术，是多层交换的另一种类型，与 CSR 相类似，都是数据流驱动 IP 交换的一种应用。也就是说，它们可以根据独立业务流到达的情况来安排交换机的资源，并通过标签分配和把数据流映射成 VC 上的信令信息实现交换的过程。这些都是独立于单个 IP 数据流进行的，保持了 Internet 模型的扩展性及在第三层按照逐级跳的方式对所有业务进行转发的形式，且引入了特定的控制协议，把 IP 数据流转移到端到端的直通路径。

（4）标记交换技术

标记交换（TAG Switching）是处于交换边缘的路由器，将每个输入帧的第三层地址映射为简单的标记，然后把有标记的帧转化为 ATM 信元，再映射到 VC 上，在网络核心 ATM 交换机上进行标记交换，由路由器保存标记信息表（路由表），用以寻找第三层路由。最后，将标记信元送到目的地路由器上，由目的地路由器去掉信息标记，把信元转化成帧，送到最终的目的端。在这个过程中，通过交换标记（小的数据单元）和仅进行一次简单的标记查询，就可提高转发帧的性能。

5. 光交换技术

现代通信网中，光纤得到了广泛应用，密集波分复用（DWDM）光传送网络充分利用光纤的巨大带宽资源来满足各种通信业务爆炸式增长的需要。然而，在现有的网络中，大多数信息交换设备仍然是电子设备，电子设备的交换速度被限制在几个 Gbit/s 范围内，不能满足海量信息的交换。现有的交换网络使用光纤，必须在节点处经过光/电—电/光转换，信号经光/电—电/光转换变换有损伤，无法满足更高速度的交换。

光交换技术是指不经过任何光/电转换，在光域直接将输入光信号交换到不同的输出端。光交换系统主要由输入接口、光交换矩阵、输出接口和控制单元 4 部分组成，如图 1.12 所示。

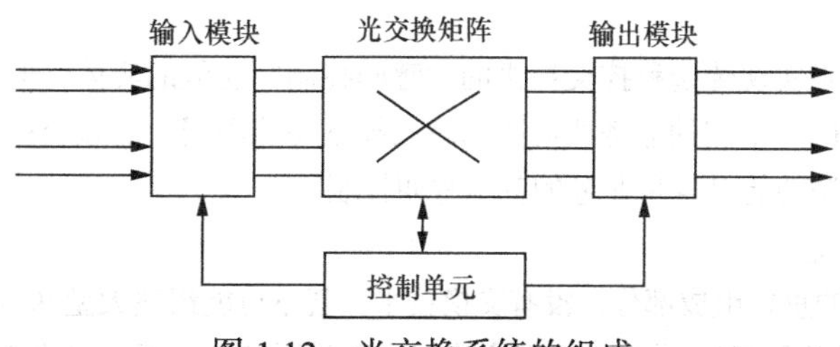

图 1.12 光交换系统的组成

由于目前光逻辑器件的功能还较简单，不能完成控制部分复杂的逻辑处理功能，因此国际上现有的光交换控制单元还要由电信号来完成，即所谓的电控光交换。在控制单元的输入端进行光电转换，而在输出端需完成电光转换。随着光器件技术的发展，光交换技术的最终发展趋势将是光控光交换。

随着通信网络逐渐向全光平台发展，网络的优化、路由、保护和自愈功能在光通信领域中越来越重要。采用光交换技术，可以克服电子交换的容量瓶颈问题，实现网络的高速率和协议透明性，提高网络的重构灵活性和生存性，大量节省建网和网络升级成本。

6. 软交换技术

（1）概念的提出

随着 IP 电话技术的发展，通信业内基本上达成了未来电信网的核心将采用分组交换技术的共识，并且在这种共识之下，对目前 IP 电话技术所存在的缺点从技术角度进行了改进，首先是将网关呼叫控制和媒体交换的功能相分离，并最终提出了软交换的概念。软交换技术虽然仍然采用分组网络作为承载网络，但从技术角度来讲，软交换技术仍然可以看作是交换技术发展的又一个里程碑。

软交换的概念最早起源于美国。当时在企业网络环境下，用户采用基于以太网的电话，通过一套基于 PC 服务器的呼叫控制软件（Call Manager、Call Server）实现 PBX 功能（IP PBX）。对于这样一套设备，系统不需单独铺设网络，而只通过与局域网共享，就可实现管理与维护的统一，综合成本远低于传统的 PBX。由于企业网环境对设备的可靠性、计费和管理要求不高，主要用于满足通信需求，设备门槛低，许多设备商都可提供此类解决方案，因此 IP PBX 应用获得了巨大成功。

受到 IP PBX 成功的启发，为了提高网络综合运营效益，网络的发展更加趋于合理、开放，更好地服务于用户。业界提出了这样一种思想：将传统的交换设备部件化，分为呼叫控制与媒体处理，两者之间采用标准协议（MGCP、H248）且主要使用纯软件进行处理，于是，Soft Switch（软交换）技术应运而生。

软交换概念一经提出，很快便得到了业界的广泛认同和重视，ISC（International Soft Switch Consortium）的成立更加快了软交换技术的发展步伐，软交换相关标准和协议得到了 IETF、ITU—T 等国际标准化组织的重视。

（2）定义

根据国际 Soft switch 论坛 ISC 的定义，Soft switch 是基于分组网利用程控软件提供呼叫控制功能和媒体处理相分离的设备和系统。因此，软交换的基本含义就是将呼叫控制功能从媒体网关（传输层）中分离出来，通过软件实现基本呼叫控制功能，从而实现呼叫传输与呼叫控制的分离，为控制、交换和软件可编程功能建立分离的平面。软交换主要提供连接控制、翻译和选路、网关管理、呼叫控制、带宽管理、信令、安全性和呼叫详细记录等功能。与此同时，软交换还将网络资源、网络能力封装起来，通过标准开放的业务接口和业务应用层相连，可方便地在网络上快速提供新的业务。

简单地看，软交换是实现传统程控交换机的“呼叫控制”功能的实体，但传统的“呼叫控制”功能是和业务结合在一起的，不同的业务所需要的呼叫控制功能不同，而软交换是与业务无关的，这要求软交换提供的呼叫控制功能是各种业务的基本呼叫控制。

7. 各种交换技术比较

交换技术是通信网的重要组成部分，没有交换技术，就不可能组建大型网络。从通信资源分配的角度来看，交换技术有采用固定资源分配的电路交换技术和采用动态资源分配的分组交换技术与 ATM 交换技术。

交换的目的就是将交换机入端的信息按照用户的需要转移到出端。因此，交换机的功能可以用两种方法来描述，一种是在入端和出端之间建立连接和释放连接；另一种是把入端的信息按照其地址分发到出端去。

电路交换技术需要对进行通信的终端之间提供一条专用的信息传输线路（通道），利用这条传输线路进行信息传输，它是一种面向连接的、实时的、直接的交换方式。

分组交换方式不是以电路连接为目的，而是采用“存储—转发”方式，采用动态复用技术，以分组为单位分发信息。信息传送给交换机时，要先经过一番加工处理，长报文信息传送时延大。

ATM 是一种信息传递模式，在这种模式中，信息被分成信元来传递，而包含同一用户信息的信元不需要在传输链路上周期性地出现。因此这种传递模式是异步的。在 ATM 中“异步”是指 ATM 取得它的非通道化带宽分配的方法。网络中链路质量很高，没有逐段链路基础上的差错保护和流量控制，即网络内部没有针对差错的任何措施，只在端到端之间进行差错控制，从而减少信息传输的延时，提高了信息传送速率，因此它成为 ITU-T 推荐 B-ISDN 使用的交换技术。

ATM 综合了电路交换和分组交换的优点。一方面，它用有“标志的电路”代替“恒定位置”的电路，因而能灵活地分配带宽，同时，它取消了复杂的差错控制和流量控制，减少了处理时间；另一方面，它以等长信元为单位进行交换，可以利用电路交换的优势，使信息传输的时延大大降低。因此，ATM 是通过固定长度信元实现的快速分组交换技术，它能将交换、传输的概念融合在一起，在一个统一的平台上满足用户各种不同的通信业务需求。

ATM 交换技术采用统计复用、动态分配带宽、信元长度固定方式进行交换，具有不依赖于业务类别，支持各种类型业务，同时具有高速率交换等特点，是目前一种先进的宽带交换技术。

综上所述，我们可以得出结论：电路交换技术面向连接，速率恒定，适合实时性业务；分组交换技术信息传送时延大，采用流量控制和差错控制技术，适合波动性较大的数据业务，但不适合高速数据交换；ATM 交换具有电路交换和分组交换的优点，适合现有和未来的所有信息传送业务。现代通信网中各种交换技术的比较如图 1.13 所示。

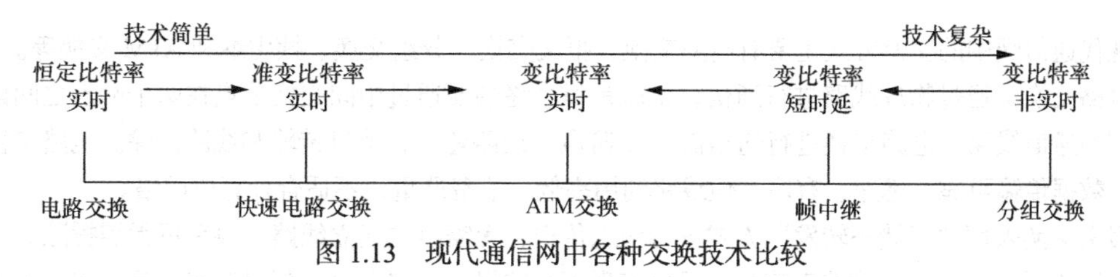

图 1.13 现代通信网中各种交换技术比较

8. 交换技术的发展

目前，通信网络各种技术发展迅猛，各种网络、各种交换技术同时存在。普通电话网仍以电路交换为主；也有部分语音业务采用 IP 网络传输，这就是 IP 电话，使用的交换技术是分组交换或 IP 交换。企业计算机网络使用的是传统的分组交换；宽带 IP 网络使用的是高速路由器，其路由器主要采用 IP 交换技术，如 MPLS 或者 ATM 上的 IP 交换。

1.2.6 通信网的发展趋势

1. 三网融合

随着现代电信技术的发展，电话语音交换与数据信息交换的界限越来越模糊，交换设备各取所长、互补所需，各类网络设备进一步融合，技术的进步使得采用单一网络结构实现数字、语音、图像、音频和视频等信息的宽带高速传送与交换。实现电话通信网、有线电视网和计算机网络的“三网合一”是通信网发展的趋势。

2. 下一代网络

下一代网络（Next Generation Network），又称为次世代网络。主要思想是在一个统一的网络平台上以统一管理的方式提供多媒体业务，整合现有的市内固定电话、移动电话的基础上（统称 FMC），增加多媒体数据服务及其他增值型服务。其中语音的交换将采用软交换技术，而平台的主要实现方式为 IP 技术，逐步实现统一通信，其中 VOIP 将是下一代网络中的一个重点。

NGN 的九大支撑技术：

（1）Pv6；

（2）光纤高速传输；

（3）光交换与智能光网；

（4）宽带接入；

（5）城域网；

（6）软交换；

（7）3G 和后 3G 移动通信系统；

（8）IP 终端；

（9）网络安全。

3. 全光通信网

全光通信网是电信网从全电网到光电网进一步发展的第三代网络。其特点是大容量、波长路由选择、高度的业务透明性、网络的可扩展性和网络资源重组的灵活性。

本章小结

现代通信网中的交换方式主要有电路交换、报文交换、分组交换、帧中继和 ATM 交换等。

电路交换是通过物理线路进行通信，也就是每个终端要通过中间交换节点在两个端点之间建立一条物理的通信线路。电路交换进行通信需 3 个阶段：线路建立、消息传输和线路拆除。电路交换的特点是：数据传输可靠、迅速、有序，但线路利用率低、浪费严重，不适合计算机网络。

报文交换采用“存储—转发”方式进行信息传送，无需事先建立线路，事后更无需拆除。它的优点是：线路利用率高，故障的影响小，可以实现多目的报文；缺点是：延迟时间长且不定，对中间节点的要求高，通信不可靠、失序等，不适合计算机网络。

分组交换是报文交换的一种改进，它将报文分成若干个分组，每个分组的长度有一个上限，有限长度的分组使得每个节点所需的存储能力降低了，提高了交换速度，延时较少。它适用于交互式通信。分组交换有虚电路和数据报两种路由方式。数据报方式：任意路径，无顺序传输；格式简单，延时较小。虚电路方式：先建立逻辑通道，按单路径顺序传输，资源利用率高。

ATM 是一种采用异步时分复用方式、以定长信元为单位、采用面向连接的信息转移模式。ATM 进一步简化了功能，采用定长信元的控制与交换更容易用硬件实现，有利于向宽带化的方向发展，ATM 具有支持一切现有通信业务及未来的业务，能保证现有及未来各种网络应用的性能指标等特点。

信息交换的实质就是实现信息的转移，为满足不同业务的需求，信息转移技术得到了飞速发展，如图 1.14 所示。

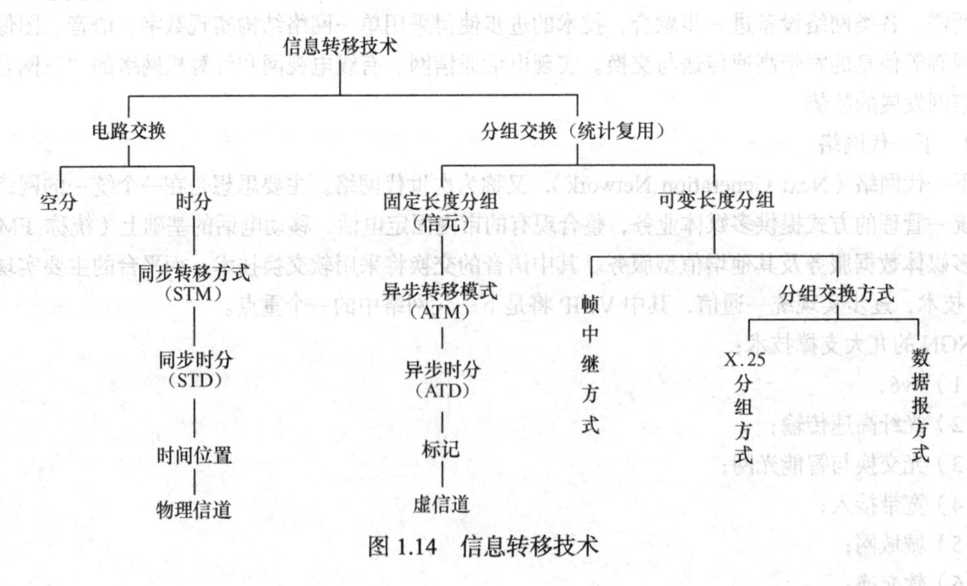

图 1.14　信息转移技术

习题

一、填空题

1-1　人类用电来传送信息的历史是由________开始的。

1-2　电报（Telegraph）是一种以________传送信息的方式，即所谓的数字方式。

1-3　“电信”是使用有线、无线、光或其他________系统的通信。

1-4 电路交换设备的作用就是在需要通信的用户之间________，通信完毕拆除连接，这种设备就是我们今天常说的电路交换机。

1-5 在由多台交换机组成的通信网中，信息由信源传送到信宿时，网络有________连接和无连接两种工作方式。

1-6 物理电路是终端设备之间为了传送信息而建立的一种________连接，终端之间可通过这种连接接收/发信息。

1-7 信息在通信网中的传送方式称为传送模式，它包括信息的复用、传输和________方式。

1-8 交换技术从传统的电话交换技术发展到包括综合业务交换技术在内的现代交换技术，经历了人工交换、机电交换和________交换 3 个阶段。

1-9 电路交换技术是一种主要适用于________业务的一种通信技术。

1-10 分组交换采用的路由方式有数据报和________两种。

1-11 宽带交换技术就是指支持传输比特速率高于________的交换技术。

1-12 交换机的功能可以用两种方法来描述，一种是在入端和出端之间建立连接和释放连接；另一种是把入端的信息按照其________分发到出端去。

二、选择题

1-13 我们把用标志码标识的信道称为（ ）。

A. 标志化信道　B. 位置化信道　C. 时隙　D. 信元

1-14 虚电路是终端设备之间为了传送信息而建立的一种（ ）。

A. 物理连接　B. 逻辑连接　C. 实连接　D. 无缝连接

1-15 电路交换是最早出现的一种交换方式，电路交换方式的一个典型应用是（ ）。

A. 数据交换　B. 电话交换　C. 报文交换　D. 图像交换

1-16 报文交换的基本原理是（ ）。

A. 存储—转发　B. 建立连接　C. 拆除连接　D. 物理连接

1-17 常用宽带交换技术有快速电路交换、帧中继、IP 交换、标记交换、软交换、光交换和（ ）。

A. 电路交换　B. 分组交换　C. ATM 交换　D. 报文交换

1-18 现代通信手段最早出现在（ ）。

A. 亚洲　B. 非洲　C. 欧洲　D. 拉丁美洲

1-19 通信网的核心技术是（ ）。

A. 光纤技术　B. 终端技术　C. 传输技术　D. 交换技术

1-20 将含有信息的消息转换成传输介质能接受的信号形式的设备是（ ）。

A. 终端　B. 交换机　C. 编码器　D. 译码器

1-21 N 个终端采用全互连方式组成通信网，需要的线对数是（ ）。

A. $N(N-1)/2$　B. $N-1$　C. N　D. N^2

1-22 在需要通信的用户之间建立连接，通信完成后拆除连接的设备是（ ）。

A. 终端　B. 交换机　C. 计算机　D. 调制解调器

1-23 当用户交换机（PBX）具有自动交换功能时，称为（ ）。

A. PABX　B. DID　C. PSDN　D. CS

1-24 面向连接网络建立的连接有（ ）。

A. 实连接和虚连接　B. 实连接　C. 虚连接　D. 有线连接

1-25 下列属于信息的传送方式是（ ）。

A. 实连接和虚连接　B. 复用、传输和交换

C. 终端、传输和交换　　D. 业务网和支撑网

1-26　下列属于固定资源分配技术的是（　　）。

A. 程控数字交换　　B. 分组交换

C. 终端、传输和交换　　D. 业务网和支撑网

1-27　信道在每帧中固定出现的信道是（　　）。

A. 标志化信道　　B. 位置化信道　　C. 物理信道　　D. 逻辑信道

1-28　信息网络按业务分为电话网、电报网、有线电视网和（　　）。

A. 计算机网络　　B. 广播电视网　　C. 移动网　　D. 广域网

1-29　信息网络按技术层次分为业务网、传送网和（　　）。

A. 支撑网　　B. 有线网和无线网

C. 固定网和移动网　　D. 局域网、城域网和广域网

三、简答题

1-30　通信网由哪些部分组成？简述各部分的作用。

1-31　在通信网中，为什么要使用交换技术？

1-32　全互连网方式有何特点？为什么现代通信网不直接采用这种方式？

1-33　无连接网络和面向连接网络有何特点？

1-34　分组交换的数据报方式和虚电路方式有何区别？

1-35　简述数据通信与语音通信的主要区别。

1-36　通信网中常用的交换方式有哪些？各有何特点？

1-37　比较电路交换、分组交换与 ATM 交换之间的异同。

1-38　为什么说光交换是交换技术未来的发展方向？

1-39　什么是宽带交换？宽带交换技术主要有哪些？

1-40　简述 NGN 的九大支撑技术。

第 2 章

交换技术基础

【本章内容简介】本章简要介绍了电信交换的基础技术，如控制技术、接口技术、信令技术，阐述了电信网主要的交换单元与交换网络技术，重点介绍了程控电话交换机的交换单元与交换网络。主要内容涉及交换单元的功能和分类，并将重点介绍几种典型的交换单元（时间接线器和空间接线器）以及目前广泛使用的主要交换网络的工作原理，另外本章将对语音和图像信号的数字化以及信道复用技术进行介绍。

【本章重点难点】重点掌握空间接线器（S 接线器）、时间接线器（T 接线器）、T-S-T 交换网络的结构和工作原理，以及语音信号的数字化过程以及信道复用技术；难点是交换网络的工作原理。

2.1 电信交换基础技术

交换技术的发展和整个通信网的发展密切相关。目前，各类通信网络（电信网、互联网、移动网等）正在飞速发展，计算机技术和通信技术的融合，使得通信网的构成有了很大的变化，各种交换技术应运而生，但不管通信网如何复杂，其涉及的主要基本技术包括控制技术、接口技术、信令技术和交换网络技术 4 项，如图 2.1 所示。

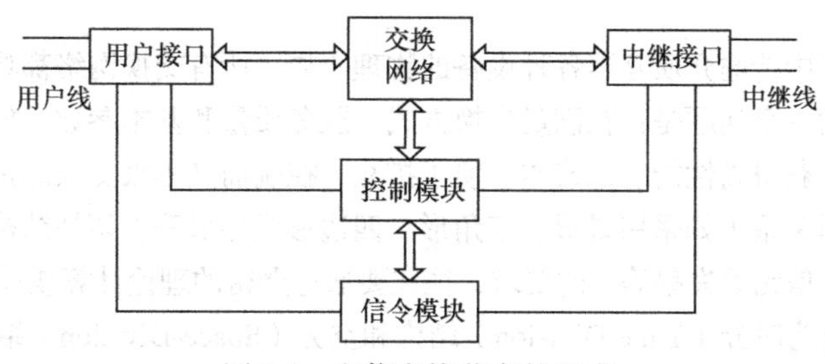

图 2.1 电信交换节点的组成

1. 控制技术

计算机与通信的结合，使得程控数字交换机要完成大量的交换接续，并保证良好的服务质量，因此必须要求交换系统具有有效的符合逻辑的控制功能。网络功能、接口功能及信令功能都与控制功能密切相关。控制技术主要由软件实现，但有些也可用硬件实现。

不同类型的交换系统各自有其主要的控制技术。控制技术的实现与处理机结构密切相关。处理机控制结构是各类交换系统在设计中必须考虑的重要问题，它关系到整个系统的性能和服务质量，但同时也要考虑到整个设备的费用。

2. 接口技术

接口是交换设备与外界连接的部分，又称为接口设备或接口电路，接口功能与其连接的设备密切相关，因而，交换机的接口种类也很多。

各种交换系统都有用户线、中继线，分别终接在交换系统的用户接口和中继接口。不同类型的交换系统具有不同的接口。如程控数字交换机的用户接口有连接模拟话机的 Z 接口和连接数字话机或数字终端的 V 接口；程控数字交换机的中继接口有模拟中继接口 C 和数字中继接口 A 和 B。移动交换有通往基站的无线接口；ATM 交换则有适配不同速率、不同业务的各种物理媒体接口。

接口技术主要由硬件实现，有些功能也可由软件或固件实现。

3. 信令技术

交换节点之间任何有用信息（例如打电话的语音、上网的数据包等）的传送总是伴随着一些控制信息的传递，控制信息使网络中各种设备有条不紊地进行工作，将有用信息安全、可靠、高效地传送到目的地。这些控制信息在计算机网络中叫做协议，而在电信网中叫做信令（Signal）。因此，电信交换离不开信令。

在电信网中要实现任意用户之间的呼叫连接，完成交换功能，必须在信令的控制下才能确保通信的正常进行。交换节点收到与用户线或中继线有关的各种信令，都要加以分析处理，从而产生一系列的控制操作，包括向其他交换节点发送信令，以便正常地建立或释放交换连接。因此，信令是电信交换的一项基本技术。

信令的本质是通信系统中的各个组成部分之间为了建立通信连接及实现各种控制而必须要传送的一些附加信息。有关交换信令的详细内容将在第 4 章介绍。

4. 交换网络技术

实现任意入线和任意出线之间的互连是交换系统最基本的功能。按照不同交换方式的要求，可以是物理的实体连接，也可以是逻辑的虚连接。交换系统是利用交换网络实现互连功能的，该互连网络又称为交换机构。

交换网络技术涉及的内容较多，一般包括拓扑结构、选路策略、控制机理、多播方法、阻塞特性和可靠性保障等。

（1）拓扑结构

拓扑结构是指网络中传输介质互连各种设备的物理布局。所有交换网络都具有一定的拓扑结构。交换网络技术要解决的一个问题是：在满足交换方式、服务质量和基本参数（如端口数、容量、吞吐量等）要求的情况下，获得高性能、低成本、便于扩充与控制而又不太复杂的拓扑结构。拓扑结构说明的是网络的几何逻辑关系（如采用星形、三角形、四边形或环形等）拓扑结构的性能是否符合服务质量（如阻塞、时延、信元丢失率等）的要求，往往要通过严密的理论计算或计算机模拟。

拓扑结构大致可分为时分（Time-Division）结构和空分（Space-Division）结构两类。

时分结构包括共享媒体（总线或环）和共享存储器。分组交换和 ATM 交换都可以采用时分结构；数字程控电话交换通常采用由共享存储器构成的时分结构，或将时分结构作为整个拓扑结构的一部分，小容量的数字程控电话交换也可采用总线拓扑结构。

空分结构是由交换单元（SE，Switching Element）构成的单级或多级拓扑结构。电路交换、快速分组交换、ATM 交换都可以采用空分结构。需要注意的是，这里“空分”的含义是指在拓扑结构内部存在着多条并行的通路，每条通路仍然可以采用时分复用的方式。

（2）选路策略

选路策略主要针对多级空分拓扑结构。这里所说的选路，不是指整个电信网中各个交换节点之间的选路，而是指交换节点中交换网络内部的选路，即在交换网络指定的入线和出线之间选择一条可用的通路。

交换网络内部的选路方案有以下 3 种。

① 逐级选择与条件选择。

所谓逐级选择，是指从交换网络入端的第 1 级开始，先选择第 1 级交换单元的出线，选中一条出线以后，再选择第 2 级交换单元的出线，依次类推，直到最末一级交换单元的出线为止。

条件选择是指在选路的时候，不论交换网络有几级，都要对网络全局做出全盘观察，在指定的入线与出线之间所有的通路中选用一条可用的通路。

由于逐级选择带有某种盲目性，即选定前一级出线时没有考虑后面几级出线的情况，因此其阻塞率高于条件选择。为了减小阻塞率，可以采用重新选试多次的方法，即当选试不成功时，可以重新从入端起再进行逐级选择，这就是可重试逐级选择。

实用中通常采用条件选择，但如果采用逐级选择也能满足交换网络服务质量的指标要求时，则应选用逐级选择，因为逐级选择所需控制的复杂性要比条件选择要低。总之，对于同样的拓扑结构，选路策略不同，交换网络的阻塞率就不同，控制复杂性也不同。

② 自由选择与指定选择。

所谓自由选择，是指某一级出线可以任意选择，不论从哪一条出线，都可以到达所需的交换网络出端。指定选择只能选择某一级出线中指定的一条或一小群，才能到达所需的交换网络出端。包括级数、级间互连方式等在内的多级空分拓扑结构一旦确定以后，哪几级可以自由选择和哪几级只能指定选择也随之而定。自由选择级可起到扩大通路数、均衡业务流量的作用。有些多级空分结构不存在自由选择级。

③ 面向连接选路和无连接选路。

首先需要说明的是，这里所说的面向连接和无连接的概念，不同于分组交换中针对整个网络选路而言的面向连接和无连接，这里是指交换网络内部的选路。

通常采用面向连接选路，即预先在交换网络指定的入线和出线之间选定一条通路，凡属于该呼叫的连接的用户信息都在这一通路上传送。无连接选路则不预先选定通路，而是在入端收到用户信息时才临时选路。

电路交换要建立固定的物理连接，肯定采用面向连接选路。ATM 交换机构既可采用面向连接选路，也可采用无连接选路，后者相当于在收到载有用户信息的信元时才进行选路。当采用无连接选路时，属于同一呼叫连接的信元通过交换网络内部的不同通路传送到出端，会引起信元失序，这是不允许的，因此在交换网络出端必须恢复其原有顺序。

（3）控制机理

选路策略也可以看成是控制机理的一部分，但由于它是带有普遍性的重要技术，因此单独列出。这里的控制机理泛指完成选路后还必须实现的一些控制，以使交换网络能正常而有效地工作，并且符合服务质量的要求。

对于通常的程控数字电话交换系统的数字交换网络而言，完成选路后，只要将所选通路的有关标识写入交换网络的控制存储器，即可实现正常的电路交换。ATM 交换则比较复杂，虚连接建立后，在信息传送阶段仍要对随机到来的信元完成选路控制。此外，控制机理可能还要包括诸如竞争消除、反压控制、队列管理、优先级控制等。

（4）多播方法

多播（Multicast）又称组播，是将某一入端的信息同时传送到所需的多个出端，显然，多播与交换网络技术有关。多播这种点到多点（和多点到多点）的通信方式，特别适用于网上视频会议、网上视频点播等场合。因为如果采用单播方式逐个节点传输，有多少个目标节点，就会有多少次传送过程，这种方式显然效率极低，是不可取的；如果采用不区分目标，全部发送的广播方式，虽然一次可以传送完数据，但是显然达不到区分特定数据接收对象的目的。采用多播方式，既可以实现一次传送所有目标节点数据的目的，也可以达到只对特定对象传送数据的目的。因此，在现代通信中，多播将会得到更多的应用。

在 IP 网络中，多播一般通过多 IP 地址来实现。在 ATM 交换中，由于点对多点宽带通信业务的需要，多播是一项重要而复杂的交换网络技术。不同的 ATM 交换机构可使用不同的多播方法。

（5）阻塞特性

所谓阻塞，是指在呼叫建立或用户信息传送时，由于交换网络拥塞而使呼叫不能建立或用户信息不能传送而遭受损失的现象。

① 连接阻塞与传送阻塞。

对于电路交换，由于建立的是专用的物理连接，只有在呼叫建立阶段会因选不到空闲通路而遇到阻塞，这就是连接阻塞。一旦连接建立，在信息传送阶段就不会再遇到阻塞。连接阻塞表示呼叫遭到拒绝，要重新发起呼叫，可称为损失制（Loss System）。

采用电路交换方式时，交换网络的阻塞特性用阻塞率（Blocking Probability）表示，它等于因交换网络内部阻塞而不能建立连接的呼叫次数与加入交换网络的总呼叫次数之比。当交换网络的级数较多、拓扑结构复杂时，阻塞率的严格计算十分复杂。阻塞率的计算是电话交换的话务理论所要解决的一个重要问题。

对于分组交换，采用“存储—转发”方式，交换节点要处理的业务流量较高时，将导致分组排队时延增加。因此，排除系统或延迟制（Delay System）不考虑阻塞率，但有时也可将等待时延超过一定限值的呼叫视为被阻塞的呼叫。

ATM 交换在虚连接建立阶段也会遇到阻塞。但判别是否阻塞的标志与电路交换不一样：电路交换是专用的物理连接，通路不是空闲就是占用；而 ATM 交换是复用的虚连接，是否阻塞要看通路上是否还存在够用的带宽。

对于 ATM 交换更重要的是传送阻塞，即在信元传送阶段产生的阻塞。由于 ATM 是异步时分复用，属于各个连接的信元会随机到来，而在某个时刻发生传送冲突。也就是说，在信元传送阶段会不断产生竞争现象。按照 ATM 交换机构的不同设计，竞争中失败的信元可以在缓冲器中排队等待或予以丢弃。采用排队策略也会由于缓冲器溢出而丢失信元。因此，ATM 交换在信元传送阶段的阻塞特性主要用信元丢失率（CLR，Cell Loss Rate）来表示，CLR 反映了由于各种原因在交换网络中丢弃的信元数与总信元数之比。

② 有阻塞与无阻塞。

从阻塞的特性来看，交换网络可分为有阻塞网络（Blocking Network）与无阻塞网络（Non-blocking Network）。

电路交换通常采用有阻塞网络，但阻塞率较低，特别是采用时分方式的程控数字交换网络的阻塞率可以做到很低，例如 10^{-4}～10^{-8} 称为微阻塞网络。必要时，也可采用无阻塞网络。

无阻塞网络又可分为以下 3 类。

严格无阻塞（Strict Non-Blocking）。严格无阻塞网络由 Clos C 提出，又称为 CLOS 网络。所谓严格无阻塞，是指不论交换网络原先处于何种占用状态，总可以建立任何出、入线之间的连接而无内部阻塞。

广义无阻塞（Wide Sense Non-Blocking）。对任何呼叫连接，只有遵循特定的选路规则才能做到无阻塞时，称为广义无阻塞。

再配置无阻塞（Rearrange able Non-Blocking）。再配置无阻塞是指总可以通过对已建立连接所用的通路进行调整，以建立任何新的无阻塞连接。

ATM 交换结构也可采用无阻塞网络，但要区分是连接建立的无阻塞，还是信元传送的无阻塞。前者的原理与电路交换相似，也可采用 CLOS 结构，但由于虚连接不同于物理连接，因此设计 CLOS 结构所用的无阻塞条件稍有不同。信元传送的无阻塞是指在信元传送阶段，交换结构内部不会产生任何竞争。通常所说的无阻塞 ATM 交换机构往往是指信元传送阶段的无阻塞。

（6）可靠性保障

交换网络是交换系统的重要部件，一旦发生故障，会影响众多的呼叫连接，甚至导致全系统中断。因此，交换网络必须具备有效的可行性保障性能。除了提高交换网络硬件的可靠性以外，通常采用冗余结构配置（双套），也可采用多平面结构。

冗余结构通常有两种工作方式：即主/备用方式和负荷分担方式。主/备用方式中的热备用方式是指一套主用、一套备用，备用的一套随时接收和保存有关的信息，但不实现信息传送，当主用发生故障时，可立即替换而不会影响已建立的呼叫连接。负荷分担方式指两套同时分担工作，如一套发生故障，则全部由另一套工作。当采用多平面冗余结构时，即为负荷分担方式。

2.2 交换单元与交换网络

要了解交换单元和交换网络，首先应该知道需要交换的信息经过交换单元和交换网络传送时的信号形式，针对不同的信号形式，可使用相应的交换部件。

通信网中传送的信号按照其基本形式可分为电信号和光信号。信号又可分为模拟信号和数字信号。不同的信号对交换网络有不同的要求，其交换与传送需选用最适合自己的交换单元和交换网络，如光信号在交换机中的传送需经过光交换网络，而电信号在交换机中的传送则需要经过电交换网络。在通信网中，为了使模拟信号能经过数字交换网络传送，必须对模拟信号进行数字化处理，这部分内容将在 2.3 节中进行介绍。

为了有效地利用信道资源，通常要采用信道复用技术，本章将在 2.4 节介绍主要的信道复用技术。

我们知道，交换的基本功能是在任意的入线和出线之间根据需要建立连接和拆除连接，在交换系统中，完成这一基本功能的部件是交换网络。交换网络又是由若干交换单元按照一定的拓扑结构和控制方式构成的。不同的交换系统要求有不同的交换网络，需要由不同的交换单元构成。

2.2.1 概述

1. 交换单元及其数学模型

交换单元是构成交换网络的最基本的部件，用若干个交换单元按照一定的拓扑结构和控制方式就可以构成交换网络。交换单元是完成交换功能最基本的部件。交换单元的功能也就是交换的基本功能，即在任意的入线和出线之间建立连接和拆除连接。或者说，根据需要将入线的信息分发达到出线上去，分发完成后，拆除连接，让其他用户使用。

从数学观点看，不管交换单元的内部结构如何，我们总可以把它看作一个黑箱，对外的特性归纳为一组入线和一组出线，以及完成控制功能的控制端和描述内部状态的状态端，入线为信息输入端，出线为信息输出端，如图 2.2 所示。这样我们可以暂时不考虑各种具体交换单元的个性，而是从一般意义上讨论交换单元的基本概念和数学模型。

图 2.2 中的交换单元具有 M 条入线，N 条出线，这是一个 $M\times N$ 的交换单元。其中入线可用 0～M-1 或 1～M 的编号来表示，出线可用 0～N-1 或 1～N 的编号来表示。若入线数与出线数相等且均为 N，则为 $N\times N$ 的对称单元。控制端主要用来控制交换单元的动作，可以通过控制端的控制将交换单元的特定入线与特定出线连接起来，使信息从入线交换到出线而完成交换的功能。状态端用来描述交换单元的内部状态，不同的交换单元有不同的内部状态集，通过状态端口让外部及时了解工作情况。

从交换单元的数学模型可以看出，一个交换单元由 4 个部分组成：入线、出线、控制端与状态端。交换单元的入线又称为输入端口，出线称为输出端口。

若交换单元的每条入线能够与每条出线相连，则称为全连接交换单元；若交换单元的每条入线只能够与部分出线相连，则称为部分连接交换单元。

若交换单元是由空间上分离的多个开关部件或小的交换部件按照一定的排列规律连接而成的，则称其为空分交换单元。

2．交换单元的内部通道

当有信号到达交换单元的某条入线时，交换单元的任务就是要将该信号按照要求分发到出线上去，这时有两种情况：

一是信号为同步时分复用信号，信号本身只携带有用户信息，而没有指定出线地址（该地址由另外的信号如信令来指定）。这时，交换单元可根据控制指令（该控制指令包含了信号要传送到的目的地址等信息）确定相应的链路，在交换单元内部建立通道，将该入线与相应的出线连接起来，入线上的信号沿着该内部通道在出线上输出，如图 2.3（a）所示。

二是信号为同级复用信号，需要交换的信息单元为分组或信元，信号中不仅携带有用户信息，还有出线地址。这时，交换单元可根据该信号所携带的出线地址，在交换单元内部建立通道。让该信号从入线交换到出线上去，如图 2.3（b）所示。

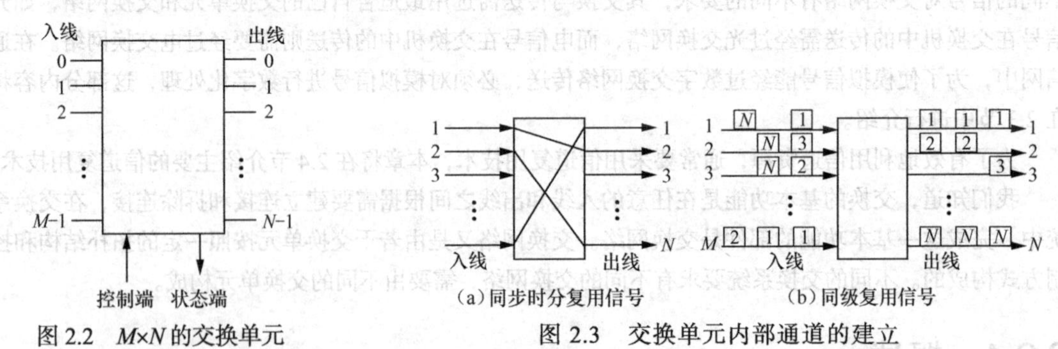

图 2.2　$M\times N$ 的交换单元　　　　图 2.3　交换单元内部通道的建立

对于以上两种情况，在信息交换完毕后，还需将已建立的内部通道拆除。由此可以看出，交换单元的基本功能是通过交换单元连接入线和出线的“内部通道”完成的，这样的内部通道通常称为“连接”。建立内部通道就是建立连接，拆除内部通道就是拆除连接。

3．交换单元的分类

（1）按照交换单元入线与出线的数量关系，可把一个交换单元分为集中型、分配型和扩散型，如图 2.4 所示。

（a）集中型：入线数大于出线数（$M>N$），也叫做集中器。

（b）分配型：入线数等于出线数（$M=N$），也称为分配器。

（c）扩散型：入线数小于出线数（$M<N$），也称为扩展器。

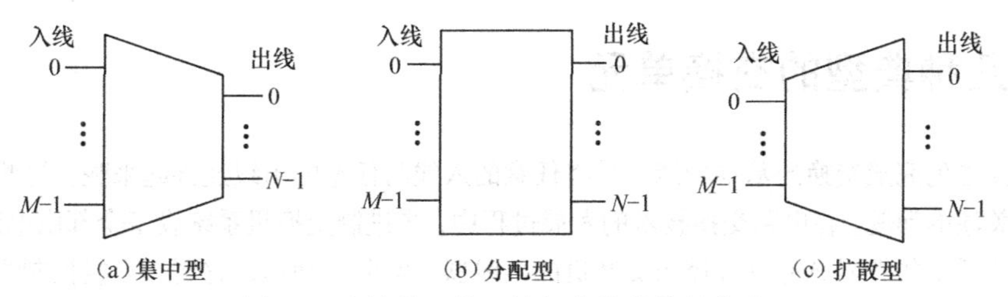

图 2.4　交换单元按入线与出线的数量分类

（2）交换单元按信息流向可分为有向交换单元和无向交换单元，如图 2.5 所示。

① 有向交换单元：当信息流过交换单元时，只能从入线进，出线出，具有唯一确定的方向。

② 无向交换单元（单边交换单元）：将一个交换单元的相同编号的入线和出线连在一起，同时具有发送和接收功能。

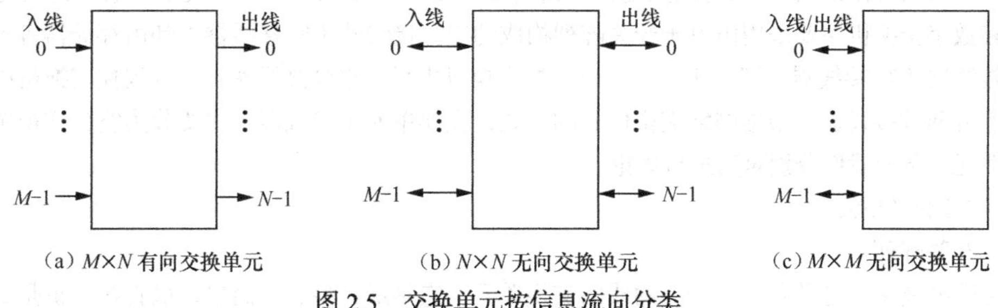

图 2.5　交换单元按信息流向分类

（3）按照交换单元所接收的信号形式，可以把交换单元分为数字交换单元和模拟交换单元。

4. 交换单元的性能

通常描述交换单元外部性能的指标有：容量、接口、功能和质量。

（1）容量

交换单元的容量包含两个方面：一个是交换单元入线和出线的数目；另一个是每条入线上可以送入交换的信息量大小（如模拟信号的带宽和数字信号的速率）。因此，交换单元的容量就是交换单元所有入线可以同时送入的总信息量。

（2）接口

交换单元的各条入线与出线要规定信号接口标准，如速率大小和信号单、双向等。如果是有向交换单元，那么就有入线与出线的区别，且入线与出线的信息传送方向是单向的，即信息从入线进入从出线输出；如果是无向交换单元，信息可以经过交换单元进行双向传送。如果是模拟交换单元，则只能交换模拟信号；如果是数字交换单元，只能交换数字信号，在通信网中，有的交换单元既能交换模拟信号，又能交换数字信号。

（3）功能

交换单元的基本功能是在出入线间建立、拆除连接并传送信息。具体来说，交换单元可分别或同时具有点到点功能、点到多点功能和广播功能。

（4）质量

一个交换单元的质量可用两个方面的指标来衡量：一个是完成交换功能的情况，另一个是信息经过交换单元的损伤。前一指标是指交换单元完成交换连接的情况，包括完成交换动作的快慢，以及是否在任何情况下都能完成指定的连接；后一指标是指信号经过交换单元时的时延和衰减情况，如信噪比的降低等。

2.2.2 几种典型的交换单元

交换单元如何完成交换的基本功能，并将任意的入线与任意的出线连接起来呢？这将是我们研究交换网络要关注的问题。在电路交换技术的发展过程中，步进制交换机系统设备全部由电磁器件构成，其特点是用户话机的拨号脉冲直接控制交换机的接线器（空分）动作，它属于直接控制方式；后来出现了将拨号脉冲由“寄发器”接收，然后由寄发器通过译码器译成电码来控制接线器的工作，称为间接控制方式；1919 年，瑞典工程师比图兰德（Betulander）和帕尔默格林（Palmgren）为一种叫做“纵横接线器”的新型选择器申请专利，这种接线器将过去的滑动摩擦方式的接点改成了压接触，从而减少了磨损，提高了寿命。

随着电子技术尤其是半导体技术的发展，人们在交换机内引入电子技术，称为电子交换机。但最初话路部分采用机械接点，只是在电子技术和数字技术进一步发展以后才出现了全电子交换机。

程控数字交换机主要采用由电子开关阵列构成的空分接线器（S 接线器）和由存储器等电路构成的时分接线器（T 接线器）完成接续，空分程控交换机中只有空分接线器，时分程控交换机中可以有时分、空分两种接线器。根据网络交换信号的形式，交换单元（接线器）主要分为空分交换单元和时分交换单元。下面我们分别对其进行讨论。

1. 空分交换单元

（1）开关阵列

开关阵列就是用各种各样的开关构成的交换单元。它是最典型、最简单、最直接，也是最早使用的交换单元。

① 基本原理。

在交换单元的内部，要建立任意入线和任意出线之间的连接，最简单最直接的办法就是使用开关。在每条入线和每条出线之间都接上一个开关，所有的开关就构成了交换单元内部的开关阵列。

根据交换单元的入线和出线之间的连接关系，可将开关阵列分为全连接交换单元和部分连接交换单元。全连接交换单元就是交换单元的每条入线能够与每条出线相连接；而部分连接交换单元是交换单元的每条入线只能够与部分出线相连接，也称为非全连接交换单元。

开关阵列是一种空分交换单元。开关阵列中的开关通常有两种状态：接通或断开。

【相关知识】 空分交换单元是由空间上分离的多个小的交换部件或开关部件按照一定的规律连接构成的交换单元。

开关阵列在拓扑结构上可排成方形或矩形二维阵列，并分别被称为 $N\times N$ 方形开关阵列和 $M\times N$ 矩形开关阵列。图 2.6 表示了用 $M\times N$ 有向矩形开关阵列实现的 $M\times N$ 有向交换单元及 $M\times N$ 无向矩形开关阵列。其中，连接线代表入线和出线，交叉点（实心圆点）代表开关，则共有 $M\times N$ 个开关，位于第 i 行第 j 列的开关记作 K_{ij}。

② 开关阵列的特性。

- 开关控制简单，具有均匀的单位延时特性（延时由开关器材决定）。因为每条入线和每条出线的组合都对应着一个单独的开关，所以在任何时间，任何入线都可连至任何出线。

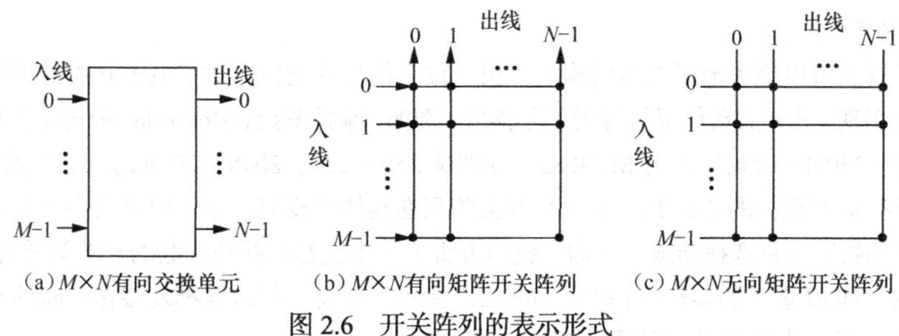

图 2.6　开关阵列的表示形式

- 开关阵列适合于构成较小的交换单元。开关阵列的交叉点数取决于交换单元的入线数和出线数，是两者的乘积。一个交叉点代表一个开关，交叉点数目就是开关的数目。因此，当入线数和出线数增加时，交叉点数目会迅速增长，导致控制的复杂和成本的急剧增加。所以在设计开关阵列的交换单元时，应尽量减少交叉点数目，该课题是交换领域的重要研究课题。
- 开关阵列很容易实现点到点、点到多点和广播功能。如一条入线的信息只送到一条出线上去，就可实现点到点功能；一条入线的信息送到多条出线上去，就可实现点到多点功能；一条入线的信息送到所有出线上去，就可实现广播功能。

【相关知识】 同发功能是指从交换单元的一条入线输入信息可以交换到多条出线上输出；广播功能是指从交换单元的一条入线输入的信息可以在全部出线上输出。像会议电视、有线电视等则需要同发和广播功能。

- 开关阵列组成的交换单元的性能取决于所使用的开关。如果开关是双向的（继电器），则构成无向交换单元；如果开关是单向的（电子开关），则构成有向交换单元；如果开关采用光开关，则构成光交换单元。如果开关只能传送模拟信号，则交换单元用于交换模拟信息；如果开关只能传送数字信号，则交换单元用于交换数字信息；如果开关对传送信号没有限制，则交换单元可用于交换模拟信息和数字信息。
- 开关阵列具有控制端和状态端。在最简单的情况下，每个开关配有一个控制端和一个状态端。因为开关的状态只有两种，控制端的控制信号和状态端的状态描述信号均可用二值电平 0 或 1 来表示，如某个开关某时刻的控制信号为 1，则需将该开关接通；为 0，则将该开关断开。

（2）实际开关阵列举例

实际中使用的开关阵列可以由许多器材来实现，如电磁继电器、模拟电子开关、数字电子开关等，分别介绍如下。

① 继电器。

继电器是由外部的电流流经一个线圈产生磁场，使一对或多对机械触点吸合或断开，从而达到控制电路通断的目的。用继电器构成的交换单元应是无向的，并且既可交换模拟信息，又可交换数字信息。但是，继电器的动作会对其他部件产生干扰和噪声，且动作较慢，体积也较大。

② 模拟电子开关。

模拟电子开关一般利用半导体材料制成。可以用控制电动势产生的耗尽层夹断导电沟道，从而起通断作用。例如，加拿大敏迪（Mitel）公司生产的 MT8816 是 8 × 16 的电子开关阵列，美国哈里斯（Harris）公司生产的 CD22100 是 4 × 4 的电子开关阵列。模拟电子开关与由继电器构成的交换单元相比，体积较小，全部开关和连线可以集成在一个芯片上，而且开关动作也比较快，产生的干扰和噪声极小，但是因为半导体具有单向特性，所以信息在半导体中只能单向传送，且衰耗和时延较大。

③ 数字电子开关。

数字电子开关可以简单地用逻辑门构成，用于数字信号的交换。数字电子开关常用数字多路选择器或分配器来实现，其开关动作极快且无信号损失。例如，摩托罗拉（Motorola）公司生产的 MC145601 和加拿大敏迪（Mitel）公司生产的 MT9085，分别是 256 × 256、2048 × 2048 的电子开关阵列。

通过分析我们发现，图 2.6 中的 $M \times N$ 开关阵列在具体实现时，不一定要求一个交叉点使用一个开关，也可使用数字多路选择器或分配器。我们可将一列出线都复接在一起的开关等效为一个 M 条入线和 1 条出线，即 M 选 1 的多路选择器，如图 2.7 所示；而将一行入线都复接在一起的开关等效为一个 1 条入线和 N 条出线的数字分配器，如图 2.8 所示。

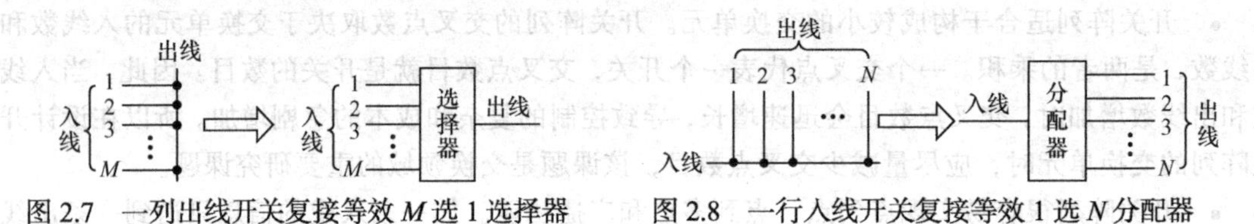

图 2.7　一列出线开关复接等效 M 选 1 选择器　　图 2.8　一行入线开关复接等效 1 选 N 分配器

从图 2.7 可以看出，我们用 N 个 M 选 1 多路选择器可以构成 $M \times N$ 的交换单元，如图 2.9（a）所示。同理，从图 2.8 可以看出，我们用 M 个 1 选 N 分配器可以构成 $M \times N$ 的交换单元，如图 2.9（b）所示。

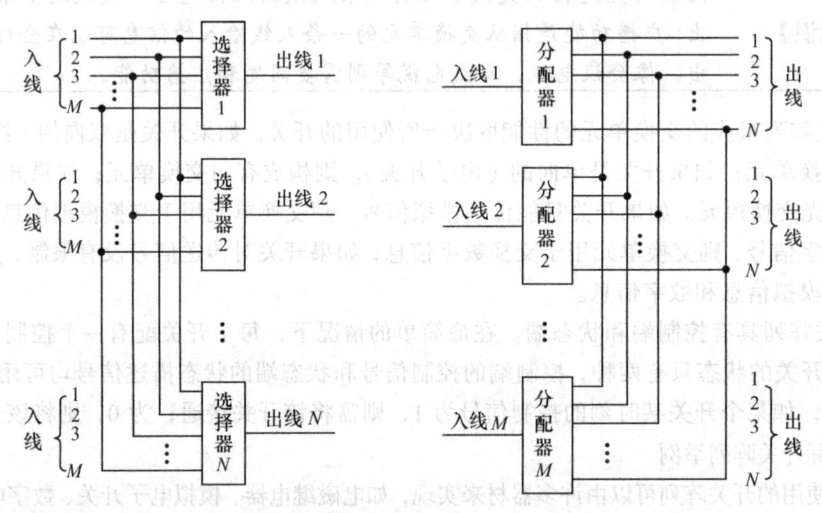

（a）N个选择器构成的$M \times N$的交换单元　　（b）M个分配器构成的$M \times N$的交换单元

图 2.9　多个选择器或多个分配器构成的 $M \times N$ 的交换单元

2. 时分交换单元

（1）总线型交换单元

在计算机系统中，各个部件之间传送信息的公共通路叫总线（Bus），微型计算机是以总线结构来连接各个功能部件的。因此，总线是一个最早用在计算机领域的名词，它指的是把计算机中的各个部件连接在一起的技术设备。在最简单也最一般的情况下，它就是一组连线。但它与一般连线不同的是，总线一般是把多于两个的器件连接在一起，“总”字在这里有汇总、集中点一类的意思。例如，在普通的计算机中，CPU 从存储器中读/写数据、CPU 向外设读/写数据等，各个部件之间的数据流通都是通过总线进行的，因此，总线相当于数据的集散地。也就是说，计算机中各个部件之间都可经过总线来传送数据，我们自然会想到，总线也可以用于电信交换。

在 LAN 中就使用总线来完成电信交换的功能。计算机通过一根同轴电缆连接在一起，各个计算机向总线发送数据和通过总线接收数据，完成信息传送任务。

在电信交换中使用的总线型交换单元的一般结构由入线控制部件、出线控制部件和总线 3 部分组成，如图 2.10 所示。交换单元的每条入线经各自的入线控制部件与总线相连，每条出线经各自的出线控制部件与总线相连，总线按时隙轮流分配给各个入线控制部件和出线控制部件使用。分配到的输入部件将输入信号送到总线上，分配到的输出部件将总线上的输出信号接收。

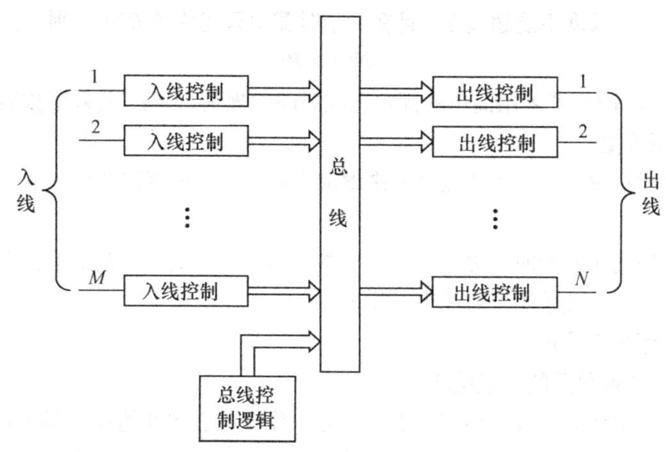

图 2.10　总线型交换单元一般结构

① 总线型交换单元各部件的功能。

- 入线控制部件的功能：入线控制部件的功能是接收入线上的输入信号，进行相应的格式变换，放在缓冲存储器中，并在总线分配给该入线控制部件的时隙上把收到的信息送到总线上。由于输入信息是连续的比特流，而总线上接收和发送信息是猝发的，所以假设一条入线上的输入信息的速率为 Vbit/s，每个入线控制部件每隔 τ 时间获得一个时隙，则每条入线上输入缓冲存储器的容量至少应为（$V \times \tau$）bit。
- 出线控制部件的功能：出线控制部件的功能是检测总线上的信号，并把属于自己的信息读入缓冲存储器中，并进行一定的格式变换，然后由出线送出形成出线信号。同理，设一个出线控制器在每个时间段 τ 内获得的信息量是一个常数，而出线的数字信息速率为 Vbit/s，则缓冲存储器的容量至少应是（$V \times \tau$）bit。
- 总线一般包括多条数据线和控制线。数据线用于在入线控制部件和出线控制部件之间传送信号，控制线用于完成总线控制功能，包括控制各入线控制部件获得时隙和发送信息，或控制出线控制部件读取属于自己的信息等。一般将总线包括的数据线和控制线数叫做总线的宽度。又因为其中数据线数的多少对于交换单元的容量具有决定性的意义，故有时也就把总线包括的数据线数叫做总线的宽带。
- 总线时隙分配要按一定的规则。最简单也最常用的规则是不管各入线控制部件是否有信息，只是按顺序把时隙分给各入线。比较复杂但效率较高的规则是按需分配时隙，即在入线有输入信息时才分配时隙。

根据上述描述可以看出，总线上的信号是一个同步时分多路复用信号。若有 N 条入线，每条入线的信号速率是 Vbit/s，则总线上的信号速率是 $N \times V$bit/s。因此，在总线型交换单元中，总线是信息的集散地，如果入线数较多且输入信号速率较高，则总线上的信息速率会变得非常高。总线型交换单元的入线数和信号速率受总线上能够传送的信息速率及入线、出线控制电路的工作速率限制。这一限制实际上反映了交换单元的信息吞吐量。

要提高总线型交换单元的信息吞吐量，一是增加总线的宽度，总线中的数据线数目增加后，在一个操作中可以送到总线上的信息量就会增加；二是提高入线缓冲器、出线缓冲器和总线读写操作的速度，如使用更高速的器件。第一种方法会导致输入和输出缓冲器容量的加大以及总线的接口电路增加，因此，设备复杂程度也相应增加；第二种方法受存储器等硬件电路存取速度的限制。

② 分析。

设总线上的一个时隙长度不能超过 T，且在一个时隙中只能传送 B bit，则有：

$$k \times N \times V = B/T$$

其中 k 是时隙分配规则因子。若采用简单的固定分配时隙的规则，$k=1$；若采用按需分配的规则，$k<1$。$1/k$ 反映了总线的利用程度。

因此，可以通过增加 B、减少 T 或减少 k 来增加交换单元。最直接的增加 B 的方法是增加总线的宽度。

总线型交换单元适用于两种时分复用信号的交换，不过，在具体实现时有所不同。目前在一些程控数字交换机（S240）中，就采用了总线型交换单元。

（2）共享存储器型交换单元

① 共享存储器型交换单元的一般结构。

共享存储器型交换单元的一般结构如图 2.11 所示。作为核心部件的存储器被划分成 N 个单元（区域），N 路输入数字信号分别顺序或控制送入存储器的 N 个不同的单元（区域）中暂存，然后再分别控制或顺序输出。存储器的写入和读出采用不同的控制方式，以完成交换。

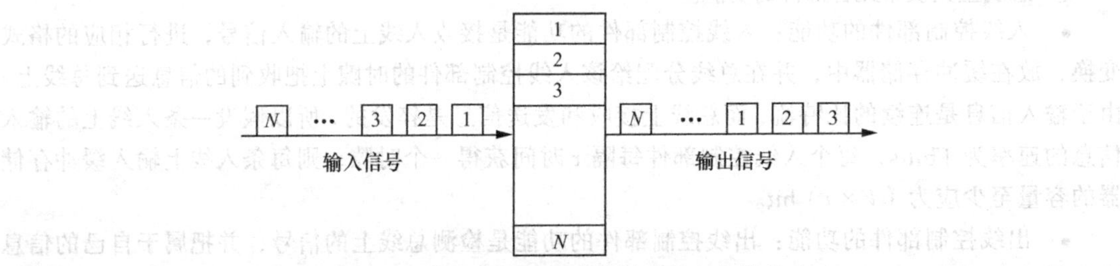

图 2.11　共享存储器型交换单元的一般结构

② 共享存储器型交换单元的工作方式。

共享存储器型交换单元的工作方式有下列两种：一种是输入缓冲，即存储器中的 N 个单元暂时存放的信息是和各路输入信号顺序对应的，也就是说，第 1 路输入信号送到第 1 个存储单元（编号为 1），第 2 路输入信号送到第 2 个存储单元（编号为 2），依此类推，则称该共享存储器型交换单元是输入缓冲。另一种是输出缓冲，即存储器中的 N 个单元是和各路输出信号一一对应的，也就是说，第 1 个存储区域（编号为 1）暂存的数据作为第 1 路输出信号，第 2 个存储区域（编号为 2）暂存的数据作为第 2 路输出信号，依此类推，则称该共享存储器型交换单元是输出缓冲。

由此可以看出，对于输出缓冲方式的共享存储器型交换单元，只要在将输入信号存入存储器单元时，按照交换要求，有控制、有选择地将输入信号存入所需的单元，即可完成输入信号与输出信号的信息交换；同理，对于输入缓冲方式的共享存储器型交换单元，只要在将输出信号读出存储器单元时，按照交换要求，有控制、有选择地将输出信号从所存储的单元读出，即可完成输入信号与输出信号的信息交换。

共享存储器型交换单元对两种时分复用信号都可以进行交换，但其具体实现有所不同。

2.2.3 交换网络

交换网络是由若干个交换单元按照一定的拓扑结构和控制方式构成的网络。交换网络含有三大要素：交换单元、不同交换单元间的拓扑连接和控制方式，其结构如图 2.12 所示。

在分析交换网络的结构时，按照数学的观点，可以归纳为组合问题、概率问题和变分问题 3 个问题。

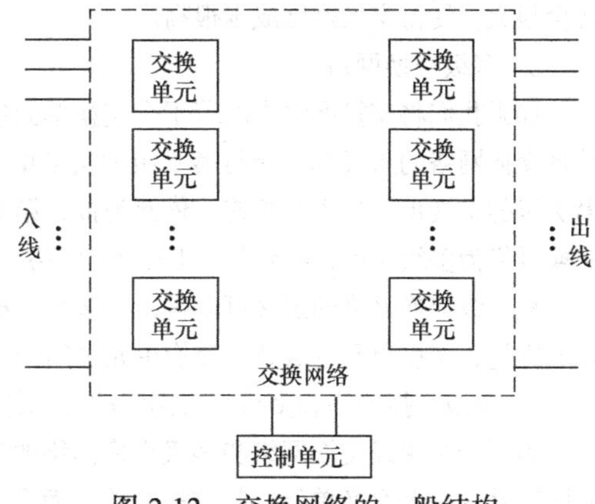

图 2.12 交换网络的一般结构

- 组合问题

组合问题是指用代数的方法研究交换网络的拓扑结构性质，分析交换网络在入线和出线之间提供连接的能力。

- 概率问题

概率问题是指用概率理论（包括随机过程）的方法来描述或分析交换网络的操作特性，如交换网络在某一瞬间所处的状态，连接建立的阻塞概率等；而这些操作特性是随机过程，用概率和随机过程等数学理论可以进行定性和定量的分析，当然，前提是了解交换网络的组合特性。

- 变分问题

变分问题是为了解决交换网络中最佳选路问题的一种数学方法。在一个给定的交换网络中，对于某空闲的入线和出线之间的连接请求，存在着不同的选路方法，应该选择哪条路径才能使网络的阻塞概率最小，就涉及变分问题。

解决交换网络的概率问题和变分问题的基础是组合问题，所以有关交换网络的组合问题，是分析交换网络的最基本问题。下面从非数学角度出发，讨论几种常用交换网络的组合特性，主要是拓扑结构。而概率问题和变分问题内容已超出本书范围，不在讨论之列。

从交换网络的概念可以看出，将交换单元按一定的拓扑结构连接起来，可形成单级或多级交换网络。

1. 单级交换网络

单级交换网络是由一个交换单元或若干个位于同一级的交换单元构成的交换网络，如图 2.13 所示。

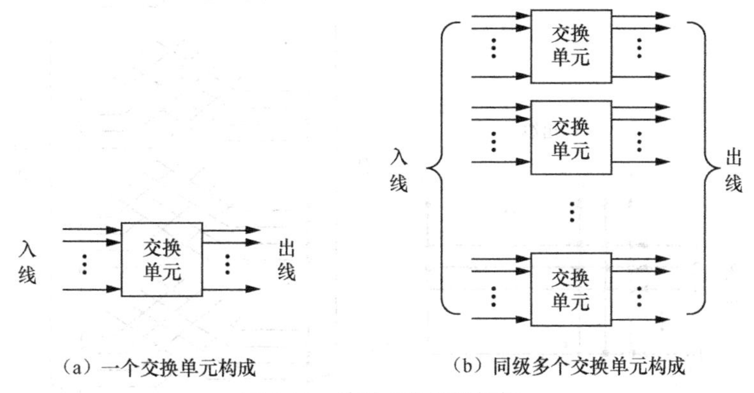

（a）一个交换单元构成　（b）同级多个交换单元构成

图 2.13 单级交换网络结构

从图 2.13 可以看出，在单级交换网络中，需交换的信息在网络中从入线到出线只经过一个交换单元的入线和出线的连接。需要注意的是，在由多个交换单元组成的单级交换网络中，属于不同交换单元的入线和出线之间无法建立连接，也就是说，网络的入线不能根据需要与任意的出线相连，从交换的角度严格来说，这不能算做真正的交换网络。因此，严格的单级交换网络就是一个交换单元。

从图 2.13 可以看出，单级交换网络具有拓扑结构简单的特点。对于一个 $M \times N$ 的空分交换阵列来说，其交叉点数目为入线数与出线数的乘积（$M \times N$），当入线数与出线数都较大时，交叉接点总数目就会很大，使得交换网络成本很高。

2. 多级交换网络

如果我们将交换网络中的若干个交换单元按其拓扑结构的列数分成相应的级（$K=1, 2, 3, \cdots$），并且交换网络的入线都只能与第 1 级的交换单元的入线相连；所有第 1 级的交换单元的出线都只能与第 2 级的交换单元的入线相连，依此类推，第 K 级交换单元的出线作为交换网络的出线，则称这样的交换网络为多级（K 级，K 大于 1）交换网络。

从多级交换网络的定义可以得出，多级交换网络的拓扑结构可以用 3 个参量来表示：每个交换单元的容量、交换单元的级数、交换单元之间的连接通路（又称为链路）。

3. 单级交换网络和多级交换网络的技术特性

为了研究单级交换网络和多级交换网络的技术特性，从前面的分析我们可以看出，真正的单级交换网络就是一个交换单元，其结构简单；而多级交换网络由若干个交换单元组成，况且网络的拓扑结构在两级以上。

在相同的连接能力情况下，单级交换网络和多级交换网络所需的连接点是否相同呢？我们知道，在相同连接能力情况下，如何减少交叉点数目是我们改进交换网络的方向。我们先假设一个单级交换网络的出/入线数与一个多级交换网络的出/入线数都是 16，它们的连接能力相同，现对其各自所需交叉点数进行分析。

（1）16 × 16 单级交换网络

根据单级交换网络的定义，我们可以采用一个 16 × 16 的空分交换单元构成一个单级交换网络，如图 2.14（a）所示，其交叉点数为 16 × 16=256，由于该单级交换网络只使用一个交换单元，其入线能根据需要与任意的出线相连。

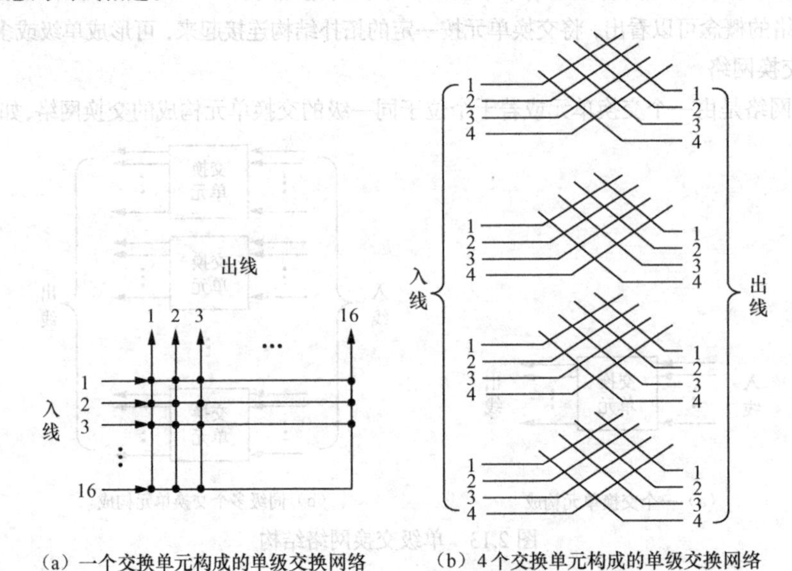

（a）一个交换单元构成的单级交换网络　（b）4 个交换单元构成的单级交换网络

图 2.14　一个 16 × 16 单级空分交换网络结构

根据单级交换网络的定义，我们同样可以采用 4 个 4 × 4 的空分交换单元，并让其位于同一级，构成一个单级交换网络，且出/入线总数也分别是 16，如图 2.14（b）所示，其所需交叉点数为 4 × 16 = 64，但该网络的入线不能根据需要与任意的出线相连，不能算作真正的交换网络。

（2）16 × 16 两级交换网络

现在我们用 8 个 4 × 4 的空分交换单元构成一个两级交换网络，如图 2.15 所示。该网络就是一个 16 × 16 两级交换网络，总共有 8 个交换单元。

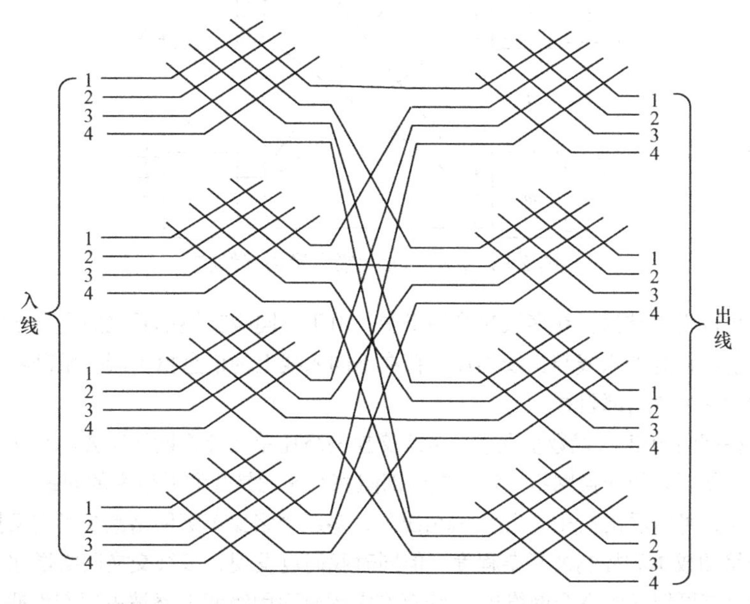

图 2.15　由 8 个 4 × 4 交换单元构成的 16 × 16 两级空分交换网络结构

从图 2.15 可以看出，该交换网络的入线和出线之间能够建立连接，这样构成的两级网络出/入线数也是 16 × 16，但接点总数却为 4 × 4×8 = 128。

（3）网络阻塞

我们知道，交换网络的基本功能是在任意入线和出线之间建立和拆除连接。当呼叫由入线进入交换网络时，如果交换网络入线、出线之一全忙或者出线、入线同时全忙，则该呼叫将损失掉，也就是说，交换网络产生了网络阻塞。

（4）内部阻塞

从前面的分析我们知道，在相同出/入线情况下，要减少交叉点数目，通常我们采用多级交换网络。

现以图 2.16 所示 $mn \times mn$ 两级交换网络为例，说明多级交换网络有可能会出现内部阻塞。从图中可以看出，该两级交换网络是一个 $mn \times mn$ 交换网络的两级交换网络，它的第一级由 m 个 $n \times n$ 的交换单元组成，第二级由 n 个 $m \times m$ 的交换单元组成；第一级同一交换单元的不同编号的出线分别接到第二级不同交换单元的相应编号的入线上，因此可以看出，交换网络 $mn \times mn$ 入线中的任何一条均可与交换网络 $mn \times mn$ 出线中的任何一条接通，因此，它相当于一个 $mn \times mn$ 的单级交换网络。

为什么说它相当于一个 $mn \times mn$ 的单级交换网络呢？我们已经知道，单级交换网络不存在阻塞，但是从图 2.16 可以看出，第一级的每一个交换单元与第二级的每一个交换单元之间仅存在一条链路，我们假设某时刻第一级 1 号交换单元的编号为 1 的入线与第二级 n 号交换单元的编号为 2 的出线接通；这时，第一级 1 号交换单元的其他编号的入线就无法再与第二级 n 号交换单元的其他出线接通，这就是网络的内部阻塞。按照计算机和数据通信的观点，网络内部阻塞也可称为冲突，即不同入线上的信息试图同时占用同一条链路。

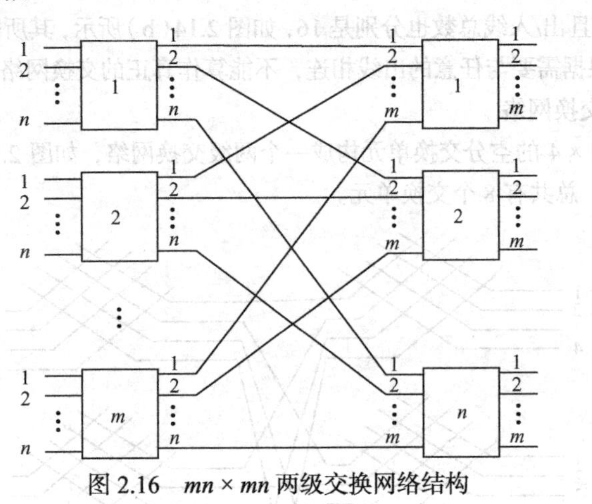

图 2.16　$mn \times mn$ 两级交换网络结构

因此，我们可以得出结论：在多级交换网络中，由于不同级交换单元之间会存在链路不足，从而导致整个网络不能将任意的入线与出线相连，存在不同入线上的信息抢占同一条链路，而引起冲突，这种现象我们称为网络的内部阻塞。

我们知道，在相同的出/入线数情况下，多级交换网络比单级交换网络需要的交叉点数目少，但可能存在内部阻塞。是否多级交换网络一定存在内部阻塞？这就是我们要研究的问题。

通过以上分析，可以看出在相同出/入线情况下，多级网络比单级网络减少了交叉接点数目，这样就降低了交换网络的成本和控制的复杂程度。但同时我们也发现，多级交换网络增加了网络搜寻空闲链路的难度，同时有可能导致整个网络出/入线存在空闲时而因级间链路被占用产生冲突。我们称这种出/入线存在空闲而交换单元之间不存在空闲链路而引起冲突的现象为网络内部阻塞。

4. 无阻塞交换网络

（1）无阻塞交换网络的种类

研究无阻塞交换网络的目的是尽量减少以至最后消除多级交换网络可能存在的内部阻塞，下面给出 3 种无阻塞交换网络概念。

① 严格无阻塞网络。

不管网络处于何种状态，任何时刻都可以在交换网络中建立一个连接，只要这个连接的起点、终点是空闲的，而不会影响网络中已建立起来的连接。

② 再配置无阻塞网络。

不管网络处于何种状态，任何时刻都可以在一个交换网络中直接或对已有的连接重选路由来建立一个连接，只要这个连接的起点和终点是空闲的。

③ 广义无阻塞网络。

指一个给定的网络存在着固有阻塞的可能，但有可能存在着一种精巧的选路方法，使得所有的阻塞均可避免，而不必重新安排网络中已建立起来的连接。

（2）严格无阻塞网络

我们知道，采用多级网络可以减少总的交叉点数目，但多级网络可能存在内部阻塞，如何使多级网络既减少了交叉点数目，又可避免内部阻塞，这就是无阻塞网络要研究的问题。前面讲到了 3 种无阻塞网络的概念，这里只讨论严格无阻塞网络，且暂时不考虑同步时分数字交换网络，仅以空分交换网络为例来说明。

① 单级严格无阻塞网络。

从单级交换网络的定义可以看出，严格的单级交换网络就是一个交换单元，交换单元显然是不存在任何内部阻塞的，它属于严格无阻塞网络。对于 $N\times N$ 的严格单级交换网络，所用交叉点总数为 $C=N^2$，当 N 值大时，交叉点数目就非常多，因此，实际应用中，大型交换网络很少使用单级交换网络。

② CLOS 网络。

- 三级 CLOS 网络

为了减少交叉点总数而同时具有严格的无阻塞特性，CLOS C 推出了严格无阻塞多级交换网络应具备的条件，这就是著名的 CLOS 网络。下面以三级 CLOS 网络为例做简要说明，如图 2-17 所示。

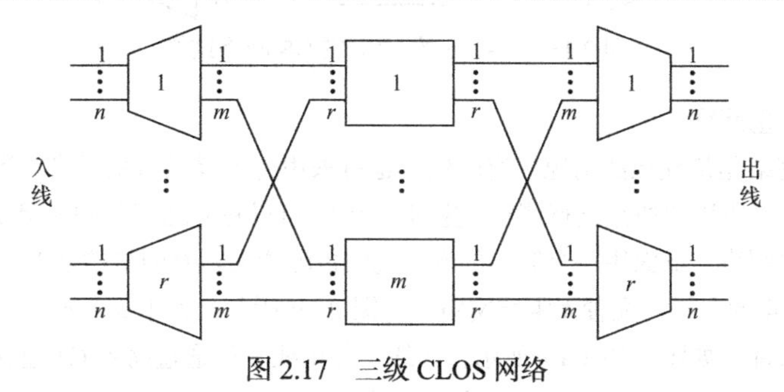

图 2.17　三级 CLOS 网络

从图中可以看出，输入级有 r 个 $n\times m$ 交换单元，输出级也有 r 个 $m\times n$ 交换单元，中间级有 m 个 $r\times r$ 方形交换单元，且上一级每一个交换单元的出线都与下一级的各个交换单元的入线有连接且仅有一条连接，因此任意一条入线与出线之间均存在一条通过中间级的交换单元的路径。m、n、r 是整数，决定了交换单元的个数、容量和交换网络的容量，称为网络参数，记为 C（m，n，r）。

假定输入级（第一级）第 1 个接线器的某条入线要与输出级（第三级）第 r 个接线器的某条出线建立连接。在最不利的情况下，输入级（第一级）第 1 个接线器的（n−1）条入线和输出级（第三级）第 r 个接线器的（n−1）条出线均已被占用，而且这些占用是通过中间级不同的接线器完成的。也就是说，最不利的情况是，（n−1）个第二级交换单元已被某个指定的第一级交换单元的（n−1）条入线所占用，而另外（n−1）个第二级交换单元已被某个第三级交换单元的（n−1）条出线所占用，在第一级交换单元的最后一条入线和该第三级交换单元的最后一条出线之间仍然能够建立连接，在这种最不利的情况下，可选择的链路已被占用（n−1）×2 条，为了确保无阻塞，至少还应存在一条空闲链路，即中间级至少要有（n−1）$\times 2+1=2n-1$ 个接线器；于是可以得到 3 级 C(m，n，r)CLOS 网络严格无阻塞的条件是：$m\geqslant 2n-1$。

当输入级每个接线器的入线数不等于输出级每个接线器的出线数，且它们分别为 $n_{入}$和 $n_{出}$时，则严格无阻塞的条件为：$m\geqslant(n_{入}-1)+(n_{出}-1)+1=n_{入}+n_{出}-1$。

- N = 36 的三级 CLOS 网络实例

假设一个三级 CLOS 网络，第一级有 6 个 6 × 11 矩形交换单元，第二级有 11 个 6 × 6 的方形交换单元，第三级有 6 个 11 × 6 的矩形交换单元，如图 2.18 所示。

从图中可以看出，该网络第一级交叉点数为 $6\times 6\times 11=396$，第二级交叉点数为 $11\times 6\times 6=396$，第三级交叉点数为 $6\times 11\times 6=396$，共有 1188 个交叉点，小于单级严格阻塞交换网络的交叉点数（$N^2=36^2=1296$）。

- 多级 CLOS 网络

随着交换网络容量的扩大，可能需要三级以上的网络，如五级、七级的 CLOS 网络。多级 CLOS 网络的结构和无阻塞原理与三级类似，只要将三级网络的中间一级代之以三级 CLOS 子网，就构成五级 CLOS 网络。依此类推，使用这种子网络嵌套的方法，可进行到再次嵌套时不再带来好处为止。

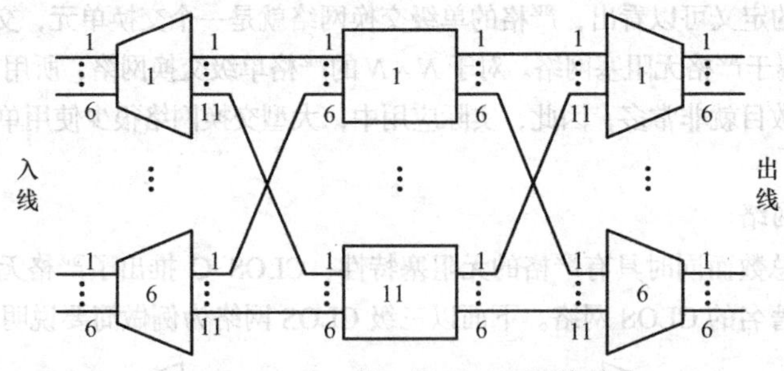

图 2.18　$N = 36$ 的三级 CLOS 网络结构

（3）再配置无阻塞网络

严格的无阻塞网络是最理想的情况，有时候，也可采用再配置无阻塞网络。当出现网络内部阻塞时，通过对已建立连接所用的通路进行调整（重排路由），可以建立任何新的无阻塞连接，这就是再配置（可重排）无阻塞网络。下面用一个简单的例子说明再配置无阻塞网络的基本原理。

假设有一个 4 × 4 的三级再配置无阻塞网络，如图 2.19 所示，其中 $m = n = r = 2$。显然，它不满足严格无阻塞网络的条件。如图 2.19（a）所示，入线 1 与出线 3 已通过路由 C1 建立连接，入线 4 与出线 2 已通过路由 C2 建立连接，这时，对于入线 2 与出线 4，以及入线 3 与出线 1，就无法再建立连接，即发生了内部阻塞。但我们可以通过重新调整已建立的入线 1 与出线 3 或入线 4 与出线 2 的连接路由 C1 或 C2，来建立入线 2 与出线 4 及入线 3 与出线 1 的连接。如图 2.19（b）所示，不改变原来的入线 4 到出线 2 的连接路由 C2，而将入线 1 到出线 3 的连接路由 C1 调整为 C11，则入线 2 与出线 4 及入线 3 与出线 1 就能建立连接了，如图 2.19（b）中虚线所示。这样总共调整了原有连接路由 1 次，就实现了所指定的无阻塞连接，这就是重排无阻塞网络的原理。要实现再配置（可重排）无阻塞网络，需要有一套重排路由的算法。

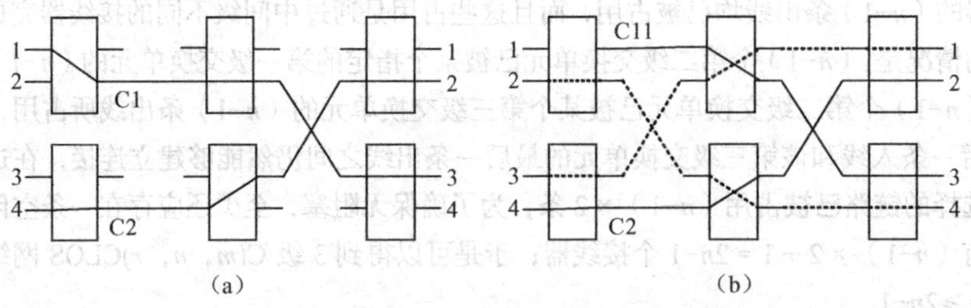

图 2.19　C（2，2，2）三级可重排无阻塞网络

2.2.4　程控交换机的交换单元与交换网络

随着微电子技术的发展和专用芯片的广泛应用，目前程控交换机采用的空分或时分接线器（交换单元）均已集成为具有较强功能的通用或专用电路组件。

1. 空分程控交换网络的接线器（空分交换单元）

我们知道，程控交换分为空分程控和数字程控，由于程控空分交换机的接续网络（或交换网络）采用空分接线器（或交叉点开关阵列），且在话路部分中一般传送和交换的是模拟语音信号，因而习惯称为程控模拟交换机，这种交换机不需进行语音的模数转换（编解码），用户电路简单，因而成本低，目前主要用作小容量模拟用户交换机。

（1）空分接线器结构

目前空分程控交换机广泛采用交叉点开关阵列集成电路作为空分接线器，以取代老式的纵横制交换机机电式接线器。这种开关阵列主要由电子交叉点矩阵和控制存储器（或锁存器）、译码器组成，如图 2.20 所示。在控制信号的作用下，由译码器输出 S_{ij} 的状态来选择和确定相应交叉开关导通，以实现与该节点相连的输入、输出线的接续。

（2）CD22100 空分接线器电路结构

目前空分接线器的集成产品很多，但其内部构成与工作原理基本相同。图 2.21 给出了美国哈里斯（Harris）公司生产的 CD22100 交叉点开关阵列结构，它有 16 个交叉点开关，分布在 4 行 × 4 列的交叉点上，编号为 0～15，这 16 个开关由 16 个锁存器输出控制。地址码输入 DCBA 经 4～16 译码，选择相应的锁存器，并由输入数据 DI 控制相应开关的状态，若 DI 为 1，则开关导通；若 DI 为 0，则开关截止。

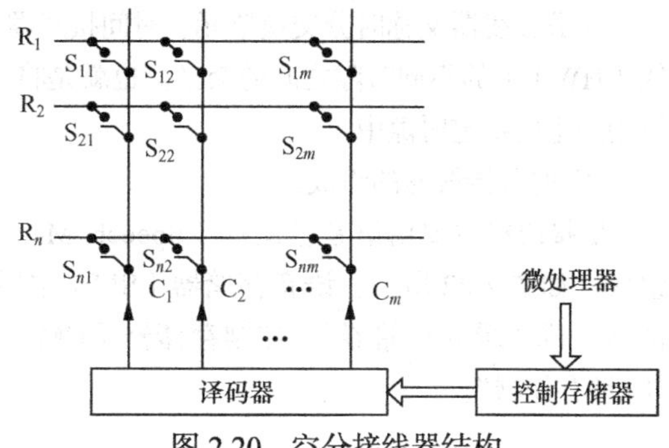

图 2.20　空分接线器结构

目前的交叉开关一般用 CMOS 工艺制作，因为导通呈现一定的电阻值（约为 50～100Ω），增加了插入损耗。另外，现有开关阵列产品规模较小，常用的规模大的产品为 MT8816（8 × 16），因此，空分交换机的容量一般较小。

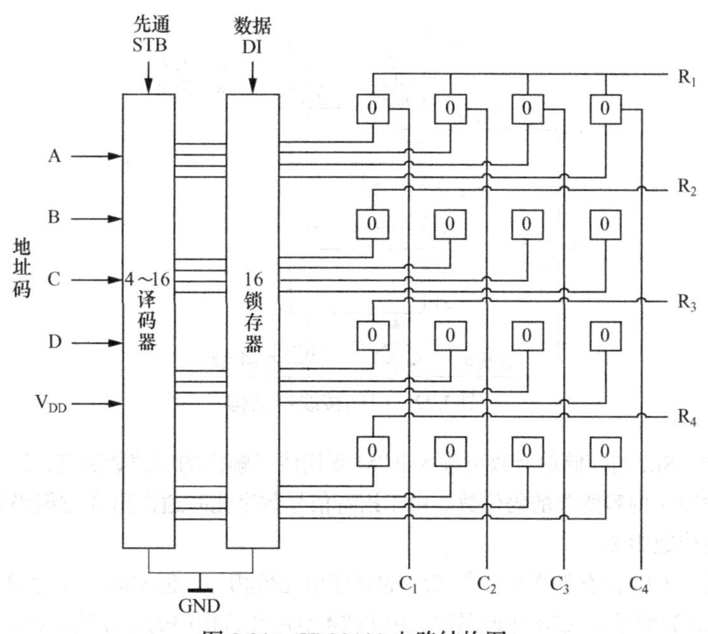

图 2.21　CD22100 电路结构图

2. 程控数字交换机的交换单元和交换网络

我们知道，程控数字交换机是将模拟语音信号转变为数字信号，每个用户占用一个不同于其他时隙的固定时隙，用户的语音信息就装在各个时隙之中，因此，程控交换机的数字信号交换就是不同时隙的交换。也就是说，将主叫时隙上所携带的语音信号搬移到被叫所占用的时隙中，反之，将被叫时隙上所携带的语音信号搬移到主叫所占用的时隙中，就可完成双方通信。我们把这种数字信号在不同时隙上的“搬移”叫做数字信号的“交换”。

在电路交换方式中，对同步时分复用信号进行时隙交换的交换网络称为同步时分交换网络，在数字程控交换系统中，又称为数字交换网络（DSE），数字交换网络由“时分接线器”或“时分接线器与空分接线器组合”构成。

（1）时分接线器

时分接线器又称时分交换单元、时间接线器，简称 T 接线器。它的功能是用来完成在同一条复用线（HW）上的不同时隙之间的交换。也就是将 T 接线器中输入复用线上某个时隙的内容交换到输出复用线上的指定时隙中。

① 时分接线器的组成。

T 接线器主要由语音存储器（Speech Memory，SM）和控制存储器（Control Memory，CM）组成，如图 2.22 所示。语音存储器（SM）主要用来暂时存储编码后的语音信息，又称为“信息存储器”或“缓冲存储器”；控制存储器（CM）用来寄存语音时隙地址，又称为“地址存储器”或“时址存储器”。

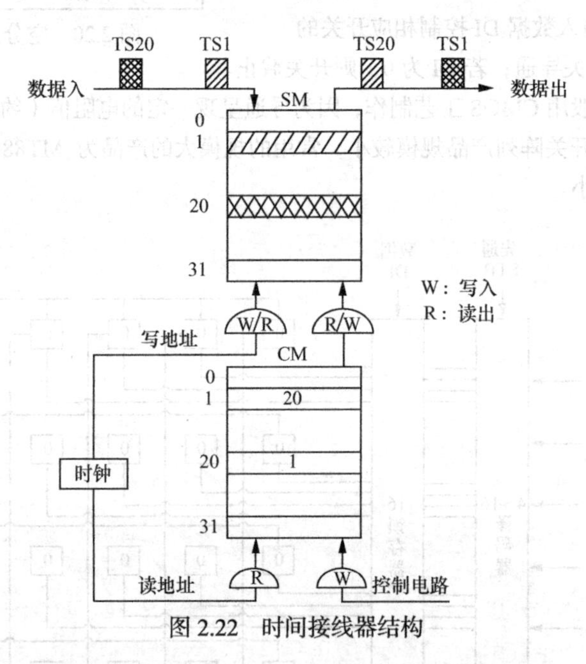

图 2.22　时间接线器结构

在 T 接线器中，SM 的存储单元数由输入 PCM 复用线每帧内的时隙数决定，其每个存储单元的位数则取决于每个时隙中内容所含的码位数。由于语音信号数字化时通常用 8 位编码表示，故语音存储器每个存储单元的位数为 8。

在 T 接线器中，CM 的存储单元数与 SM 的存储单元数相等。但 CM 每个存储单元只需存放 SM 的地址码（SM 单元数编号），CM 地址码位数由 PCM 复用线每帧内的时隙数决定。

例如，PCM 复用线每帧有 32 个时隙，则 SM 存储单元数（地址数）为 32，CM 的存储单元数也为 32；SM 每个存储单元的位数为 8，CM 每个存储单元的位数为 5（$32 = 2^5$）。

T 接线器属于共享存储器型交换单元。它采用缓冲存储、“以顺序写入、控制读出”或“控制写入、顺序读出”的方式来进行时隙交换。

② 时分接线器的工作原理。

根据 T 接线器的结构，就控制存储器对语音存储器的控制而言，有两种控制方式：输出控制和输入控制，如图 2.23 所示。

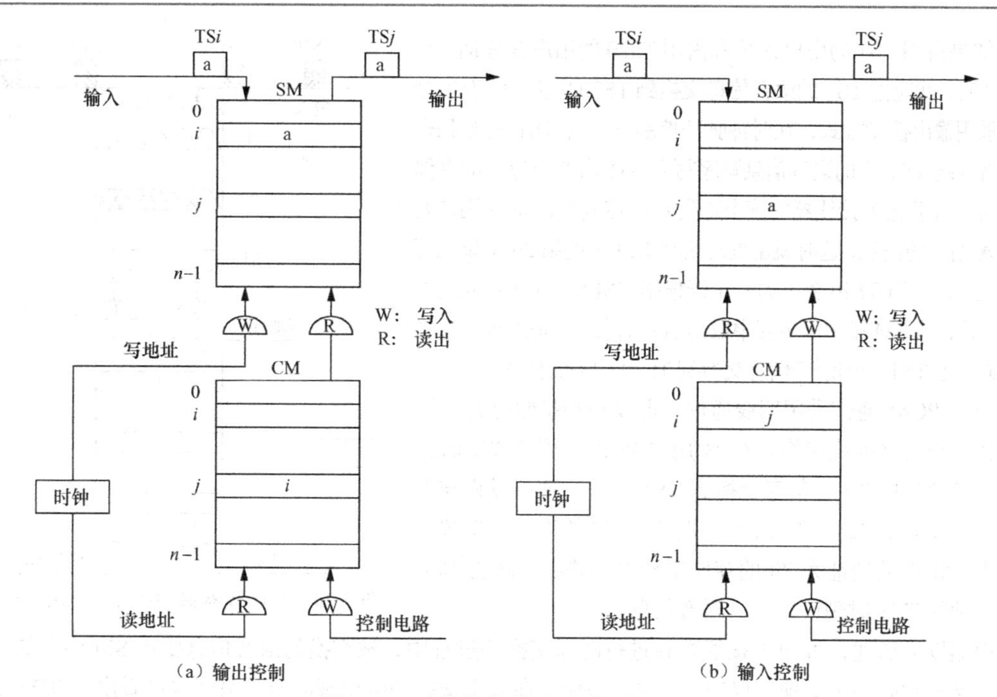

图 2.23　时分接线器的两种工作方式

- 输出控制方式

输出控制方式就是采用“顺序写入、控制读出”来完成时隙交换的工作方式，简称输出控制，如图 2.23（a）所示。

- 输入控制方式

输入控制方式就是采用“控制写入、顺序读出”来完成时隙交换的工作方式，简称输入控制，如图 2.23（b）所示。

需要注意的是，这里的顺序写入和顺序读出中的“顺序”是指按照 SM 地址的顺序，是时钟的连续关系，可由递增计数器来控制；而控制读出和控制写入的“控制”是指在相应的时间（时隙），按 CM 中已写入的内容来控制 SM 的读出或写入。至于 CM 每个单元所存的内容，则是由处理机控制写入的。

控制存储器（CM）只有一种工作方式，即“控制写入（处理机），顺序读出”。

- 输出控制 T 接线器的工作原理

根据图 2.23（a），假设 A 用户占用时隙 i，B 用户占用时隙 j，当 A 用户要与 B 用户交换，这时语音存储器在其第 i 个单元顺序写入 A 用户内容 a，由于 B 用户要得到 A 用户的信息，这时就由处理机控制，在 CM 中的第 j 个单元写入地址 i，当 j 时隙到来时，出线根据 CM 地址 i，从 SM 第 i 个单元中取出内容 a，完成交换。

- 输入控制 T 接线器的工作原理

根据图 2.23（b），同样假设 A 用户占用时隙 i，B 用户占用时隙 j，当 A 用户要与 B 用户交换，这时入线上用户 A 的信息写在 SM 的哪个单元由这个时刻 CM 里的内容确定，由于 B 用户要得到 A 用户的信息，这时就由处理机控制，在 CM 中的第 i 个单元写入地址 j，当 j 时隙到来时，出线顺序读出 SM 第 j 个单元中的内容 a，完成交换。

③ 时隙交换过程举例。

假设用户 A 占用 TS1，用户 B 占用 TS20，要求 B 用户要听得到用户 A 的信息，如图 2.24 所示。下面我们就输出控制方式讲述 T 接线器完成时隙交换的过程。

如果占用TS1的用户A要和占用TS20的用户B通话，在A讲话时，就应把TS1的语音信息交换到TS20中去。由于T接线器采用输出控制方式，在时钟脉冲控制下，当TS1时刻到来时，将入线TS1中的语音信息顺序写入SM内地址为1的存储单元内；由于此T接线器的读出是受CM控制的，而B用户要得到A用户的信息，这时就由处理机在CM中的第20个单元写入地址“1”，当TS20到来时，出线根据CM中20个单元里的地址“1”，从SM第1个单元中取出语音信息，完成交换。这样就完成了把TS1中的语音信息交换到TS20中去的任务。

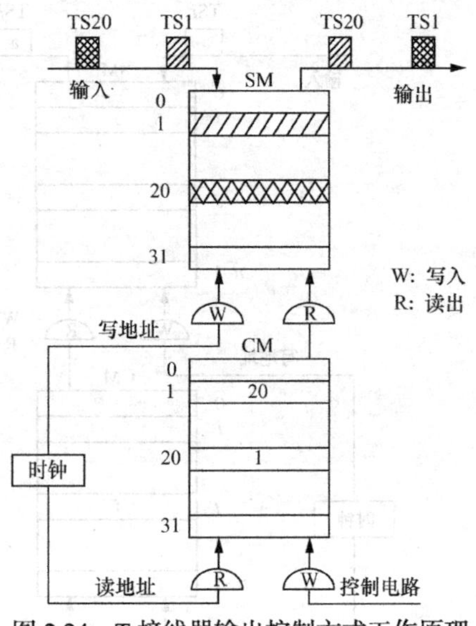

图 2.24　T 接线器输出控制方式工作原理

由于PCM通信采用四线通信，即发送和接收分开，因此，数字交换是四线交换。在B用户讲话A用户收听时，就要把TS20中的语音信息交换到TS1中去，这一过程与上述相似，即在TS20时刻到来时，把TS20中的语音信息按顺序写入SM中的地址为20的存储单元内，并在CM控制下的下一帧的TS1时刻读出这一语音信息。

根据以上所述，可知T接线器在进行时隙交换的过程中，被交换的语音信息要在SM中存储一段时间，这段时间小于1帧（125μs），也就是说，在数字交换中会出现时延。另外也可看出，PCM信码在T接线器中需每帧交换一次。假设TS1和TS20用户的通话时长为1分钟，则上述时隙交换的次数达48万次。即 $1 \times 60/125 \times 10^{-6} = 4.8 \times 10^{5}$。

不论哪一种工作方式，每个输入时隙都对应着SM的一个存储单元，所以，T接线器实际上具有空分的性质，是按空分的原理工作的。

T接线器中的SM和CM可以是高速的随机存取存储器（RAM）。

（2）空分接线器

空分接线器又称为空分交换单元或空间接线器，简称S接线器，其作用是完成不同PCM复用线之间同一时隙的信码交换。即将某条输入复用线上某个时隙的内容交换到指定的输出复用线的同一时隙中去。

① S接线器的基本组成。

S接线器由电子交叉矩阵和控制存储器（CM）组成，如图2.25所示。

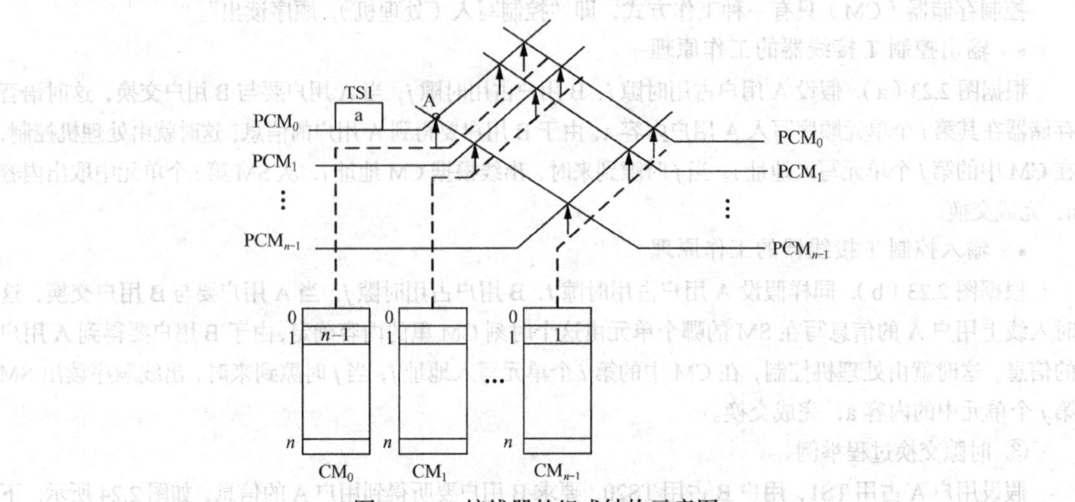

图 2.25　S 接线器的组成结构示意图

图 2.25 所示为 $N\times N$ 的电子交叉矩阵，它有 n 条输入复用线和 n 条输出复用线，每条复用线上有若干个时隙。每条输入复用线可以通过交叉点选择到 n 条输出复用线中的任一条，但这种选择是建立在一定的时隙基础上的。因此对应于一定出/入线的交叉点是按一定时隙做高速启闭的。从这个角度看，S 接线器是以时分方式工作的。各个电子交叉点在哪些时隙应闭合，在哪些时隙应断开，是由 CM 控制的。

② S 接线器的工作原理。

S 接线器控制存储器的作用是对电子交叉矩阵上的交叉点进行控制，按照 S 接线器 CM 的配置形式，其工作方式可分为输入控制和输出控制，如图 2.26 所示。

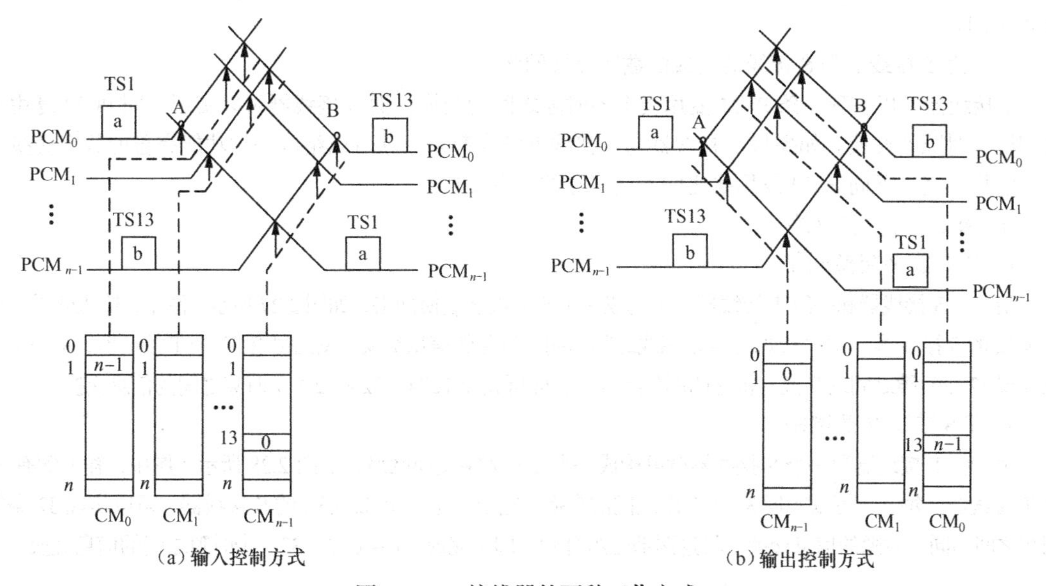

图 2.26　S 接线器的两种工作方式

- 输入控制方式

输入控制方式对应于每一条入线都配有一个 CM，由这个 CM 控制入线上每个时隙接通到哪一条出线上。CM 中写入的内容是输出复用线的编号。CM 的存储单元数等于每条输入复用线上的时隙数，CM 每个单元需要的位数则决定于输出复用线的多少。例如，每条复用线上有 32 个时隙，交叉点矩阵是 4×4，则要配 4 个 CM，每个 CM 有 32 个单元，每个单元有 2 位，可以选择 4 条出线。

例如，将入线 PCM_0 上的 TS1 信息送到出线 PCM_{n-1} 上，如图 2.26（a）所示。其交换原理是：CM_0 的第 1 单元中由处理机控制写入了 $n-1$，表示第 0 条输入复用线在第一个时隙到来时，与第 $n-1$ 条输出复用线的交叉点接通，即在 TS1 开关 A 闭合。

将入线 PCM_{n-1} 上的 TS13 信息送到出线 PCM_0 上，如图 2.26（a）所示。其交换原理是：CM_{n-1} 的第 13 单元中由处理机控制写入 0，表示第 $n-1$ 条输入复用线在第 13 个时隙到来时，与第 1 条输出复用线的交叉点接通，即在 TS13 开关 B 闭合。

- 输出控制方式

输出控制方式对应每一条输出复用线有一个 CM，由这个 CM 控制其对应的出线上各个时隙依次与哪些入线接通。在该方式中，CM 中写入的内容是输入复用线的编号。CM 的存储单元数等于每条输出复用线上的时隙数，CM 每个单元需要的位数则决定于输入复用线的多少。例如，每条复用线上有 128 个时隙，交叉点矩阵是 8×8，则要配 8 个 CM，每个 CM 有 128 个单元，每个单元有 3 位，可以选择 8 条入线。

图 2.26（b）中，CM_0 的第 13 单元中由处理机控制写入了 n-1，表示第 0 条输出复用线在第 13 个时隙到来时，与第 n−1 条输入复用线的交叉点接通，开关 B 闭合；CM_{n-1} 的第 1 单元中由处理机控制写入了 0，表示第 n−1 条输出复用线与第 0 条输入复用线的交叉点在时隙 TS1 接通，即开关 A 闭合。

因此，S 接线器能完成不同 PCM 复用线间的信息交换，但是在交换中，其信息码元所在的时隙位置不变，即 S 接线器不能完成时隙交换。因此，S 接线器不能在数字交换网络中单独存在。

在图 2.26 中，假设 PCM_0 中的 TS_0、TS_1、TS_3、TS_5 等用户信息需要交换到输出线 PCM_{n-1} 中的 TS_0、TS_1、TS_3、TS_5…时隙中去，则在 CM_0 的控制下，交叉点 A 在 1 帧内就要闭合、打开若干次。因此，在数字交换中的 S 接线器的交叉点是以时分方式工作的。这与空分交换中空分接线器的工作方式不同。

（3）用 T 接线器和 S 接线器构成的数字交换网络

T 接线器可以实现一条 PCM 复用线上各时隙之间的交换，而 S 接线器可以实现不同 PCM 复用线之间同一时隙的交换。如果将 T 接线器与 S 接线器结合起来，就可以组成一种功能完善的数字交换网络，它可以完成不同 PCM 复用线之间不同时隙的信息交换。

① 两级数字交换网络。

- S-T 数字交换网络

用一个 S 接线器和一组 T 接线器就可构成一个 S-T 数字交换网络，如图 2.27 所示。图中，输入侧是一个 32 × 32 的 S 接线器，可以实现 32 条复用线之间的同一时隙的信息交换；输出侧有 32 个 T 接线器，每一个可以实现 32 个时隙之间的交换。将这两部分组合后，即可完成 1024（32 × 32）个时隙之间的信息交换。

- T-S 数字交换网络

用一组 T 接线器和一个 S 接线器就可构成一个 T-S 数字交换网络，如图 2.28 所示。图中，输入侧有 32 个 T 接线器，每一个可以实现 32 个时隙之间的交换，输出侧是一个 32 × 32 的 S 接线器，可以实现 32 条复用线之间的同一时隙的信息交换。将这两部分组合后，即可完成 1024（32 × 32）个时隙之间的信息交换。

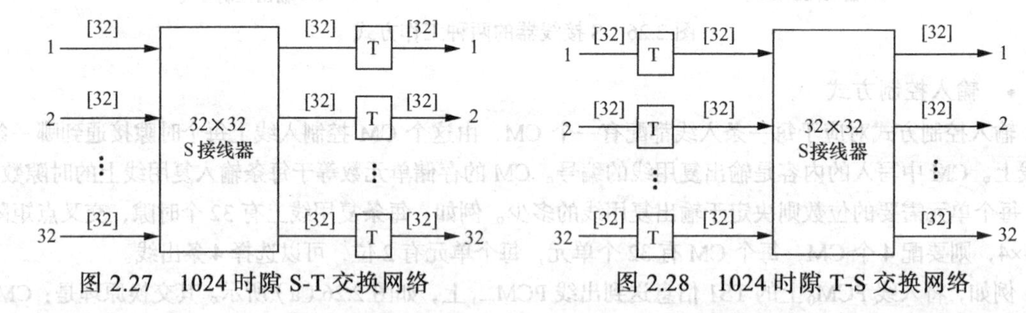

图 2.27　1024 时隙 S-T 交换网络　　图 2.28　1024 时隙 T-S 交换网络

上述 S-T 结构和 T-S 结构的数字交换网络，都能完成 1024 个时隙的信息交换，所不同的是，S-T 结构的数字交换网络先完成不同复用线之间同一时隙的交换，再完成同一条复用线上不同时隙之间的交换；而 T-S 结构的数字交换网络先完成每条复用线上不同时隙之间的交换，再完成不同复用线之间同一时隙的交换。

S-T 网络和 T-S 网络都存在网络内部阻塞。例如对于图 2.28 所示的 T-S 结构的数字交换网络，假设第一条输入复用线上的时隙 1 已与第一条输出复用线上的时隙 5 进行了交换，然而，第一条复用线上的时隙 3 要与第二条输出复用线上的时隙 5 进行交换，就无法实现，因为时隙 5 已被占用，这就是内部阻塞。对于图 2.27 中的数字交换网络，情况类似。

为了减少网络阻塞，可以再增加一级，组成三级 T-S-T 或 S-T-S 数字交换网络。

② 三级数字交换网络。

对于一个大的数字交换网络，单级 T 接线器或者 S 接线器都不可能实现。通常采用多个接线器构成多级交换网络，其中 T-S-T 和 S-T-S 网络是最基本的两种组合形式。

- T-S-T 数字交换网络

T-S-T 交换网络是一种在程控数字交换机中得到广泛应用的交换网络结构，如图 2.29 所示。从交换网络的定义可以看出，它是一个三级网络。输入/输出级都是时分接线器，中间是空分接线器。

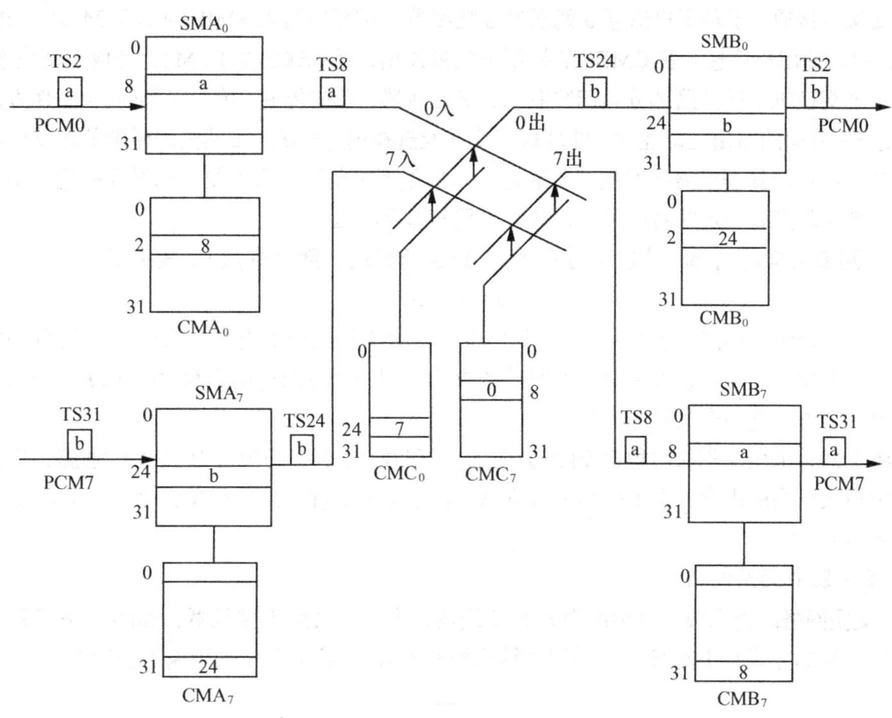

图 2.29　T-S-T 交换网络

图 2.29 所示的网络中有 8 条输入 PCM 复用线（HW）和 8 条输出 PCM 复用线（HW），每线包含 32 个时隙（即复用度为 32），实际上由于经交换机终端进行复用及串/并变换，HW 线上的时隙数可能更高。每条输入线接至一个 T 接线器（称为输入 T 级）。每个 T 接线器配置一个 SM 和 CM，由于输入线复用度为 32，因此，SM 和 CM 的单元数为 32。SM 的每个存储单元分别对应 32 个时隙；CM 的 32 个存储单元分别对应 SM 的存储地址，其内容是由处理机写入。每条输出 PCM 复用线从输出 T 级输出。输入 T 级采用“输入控制方式”；输出 T 级采用“输出控制方式”；中间级是一个 8 × 8 的 S 接线器，采用“输出控制方式”，S 接线器的出/入线分别对应连接到两侧的 T 接线器。

现以 PCM_0上的时隙 2（用户 A）与 PCM_7上的时隙 31（用户 B）交换为例，来说明 T-S-T 网络的工作原理。因数字交换机中通话路由是四线制的，因此，应建立 A→B 和 B→A 两条路由。

先看 A→B 方向，首先，处理机要选择一个内部时隙做交换用，假设处理机寻找到一个空闲的内部时隙 TS8，接着交换机在 CMA_0的单元 2 中写入 8，在 CMB_7的单元 31 中写入 8；在 CMC_7的单元 8 中写入 0。于是 PCM_0时隙 2 的用户信息 a 在 CMA_0的控制下于时隙 2 输入 SMA_0的单元 8 中，当输出时隙 8 到来时，存入的用户信息 a 就被读出送到 S 接线器。在 S 接线器中，由于在 CMC_7的单元 8 中写入 0，所以在内部时隙 8 所对应的时刻，第 8 条（编号 7）输出线与第一条（编号 0）输入线的交叉点接通，于是用户信息 a 就通过 S 接线器并按顺序写入 SMB_7的单元 8 中。当输出时隙 31 到达时，存入的用户信息 a 在 CMB7 的控制下就被读出，送到输出线 PCM7，完成了交换连接。

再看 B→A 方向，首先，处理机要选择一个内部时隙做交换用，假设处理机寻找到一个空闲的内部时隙 TS24，接着交换机在 CMA_7 的单元 31 中写入 24，在 CMB_0 的单元 2 中写入 24；在 CMC_0 的单元 24 中写入 7。于是 PCM_7 时隙 31 的用户信息 b 在 CMA_7 的控制下于时隙 24 输入到 SMA_7 的单元 24 中，当输出时隙 24 到来时，存入的用户信息 b 就被读出送到 S 接线器。在 S 接线器中，由于在 CMC_0 的单元 24 中写入 7，所以在内部时隙 24 所对应的时刻，第 1 条（编号 0）输出线与第 8 条（编号 7）输入线的交叉点接通，于是用户信息 b 就通过 S 接线器并按顺序写入 SMB_0 的单元 24 中。当输出时隙 2 到达时，存入的用户信息 b 在 CMB0 的控制下就被读出，送到输出线 PCM0，完成了交换连接。

由于数字交换机中的话路部分是四线制的，来去话都是单向传输、单向交换的，A→B 方向的路由确定后，B→A 方向的路由随即建立，处理机都要涉及选择内部时隙。虽然内部时隙的建立可以由处理机自由搜寻，但这样处理机需要两次寻找通道，增加处理机负担。为了便于选择和简化控制，可使两个方向的内部时隙具有一定的对应关系，通常采用相差半帧法。

假设 A 到 B 方向的内部时隙选定为 i，则 B 到 A 方向的内部时隙 j 由下式决定：

$$j = i + n/2$$

式中，n 为接到交叉矩阵的复用线上的复用度（即 TST 网络中的内部时隙总数）。这种相差半帧的方法又称为反向法。此外，也可采用奇偶时隙的方法，即一个方向选用偶数时隙（$2P$，$P = 0$，1，2，3，…），另一个方向选用奇数时隙（$2P + 1$）。

对照图 2.29，采用反相法可得 B 到 A 方向的内部时隙为 24，为建立 B 到 A 的通路，应在以下控制存储器中写入适当的内容：在 CMA_7 的单元 31 中写入 24，在 CMC_0 的单元 24 中写入 7，在 CMB_0 的单元 2 中写入 24。

- S-T-S 数字交换网络

S-T-S 交换网络的输入级、输出级都是 S 接线器，中间一级为 T 接线器，如图 2.30 所示。其中输入级 S 为输出控制方式，中间级 T 级采用“输出控制方式”，输出级 S 采用输入控制方式。

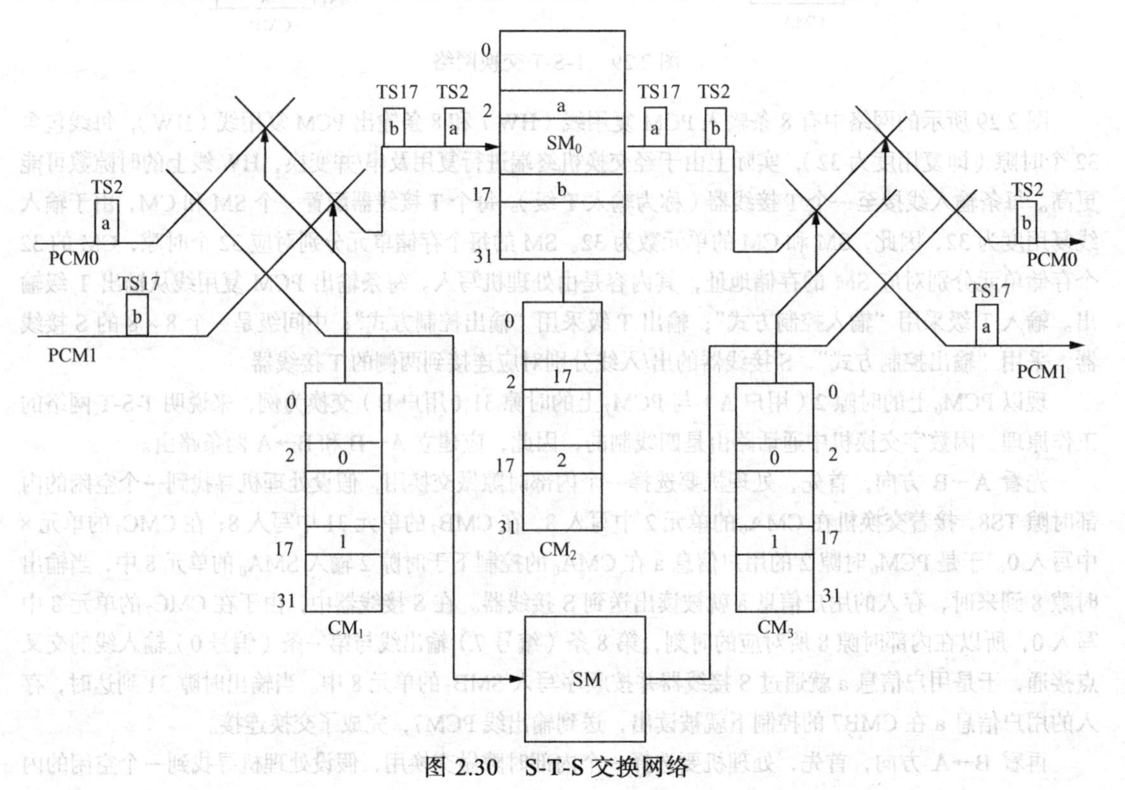

图 2.30　S-T-S 交换网络

现以用户 A 占 PCM_0 的 TS_2，用户 B 占 PCM_1 的 TS_{17} 为例，来说明 S-T-S 网络的工作原理。

先看 A 到 B 方向的交换，交换机在 CM_1 的单元 2 中写入 0，在 CM_2 的单元 17 中写入 2，在 CM_3 的单元 17 中写入 1。在输入侧 S 接线器中，由于在 CM_1 的单元 2 中写入 0，所以在时隙 2 所对应的时刻，第 1 条（编号 0）输出线与第 1 条（编号 0）输入线的交叉点接通，于是用户信息就通过输入级 S 接线器并按顺序写入 T 接线器中 SM_0 的单元 2 中，然后在 CM_2 的控制下于时隙 17 读出；在输出侧 S 接线器中，由于在 CM_3 的单元 17 中写入 1，所以在时隙 17 所对应的时刻，第 2 条（编号 1）输出线与第 1 条（编号 0）输入线的交叉点接通，于是用户信息就通过输出级 S 接线器，完成了 A 到 B 方向的交换。

关于 B 到 A 方向的交换，读者可自行推导。

2.3　信号数字化技术

2.3.1　模拟语音信号的数字化处理

在数字交换机内部交换和处理的都是二进制编码的数字信号，在数字电话网中，普遍采用模拟话机和模拟用户线，模拟电话机发出的语音信号是模拟信号，因此在程控交换机的用户模块中，需要对用户线送来的模拟的语音信号进行模/数（A/D）转换，将模拟的语音信号转变为数字信号，也就是进行语音信号的数字化。在相反方向，需把数字化信号还原为模拟信号，即进行数/模（D/A）变换。

模拟语音信号的数字化要经过抽样、量化和编码 3 个过程。

1. 抽样

模拟的语音信号在时间和幅度上都是连续的。经过抽样后将变为时间上离散的信号。抽样上每隔一定的时间间隔 T，在抽样器上接入一个抽样脉冲，通过抽样的脉冲去控制抽样器的开关电路，取出语音信号的瞬时电压值，即样值，如图 2.31 所示。抽样后的信号称为抽样信号，其幅度的取值仍是连续的，不能用有限数字来表示，因此抽样值仍是模拟信号。

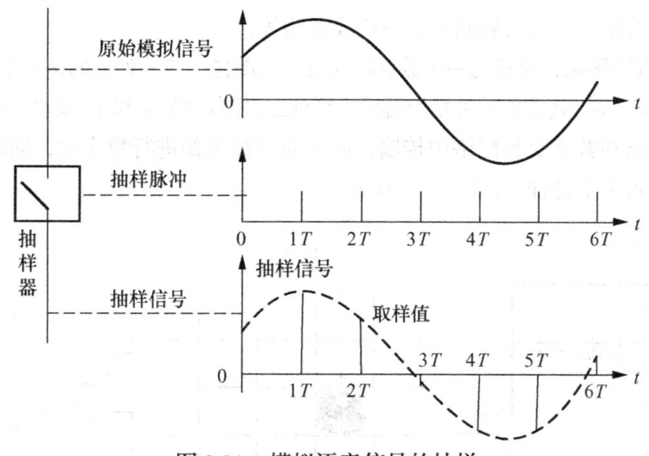

图 2.31　模拟语音信号的抽样

为使语音信号的抽样值在接收端能够被恢复为原信号，抽样过程必须满足抽样定理，即对于一个具有有限带宽且最高频率为 f_m 的模拟信号，当抽样频率 $f_c \geqslant 2f_m$ 时，抽样值可以完全表征原信号。

由于在电话通信中传送的语音频带为 300Hz～3400Hz，其最高频率为 3400Hz，3400Hz 的 2 倍为

6800Hz，考虑到留一定的富裕度，因此将抽样频率取值为 8000Hz，即抽样周期为 125μs。

2. 量化

经过抽样后的语音信号虽然在时间上是离散的，但幅度上还是连续的，有无穷多的数值。所谓量化，是指用有限个度量值来表示抽样后信号的幅度值，将信号的幅度值就近归入邻近的度量值，即将幅度上连续的抽样值变换为幅度上离散的量化值。

需要注意的是，把无限多种幅值量化成有限的量化值，必然会产生误差，即量化误差。但是当误差保持在一定的幅度内时，是不会影响通话质量的。关于量化误差我们在此不详细讨论。

我们知道小信号时量化误差相对较大。为了提高小信号量化后的信噪比，可以增加量化级数或采用不均匀量化。第一种方法要求更多的编码位数及更高的码速，也就是对编码器要求更高，显然不太合算；所以实际应用中，一般采用不均匀量化方法。

3. 编码

编码就是把量化后抽样点的幅值分别用代码来表示。代码的种类很多，采用二进制代码在通信技术中是常见的。在 PCM32 系统中，采用 8 位码表示一个样值。对于语音信号的 PCM 编码，由于抽样频率为 8000Hz，每个抽样值编码为 8 位二进制码，所以信源的传输速率为 64kbit/s。64kbit/s 是程控数字交换机中基本的交换单位。

通常在交换机的外线上采用高密度双极性 HDB_3 码或双极性 AMI 码，而在内部采用单极性不归零码（NRZ）。

2.3.2 图像与视频信号的数字化处理

1. 图像数字化

图像因其表现方式的不同，通常分为连续图像和离散图像两大类。例如用胶片记录下来的照片就是连续图像，而数码相机拍摄下来的图像是离散图像。

连续图像又称为模拟图像，是指在二维坐标系中具有连续变化的特性，即图像画面的像点是无限稠密的，同时其灰度值（即图像从暗到亮的变化值）也是无限稠密的图像。连续图像的典型代表是由光学透镜系统所获取的图像，如人物照片、图纸或景物等。

离散图像又称为数字图像，是指用一个数字阵列表示的图像。该阵列中的每一个元素称为像素。像素是组成数字图像的基本元素，是按照某种规律编成一系列二进制数码（0 和 1）来表示图像上每个点的信息。

为了使连续图像能在数字交换网络中传输，必须对连续图像进行数字化，同样图像的数字化也要经过抽样、量化和编码 3 个过程，如图 2.32 所示。

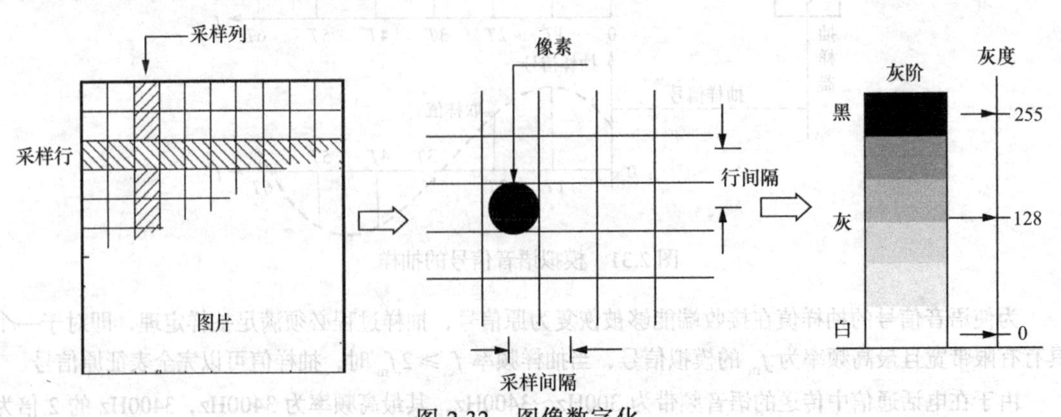

图 2.32 图像数字化

（1）采样

图像采样是将二维空间上模拟的连续亮度或色彩信息转化为一系列有限的离散数值。

跟语音信号的采样一样，图像信号的采样过程也必须满足采样定理，即采样频率必须大于或等于被采样信号的最高频率的 2 倍。

（2）量化

图像信号经过采样后，转换成像素的时间、空间上离散值的集合。但是，每个像素的灰度值还是连续的，将这些连续值转换成离散值的过程称为图像信号的量化。量化既然是以有限个离散值来近似表示无限多个连续量，就一定产生误差，这就是所谓量化误差，由此产生的失真即量化失真或量化噪声。

图像量化是将采样值划分成各种等级，用一定位数的二进制数来表示采样的值。量化位数越大，则越能真实地反映原有图像的颜色，但得到的数字图像的容量也越大。

（3）编码

图像编码是按一定的规则，将量化后的数据用二进制数据存储在文件中。

2. 视频信号的数字化

视频是其内容随时间变化的一组动态图像，所以视频又叫运动图像或活动图像。

和图像数字化过程一样，视频信号的数字化也包括位置的离散化（采样）、所得量值的离散化（量化）和编码 3 个过程。

视频信号在时间维上把图像分为离散的一帧一帧的图像；在每帧图像内，又在垂直方向上将图像离散为一条一条的水平扫描行。把图像分成若干帧的过程，实际是在时间方向上进行采样；把图像分成若干行的过程，实际是在垂直方向上进行采样。在时间方向和垂直方向上的采样间隔往往由模拟电视系统决定。

目前图像数字化的工作由模数转换器（A/D）完成，它包括了信号的采样、量化和编码的全部过程，结果为 PCM 编码的数字视频信号。

2.4　信道共享与复用技术

复用技术是实现在同一传输线路上同时传输多路不同信号而互不干扰的技术，可用来提高通信线路的利用率。常见的复用技术有“空分复用”、“频分多路复用”、“时分多路复用”等。

2.4.1　空分复用

空分复用（SDM，Space-Division Multiplexing），即多对电线或光纤共用 1 条电缆的复用方式。比如 5 类线就是 4 对双绞线共用 1 条电缆，还有市话电缆（几十对）也是如此。能够实现空分复用的前提条件是光纤或电线的直径很小，可以将多条光纤或多对电线做在一条电缆内，既节省外护套的材料，又便于使用。

2.4.2　频分多路复用

频分多路复用（Frequency-Division Multiplexing，FDM），是利用不同的频率使不同的信号同时传送而互不干扰，如图 2.33 所示。

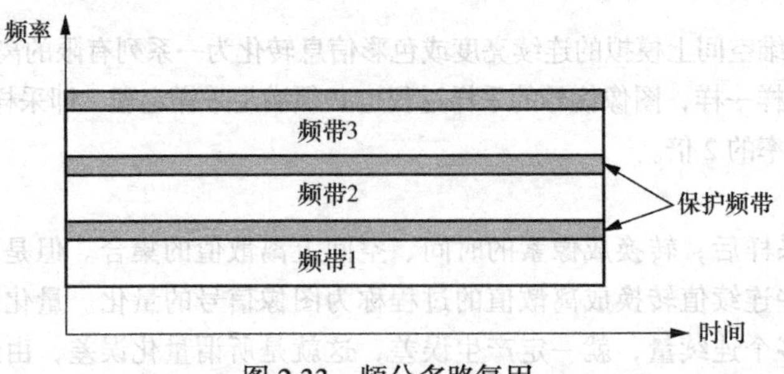

图 2.33 频分多路复用

图 2.33 中，把信道的可用频率分割为若干条较窄的子频带，每条子频带都可以作为一个独立的传输信道来传输一路信号。为了防止各路信号之间相互干扰，相邻子频带之间需要留有一定的保护频带。

FDM 的主要优点在于实现相对简单，技术成熟，能较充分地利用信道频带，因而系统效率较高。但是它的缺点也是明显的，主要有：保护频带的存在大大降低了 FDM 技术的效率；信道的非线性失真改变了它的实际频带特性，易造成串音和互调噪声干扰；所需设备量随输入路数增加而增多，且不易小型化；FDM 本身不提供差错控制技术，不便于性能监测。

2.4.3 时分多路复用

时分多路复用（Time-Division Multiplexing, TDM），是利用不同的时隙使不同的信号同时传送而互不干扰。时分多路复用可分为同步时分多路复用和统计时分多路复用。

同步时分多路复用的用户在每个时分复用帧（TDM 帧）中固定占用固定序号的时隙，如图 2.34 所示。为简单起见，在图中只画出了 4 个用户 A、B、C 和 D。每个用户所占的时隙周期性地出现（其周期就是 TDM 帧的长度）。可以看出，时分复用的所有用户是在不同的时间占用同样的频带宽度。

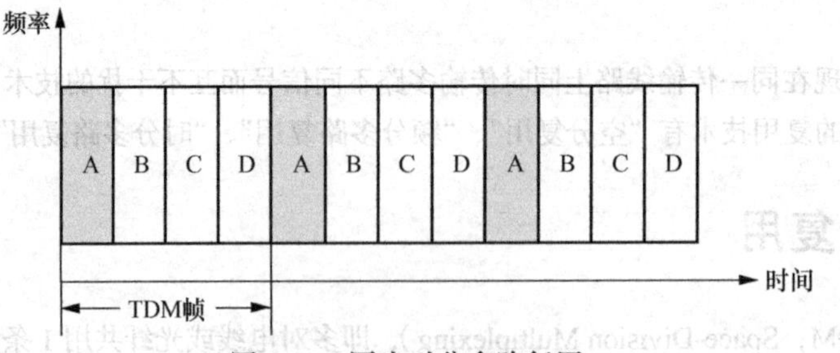

图 2.34 同步时分多路复用

同步时分多路复用系统中以固定分配时隙的方式实现复用，会造成分配时隙的空闲，浪费系统资源。为了提高时隙的利用率，可以采用按需分配时隙的技术，即动态地分配所需时隙，以避免每帧中出现闲置时隙的现象。以这种动态分配时隙方式工作的 TDM 称为统计时分多路复用（Statistic TDM, STDM）。图 2.35 所示为 STDM 的原理图。

统计时分多路复用使用 STDM 帧来传送复用的数据。由于 STDM 帧中的时隙并不是固定地分配给某个用户，因此，在每个时隙中还必须有用户的地址信息。在图 2.35 中输出线路上每个时隙前面（白色部分）就是放入这样的地址信息。

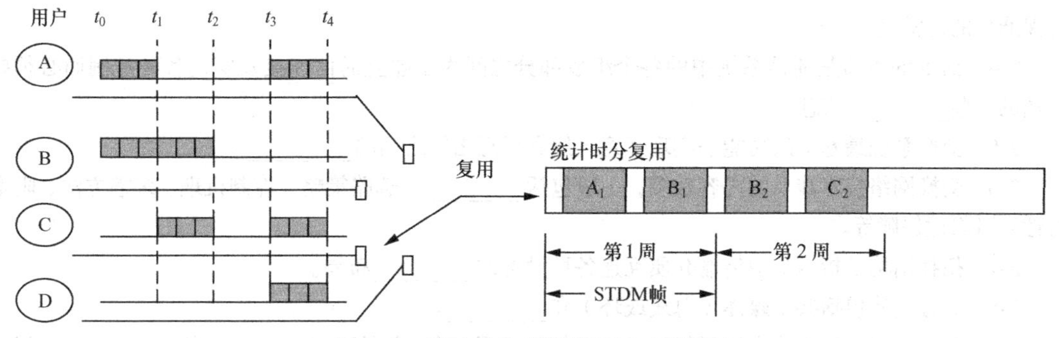

图 2.35 统计时分多路复用的工作原理

本章小结

计算机技术和通信技术的融合，使得通信网的构成有了很大的变化，各种交换技术应运而生，但不管通信网如何复杂，其涉及的主要基本技术包括：控制技术、接口技术、信令技术、交换网络技术。

交换单元是构成交换网络的最基本的部件，若干个交换单元按照一定的拓扑结构连接起来就可以构成各种各样的交换网络。交换单元由一组入线、一组出线、控制端口以及状态端口组成。交换单元的外部特性可通过容量、接口功能、质量这几个指标来描述。

对交换单元有多种分类方法，集中型、连接型以及扩展型交换单元，有向交换单元与无向交换单元，数字交换单元与模拟交换单元，时分交换单元与空分交换单元。

时间（T）接线器和空间（S）接线器是交换网络中最基本的交换单元。T 接线器主要由话音存储器（SM）、控制存储器（CM）等组成，它的作用是完成在同一条复用线上的不同时隙之间的交换。T 接线器有两种控制方式：输出控制方式和输出控制方式，在两种控制方式下，SM 的写入和读出地址按照不同的方式确定。S 接线器的作用是完成在不同复用线之间同一时隙内容的交换，它主要由交叉点矩阵、控制存储器（CM）等组成。S 接线器也有两种控制方式，在输出控制方式下，CM 是为输出线配置的；在输入控制方式下，CM 是为输入线配置的。

在实用上，单一的 S 接线器不能单独构成数字交换网络，T 接线器可以单独构成数字交换网络，但容量受到限制。因此通常采用多级接线器构成数字交换网络。常见的类型有 T-S-T 型和 S-T-S 型。

现代的程控交换机都是数字交换机，在数字交换机内部交换和处理的都是二进制编码的数字信号，因此要将模拟的语音信号、连续图像信号变为数字信号。语音信号和图像信号的数字化都要经过采样、量化和编码 3 个步骤。

为了提高传输信道的利用率，通常采用多路复用技术，将若干路信号综合于同一信道进行传输。常用的复用方式有空分复用、频分多路复用和时分多路复用。

习题

一、填空题

2-1 通信技术和________技术的融合，使得通信网的构成有了很大的变化，各种交换技术应运而生。

2-2 不管通信网如何复杂，其涉及的主要基本技术包括控制技术、接口技术、信令技术和________技术 4 项。

2-3 在电信网中要实现任意用户之间的呼叫连接，完成交换功能，必须在________的控制下才能确保通信的正常进行。

2-4　信令的本质是通信系统中的各个组成部分之间为了建立通信连接及实现各种控制而必须要传送的一些________信息。

2-5　交换系统最基本的功能是实现任意入线和任意出线之间的________。

2-6　交换网络技术涉及的内容较多，一般包括________、选路策略、控制机理、多播方法、阻塞特性和可靠性保障等。

2-7　拓扑结构是指网络中传输介质互连各种设备的________布局。

2-8　时分结构包括共享媒体（总线或环）和________。

2-9　严格无阻塞是不论交换网络原先处于何种占用状态，总是可以________任何出、入线之间的连接而无内部阻塞。

2-10　交换网络又是由若干________按照一定的拓扑结构和控制方式构成。

2-11　交换的基本功能是在任意的入线和出线之间建立连接和________连接。

2-12　从交换单元的数学模型可以看出，一个交换单元由 4 个部分组成，即入线、出线、控制端和________。

2-13　按照交换单元入线与出线的数量关系，可把一个交换单元分为________、分配型和扩散型。

2-14　实际中使用的开关阵列可以由许多器材来实现，如电磁继电器、________、数字电子开关等。

2-15　交换网络的三大要素是：交换单元、不同交换单元间的拓扑连接和________方式。

二、选择题

2-16　交换系统互连功能的实现是通过（　　）。

A. 控制信息　　B. 交换网络　　C. 协议　　D. 信令

2-17　交换网络中的两大类拓扑结构分别是时分结构和（　　）。

A. 交换单元　　B. 物理结构　　C. 逻辑结构　　D. 空分结构

2-18　多播又称为组播，是将某一入端的信息同时传送到所需的多个出端，显然，与多播技术有关的技术是（　　）。

A. 交换网络　　B. 接口　　C. 终端　　D. 介质

2-19　构成交换网络的最基本的部件是（　　）。

A. 继电器　　B. 交换单元　　C. 交换机　　D. 电子开关

2-20　若交换单元是由空间上分离的多个开关部件或小的交换部件按照一定的排列规律连接而成的，则称其为（　　）。

A. 时分交换单元　　B. 共享存储器型交换单元

C. 空分交换单元　　D. 总线型交换单元

2-21　交换单元的入线数大于出线数，称为（　　）。

A. 集中型　　B. 分配型　　C. 扩散型　　D. 全互连型

2-22　交换单元的容量除了涉及交换单元入线和出线的数目外，还包含（　　）。

A. 单向信号　　B. 双向信号

C. 广播　　D. 出/入线复用度

2-23　最典型、最简单、最直接也是最早使用的交换单元是（　　）。

A. 开关阵列　　B. S 接线器

C. T 接线器　　D. 总线型交换单元

2-24　开关阵列属于（　　）。

A. 空分交换单元　　B. 时分交换单元

C. T 接线器　　D. 总线型交换单元

2-25　一个 $N \times N$ 的开关阵列，需要的开关数是（　　）。

A. $N(N-1)/2$　　B. $N-1$　　C. N　　D. N^2

2-26　接口的作用是（　　）。

A. 物理连接　　B. 逻辑连接　　C. 转换信号　　D. 处理信令

2-27　通常描述交换单元外部性能的主要指标有容量、接口、功能和（　　）。

A. 有效性　　B. 可靠性　　C. 质量　　D. 误码率

2-28　将一个交换单元分为集中型、分配性和扩散型的依据是（　　）。

A. 信息流向　　B. 交换的信号　　C. 出入线数　　D. 交换的速率

2-29　在出入线之间都接上一个开关，所有的开关就构成了（　　）。

A. S 接线器　　B. T 接线器　　C. T-S-T 网络　　D. 开关阵列

2-30　实现在同一传输线上同时传输多路不同信号而互不干扰的技术称为（　　）。

A. 电路交换技术　　B. 复用技术　　C. 分组交换技术　　D. ATM 技术

2-31　通过使用在物理分开的一套矩阵接触或交叉点的动作来确定传输通道路径的交换称为（　　）。

A. 时分交换　　B. 空分交换　　C. 频分交换　　D. 码分交换

2-32　入线数与出线数相等的交换单元叫做（　　）。

A. 集中交换单元　　B. 分配型交换单元

C. 扩散型交换单元　　D. 无阻塞型交换单元

2-33　当信息经过交换单元时，只能从入线进，出线出，具有唯一确定的方向，我们称这种形式的交换单元为（　　）。

A. 无向交换单元　　B. 有向交换单元

C. 分配型交换单元　　D. 双向交换单元

2-34　输出控制方式的空间接线器，每个控制存储器对应一条（　　）。

A. 输入线　　B. 输出线　　C. 输入线和输出线　　D. 都可以

2-35　当共享存储器型交换单元的 N 个区域是和各路输入信号顺序对应时，则称该交换单元的工作方式是（　　）。

A. 入线缓冲　　B. 出线缓冲

C. 入线缓冲、出线缓冲　　D. 都可以

2-36　3 级 $C(m, n, r)$CLOS 网络严格无阻塞的条件是（　　）。

A. $m \geqslant 2n-1$　　B. $m \leqslant 2n-1$　　C. $m = n$　　D. $m = n + r$

2-37　三级 CLOS 网络 C（6，11，11），其交叉点数是（　　）。

A. 66　　B. 121　　C. 1188　　D. 1296

2-38　T-S-T 交换网络的内部时隙共有 1024 个，当采用反向法时，选定正向通路的内部时隙为 892 时，其反向通路的内部时隙为（　　）。

A. 1404　　B. 380　　C. 1916　　D. 132

2-39　空间接线器的组成包括电子交叉矩阵和（　　）。

A. SM　　B. CM　　C. 开关　　D. 出/入线

2-40　目前使用的采用同步时分多路复用技术的数字信号主要是（　　）。

A. PCM 信号　　B. PAM 信号　　C. AM 信号　　D. FM 信号

三、简答题

2-41　交换单元的基本功能是什么？

2-42 描述交换单元外部特性的指标是什么？

2-43 简述开关阵列的特性。

2-44 一个 T 接线器可完成一条 PCM 上的 128 个时隙之间的交换，现有 TS28 要交换到 TS18，试分别按输出控制方式和输入控制方式画出此时语音存储器和控制存储器相应单元的内容。

2-45 一个 S 接线器的交叉点矩阵为 8×8，设有 TS10 要从输入复用线 1 交换到输出复用线 7，试分别按输出控制方式和输入控制方式画出此时控制存储器相应单元的内容。

2-46 已知一个 TST 交换网络有 8 条输入/输出复用线，每条线的复用度为 128。现要完成输入线 2 的 TS8 和输出线 5 的 TS60 之间的双向交换，TS8 到 TS60 方向的内部时隙是 40。画出交换网络的结构，并填写各相关语音存储器和控制存储器（假设输入级 T 接线器为输出控制方式，输出级 T 接线器为输入控制方式，S 接线器为输入控制方式）。

2-47 简述语音信号数字化的过程。

2-48 常用的复用技术有哪些？

2-49 有一通频带为 100kHz 的信道，假设每路信号的带宽为 3.3kHz，保护频带为 0.8kHz，若采用频分多路复用，能传输的最多路数是多少？

2-50 统计时分复用和同步时分复用的区别是什么？哪个更适合于进行数据通信？为什么？

第3章

电路交换技术

【本章内容简介】电路交换方式是一种面向连接的技术，PSTN网采用电路交换方式。本章系统介绍电路交换的基本原理和技术，包括电路交换的概念、特点，电路交换系统的基本功能，电路交换机的组成、分类。同时，重点阐述了电路交换机的硬件结构及其各部分功能；介绍了电路交换机的软件系统的组成、要求及其呼叫处理软件，对电路交换机的技术指标进行了分析。

【本章重点难点】本章重点掌握电路交换机的硬件结构及其各主要部分的作用以及电路交换机的软件系统。难点是用SDL图描述局内呼叫处理过程。

3.1 电路交换机的发展过程及分类

3.1.1 电话的产生与电路交换机的演变

电路交换的概念始于电话交换。自从1876年美国人贝尔发明电话以来，电路交换技术就得到了迅猛发展。现在，电话已成为人们最常用的通信工具。最早的电话通信是模拟电话通信，在线路上传输的信号就是模拟信号。实践证明，模拟信号最大的缺点是：杂音积累较大，抗干扰性能弱，保密性能差。随着电子科学特别是集成电路和PCM技术的发展，世界上许多国家都竞相研制数字电话，1970年在法国成功开通了世界上第一个程控交换系统，它标志着交换技术从传统的模拟交换时代进入数字交换时代。因此，从模拟通信到数字通信是现代通信的发展方向之一。

1. 电话的产生

19世纪30年代之后，虽然电报得到了应用，但电报使用手续繁多（报文译成电码→发/收→电码译成报文），不能及时地进行双向信息交流，人们开始探索用电磁现象来传送语音的方法。

美国人贝尔（1847—1922），出生于苏格兰，1874年迁居美国波士顿大学担任语言生理学教授，贝尔平时对电学很感兴趣，他在研究一种音叉控制的多工电报机。

有一次，当他在做电报实验时，由于机械发生故障，他偶然发现电报机上的一块铁片在电磁铁前振动会发出一种微弱的声音，这种声音通过导线传向远方。这给贝尔以很大的启发。他想，如果对着铁片讲话，不也可以引起铁片的振动吗？这就是贝尔关于电话的最初构想。

贝尔发明电话的设想得到了当时美国著名的物理学家亨利的鼓励。亨利对他说："你有一个伟大发明的设想，干吧！"当贝尔说到自己缺乏电学知识时，亨利说："学吧！"并把李斯电话的模型拿给他看。在亨利的鼓舞下，贝尔开始了电话研究。1875 年，贝尔和他的助手华特森在波士顿法院路 109 号的两间房子里开始了电话研究，1875 年 6 月，试制出一部磁石电话机，并在 1876 年 2 月 14 日向美国专利局递交了专利申请。但这种电话传送的声音失真较大，不能完全用于实际，贝尔又继续研究另一种电话。

1876 年 3 月 10 日，贝尔正在做实验，一不小心把瓶内的硫酸溅到了自己的腿上，他疼得喊叫起来："华特森，快来帮我啊！"没想到这一普通的求助声，竟成了世界上第一句用电话机传送人类真正的声音。当华特森跑去告诉贝尔他从听筒里听到他的声音时，贝尔高兴得忘记了疼痛，连忙跑到另一间屋里亲自试听。当他证实的确能听到连续性很强的声音时，热泪盈眶。当天晚上，他写信给母亲说："对我来说，这是一个重大的日子……朋友们各自留在家里，不用出门也能互相交谈的日子就要到来了！"

1877 年，在波士顿设的第一条电话线路开通了，查尔斯·威廉斯先生通过电话实现了其私人住宅与各工厂之间的语音通信。同年，有人第一次用电话给《波士顿环球报》发送了新闻消息，从此电路交换技术便诞生了。

2. 电路交换技术的演变

自 1876 年贝尔发明电话以来，随着社会需求的日益增长和科技水平的不断提高，电路交换技术处于迅速的变革和发展之中。其历程大致可划分为：人工交换、机电式自动交换和电子式自动交换 3 个发展阶段。

3.1.2 电路交换机的发展过程

1. 人工交换设备

（1）磁石式电路交换机

1878 年，美国研制成了第一台磁石式电话交换机，与磁石电话机配套使用。这种电话交换方式的特点是每部话机都配有干电池作为话机电源，并且用手摇发电机产生呼叫信号，在磁石电话交换机上是以用户吊牌接收呼叫信号，通过人工操作塞绳完成建立连接和拆除连接任务。这种交换设备结构简单，话机有时会因电池无法使用，话务员的操作与用户使用均不方便，容量不易扩大，不能构成较大的电话局。

（2）共电式电路交换机

为了克服磁石电话交换的缺陷，1891 年出现了共电式电话交换机，与共电式电话机配合使用，特点是每个用户话机的电源由电话局统一通过用户线馈送，同时利用话机环路的接通作为呼叫信号，以便取消手摇发电机，这样使得共电话机结构得到了极大的简化。但共电交换仍由人工操作，接续速度慢，容易出错，劳动生产效率低。同磁石电话机相比，用户使用话机通信感到方便多了，尤其是供电式电话交换机可以组成容量相当大的电话局，于是共电式电话交换网发展很快。但共电交换仍由人工操作，接续速度慢，容易出错，劳动生产效率低。

磁石交换和共电交换都是由人工完成接续，接续速度慢，容易产生接续失误，保密性差，用户使用不方便，难以满足人们对语音通信的需要。这一阶段电话机的基本动作原理以及用户线上的接口标准直到今天还在使用，如语音二线传输技术、交换局集中馈电、摘挂机和振铃等。

2. 机电制自动电路交换机

（1）步进制电路交换机

1892 年，美国人史端乔（Strowger）发明了自动电话交换机，称史端乔式交换机。该交换机用自动选择器取代了话务员。自动选择器是由线弧、弧刷和上升旋转结构构成的，该选择器有两种结构：一种是旋转型选择器，另一种是上升旋转型选择器。其工作原理是用户通过话机的拨号盘控制电话局交换机中电磁器件的动作，完成电话的自动接续。史端乔式交换机又称为旋转式和升降式自动交换机，它们因其选择被叫接续点是作弧形的旋转动作或上升下降的直线动作而得名。它与人工交换机相比主要有两点不同：一个是为每个用户指定唯一的电话号码，通过拨号盘自动拨号；另一个是使用电磁控制的机械触点开关代替人工操作，自动实现线路接续。

步进制（Step by Step System）自动交换机采用直接控制的方式来完成线路的接续。将它们所使用的选择被叫接续点的部件（一步步旋转、上升下降装置）称为步进选择器。

步进制交换机具有一些共同特点：接续过程由于是机械动作，因而噪声大，易磨损，机械维护工作量大，呼叫接线速度慢，故障率高，但系统的电路技术简单，人员培训容易。

（2）纵横制电路交换机

1919 年，瑞典工程师比图兰德（Betulander）和帕尔默格林（Palmgren）为一种叫做“纵横接线器”的新型选择器申请专利，这种接线器将过去的滑动摩擦方式的接点改成了压接触，从而减少了磨损，提高了寿命。1926 年和 1938 年，分别在瑞典和美国开通了纵横制交换机（Crossbar System）。

纵横制交换机有两个特点：一是接线器接点采用压接触方式，减少了磨损和噪声，并且由于采用了贵金属接点，使得接触的可靠性提高了，减少了设备维护工作量；另一个特点是“公共控制”，也就是控制部分和话路部分分开。交换机的控制由“标志器”和“记发器”来完成。公共控制对用户拨号盘的要求低，中继布局灵活性提高。

机电式交换机的控制系统采用布线逻辑控制方式，即硬件控制方式，这种控制方式灵活性差，控制逻辑复杂，很难随时按需更改控制逻辑。

3. 电子式自动电路交换机

随着电子技术尤其是半导体技术的发展，人们在交换机内引入电子技术，称为电子交换机。由于技术的限制，最初引入电子技术的是在交换机的控制部分。话路部分由于对电子器件参数和性能要求较高，因此在较长一段时间内未能引入电子技术，因此，电话交换机出现了“半电子交换机”和“准电子交换机”。它们都是在话路部分采用机械接点，而控制部分则采用电子器件。“半电子交换机”和“准电子交换机”的差别是准电子交换机的话路系统采用了速度较快的“笛簧接线器”。

4. 程控电路交换机

1946 年世界上第一台存储程序控制数字电子计算机的出现，不仅对现代科学技术的发展起到了划时代的作用，而且对电路交换技术的进步和根本变革也具有积极的推动作用。计算机技术与通信技术的结合，使得使用计算机来完成电路交换机的控制成为可能。程控交换就是用计算机控制的交换机，简称程控交换机（SPC）。

早期的程控交换机是“空分”半电子模拟交换机，交换的是模拟信号，其话路部分采用机械接点，控制部分采用电子器件，我们称其为空分程控模拟交换。随着电子技术的发展，程控交换机的话路部分和控制部分全部采用了电子器件，交换的信号是数字信号，其话路部分采用电子接线器和同步时分复用方法，称其为程控数字交换机。

（1）程控模拟电路交换机

1965 年，美国成功地开通了世界上第一台程控电话交换机（ESS No.1），第一次将存储程序原理应用于电话交换机的控制系统，其话路系统仍沿用了按纵横制原理构成的交换网络，以交换模拟语音信号。

（2）程控数字电路交换机

20 世纪 60 年代，PCM 技术成功地应用在传输系统中，也就是说在传输中采用了数字通信技术，该技术减少了网络线路设备的投资，其优良的通信质量和性能改变了长期以来由模拟信号进行通信的局面。由于数字传输同模拟交换机衔接时要进行 A/D、D/A 变换，它促进了对直接以数字信号进行交换的程控交换机的研制。1970 年，在法国开通了第一部数字交换机 E10，交换机话路系统传送和交换的信号是数字信号。随后在全世界迅速掀起了研制全数字程控电话交换机的热潮，许多新的数字交换系统相继问世，诸如英国的 X 系统，日本的 D60、D70、NEAX-61、F150 和瑞典的 AXE-10，还有原联邦德国的 EWS 等。

5. 综合业务数字交换机

通信网的最终发展方向是要建立一个高质量、高速度和高自动化的“ISDN”。所谓“综合业务”，是指把语音、数据、电报、图像等各种业务都通过同一设备处理，而“数字网”实现上述数字化了的各种业务在用户间的传输和变换。现在新型的数字交换机都开发了适应综合业务数字网的模块。

6. 我国程控交换技术

我国在 20 世纪 80 年代初开始大力发展程控交换技术，虽起步较晚，但起点高，发展迅速，大致经历了以下 3 个阶段。

（1）引进交换机阶段

这一时期，我国没有自己研制生产大型程控交换机的能力，而是在电话网上大量引进了国外先进的程控交换系统，比较有代表性的是 AXE10、FETEX-150、E10B、5ESS、NEAX61、EWSD 等。

（2）引进程控交换机生产线

这一时期，我国先后引进了多条程控交换机生产线，并对其产品技术努力消化吸收，比较有代表性的是在上海、北京、天津分别建立的 S1240、EWSD、NEAX61 程控交换机生产线。

（3）自行研制程控交换机阶段

20 世纪 80 年代中期到 90 年代初，我国相继推出了自行研制的大型数字程控交换系统，比较有代表性的是华为的 C&C08，中兴的 ZXJ10，巨龙的 HJD-04 和大唐的 SP30 交换机。这些国产交换机在我国电话网上所占比例越来越大，得到了普遍的应用，同时也大量出口到国外，这表明我国程控交换技术和产业已经跻身于世界先进的行列。

3.1.3 电路交换机的分类

随着社会生产力的提高，电路交换技术在百余年的发展过程中始终紧随科技前沿，电路交换机由最初的磁石交换机发展到程控数字交换机；连接通路的建立和拆除由最初的人工发展到自动；自动电路交换机的交换器件由机械过渡到电子，其控制方式由直接控制过渡到间接控制；交换的信号由最初的模拟语音信号变为数字信号；终端之间的连接通路由最初的实线物理连接到频分复用（载波），最后发展到时分复用。

1. 电路交换机的分类

（1）按交换机的使用，分为用户交换机、局用交换机、市话交换机、汇接交换机和长途交换机。

（2）按交换机的接续方式，分为人工接续交换机和自动接续交换机。

（3）按所传送的信号特征，分为模拟交换机和数字交换机。

（4）按接续部件（交换网络），分为空分交换和时分交换。

（5）按控制电路，分为布线逻辑控制（布控）和存储程序控制（程控）交换机。

（6）按构成交换机硬件的器件，分为机电制交换机、半电子制交换机和全电子制交换机。

为了便于理解，我们将电路交换技术的分类用图 3.1 表示。

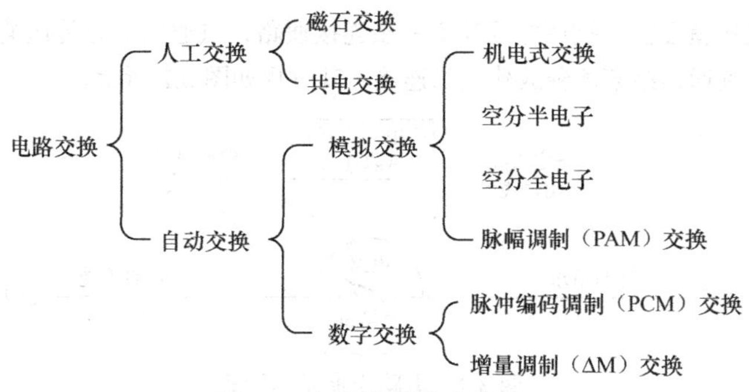

图 3.1 电路交换技术分类

2. 几个概念

（1）布线逻辑控制（WLC，Wired Logic Control）

布线逻辑控制就是通过布线方式实现交换机的逻辑控制功能。也就是说，控制系统所有控制逻辑用机电或电子元件做在一定的印制板上，通过机架的布线做成。这种交换机的控制部件体积大，维护功能低，做成后便不易更改，缺乏灵活性。这种交换机由于采用硬件控制方式，因此称为布线逻辑控制，或简称布控。特点是：分立元件→电路板→机架布线→机械动作控制接续。

（2）存储程序控制（SPC，Stored Program Control）

程控交换就是设计者将用户的信息和交换机的控制，维护管理功能预先变成程序，存储到计算机的存储器内。当交换机工作时，控制部分自动监测用户的状态变化和所拨号码，并根据要求执行程序，从而完成各种交换功能。这种交换机由于采用程序控制方式，因此称为存储程序控制交换机，或简称为程控。特点是：软件程序→存储器→处理机控制接续。

（3）空间分割方式

空间分割方式是指交换网络的每条连接通路各自具有不同的空间位置。这种方式的交换网络多用金属接点多点子接点构成。如步进制交换机选择器的弧刷和线弧，纵横制接线器的静簧片和动簧片，简称空分。

（4）时间分割方式

时间分割方式是指交换网络的每条连接通路各自具有不同的时间位置，也就是说，各路语音的传输时间是互相错开的，简称时分。

（5）空分交换（SDS，Space-Division Switching）

空分交换是一个通过使用在物理分开的一套矩阵接触或交叉点的动作来确定传输通道路径的交换。

3.2 电路交换原理与特点

电路交换（Circuit Switching），又叫线路交换。电路交换系统需要对进行通信的终端之间提供一条专用的信息传输线路（通道），这条传输线路是通过连接建立的，它用来传送用户信息，该线路既可以是物理路径，也可以是逻辑路径；连接可以是永久连接，也可以是临时连接，它是一种直接的交换方式。

3.2.1 电路交换的基本原理

1. 电路交换基本原理

电路交换的概念始于电话交换。在电路交换过程中，主叫终端发出呼叫请求，交换机根据网络的资源情况，按照主叫的要求连通被叫终端，检测被叫终端状态，并征求被叫用户意愿。如果被叫用户同意接受呼叫，交换机就在主、被叫之间建立一条连接通路，供通信双方传送消息，该连接通路在通信期间始终保持，直到通信结束才释放建立的连接。其过程如图 3.2 所示。

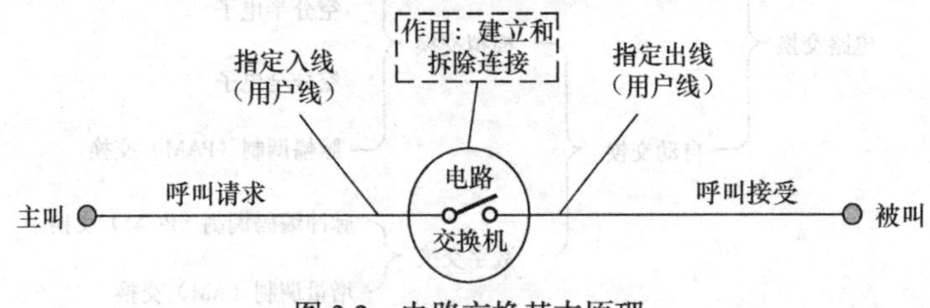

图 3.2　电路交换基本原理

在电路交换方式中，交换机的作用就是根据用户的需要，将指定入线和指定出线之间的开关闭合或断开。也就是说，交换机根据用户的需要建立连接和拆除连接。电路交换是一种面向连接的、支持实时业务的交换技术。

2. 电路交换的 3 个基本要素

个人通信是通信的发展方向，个人通信就是在任何时刻，使任何两个地点之间的人能相互进行信息交流。要实现个人通信，就必须组建大型的通信网，覆盖人类存在的所有空间。因此，采用电路交换技术的通信网必须具备以下 3 个基本要素。

（1）终端设备：就是将消息转变成电信号，送给传输电路，同时将来自传输电路的电信号还原成消息的设备。电话网是电路交换技术的典型应用，在电话网中，电话机就是发送和接收语音的终端设备，其功能是将人的声音转换成电信号传到对方，同时将对方送来的电信号转换为人能够听到的声音。

（2）传输系统：由传输设备和传输线路组成，其功能是完成电信号在终端之间的相互传送。传输设备主要有载波设备、微波设备、卫星设备以及光端机等，传输线路主要有金属线对、无线信道以及光缆等。

（3）交换机：将信源的信息按照用户的要求，找到相应的链路连通到信宿，也就是说，在信源和信宿之间建立一条连接，以便信源与信宿之间进行通信，通信结束，要拆除连接。在电话网中，电话交换机对语音信号完成交换接续，便于组建大型网络。

3. 电路交换机的基本呼叫任务与结构

（1）电路交换机的基本任务

我们如果将交换机理解为一个交换局，一个大型电路交换网是由若干交换局、用户终端、中继线以及用户线组成的。在电路交换网中，根据进出交换机的呼叫流向及发起呼叫的起源，可以将呼叫分为本局呼叫、出局呼叫、入局呼叫和转移呼叫，也就是说，网络中的电路交换机有 4 种基本呼叫任务，如图 3.3 所示。

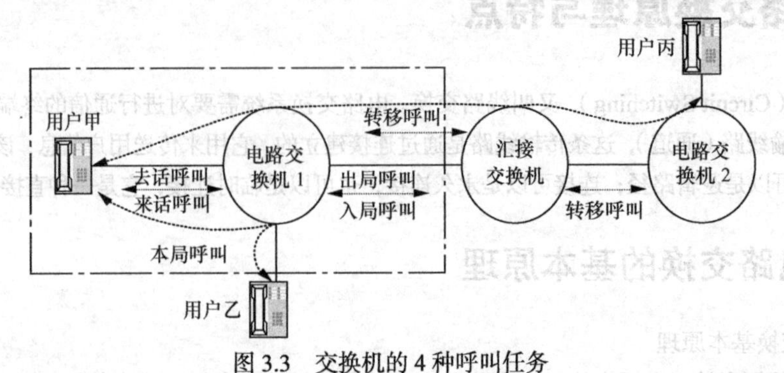

图 3.3　交换机的 4 种呼叫任务

① 本局呼叫：本局呼叫就是主叫用户生成去话，被叫是本局中另一个用户时进行的通话，也就是

说，本局呼叫通话的两个用户属于同一个交换机。

② 出局呼叫：出局呼叫就是主叫用户生成去话，被叫用户不是本局中的用户时进行的通话，也就是说，出局呼叫通话的两个用户不属于同一个交换机，且主叫用户属于本地交换机。

③ 入局呼叫：入局呼叫就是从其他交换机（局）发来的来话，呼叫本局的一个用户时进行通话就叫入局呼叫，也就是说，入局呼叫通话的两个用户不属于同一个交换机，且主叫用户属于其他交换机。

④ 转移呼叫：转移呼叫就是主、被叫用户不属于同一个局，要完成呼叫，交换机之间需要经过其他交换机提供汇接中转，形成转移呼叫，这样，在网络中只完成提供汇接中转的交换机叫做汇接交换机，又称汇接局。在网络中，除了汇接局一般只具备“转移呼叫”的功能外，每个局用电路交换机都具备这 4 种呼叫的处理能力。汇接局转移的通话距离很远时，我们称其为长途交换机。

（2）电路交换机的基本结构

电路交换机的基本结构由两大部分构成：话路系统和控制系统，如图 3.4 所示。

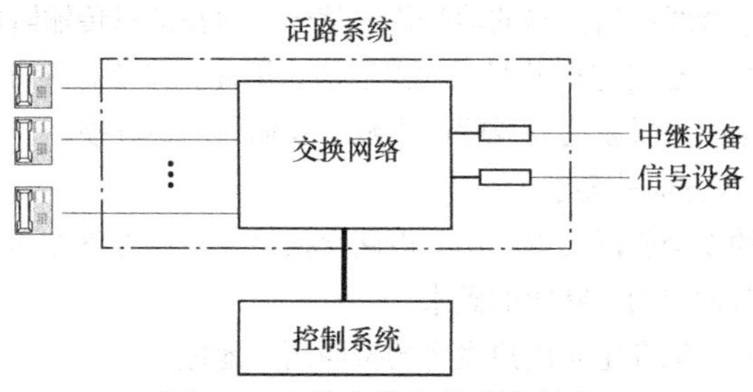

图 3.4 电路交换机的基本结构

话路系统包括所有提供电话接续任务的设备。话路系统的核心部分是“交换网络”，从人工台的接线面板与塞绳电路，到步进制的各级接线器；从纵横制的用户级、选组级交换网络到数字交换机的数字交换网络，都是用以提供在各种交换方式下的通话通路的。话路系统中还包括各种需要通过交换网络进行交换连接的设备，诸如用户电路、中继设备和信号设备等。

控制系统的作用是控制话路系统在需要的时候接通和断开，以便话路系统提供语音信号的通路。

3.2.2 电路交换系统的基本功能

1. 电路交换一次成功的呼叫接续过程

电路交换系统中两个用户终端间的每一次成功的通信都包括以下 3 个阶段，如图 3.5 所示。

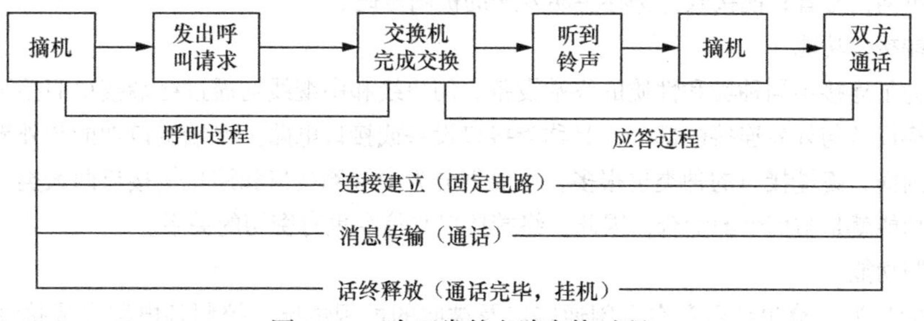

图 3.5 一次正常的电路交换过程

（1）连接建立

① 用户摘机表示向交换机发出通信请求信令。

② 交换机向用户送拨号音。

③ 用户拨号告知所需被叫号码。

④ 如果被叫用户与主叫用户不属于同一个交换机，则还应由主叫方交换机通过中继线向被叫方交换机或中转汇接机发电话号码信令。

⑤ 测试被叫忙闲，如被叫空闲，向被叫振铃。

⑥ 向主叫送回铃音。

⑦ 各交换机在相应的主、被叫用户线之间建立起一条用于用户通信的通路。

（2）消息传输：主、被叫终端间通过用户线及交换机内部建立的通路和中继线进行通信。

（3）话终释放

① 任何一方挂机表示向本地交换机发出终止通信的信令。

② 使通路涉及的各交换机释放其内部链路和占用的中继线，供其他呼叫使用。

在早期的电路交换中，不同的阶段，用户线或中继线中所传输的信号的性质是不同的，在呼叫建立和释放阶段，用户线和中继线中所传输的信号称为信令，而在消息传输阶段的信号称为消息。

电路交换采用在终端之间建立连接通路后才能通信，因此，网络存在呼损。如用户有呼叫请求，但因网络中无空闲路由或被叫占线就会造成呼叫失败，我们称之为呼损。

2. 电路交换在呼叫处理方面的要求

从上面电路交换过程的 3 个阶段可以看出，电路交换机在呼叫处理方面有 5 个基本要求。

（1）电路交换机能随时发现用户呼叫的到来。

（2）电路交换机能接收并保存主叫用户发送的被叫用户地址。

（3）电路交换机能根据主叫用户提供的地址，检测被叫用户的忙闲以及网络是否存在空闲通路。

（4）电路交换机能向空闲的被叫用户振铃，并在被叫应答时建立主、被叫之间的通话电路。

（5）电路交换机能随时发现任何一方用户的挂机，然后将连接的线路拆除。

3. 电路交换系统的基本功能

在电路交换技术中，交换系统的基本功能应包含连接、信令、终端接口和控制 4 大功能。

（1）连接功能

连接功能是为了实现通信双方语音信号的交换。对于电路交换而言，呼叫处理的目的是在需要通话的用户之间建立一条通路，这就是连接功能。连接功能由交换机中的交换网络实现。交换网络可在处理机控制下，建立任意两个终端之间的连接。

（2）信令功能

在呼叫建立的过程中，要求交换设备能随时发现呼叫的到来和结束；能向主、被叫发送各种用于控制接续的可闻信号音；能接收并保存主叫发送的被叫号码。

（3）终端接口功能

接口是为了连接不同种类和性质的终端设备。用户线和中继线均通过终端接口而接至交换网，终端接口是交换设备与外界连接的部分，又称为接口设备或接口电路。终端接口功能与外界连接的设备密切相关，因而，终端接口的种类也很多，主要划分为中继侧接口和用户侧接口两大类。终端接口还有一个主要功能就是与信令的配合，因此，终端接口与信令也有密切的关系。

（4）控制功能

控制功能是为了检测是否存在空闲通路以及被叫的忙闲情况，控制各电路完成接续。连接功能和信令功能都是按接收控制功能的指令而工作的。人工交换机由话务员控制，程控交换机由处理机控制。

控制功能可分为低层控制和高层控制。低层控制主要是指对连接功能和信令功能的控制。连接功能和信令功能都是由一些硬件设备实现的。因此低层控制实际上是指与硬件设备直接相关的控制功能，概括起来有两种：扫描和驱动。扫描用来发现外部事件的发生或信令的到来。驱动用来控制通路的连接、信令的发送或终端接口的状态变化。高层控制则是指与硬件设备隔离的高一层呼叫控制，例如，对所接收的号码进行数字分析，在交换网络中选择一条空闲的通路等。

3.2.3 电路交换技术的特点

1. 电路交换技术的优点

（1）电路交换是面向连接的技术。在信息传送前，要通过呼叫为主叫、被叫用户建立一条物理连接。如果呼叫数超过交换机的连接能力，交换机拒绝接受呼叫请求，向用户送忙音。

（2）电路交换是一种实时交换，适用于对实时性要求高的通信业务，信息的传输时延小，对一次接续而言，传输时延几乎固定不变。

（3）电路交换采用静态复用、固定（预分配）分配带宽技术，进行信息传输和交换。程控数字交换机根据用户的呼叫请求，为用户分配固定位置（时隙）、恒定带宽（通常是 64kbit/s）的电路。话路接通后，即使无信息传送，也需要占用电路。因此电路利用率低，尤其是对突发业务来说。

（4）交换机对用户的信息不存储、分析和处理，信息在终端之间“透明”传输，交换机在处理方面的开销比较小，信息的传输效率比较高。

（5）网络在传送信息期间，没有任何差错控制措施，控制简单，但不利于可靠性要求高的数据业务传送。

（6）信息的编码方法和信息格式由通信双方协商，不受网络限制。

2. 电路交换技术的缺点

（1）不适合波动性大的业务。较短信息传送，网络利用率低。因为电路交换需建立连接通路，且连接通路建立时间较长，当传输较短信息时，通路建立的时间可能将大于通信时间。

（2）资源独占，电路利用率低。电路交换时，两个终端之间通路一旦建立，即使它们之间在没有信息传送时，线路资源也不允许其他用户使用。

（3）不同终端之间不能互通。电路双方在信息传输、编码格式、同步方式和信令等方面要完全兼容，这就限制了不同速率、不同代码格式、不同信令的用户终端之间直接的互通。

（4）可能存在呼损。即可能出现由于对方用户终端设备忙或交换网络负载过重而呼叫不通。

3.3 程控数字交换机的硬件结构

典型的电路交换系统是电话交换系统。本节以程控数字交换机为例，讲述电路交换机的硬件结构。

3.3.1 程控数字交换机的基本结构

程控数字交换机的基本结构分为控制子系统和话路子系统，话路子系统由交换网络和接口电路组成，如图 3.6 所示。

话路子系统主要由交换网络和接口电路组成。交换网络由“时分接线器”或“时分接线器与空分接线器组合”构成，时分接线器与空分接线器由 CPU 送控制命令驱动。交换网络的任务是实现各入、出线上信号的传递或接续。接口电路分为用户接口、中继接口和操作管理维护接口。接口的作用是将来自不同终端（电话机、计算机等）或其他交换机的各种信号转换成统一的交换机内部工作信号，并按信号的性质分别将信令送给控制系统，将业务消息送给交换网络。

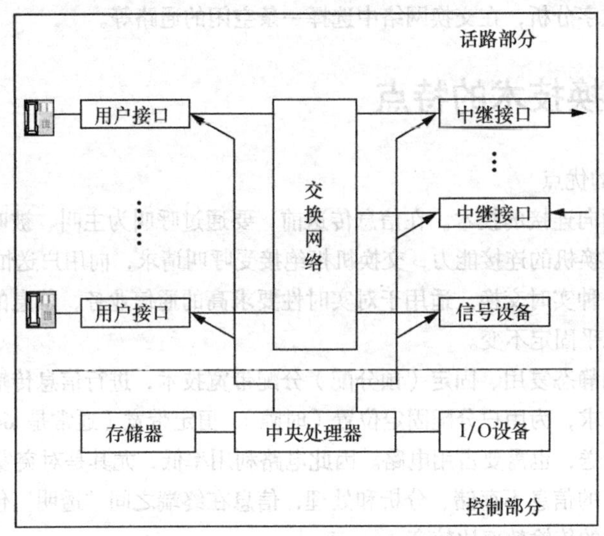

图 3.6　程控数字交换机基本结构

控制子系统由处理机、存储器和输入/输出（I/O）设备构成。处理机执行交换机软件程序，指挥硬件、软件协调动作；存储器用来存放软件程序和有关数据。

控制子系统的主要作用是实现交换机的控制功能。概括而言，控制功能可分为呼叫处理功能和运行维护功能两部分。呼叫处理功能包括对从建立呼叫到释放呼叫整个呼叫过程的控制处理，例如，收集处理各个外围接口电路的状态变化，分析处理所接收到的各种信号，控制交换网络的选路与接续，以及调度管理各种硬件和软件资源。运行维护功能则包括对用户数据、系统数据的设定以及对故障的诊断处理等。存储器用来存储程序和数据，可进一步分为程序存储器和数据存储器。

3.3.2　程控数字交换机硬件功能结构

程控数字交换机的硬件功能结构如图 3.7 所示。

1. 话路子系统

话路子系统包括用户级、远端用户级、选组级（交换网络）、各种中继接口以及信令设备等部件。

（1）用户级

用户级又称用户模块，是用户终端与数字交换网络（选组级）之间的接口电路。数字程控交换机的用户终端有模拟用户终端和数字用户终端。用户级将每个用户终端所发出的较小的呼叫话务进行集中，然后送至数字交换网络，从而提高用户级和数字交换网络之间链路的利用率。对模拟用户终端，用户级还要将模拟用户话机的模拟语音信号转换成数字信号。用户级由信号提取和插入电路、网络接口、扫描存储器和分配存储器、用户集线器、用户电路等组成。

① 信号提取和插入电路，负责把处理机通信信息从信息流中提取出来（或插入进去）。

② 网络接口，用于数字交换网络的连接。

③ 扫描存储器，用于暂存从用户线读取的信息。

④ 分配存储器，用于暂存向用户电路发出的命令信息。

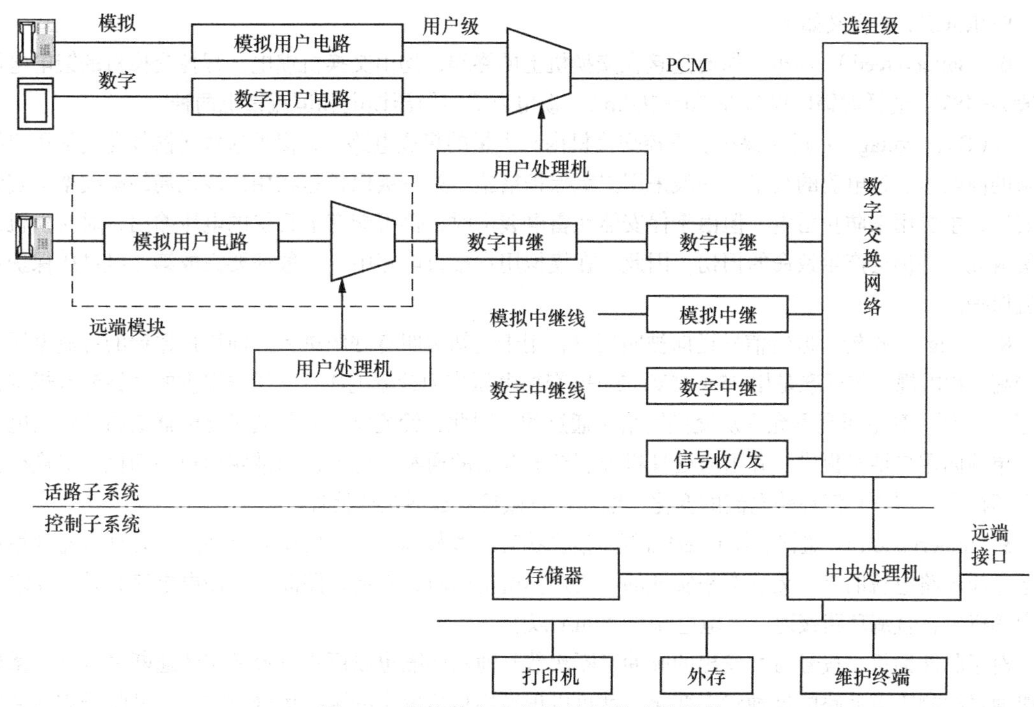

图 3.7　程控数字交换机的硬件功能结构

⑤ 用户集线器：负责话务量的集中与分散。由于每个用户忙时双向话务量约为 0.12～0.20Erl，相当于忙时约有 12%～20%的时间在占用。如果每个用户电路直接与数字交换网络相连，数字交换网络的每条通路的利用率就较低，而且使交换网络上的端子数增加很多。采用用户集线器后，即可将用户线集中后接出较少的链路送往数字交换网络，这样不仅提高了链路的利用率，而且使接线端子减少。用户集线器多采用时分集线器，其出端信道数小于入端信道数。入端信道数和出端信道数之比称为集线比，集线比一般为 2：1～8：1。我国采用的集线比一般为 4：1，如 96 个用户公用 24 个信道。

⑥ 用户电路分为模拟用户接口电路和数字用户接口电路，由于程控数字交换机大多数终端设备是模拟话机，故在交换机接口电路中，模拟用户接口电路占很大比重。

- 模拟用户接口电路

模拟用户接口又称 Z 接口，它是程控数字交换机连接模拟用户线的接口电路。由于某些信号（如振铃、馈电等）不能通过电子交换网络，因此把某些过去由公用设备实现的功能移到电子交换网络以外的用户电路来实现。每一个模拟用户均要经模拟用户接口电路连接交换网络，因此这种接口电路占的比例最大，对它的组成和功能有一个基本要求，归纳起来为 BORSCHT，如图 3.8 所示。

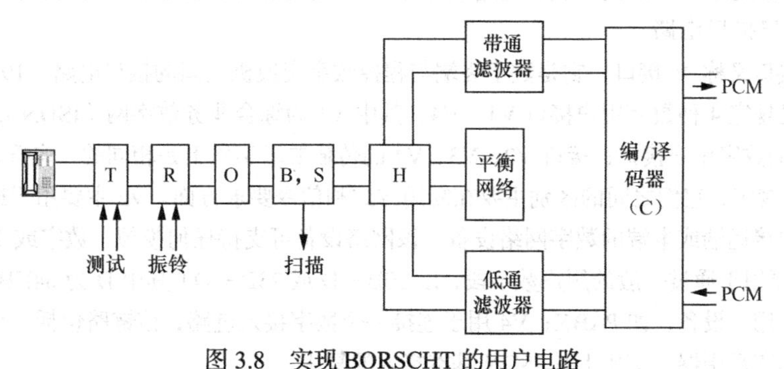

图 3.8　实现 BORSCHT 的用户电路

BORSCHT 的含义如下。

B（Battery feed）：馈电。所有连接在交换机上的终端，均由交换机馈电。程控交换机的馈电电压一般为-48V。通话时馈电电流在 20～100mA。馈电方式有恒压馈电和恒流馈电两种。

O（Over-voltage）：过压保护。程控交换机内有大量的集成电路，为保护这些元器件免受从用户线进来的高电压、过电流的袭击，一般采用二级保护措施。第一级保护是在用户线入局的配线架上安装保安器，主要用来防止雷电。但由于保安器在雷电袭击时，仍可能有上百伏的电压输出，对交换机内的集成元器件仍会产生致命的损伤，因此，在模拟用户接口电路中，一般还要完成第二级过压保护和过流保护。

R（Ring）：振铃。振铃信号送向被叫用户，用于通知被叫有呼叫进入。向用户振铃的铃流电压一般较高。我国规定的标准是用 75 ± 15V、25Hz 交换电压作为铃流电压，向用户提供的振铃节奏规定为 1s 通，4s 断。高电压是不允许从交换网络中通过的，因此，铃流电压一般通过继电器或高压集成电子开关单独向用户话机提供，并由微处理机控制铃流开关的通断。此外，当被叫用户一摘机，交换机就能立即检测到用户直流环路电流的变化，继而进行截铃和通话接续处理。

S（Supervision）：监视。用户话机的摘/挂机状态和拨号脉冲数字的检测是通过微处理机监视用户线上直流环路电流的有、无状态来实现的。用户挂机空闲时，直流环路断开，馈电电流为零；反之，用户摘机后，直流环路接通，馈电电流在 20mA 以上。

对于脉冲话机，拨号时所发出的脉冲通断次数及通断间隔也以用户直流环路的通断来表示。微处理机通过检测直流环路的这种状态变化，就可以识别用户所发生的脉冲拨号数字。这种收号方式主要由软件程序实现，称为软收号器。

对于双音多频（Dual-tone Multi Frequency，DTMF）话机，用户所拨号以双音多频信号形式出现在线路上，交换机内要有专用收号器对号码进行接收和识别。专用收号器也叫“硬收号器”。

C（Codec）：编译码。数字交换网只能对数字信号进行交换处理，而语音信号是模拟信号，因此，在模拟用户电路中，需要用编码器把模拟语音信号转换成数字语音信号，然后送到交换网络进行交换。反之，通过解码器把从交换网络输出的数字语音转换成模拟语音送给用户。

H（Hybrid）：混合电路。数字交换网络完成 4 线交换（接收和发送各 1 对线），而用户传输线路上用 2 线双向传送信号。因此，在用户话机和编/解码器之间应进行 2/4 线转换，以把 2 线双向信号转换成收、发分开的 4 线单向信号，而相反方向需进行 4/2 线转换；同时可根据每一用户线路阻抗的大小调节平衡网络，以达到最佳平衡效果。这就是混合电路的功能。

T（Test）：测试。交换机运行过程中，用户线路、用户终端和用户接口电路可能发生混线、断线、接地、与电力线相碰、元器件损坏等各种故障，因此需要对内部电路和外部线路进行周期巡回自动测试。测试工作可由外接的测试设备来完成，也可利用交换机的软件测试等距离进行自动测试。测试是通过测试继电器或电子开关为用户接口电路或外部用户线提供的测试接入口而实现的。

- 数字用户接口电路

数字用户接口又称 V 接口，它是数字终端与程控数字交换机之间的接口电路。1988 年的 CCITT 建议 Q.512 中已规定 4 种数字用户接口 V1～V4，其中 V1 为综合业务数字网（ISDN），并以基本速率（2B + D）接入的数字用户接口；接口 V2、V3、V4 的传输要求实质上是相同的，均符合 G.703、G.704 和 G.705 的有关规定，它们之间的区别主要在复用方式和信令要求方面。V2 主要用于通过一次群或二次群数字段去连接远端或本端的数字网络设备，该网络设备可支持任何模拟、数字或 ISDN 用户接入的组合；V3 主要用于通过一般的用户数字段，以 30B + D 或 23B + D（其中 D 为 64KB/s）的信道分配方式去连接数字用户设备，如 PABX；V4 用于连接一个数字接入链路，该链路包括一个可支持几个基本速率接入的静态复用器，实质上是 ISDN 基本接入的复用。

V5 接口（标准化的 V 接口）能同时支持多种类型的用户接入。V5 接口是交换机与接入网络（AN）之间的数字接口，因此 V5 接口能支持各种不同的接入类型。

数字用户接口应具有图 3.9 所示的功能结构。过压保护、馈电和测试功能的作用及实现与模拟用户接口类似。当用户终端本身具有工作电源时，接口还可以免去馈电功能。

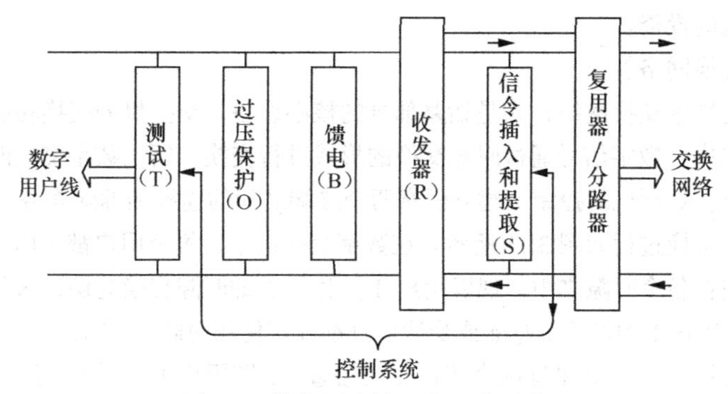

图 3.9　数字用户接口的基本功能

数字用户线采用专用信令链路传送信令（DSS1 信令）。发送方将信令插入专用逻辑信道，以时分复用方式和信息一起传送，接收方从专用逻辑信道提取信令。

交换网络接续的信道是 64 kbit/s 的数字信道，而环线的传输速率可能高于或低于 64 kbit/s。因此，在接口和交换网络之间，需要插入一个多路复用器与分路器，以便将环线信号分离或合并为若干条 64 kbit/s 的信道。

收发器的主要作用是实现数字信号的双向传输。曾经提出的方案有空分、频分、时分和回波抵消法 4 种。空分法即在两个方向各使用一对独立的双绞线，由于不经济，因此很少使用。频分法即在两个方向使用一对传输线，各使用不同的频段，由于占用频带宽，传输距离近，现在也很少使用。时分法是将收发脉冲压缩，在两个方向使用不同时间段送出信号，所需频带至少是收发信号带宽的 2 倍，电路易集成。但传输距离近，不适合长距离通信。回波抵消法采用混合线圈实现 2/4 线变换，在同一对线上以同时传送两个方向的信号，它所需的频带窄，传输距离长，是目前数字用户线采用的主要技术。此外，收发器中还要有均衡器和扰码器。均衡器用来补偿数字信号传输时产生的非线性衰减和时延，消除码间干扰；扰码器的作用是在发送数据中加入一个伪随机序列，破坏传送数据中可能出现的全 1、全 0 或某种信号周期重复的规律性，可以减少相邻信号的串扰和定时信号的误判。收发器的原理框图如图 3.10 所示。

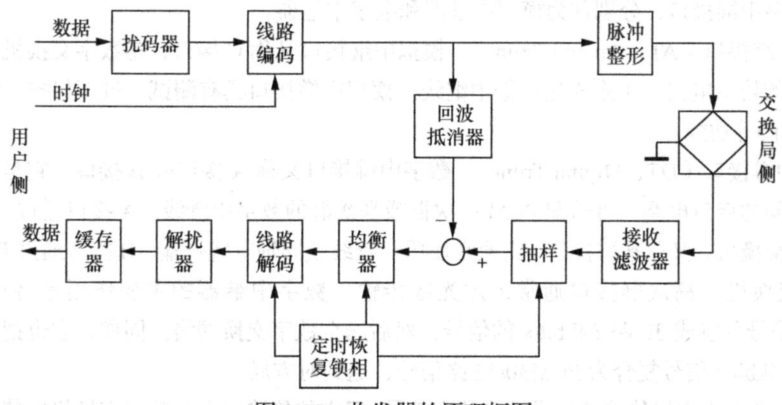

图 3.10　收发器的原理框图

（2）远端用户级

远端用户级也称远端用户模块，是指装在距离电话局较远的用户集中分布点上的话路设备。其基本功能与局内用户级相似，也包括用户电路和用户集线器，见图 3.7 中虚线框。远端用户级与母局之间用数字链路连接，链路数与远端用户级的容量及业务量大小有关。远端模块的设置带来了组网的灵活性，节省了用户线的投资。

（3）选组级（交换网络）

选组级一般称为数字交换网络，它是话路部分的核心设备，交换机的交换功能主要是通过它来实现的。在数字交换机中，数字信号通过时隙交换的形式进行交换，所以数字交换网络必须具有时隙交换的功能。交换网络在处理机的控制下建立任意两个终端之间的连接和拆除连接。

数字交换系统的交换过程如图 3.11 所示。在数字交换机中，每个用户都占用一个固定的时隙，用户的语音信息就装载在各个时隙之中。现以用户 1、用户 2 的时隙交换为例，来阐述数字交换网络的时隙交换过程。假设用户 1 的发话信息 a 或受话信息都固定使用时隙 2（TS2），而用户 2 的发话信息 b 或受话信息都固定使用 TS18。如果这两个用户要互相通话，则用户 1 的语音信息 a 要在 TS2 时隙送至数字交换网络，而在 TS18 时隙将其取出送至用户 2。反过来，用户 2 的语音信息 b 也必须在 TS18 时隙送至数字交换网络，而在 TS2 时隙从数字交换网络中取出送至用户 1。这就是数字交换系统的时隙交换过程，所以，我们有时候将程控数字交换称为时隙交换。

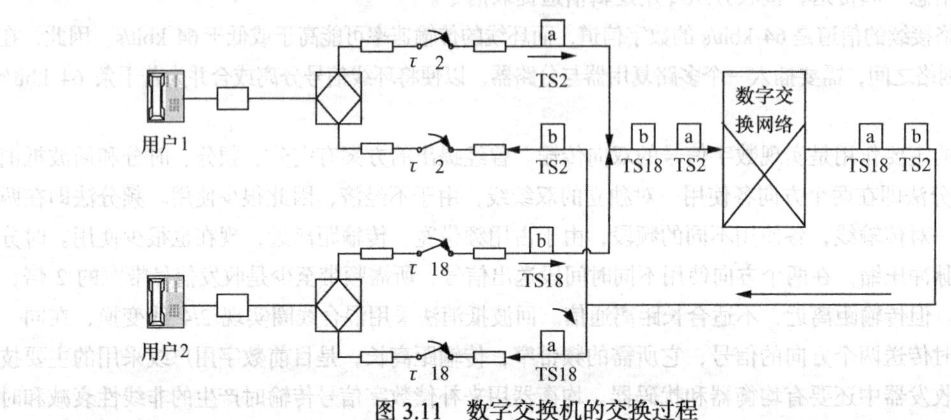

图 3.11　数字交换机的交换过程

（4）中继接口

在交换网络与局间中继线之间，必须有中继接口配合工作。根据中继线的类型，中继接口有模拟中继接口与数字中继接口，分别称为模拟中继器和数字中继器。

① 模拟中继接口（AT，Analog Trunk）：模拟中继接口又称 C 接口，是数字交换机为适应局间模拟环境而设置的接口电路，用来连接模拟中继线。模拟中继接口具有测试、过压保护、线路信令监视和配合、编/译码等功能。

② 数字中继接口（DT，Digital Trunk）：数字中继接口又称 A 接口或 B 接口，它是数字交换机与数字中继线之间的接口电路。可适配 PCM 一次群或高次群的数字中继线。A 接口通过 PCM 一次群线路连接至其他交换机，又称基群接口，它通常使用双绞线或同轴电缆传输；B 接口通过 PCM 二次群线路连接其他交换机。高次群接口通常采用光缆传输。数字中继器的主要作用是将对方局送来的 PCM30/32 路信号分解成 30 路 64kbit/s 的信号，然后送至数字交换网络。同样，它也把数字交换网络送来的 30 路 64kbit/s 信号复合为 PCM30/32 路信号，送到对方局。

虽然 PCM 数字中继线传输的信号也是数字信号，但它的传输码型与数字交换机内传输和交换的信号码型是不同的，而且时钟频率和相位也会有差异，因此其信令格式也不一样。为此，要求数字中继器应具有码型变换、时钟提取、帧同步和复帧同步、帧定位、信令插入和提取、告警检测等功能，以协调彼此之间的工作，如图 3.12 所示。

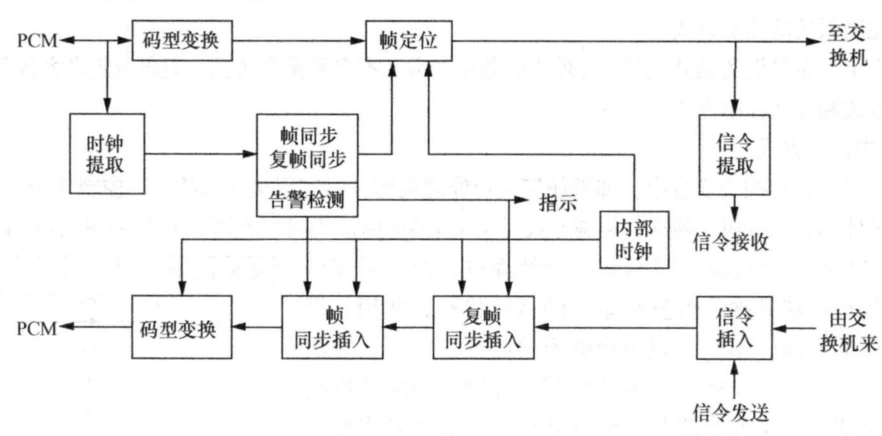

图 3.12　数字中继原理图

如果交换局间的传输采用同步数字序列（Synchronous Digital Hierarchy，SDH），则可以将交换机多个中继输出信号装入 SDH 端机的不同容器中，再复接成 STM-1（155Mbit/s）或 STM-4（622Mbit/s）的 SDH 帧信号传送。

（5）信令设备

信令设备包括各种音信号（拨号音、忙音、回铃音等）发生器、双音多频信号接收器、多频信号发送和接收器。铃流发生器单独设置，通常放在用户模块中。

除铃流信令外，其他音信令和多频信令都是以数字形式直接进入数字交换网络，并像数字语音信号一样交换到所需端口。音信令的数字化原理和语音完全一样。

信号音发生器一般采用数字音存储方法，将拨号音、忙音、回铃音等音频信号进行抽样和编码后存放在只读存储器（ROM）中，在计数器的控制下读出数字化信号音的编码，经数字交换网络发送到所需的话路上去。当然，如果需要，也可通过指定的时隙（如 TS0，TS16）传送。

多频信号接收器和发送器用于接收和发送多频（MF）信号，包括音频话机的双音多频（DTMF）信号和局间多频信号（MFC），这些多频信号在相应的话路中传送，以数字化的形式通过交换网络而被接收和发送。故数字交换机中的多频接收器和发送器应能接收和发送数字化的多频信号。

2. 控制子系统

控制子系统是程控交换机的“大脑”，它在呼叫接续的运行过程中担负着监视、分析、调度、处理业务等任务。

（1）对控制系统的要求

程控交换机的控制系统负担着全系统的控制工作，一旦开通就能够不间断地、稳定地运行，因此，在设计交换机控制系统时，要遵循如下要求：

① 呼叫处理能力强。呼叫处理能力是在保证规定的服务质量标准的前提下处理机能够处理的呼叫要求，通常用“最大忙时试呼次数（BHCA）”来表示。这个参数和控制部件的结构有关，也和处理机本身的能力有关，它和话务量（爱尔兰数）同样影响系统能力。因此在衡量一台交换机的负荷能力时，不仅要考虑话务量，同时要考虑其处理能力。

② 可靠性高。控制设备的故障有可能使系统中断，因此要求交换机控制设备的故障率尽可能低，一旦出现故障时，要求处理故障的时间（维修时间）尽可能短。

③ 灵活性和适用性强。控制系统在整个工作寿命期间，要能满足人们新的服务要求和具备较强的技术发展适应能力。

④ 经济性好。

（2）控制系统的控制方式

控制系统的主要设备是处理机。处理机的数量和分工有各种配置方式，但归纳起来大致分为两种：集中控制方式和分散控制方式。

① 集中控制方式

集中控制：在程控交换机中，如果任何一台处理机都可以实现交换机的全部控制功能，管理交换机的全部硬件和软件资源，则这种控制方式就叫做集中控制。集中控制系统结构如图 3.13 所示。

集中控制的主要优点是只需要一个处理机，控制系统结构简单。处理机能掌握了解整个系统的运行状态，使用、管理系统的全部资源，不会出现争抢资源的冲突。此外，在集中控制中，各种控制功能之间的接口都是程序之间的软件接口，任何功能的变更和增删都只涉及软件，从而使其实现较为方便、容易。

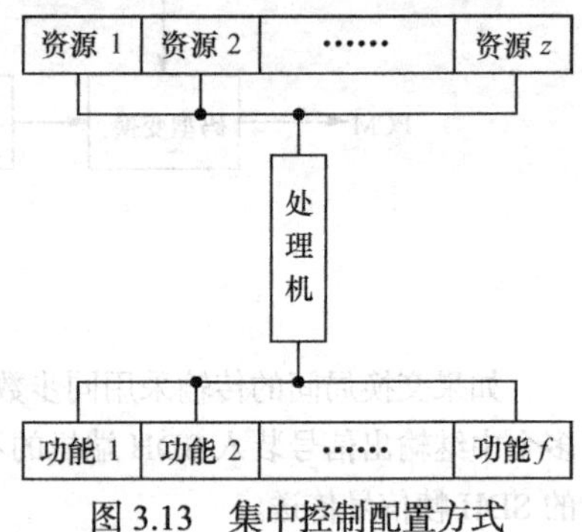

图 3.13　集中控制配置方式

缺点：一是由于控制高度集中，使得这种系统比较脆弱，一旦控制部件出现故障，就可能引起整个交换局瘫痪；二是处理机要完成全部的控制功能，使得控制过于集中，软件的规模很大且很复杂，系统的管理维护很困难。

为了解决这个问题，集中控制一般采用双处理机或多处理机的冗余配置方式。

② 分散控制方式

分散控制方式：在程控交换机中，如果任何一台处理机都只能执行部分控制功能，管理交换机的部分硬件和软件资源，则这种控制方式叫做分散控制。

分散控制克服了集中控制的主要缺点，是目前普遍采用的一种控制方式。分散控制系统是一个多处理机系统。根据处理机的自主控制能力，分散控制可分为分级控制和分布（全分散）控制。

a. 容量分担和功能分担

在分散控制系统中，各台处理机可按容量分担或功能分担的方式工作。

容量分担方式指每台处理机只分担一部分用户的全部呼叫处理任务。按这种方式分工的每台处理机所完成的任务都是一样的，只是所面向的用户不同。容量分担方式的优点是，只需要配置相应数量的处理机，即可适应不同数量用户群的需要。其缺点是，每台处理机都要具有呼叫处理的全部功能。

功能分担方式是将交换机的各项控制功能按功能类别分配给不同的处理机去执行，不同的处理机调用相应的系统资源。功能分担方式的优点是，每台处理机只承担一部分功能，可以简化软件，若需增强功能，很容易通过软件实现。其缺点是，在容量小时，也必须配齐全部处理机。

b. 静态分配与动态分配

在分散控制系统中，处理机之间的功能分配可能是静态的，也可能是动态的。

所谓静态分配，是指资源和功能的分配一次完成，各处理机可以根据不同分工配备一些专门的硬件。采用静态分配的优点是，软件没有集中控制时那么复杂，可以做成模块化系统，在经济和可扩展性方面显示出优越性。

所谓动态分配，是指每台处理机可以处理所有功能，也可以控制所有资源，但根据系统的不同状态，对资源和功能进行最佳分配。这种方式的优点在于，当有一台处理机发生故障时，可由其余处理机完成全部功能。缺点是系统非常复杂。

c. 分级控制系统

- 单级控制系统

单级控制系统又叫单级多机系统，如图 3.14 所示。该系统各台处理机并行工作，每台处理机有专用的存储器，也可设置公用存储器，用于各处理机之间的通信。

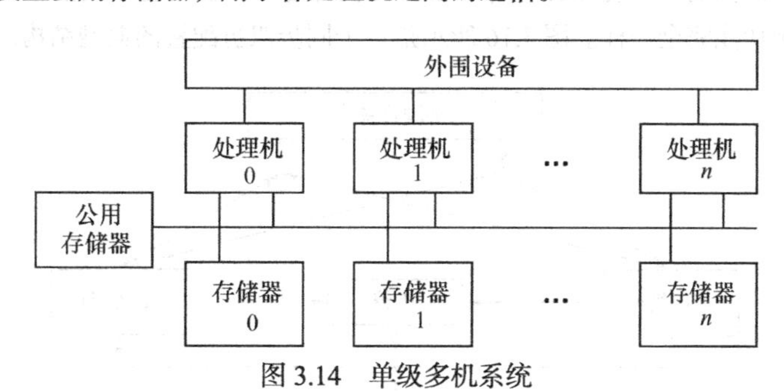

图 3.14　单级多机系统

- 多级控制系统

多级控制系统按交换机控制功能层次的高低分别配置处理机。对于较低层次的、处理简单但工作量繁重的控制功能，如用户扫描、摘挂机及脉冲识别等，采用外围处理机（或用户处理机）完成。对于层次较高、处理较复杂、工作量较小的控制功能，如号码分析、路由选择等，由呼叫处理机承担。对于处理更复杂、执行次数更小的故障诊断和维护管理等控制功能，则单独配置一台专用的主处理机。这样，一般形成三级控制系统，如图 3.15 所示。

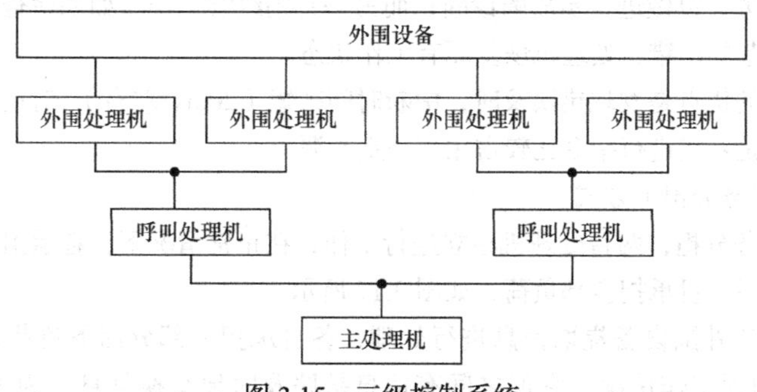

图 3.15　三级控制系统

这种三级控制系统按功能分担的方式分别配置外围处理机、呼叫处理机和主处理机。每一级又采用容量分担的方式，每几百个用户配置一台外围处理机；呼叫处理机因要处理外围处理机传输来的信息，故数台外围处理机只需配备一台呼叫处理机；对于主处理机，一般全系统只需配置一对即可。也有厂家将呼叫处理机和主处理机合在一起，构成二级控制结构。

d. 分布式控制系统

分布式控制也成为全分散控制。它是指交换机的全部用户线和中继线被分成多个模块（用户模块或中继模块），每个模块包含一定数量的用户线和中继线，且每个模块都有一个控制单元。在控制单元中配备微处理机，包括所有呼叫控制和数字交换网络控制在内的一切控制功能都由微处理机执行，每个模块基本上可以独立地进行呼叫处理，S1240 数字程控交换机采用的就是典型的分布式控制方式。

根据各交换系统的要求，目前生产的大、中型交换机的控制部分多采用分散控制方式下的分级控制系统或分布式控制系统。

（3）冗余配置方式

为了提高控制系统的可靠性，处理机需要进行冗余配置，即备用配置。冗余配置方式有如下 4 种。

① 微同步方式（同步双工方式）

在两台处理机之间接有一个比较器，每一台处理机都有一个供自己专用的存储器，而且每一台处理机所能实现的控制功能完全一样。图 3.16 所示是一个同步双机配置的典型结构。

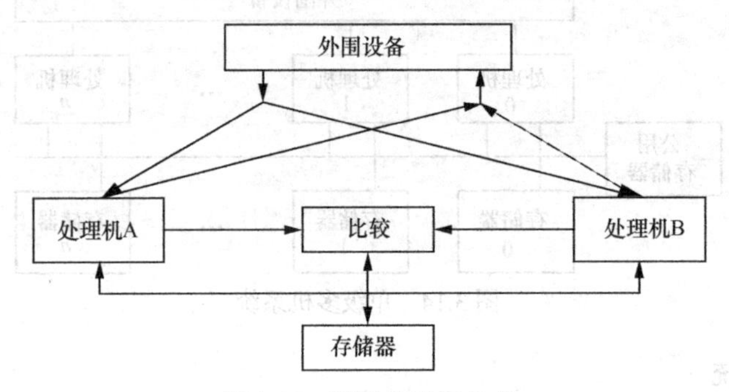

图 3.16　微同步工作方式

正常工作时，两台处理机均接收从外围设备来的信息，同时执行同一条指令，进行同样的分析处理，但只有主用机输出控制消息，执行控制功能。所谓微同步，就是在执行每一条指令后，检查比较两台处理机的执行结果是否一致，如果一致，就转移到下一条执行指令，继续运行程序；如果不一致，说明可能有一台处理机出错，两台处理机立即中断正常处理，并各自启动检查诊断程序，如果发现一台有故障，则退出服务，以做进一步故障诊断；而另一台则继续工作。如果检查发现两台均正常，说明是由于偶然干扰引起的出错，处理机恢复原有工作状态。

微同步工作方式的优点是发现错误及时，中断时间很短（20ms 左右），对正在进行的呼叫处理几乎没有影响。其缺点是双机进行指令比较占用了一定资源。

② 负荷分担（话务分担）方式

负荷分担也叫话务分担，两台处理机独立进行工作，在正常情况下，各承担一半的话务负荷。当一机发生故障，可由另一机承担全部负荷，如图 3.17 所示。

处理机 A、B 都从外围设备提取信息进行处理，各自承担一部分话务负荷，独立进行工作，发出控制信息。为了沟通工作情况，它们之间有信息链路及时地交换信息。为了防止两台处理机同时处理相同任务，它们之间设有“禁止”电路，避免“争夺”现象。两台处理机必须有自己专用的存储器，一旦某一处理机出现故障，则由另一台处理机承担全部负荷，无须切换过程，呼损很小。只是在非正常工作时，单机可能有轻微过载，但时间很短，一旦另一台处理机恢复运行，便会一切正常。

负荷分担方式的优点是两台处理机都承担话务，因而过载能力很强。在理想情况下，负载能力几乎提高一倍。因此，实际运用处理机的处理能力只为话务负荷的 50%～100%。其缺点是两台处理机需经常保持联系，亦占用处理机部分机时。

③ 主/备用方式

主/备用（Active-standby）方式是一台处理机联机运行，另一台处理机与话路设备完全分离而作为备用。工作的计算机称为主用机，另一台计算机称为备用机，它们可以通过软件相互倒换工作。当主用机发生故障时，进行主/备用倒换，如图 3.18 所示。

主/备用方式，在任何情况下只有其中一台处理机（A 或 B）与外围设备交换信息，即一台主用，一台备用。主用机承担全部外围设备的话务负荷，当主用机出现故障时，利用切换程序使其退出服务，备用机联机工作。

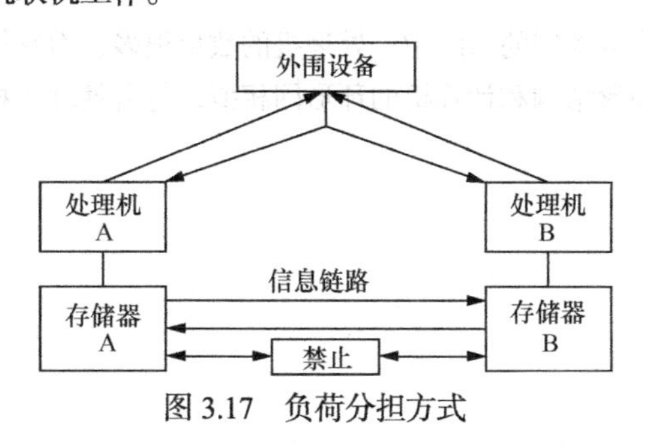

图 3.17　负荷分担方式

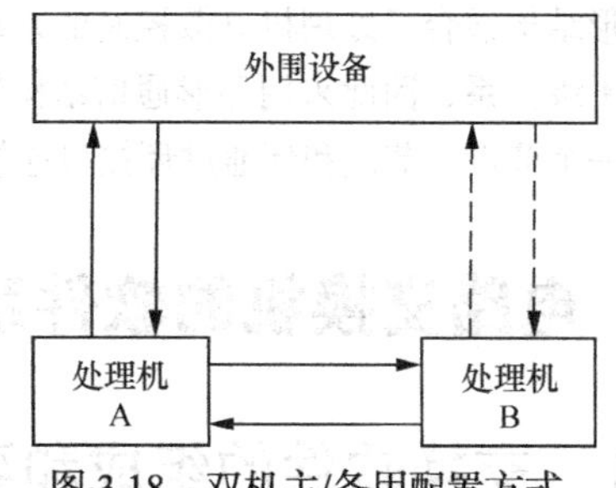

图 3.18　双机主/备用配置方式

主备用方式有冷备用（Cold Standby）与热备用（Hot Standby）两种。冷备用时，备用机中没有保存呼叫数据，也不作任何处理，当收到主机发来的转换请求信号后，新的主用机需要重新初始化，开始接收数据，进行处理。缺点是：一旦主用机有故障而转向备用机时，数据全部丢失，重新启动，一切正在进行的通话全部中断。热备用时，平时主、备用机都随时接收并保留呼叫处理数据，但备用机不做处理工作。当收到主用机倒换请求时，备用机立即工作。呼叫处理的暂时数据基本不丢失，原来处于通话状态的用户不中断，损失的只是正在处理过程中的用户。在主备用方式中，通常采用热备用方式，备用机中保存有主用机送来的相关信息，可随时接替工作。

主备用方式的优点是硬件电路比较简单，软件亦不太复杂。缺点是主备用切换时给外围设备造成的损失比较大，工作效率较负荷分担方式低。

④ $N+1$ 方式

在单级多机系统中，有时采用 $N+1$ 配置方式，即其中一台处理机专作备用机，平时不工作，在 N 台工作机中的任一台出现故障时，备用机立即替代之。

（4）处理机间的通信方式

在多处理机系统中，不同处理机之间要相互沟通（通信）、共同配合，以控制呼叫接续。由于程控数字交换机设有远端用户模块，因此，处理机间通信有时也要考虑较远距离的通信。

处理机间的通信方式和交换机控制系统的结构有紧密联系，目前，采用的通信方式很多，这里仅介绍几种常见方式。

① 通过 PCM 信道进行通信

利用 PCM 信道进行通信，不需要增加额外的硬件，软件的费用也小，但通信的信息量小，速度慢。利用 PCM 信道进行通信有两种方式。

- 利用 TS16 进行通信

在数字通信网中，TS16 是用来传输数字交换局间的信令的。因此，传输线上的信令在到达交换局以后，中继接口就将 TS16 的信令提取出来进行处理。而交换机内部的 TS16 是空闲的，可以用作处理机间的通信信道。

- 利用任一话路 TS 进行通信

可以通过 PCM 语音信道（1-15 和 17-31）中的任一时隙传送处理机间的通信信息，最后通过不同的标志加以识别。使用这种方式的缺点是占用了通信信道，使话路信道减少。

② 采用计算机网常用的通信方式

- 总线结构

多处理机之间通过共享资源（总线）实现各处理机之间的通信。总线结构有两种方式：共享存储器方式和共享输入/输出端口。

- 环形结构

环形结构适合于处理机分散控制的系统。在分散控制的系统中，处理机的数量很多，而它们之间往往是平级关系，因此采用环形通信结构较好。环形结构和计算机的环形网相似，每台处理机相当于环内的一个节点，节点和环通过环接口连接。

3.4 电路交换机的软件系统

3.4.1 交换软件的组成和要求

现代电路交换技术是通信技术和计算机技术相结合的产物，程控数字交换机是当今电路交换的核心设备，它由硬件系统和软件系统两大部分组成。处理机中程序的运行控制整个话路部分的接续任务。因此，软件在交换机中具有极其重要的作用。

程控交换软件是指完成交换设备各项功能而运行于处理机中的程序和数据的集合。随着微电子技术和专用芯片技术的发展，硬件成本不断下降，而交换设备容量的增加和新业务功能的增多，使得软件的作用越来越大。

1. 程控交换机的软件结构

程控交换机的软件分为运行程序（联机程序）和支援程序（脱机程序）两大部分。运行程序是维持交换系统正常运行所必需的软件，支援程序是有关交换系统从设计、生产、安装到交换局开通后的一系列维护、分析等各项支援任务的软件。

程控交换机的软件结构如图 3.19 所示。

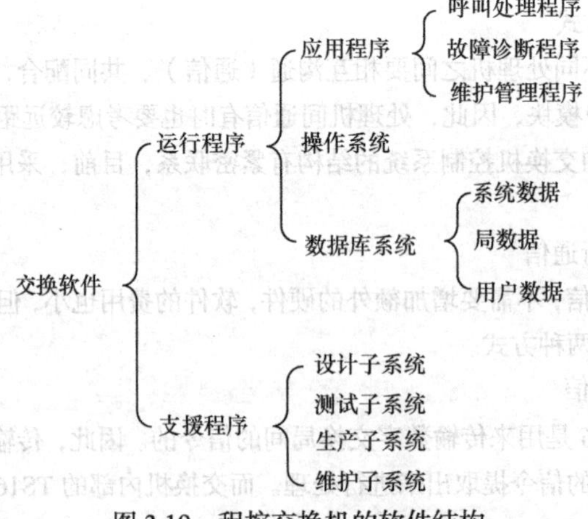

图 3.19 程控交换机的软件结构

（1）运行程序

运行程序又称联机程序，是指交换系统工作时运行在各处理机中，对交换机的各种业务进行处理的程序的总和。其中大部分程序具有比较强的实时性。运行程序的基本任务是控制交换机的运行，而交换机的基本目的是建立连接和释放呼叫。因此运行程序的主要任务是呼叫处理。除此之外，运行程序还要完成交换机的管理和维护功能、系统的安全运行和保护功能等。根据功能的不同，运行程序又可分为操作系统、数据库系统和应用程序 3 个子系统。

① 操作系统

操作系统根据呼叫处理要求，程控交换机应配置实时操作系统。操作系统是用来对系统中的所有软硬件资源进行管理和调度，为其他的程序部分提供支持，主要功能是任务调度、存储器管理、通信控制、时间管理、故障处理（包括系统安全和恢复），以及外设处理、文件管理、装入引导等功能。

② 数据库系统

数据库系统对程序系统中的大量数据进行集中管理，实现各部分程序对数据的共享访问功能，并提供数据保护等功能。

程控交换机的数据库系统包括 3 部分：系统数据、局数据和用户数据。a. 系统数据对不同交换局均能适应，不随交换局外部条件的改变而改变，它通用于所有交换局，包括处理机的控制方式、交换网络的控制方式、电源的供电方式等数据；b. 局数据反映交换局设备安装条件，它专用于某一个电话局，包括硬件配置、电路数量、路由方向、局向号、中继线信号方式等数据。局数据随不同交换局而异。c. 用户数据专用于某一个用户，反映该用户在交换局中的物理端口号、新业务类别、用户类型、话机类型、话机权限以及其他类别。

③ 应用程序

应用软件系统通常包括呼叫处理程序、故障诊断程序和维护管理程序 3 部分。a. 呼叫处理程序负责整个交换机所有呼叫的建立和释放，并根据用户数据为用户提供新服务功能。由于对每一次呼叫的处理几乎要涉及所有的公共资源，使用大量数据，因此呼叫处理程序比较复杂，而且在处理过程中，各种状态之间的关系亦非常复杂。普通的呼叫处理过程从主叫用户摘机开始，然后接收用户拨号数字，经过对数字进行分析后接通通话双方，一直到双方用户全部挂机为止。b. 故障诊断程序主要负责交换机故障检测、诊断和恢复功能，以保证交换机可靠地工作。c. 维护管理程序的主要作用包括两个方面：首先是协助实现交换机软、硬件系统的更新；其次是进行计费管理和监督交换机的工作情况，确保交换机的服务质量。

（2）支援程序

支援程序又称为脱机程序，其任务涉及面很广，它不仅涉及交换局的设计、生产和安装等交换局运行前的各项任务，还涉及交换局开始运行后整个寿命期间的软件管理、数据设计、修改、分析及资料编辑等工作，其数量要比运行软件大得多。

支援程序是软件中心的服务程序，多用于开发和生成交换局的软件和数据以及开通时的测试等，支援程序包括：设计子程序、测试子程序、生产子程序、维护子程序等，它是在交换系统设计、安装和调试程序过程中为了提高效率而使用的程序，与正常的交换处理过程联系不大。

① 设计子系统。用在设计阶段，作为规范描述语言（SDL）与高级语言间的连接器，与各种高级语言和汇编语言的编译器一起，完成链接定位程序及文档生成工作。

② 测试子系统。用于检测所设计软件是否符合规范，它的主要功能分测试与仿真执行两种。测试功能根据设计规范生成各种测试数据，并在已设计的程序中运行这些测试数据，以检验程序的工作结果是否符合原设计要求。仿真执行则是将软件的设计规范转换为语义等价的可执行语言，在设计完成前，可根据仿真执行的结果检验设计规范是否符合实际要求。

③ 生产子系统。用于生成交换局运行所需的软件，包括局数据文件、用户数据文件、局程序文件的生成等。

④ 维护子系统。负责对交换局程序的现场修改，或称补丁的管理与存档。如果补丁所修改的错误具有普遍意义，则子系统应将其复制多份并加载至其他交换局中。由于同一程序模块在各个交换机中的地址一般都不相同，需根据交换局的具体情况加至其局程序文件内，以便加载至各交换机中运行。

2. 程控交换运行程序的要求

程控交换机的特点是业务量大，实时性和可靠性要求高。因此对运行程序也要求有较高的实时效率，能处理大量呼叫，并且必须保证通信业务的不间断性。对程控交换机的运行软件具体要求如下。

（1）实时性

交换系统需要同时，或者说，在一个很短的时间间隔内处理成千上万个并发任务，因此它对每个交换机都有一定的业务处理能力和服务质量要求。不能因为软件的处理能力不足而使用户等待时间过长。如摘机后到听见拨号音的等待时间，拨完号后到听见回铃音的等待时间，尤其是拨号号码的接收时间都不能过长。拨号是由用户控制的，处理机不能及时接收拨号号码意味着错号，即呼叫失败。因此程控交换机的控制软件设计要满足实时性。

（2）多道程序运行

一个大型交换系统中可以容纳几万门或更多的电话，程控交换机要及时处理各种呼叫，必须以多道程序运行方式工作，也就是说要同时执行许多任务。例如一个一万门的交换机，忙时平均同时可能有 1200～2000 个用户正在通话，再加上通话前、后的呼叫建立和释放用户数，就可能有 2000 多项处理任务。软件系统必须能及时记录这些呼叫建立中和呼叫进行中的用户状态，并将有关的数据都保存起来，以便呼叫处理往下进行。除此之外，还要同时处理维护、测试和管理任务。

（3）不间断性。

程控交换机一经开通，其运行就不能间断，即使在硬件或软件系统本身有故障的情况下，系统仍应能保证可靠运行，并能在不中断系统运行的前提下，从硬件或软件故障中恢复正常。对于程控交换机来说，出现万分之一或十万分之一的错误一般还是可以容许的，但整个系统中断则会带来灾难性的损失。因此，许多交换机的可靠性指标是 99.98%的正确呼叫处理及 40 年内系统中断运行时间不超过 2 小时。

（4）通用性能好，可扩展性强

电话交换系统由于功能和容量不同而种类繁多，加上交换软件非常复杂，这就要求交换机软件功能相同的采用通用程序，同时具有可扩展性，以适应容量各异的交换局的需要。

3.4.2 呼叫处理程序

1. 呼叫处理过程

大家经常使用电话进行语音交流，我们知道呼叫处理过程非常复杂，为了便于理解呼叫处理过程，我们以一次成功的呼叫为例，来描述呼叫处理过程。

（1）主叫摘机到交换机送拨号音

① 处理机按一定的周期执行用户线扫描程序，检测出摘机的用户，并确定呼出用户的设备号；

② 处理机从外存储器调入该用户的数据（用户类别、话机类别及服务类别等），执行去话分析程序；

③ 把该用户连接到信号音源设备上，向用户送拨号音。

（2）收号和号码分析

① 处理机执行号码识别程序，并将识别到的号码收入相应的收号器；

② 进行号首分析，确定呼叫类别（本局、出局、长途、特服），以决定号码位数。

（3）来话分析至向被叫振铃

① 从存储器中找到被叫用户的数据（设备号、用户类别等），根据被叫数据执行来话分析程序；

② 交换机选择内部通信链路并测试被叫忙闲；

③ 向被叫振铃，向主叫送回铃音。

（4）被叫应答双方通话

① 由扫描程序检出摘机的被叫；

② 根据已选好的空闲路由建立主被叫用户的通话电路；

③ 停送铃流和回铃音信号；

④ 启动计费设备，开始计费。

（5）话终释放

① 由扫描程序监视是否话终释放。任何一方挂机都表示向交换机发出终止命令，交换机释放内部链路，使通话路由复原，停止计费；

② 向未挂机一方送忙音，待其也挂机后停送忙音。

2. 用 SDL 图描述呼叫处理过程

（1）稳定状态和状态转移

① 稳定状态：不管呼叫处理过程怎样复杂，我们都可把整个接续过程分为若干阶段，将接续过程中暂时稳定不变的阶段称为稳定状态，如空闲、等待收号<识别到主叫摘机信号>、收号、振铃<被叫摘机识别>、通话<挂机识别>、听忙音、空闲等。每一阶段用一个稳定状态来标志，各个稳定状态之间由要执行的各种处理来连接。

② 状态转移：交换机由一个稳定状态变化到另一个稳定状态叫做状态转移。即处理机接受输入信号，执行相应的各种处理。

从呼叫处理过程可以看出，整个呼叫处理过程是由各个稳定状态以及这些稳定状态在输入信号的作用下相互转移的过程构成，而不同状态间的转移可以抽象为：

当前状态 + 激励事件 = 下一状态

一个呼叫在激励事件（也称为输入信号）的作用下，由该呼叫的当前状态转移到呼叫的下一状态，而且，在当前状态（要涉及整个系统在那一时刻的状态）和激励事件被确定以后，该呼叫的下一状态也就被唯一地确定了。

（2）呼叫处理过程的特点

在呼叫处理程序中，呼叫状态的有限性以及在相同条件下状态转移的唯一性，是呼叫处理过程的两个主要特点。正是由于呼叫状态的有限性，故而把呼叫处理软件也称为有限状态软件。

（3）SDL 图特征

SDL 图是 SDL 语言中的一种图形表示法。它用有限图形状态表示事件发展的动态过程，其动态特征是一个激励—响应过程。即交换机平时处于某一个稳定状态，等待输入信号的到来，当收到输入信号后，处理机立即执行一系列处理动作，输出一个信号作为响应，并转移至一个新的状态，等待下一个输入的到来。SDL 图直观地描述了呼叫处理过程中稳定状态转移的进程。

（4）SDL 图常用符号

SDL 图常用符号如图 3.20 所示。

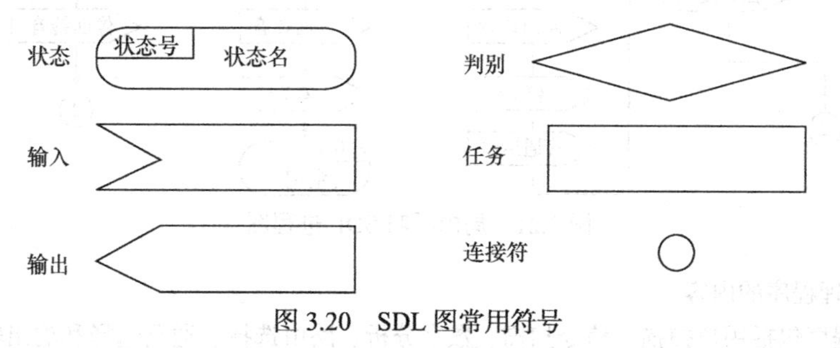

图 3.20 SDL 图常用符号

（5）用 SDL 语言描述呼叫处理过程

用 SDL 语言描述呼叫处理过程如图 3.21 所示。图中共有 6 种状态，在每个状态下，任一输入信号可以引起状态转移。在状态转移过程中同时进行一系列动作，并输出相应命令。根据这个描述便可设计程序和数据。

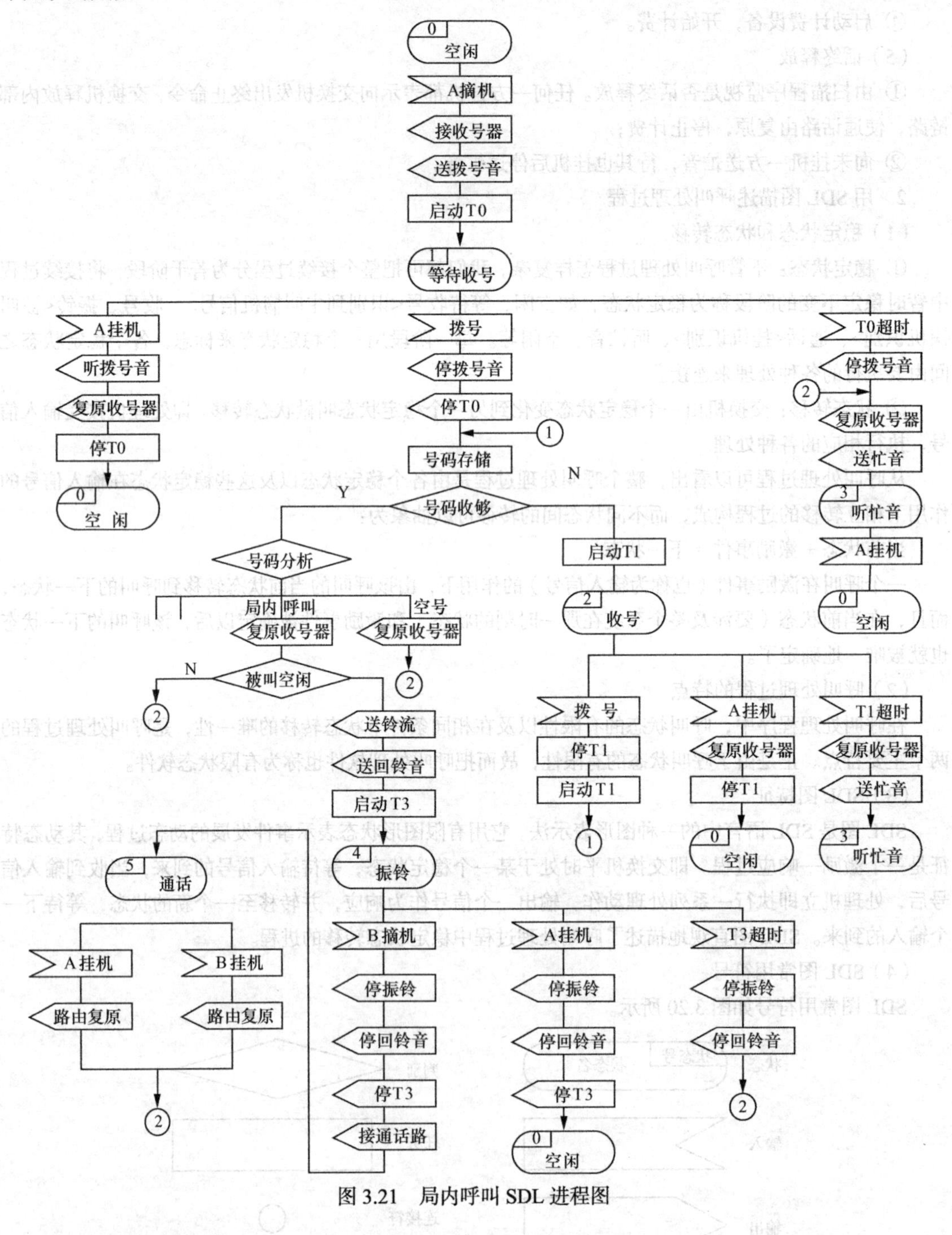

图 3.21　局内呼叫 SDL 进程图

3．呼叫处理程序的内容

呼叫处理程序包括用户扫描、信令扫描、数字分析、路由选择、通路选择和输出驱动等功能块，这些功能块我们可将其归纳为输入处理、内部处理和输出处理 3 种类型。呼叫处理程序可以看成是输入处理、内部处理和输出处理不断循环的过程。

（1）用户扫描

用户扫描用来检测用户环路的状态变化，包括用户摘机、环路接通、用户挂机、环路断开。通过对用户环路的当前状态和用户原有的呼叫状态扫描结果进行分析，可以判断事件是摘机还是挂机。例如，环路接通可能是主叫呼出，也可能是被叫应答。用户扫描程序应按一定的扫描周期执行。

（2）信令扫描

信令扫描泛指对用户线进行的收号扫描和对中继线或信令设备进行的扫描。前者包括脉冲收号或 DTMF 收号扫描，后者主要是指在随路信令方式时，对各种类型的中继线和多频接收器所做的线路信令和记发器信令的扫描。

（3）数字分析

数字分析的主要任务是根据所收到的地址信令或其前几位号码判定接续的性质，例如，判别本局呼叫、出局呼叫、汇接呼叫、长途呼叫、特种业务呼叫等。对于非本局呼叫，通过数字分析和翻译功能，可以获得用于选路的有关数据。

（4）路由选择

路由选择的任务是根据路由表，确定对应于呼叫去向的中继线群，从中选择一条空闲的出中继线。如果线群全忙，还可以依次确定各个迂回路由并选择空闲中继线。路由表是交换局开局时由维护人员人工输入的，一般不再改变，只有在局间中继线调整时才会发生变化。

（5）通路选择

通路选择在数字分析和路由选择后执行，其任务是在交换网络指定的入端与出端之间选择一条空闲的通路。软件进行通路选择的依据是存储器中链路忙闲状态的映射表。

（6）输出驱动

输出驱动程序是软件与话路子系统中各种硬件的接口，用来驱动硬件电路的动作。例如驱动数字交换网络的通路连接或释放，驱动用户电路中振铃继电器的动作等。

4. 呼叫处理程序的组成和结构

（1）呼叫处理程序的组成

我们知道，在呼叫处理过程中，处理机为呼叫建立而执行的处理任务可分为 3 种类型：输入处理、内部处理和输出处理。

① 输入处理

处理机收集话路设备的状态变化和有关的信令信息称为输入处理。输入处理指数据采集部分。处理机根据扫描监视，识别并接受从外部输入的处理请求信号。因此，各种扫描程序都属于输入处理。输入处理通常是在时钟中断控制下按一定周期执行，主要任务是发现事件而不是处理事件。输入处理是靠近硬件的低层软件，实时性要求较高，所以输入处理与硬件设备有关。

② 内部处理

内部处理也称分析处理，指内部数据处理部分。内部处理是呼叫处理的高层软件，与硬件无直接关系。例如数字分析、路由选择、通路选择等。呼叫建立过程的主要处理任务都在内部处理中完成。

内部处理程序的一个共同特点是处理机根据数据库中各类表格的状态、类别字对内部数据进行分析、判别，然后决定下一步任务。内部处理程序的结果可以是启动另一个内部处理程序或者启动输出处理，所以内部处理与硬件设备无关。

③ 输出处理

输出处理是指任务的执行和输出驱动。处理机根据分析处理中的分析结果，发布一系列控制命令，驱动硬件工作。输出驱动属于输出处理，也是与硬件直接有关的低层软件。

输出处理与输入处理都要针对一定的硬件设备，可以合称为设备处理。扫描是处理机输入信息，驱动是处理机输出信息，它们是处理机在呼叫处理过程中与硬件联系的两种基本方式。

（2）呼叫处理程序的结构

呼叫处理过程可以看成是输入处理、内部处理和输出处理的不断循环。例如，从用户摘机到听到拨号音，输入处理是用户状态扫描，内部处理是查找主叫用户的服务类别，选择空闲的双音频接收器和与主叫相应的连接通路，输出处理是驱动通路接通并送出拨号音。又如本局呼叫从用户拨号到用户听到回铃音，输入处理是收号扫描，内部处理是数字分析和通路选择，输出处理是驱动向被叫侧的振铃和向主叫送出回铃音。输入处理发现呼叫要求，通过内部处理的分析判断由输出处理完成对要求的响应。响应应尽可能迅速，以满足实时处理的要求。

硬件执行了输出处理的驱动命令后，改变了硬件的状态，使得硬件设备从原有的稳定状态转移到另一个稳定状态，硬件设备在软件中的映射状态也随之而变。因此，呼叫处理过程反映的是用户状态不断转移的过程，如图 3.22 所示。

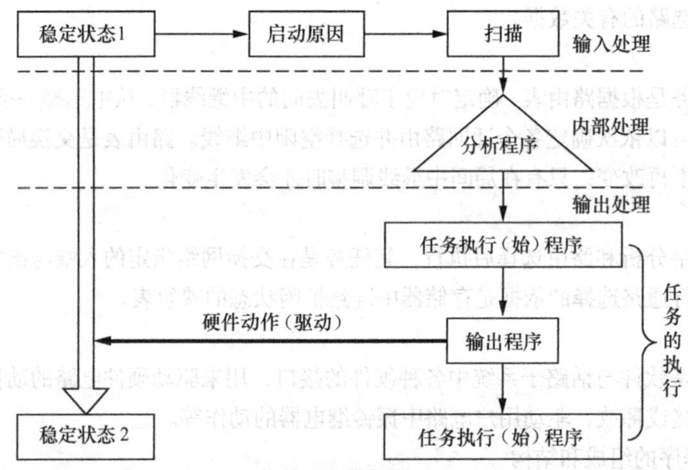

图 3.22　状态转移与程序关系

控制状态转移的程序叫做任务执行程序，在任务执行中，把与硬件动作有关的程序从任务执行中分离出来，作为独立的输出程序。从任务执行中分离出输出程序的原因是为了控制话路系统的动作与软件的动作同步。因为硬件动作滞后于软件动作，为了使硬件动作和软件动作配合工作，任务执行又分为前后两部分，分别叫做“始”和“终”，在任务的执行过程中间夹着输出处理。

5. 呼叫处理技术实现

（1）用户摘挂机识别

用户挂机时，用户线为断开状态，假定扫描点输出为“1”；摘机时，用户线为闭合状态，扫描点输出为“0”。用户线扫描点输出由“1”→“0”，表示用户摘机；如果由“0”→“1”，表示用户挂机。

用户摘挂机扫描周期应取适当的数字，太长会增加拨号音时延，影响服务质量；太短则不必要地增加了处理机的时间开销，影响到处理机的处理能力。程控交换机摘挂机扫描周期要求在 100～200ms，一般取 $T_{扫}$=200ms。即处理机每隔大约 200ms 对每一个用户扫描一次，读出用户线的状态并存入“这次扫描结果 SCN”，然后从存储区中调出“前次扫描结果 LM”，将 $\overline{SCN} \wedge LM$，结果为 1，就识别到用户摘机。如果 $SCN \wedge \overline{LM}$ 为 1，则识别的是用户挂机。上述识别过程如图 3.23 所示。

在大型交换机中，常采用“群处理”方法，即每次对一组用户的状态进行检测，从而达到节省机时、提高扫描速度的目的。

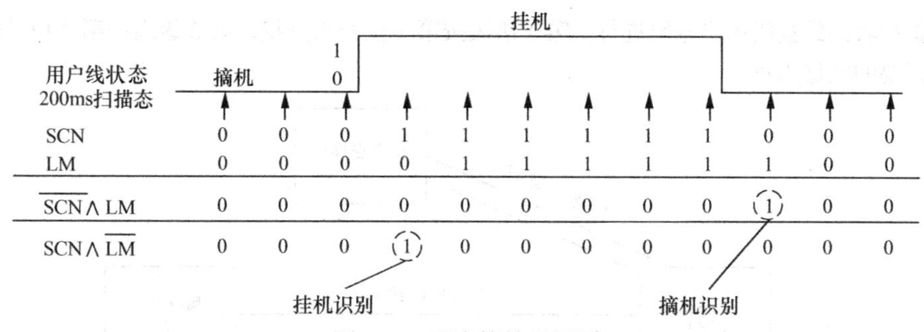

图 3.23　用户摘挂机识别

（2）DTMF 收号识别

双音多频是指用两个特定的单音频信号的组合来代表数字或功能，这两个音频分别属于高频组和低频组，每组各有 4 个频率。每拨一个号码，就从高频组和低频组中各取一个频率（4 中取 1）。具体话机的按键和相应频率的关系如图 3.24 所示。在双音多频话机中有 16 个按键（10 个数字键，6 个功能键），按照组合原理，它必须有 8 种不同的单音频信号，故称之为多频。由于 DTMF 在 8 种频率中任意抽出两种进行组合，故又称为 8 中取 2 的编码方法（表中*、#键作为特殊功能用（如闭音、重发等），A、B、C、D 留作他用）。

DTMF 收号器的基本结构如图 3.25 所示。

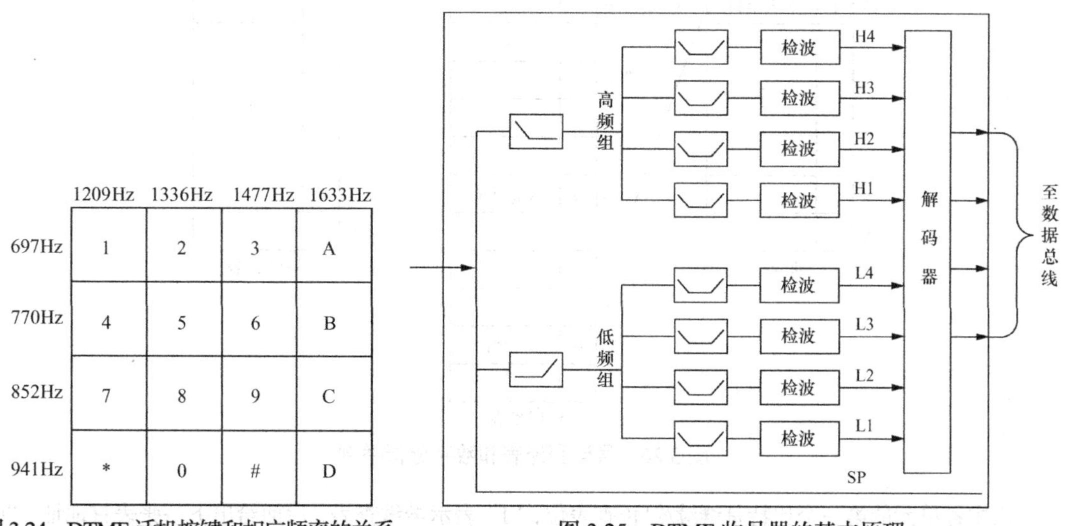

图 3.24　DTMF 话机按键和相应频率的关系　　图 3.25　DTMF 收号器的基本原理

CPU 从 DTMF 收号器读取号码信息时采用查询方式，即首先读状态信息 SP。若 SP = 0，表明有信息送来，可以读取号码信息；若 SP = 1，则不能读取。读 SP 后也要进行逻辑运算，识别 ST 脉冲的前沿，然后读出数据。这个方法和前面识别摘挂机的方法一样，这里不再重复。一般 DTMF 信号传送时间大于 40ms，因此用 16ms 扫描周期就可以识别。

（3）数字分析

数字分析的任务是对被叫号码进行翻译，以确定接续方向是本局还是出局。对于出局呼叫应找到相应的中继线群。

数字分析是通过查表实现的，如图 3.26 所示。图中假定 28 局共有 16 条中继线，分成 3 群，1 号群的 6 条中继线接长途交换机，2 号群的 8 条中继线接 30 局，3 号群的 2 条中继线接 112 测量台。查表分析依据接收到的被叫用户号码进行。第 1 级表按第 1 位号码查找，第 2 级表按第 2 位号码查找，直到查出需要的数据为止。

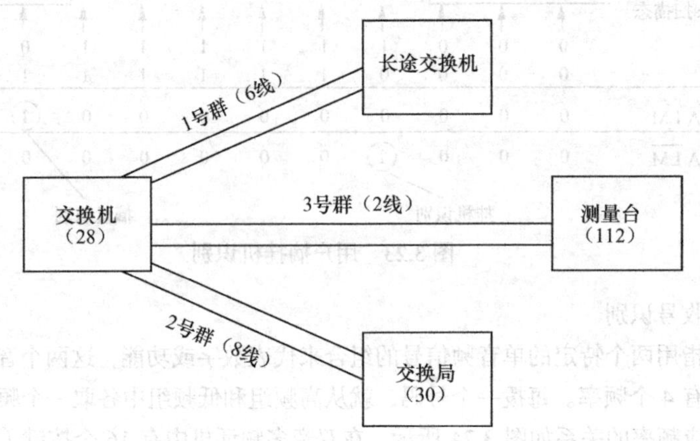

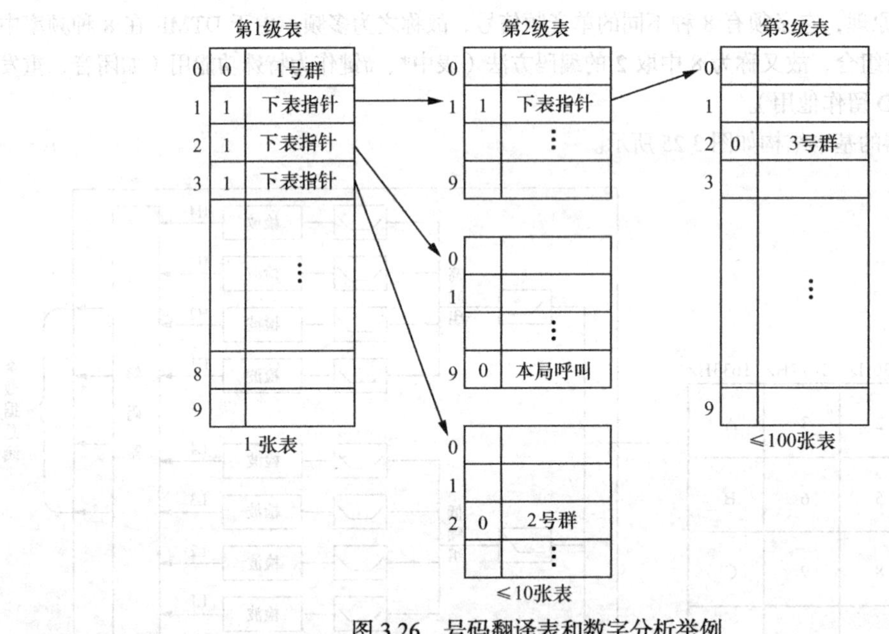

图 3.26　号码翻译表和数字分析举例

表中各单元的第一个比特是继续/停止查表位，“1” 表示继续查表，后面给出下一张表首地址；“0” 表示停止查表，后面给出本次呼叫的中继群号。

（4）路由选择

数字分析结果如果是出局接续，那么可以得到一个中继群号，根据群号查路由表，可以找到相应中继群中的空闲中继线。如果这次没找到空闲中继线，可以按次选群继续查找，直到标志为 “0” 时停止，如图 3.27 所示。

（5）通路选择

以 T-S-T 三级交换网络为例。图 2.29 中任何一对入、出线之间都存在 32 条内部链路，为了实现交换，这 32 条链路中至少应有一条空闲，即组成该链路的 1～2 级链路和 2～3 级间链路必须同时空闲。控制系统在通路选择时，首先调出对应入线的第一级链路的忙闲状态，再调出对应出线的第二级链路的忙闲状态，通过运算，找出可以使用的空闲内部链路。运算过程如下，其中 “0” 表示链路忙，“1” 表示链路闲。

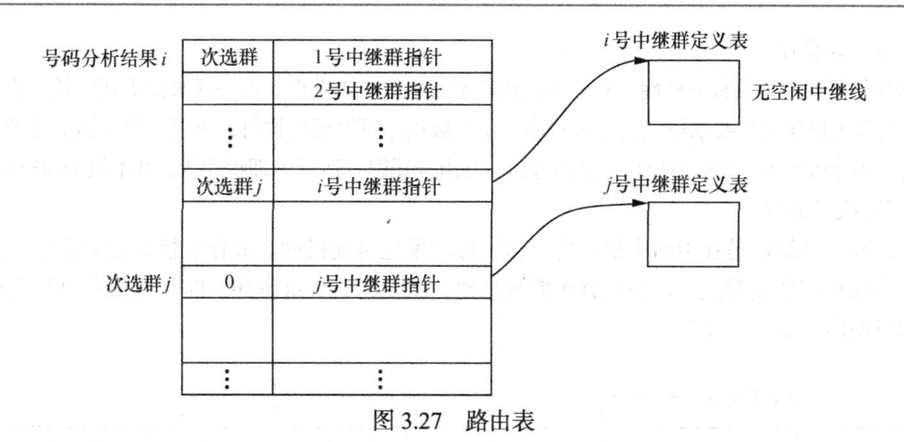

图 3.27　路由表

第一级链路的忙闲状态：11010011101001001101101111000010

第二级链路的忙闲状态：01010101000111100000011111001000

与运算结果：　　　　　01010001000001000000001111000000

运算结果表明有 8 条内部链路空闲，可以从中选择任意一条空闲的使用。

3.4.3　程序执行管理

由于程控数字交换机随时要面对成千上万的呼叫任务，而这些呼叫任务的发生又是随机的，加之呼叫处理过程较为复杂，这样，就使得程控数字交换机程序种类较多。我们从呼叫处理过程可以看出，交换机执行的各种程序中，有些实时性强，交换机必须立即执行，而有些程序可以稍加延迟。为了使整个系统有条不紊地工作，就必须预先安排好各种程序的执行计划，在一定的时刻，选择执行最合适的处理任务。这种依照轻重缓急制定程序执行计划，对应用程序执行有效管理就是程序的执行管理，它属于操作系统的功能。

1. 程序的执行级别

依照程序的轻重缓急程度，程控数字交换程序划分为若干级别，级别越高，执行时优先度就越高。典型的程序执行级别划分为故障级、时钟级和基本级，在时钟级和基本级中，还可以根据需要再分为若干级。

（1）故障级程序

故障级程序是负责故障识别、故障紧急处理的程序。其任务是识别故障源，隔离故障设备，软启动备用设备，进行系统重组，使系统恢复正常状态。其优先执行的级别最高。由于故障的发生是随机的，故在出现故障时，应立即产生故障中断，调用及执行故障级中的故障处理程序。

（2）时钟级程序

时钟级程序也叫周期级程序，它是指程序执行具有固定的周期，每隔一定时间就由时钟定时启动的程序。其任务是负责周期性任务的调度，它执行实时性要求高的程序，如各种扫描程序。此外，时钟级程序还可包含时限处理等程序。

为了确保时钟级程序的周期性执行，交换机的时钟电路向处理机发出定时中断的请求，称为时钟中断。基准时钟周期一般为 4ms～8ms，对程控小交换机也可适当延长。各时钟级程序时钟周期确定的原则是，既满足呼叫处理实时性的要求，又满足交换机基准时钟周期倍数的要求。例如，时钟电路每隔 4ms 或 8ms 就向 CPU 发出时钟中断，CPU 接受时钟中断后，就进入中断处理，执行时钟级程序。其优先执行的级别次之。

（3）基本级程序

基本级程序为有些没有周期性，有任务就执行或有些虽有周期性，但一般来说周期较长的程序。其任务是负责调度大量实时性要求较低的分析程序。基本级程序可以延迟执行，可以等待和插空处理。基本级程序多为一些分析程序，如去话分析、来话分析、路由选择以及运行管理程序等。基本级的执行级别最低。

2. 程序执行原则

故障级和时钟级都是在中断中执行的，但故障的发生是随机的，故在交换机正常运行时，只有时钟级和基本级程序的交替执行。当时钟中断到来时，就执行时钟级程序，时钟级程序执行完毕后，才转入基本级程序，如图 3.28 所示。

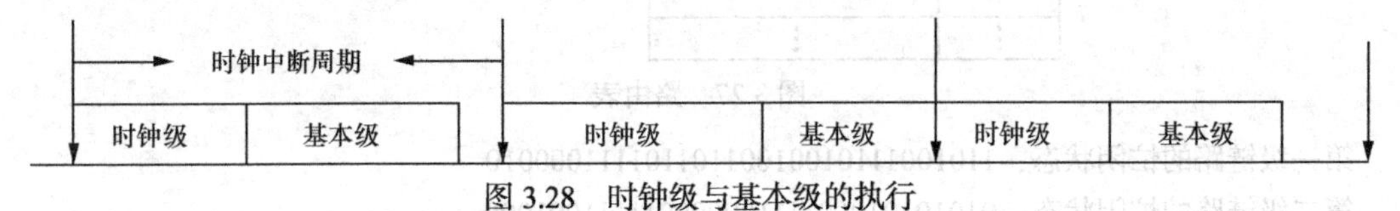

图 3.28　时钟级与基本级的执行

基本级执行完毕到下一次时钟中断到来，最好存在一小段空余时间。由于话务量的变化，空余时间的长短不是固定的。如果出现基本级未执行完毕就发生时钟中断，则说明在该时钟周期内，有些基本级程序没有执行完。在正常情况下，不应经常出现无空余时间或基本级未执行完毕就发生时钟中断，否则说明处理机处理能力不够，经常超负荷。

在实际系统中，还可将故障级、时钟级和周期级再各自划分为若干级别。如表 3.1 所示就是某交换机的级别划分。故障级再分为故障高级、故障中级和故障低级 3 个级别，分别对应于严重程度不同的故障。时钟级分为时钟高级和时钟低级两个级别，高级的时间要求比低级更为严格，如拨号脉冲的扫描、信令的发送和接收等属于高级，对话路和输入/输出设备的控制属于低级。基本级也划分为基本 1 级、基本 2 级和基本 3 级 3 个级别。

表 3.1　　　　程序执行等级划分举例

等级		执行内容
故障级	FH 级	紧急处理程序加载并执行
	FM 级	执行识别处理机故障程序，然后运行系统再启动处理程序
	FL 级	执行识别话路系统和输入/输出系统有故障的设备程序
时钟级	H 级	执行实时性要求高的各类时钟级程序
	L 级	执行实时性要求稍次的各类时钟级程序
基本级	BQ1	执行内部处理程序高级
	BQ2	执行内部处理程序低级
	BQ3	执行维护和管理程序

基本级程序级别低于时钟级程序。在执行基本级程序时，如果有时钟中断到来，就暂停执行基本级程序，而转去执行时钟级程序。等到时钟级程序执行完毕，返回中断点，再恢复基本级程序的执行。

正常情况下，每次时钟中断到来后，先依次执行时钟级高、低级任务，然后执行基本级任务，如此循环下去；故障情况下，首先执行故障级程序，然后是时钟级程序，最后是基本级程序，如图 3.29 所示。

3. 时钟级程序的调度

对时钟级程序，按照预定的计划，有条不紊地执行各种程序，可以满足各种程序不同执行周期的要求。采用时间表，是一种简便而有效的方法。时间表的功能是启动时钟级程序、作为时钟级调度的依据。

（1）时间表的结构

图 3.30 为时间表的结构。它由时间计数器（HTMR）、有效指示器（HACT）、时间表（HTBL）和

转移表（HJUMP）4 部分组成。

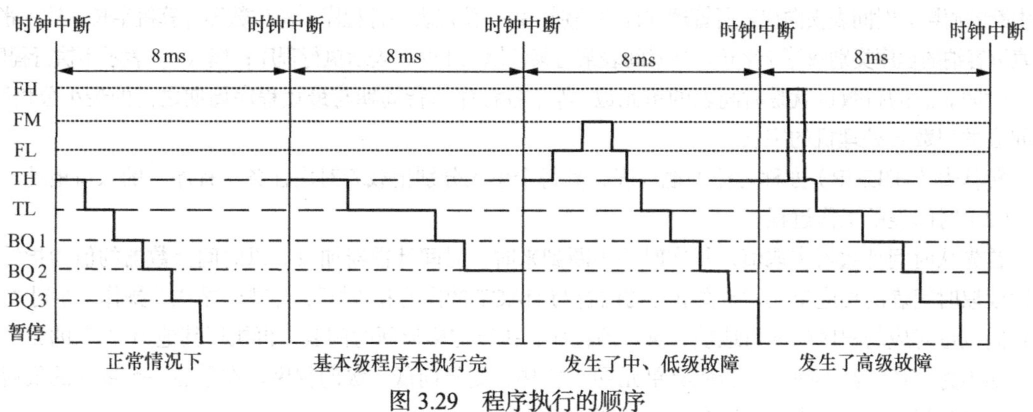

图 3.29　程序执行的顺序

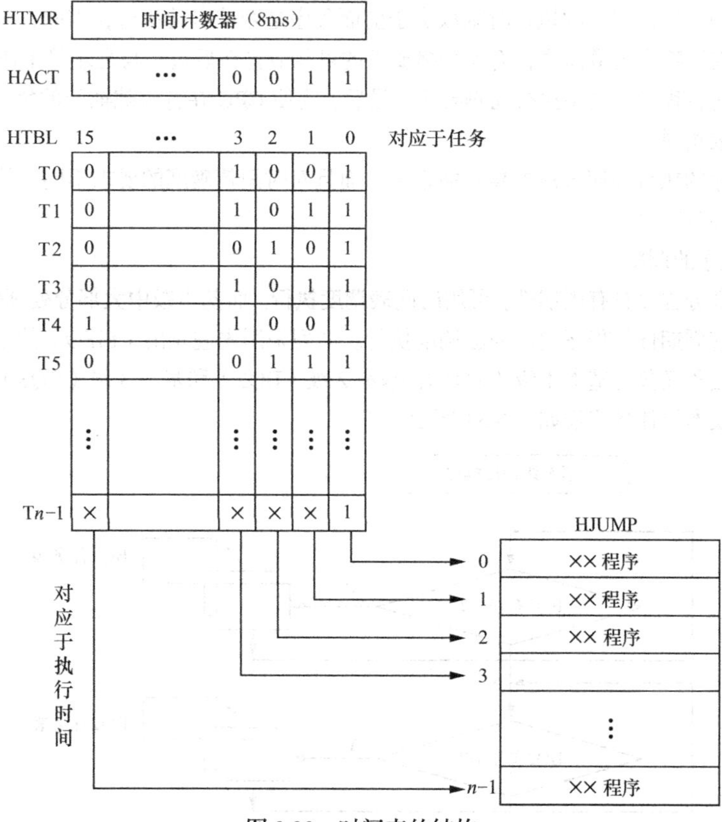

图 3.30　时间表的结构

时间计数器（HTMR）是一个时钟中断的计数器。如果时钟级中断的周期是 8ms，计数器就按 8ms 中断并将其内容加 1。计数器的值作为时间表要执行的单元号，见图 3.30 纵列。初值为 0，每来一次时钟中断就加 1，当增加到时间表的总行数的最大值（n−1）时，计数器清零，重新开始计数。这样，随着时间计数器不断地加 1 和清零，时间表就一次按单元地址号周而复始地执行各单元任务。

有效指示器（HACT）表示对应比特位程序的有效性，“1”表示有效，“0”表示无效。其作用是便于对时间表中某些任务进行暂时删除（抑制执行）和恢复。

时间表（HTBL）是一个执行任务的调度表，它规定了时钟级程序的执行周期和执行时间，与转移表一起按规定调度时钟级程序。时间表纵向对应时间，每往下代表增加一个时间单位，实际上相当于增加一个时钟中断的周期。时间表横向代表所管理的程序类别，每一位代表一种程序，总位数即计算机字长，故一张时间表可容纳的程序类别数等于字长。当时间表某行某位填入 1 时，表示执行程序；填入 0，表示不执行程序。

时间表总的行数也就是时间表的单元数，等于各程序执行周期与最短程序周期之比的最小公倍数；时间表的列数 = 处理机的字长。

转移表（HJUMP）亦称为任务地址表，其每个单元分别记载着对应任务（程序）的入口地址。

（2）时间表的工作过程

首先从时间计数器中取值，每次时钟中断到来时，时间计数器加 1。以时间计数器的值为指针，依次读取时间表的相应单元，将该单元的内容与 HACT 的内容相“与”，再进行寻“1”操作。寻到“1”，则转向该位对应的程序的入口地址，执行该程序，执行完毕返回时间表，再执行其他为“1”的相应程序。如不为“1”，则不执行。当所有单元寻 1 完毕，则转向低一级的程序。在最后一个单元的最后一位上，将时间计数器清零，以便在下一周期重新开始。

在调用过程中，后面程序的执行时刻取决于前面程序是否被启动执行，因此，对运行间隔有严格要求的程序应排在比特表的最前边，而无严格要求的可相应排在后边（与是左寻 1 还是右寻 1 有关）。时间间隔应小于所有程序的最小执行间隔要求。最后，为使 CPU 在各时隙期间的负荷均匀，应使每行中所含程序数大致相同。

由于各种程序的执行周期长短差异可能很大，而且对时间精确度的要求不同，故实际应用时，可根据情况分设几种时间表。

4. 基本级程序的调度

基本级中一部分程序具有周期性，可用时间表调度执行。而基本级中大部分处理任务没有周期性。

基本级中没有周期性的程序由队列法调度执行。队列采用先进先出（FIFO）的原则。基本级任务根据任务的轻重缓急又分为基本 1 级（BQ1）、基本 2 级（BQ2）和基本 3 级（BQ3）任务。

队列法调度及本级任务流程如图 3.31 所示。

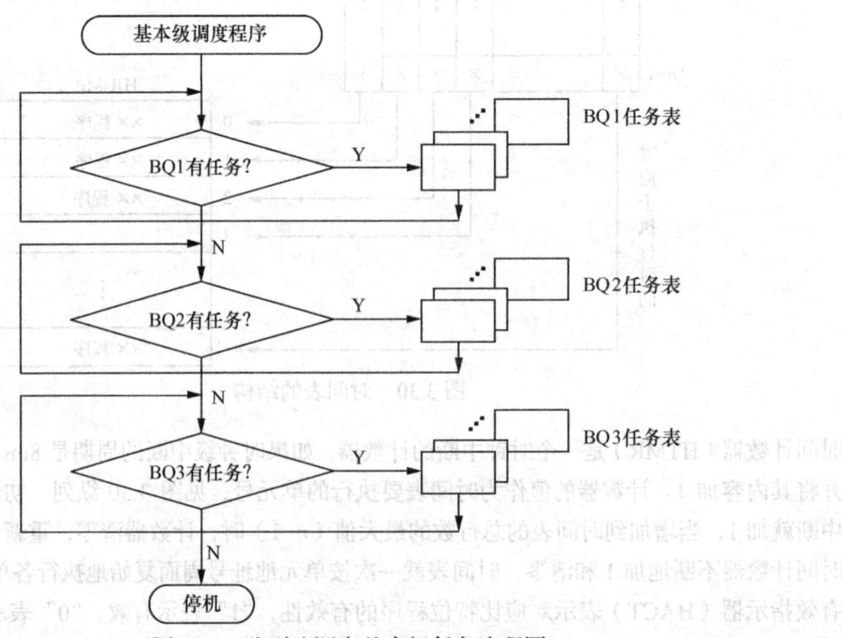

图 3.31　队列法调度基本级任务流程图

基本级中的队列就是各种事件登记表的队列。事件登记表是在发现处理要求和程序中登记的。例如用户扫描发现用户呼出，就登记呼出事件登记表，包括应启动的程序地址、要求处理的内容和处理中必需的一些数据等。按照先进先处理的原则，依次取出每一张表进行处理。

3.4.4 程序设计语言

我们知道，汇编语言和高级语言是直接用来编写软件程序的两种各具特色的语言，使用汇编语言，可以根据对时间或空间的要求，编制出最优化的程序，但汇编程序缺乏通用性、和计算机硬件直接有关；而使用高级语言编制程序和具体计算机硬件结构无关，能大大减少软件的研制费用及软件维护费用，但需要较多的硬件软件支持，而且生成的目的码不能保证最优化，占用内存大，执行时间长。目前，程控交换软件主要采用高级语言编写，对效率要求较高部分由汇编语言编写。因此，常见的软件系统是高级语言和汇编语言共存，而不是纯粹用高级语言编写的。

1. ITU-T 建议程控交换机使用的 3 种语言

程控交换机的控制系统已成为迄今为止最大的实时计算机控制系统。因此，程控交换系统软件的设计常由大量技术人员合作完成。为了提供一个良好的软件开发环境，ITU-T 建议程控交换机使用 CHILL、SDL 和 MML 3 种语言。

（1）SDL 语言

SDL（Specification and Description Language，规范与描述语言），是描述功能和规格的语言。规范描述语言是一种图形语言，它以简单明了的图形形式对系统的功能和状态进行分块，并对每块的各个进程以及进程的动作过程和状态的变化进行了具体的描述。

（2）CHILL 语言

CHILL（CCITT High Level Language，CCITT 高级语言），属于高级编程语言。它是 1980 年 11 月 CCITT 正式建议在程控交换系统中用于软件设计的高级语言。CHILL 语言包括“数据语句”、“操作语句”和“结构语句”3 个基本部分。

① 数据语句部分：包括数据定义语句和数据说明语句，描述程序中的数据。

② 操作语句部分：包括对数据的各种运算以及进行各种运算的一些控制命令。

③ 结构语句部分：包括描述程序的结构，以及说明程序的生存周期和使用范围。生存周期指该程序什么时候开始，什么时候结束；使用范围指程序中一个名称（定义）在什么范围内是有效的。

（3）MML 语言

MML（Man Machine Language，人—机语言），是人—机通信语言。主要用于操作维护人员和交换机之间的通信，以供维护人员输入运行维护（OAM）指令。

由 MML 编写的指令仅仅只是描述了这一条指令的功能，各条指令之间没有任何联系。而且，该语言本身只是按照所执行的功能来确定的，与交换机的专门知识没有太多的联系，语句非常接近自然语言，语法的规则也非常简单，易于学习使用。

2. 软件生存周期各阶段使用的语言

这 3 种语言针对交换机生存周期的不同阶段。可用于开发程控交换机的软件，也可用于其他通信软件。3 种语言不同的使用阶段如图 3.32 所示。

（1）系统设计阶段采用 SDL。它用来说明对整个程控交换机的各种功能要求及技术规范，并描述功能和状态的变化情况。

（2）软件设计阶段主要还是采用 SDL，但同时要考虑逐步转变为 CHILL。软件设计阶段主要任务是进行软件设计，包括软件分级、分块、画软件框图。

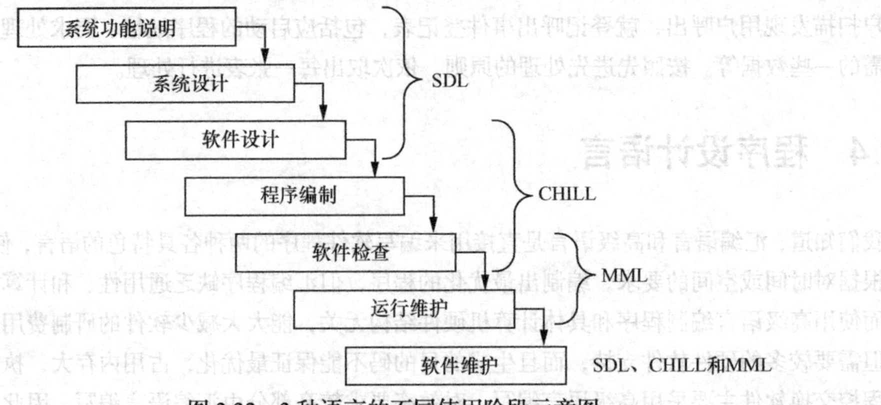

图 3.32　3 种语言的不同使用阶段示意图

（3）程序编制阶段采用 CHILL 进行程序设计，CHILL 是高编程语言，编好程序后要进行调试，检验其正确性。

（4）软件测试阶段采用 MML 进行数据修改。在调试期间要进行数据修改，而且还要进行人—机通信，因此要采用 MML 语言。

（5）管理与维护阶段要牵涉到 SDL、CHJILL 以及 MML3 种语言。因为软件在运行中可能会发现不合理处，甚至有软件错误，于是要进行软件维护，即对某些软件进行修改、补充等工作。

3. 其他用于程控交换机用程序设计语言

（1）汇编语言

汇编语言是将机器语言的二进制编码用助记符代替，再按照一定的语法规则编写程序的语言。汇编语言同机器语言非常接近，因此，采用汇编语言编写的程序占用处理机时间少，占用内存小，程序运行效率高，能够较好地满足交换机软件实时性的要求。在早期的交换机和小容量的交换机中，由于受到处理机处理能力和存储器容量的限制，一般都采用汇编语言编写。

（2）高级语言

高级语言是一种面向程序的软件设计语言，它独立于微处理器。在编写程序时，不需要对微处理器的指令系统有深入的了解，而且编写出的程序在不同类型的处理器上都可以使用。同时，高级语言语句功能强，和人们熟悉的用语更为接近，便于程序的编写、修改和移植。目前，交换机的软件主要采用高级语言编写。

用于编写交换软件的高级语言很多，如一般通用的 PASCAL 和 C 语言等，同时，1980 年 11 月 CCITT 推荐的专用于编写交换软件的 CHILL 高级语言也得到了广泛应用，如法国的 E10 和 E12，德国的 EWSD 以及我国的 S1240 等都采用了 CHILL 编程。

由于历史原因，程控交换机在研制过程中，从通用的高级语言改造派生出了一些程控交换机专用语言。如瑞典爱立信公司的 AXE-10 交换机采用了 PLEX 语言（交换机程序语言），日本富士通公司的 F150 交换机采用了 FSL（富士通系统语言）等。

对程控交换机来说，编程语言力求简单有效。C 语言和 CHILL 代表了高级电信软件语言的趋势。

【相关知识】 链路就是一条无源的点到点的物理线路段，中间没有任何其他的交换结点。在进行数据通信时，两个计算机之间的通路往往是由许多的链路串接而成的。它与数据链路的概念不同，数据链路是除了物理线路外，还必须有一点必要的通信协议来控制这些数据的传输，把实现这些协议的硬件和软件加到链路上，才是数据链路。

3.5　电路交换机的指标体系

3.5.1　性能指标

性能指标是评价电路交换机处理能力和交换能力的指标，可以反映电路交换机所具备的技术水平。

性能指标主要包括电路交换机能够承受的话务量、呼叫处理能力和交换机能够接入的用户线和中继线的最大数量等。

1. 程控交换机的话务能力

程控交换机的话务能力由一般话务量（交换网络的负荷）和 BHCA（Busy Call Attempts）两个参数决定。交换网络的负荷就是交换网络可以同时占用的路由数，用爱尔兰数表示；BHCA 即忙时试呼次数，它是单位时间控制设备能处理的呼叫次数。

（1）话务负载能力

话务负载能力是指在一定的呼损率下，交换系统在忙时可以承担的话务量。话务量又称话务负载或电话负载，是反映交换系统话务负荷大小的量。它指从主叫用户出发，经交换网络到达被叫用户的话务。显然，呼叫次数越多，每次呼叫占用的时间越长，交换机的负荷就越重。

用户的电话呼叫完全是随机的，因此话务量是一种随机变量。

话务量用呼叫次数和每次呼叫占用的时间的乘积来表示。它用来衡量设备的利用率。话务量常用“小时呼”或“分钟呼”表示。在程控交换机中，我们更关心的是在单位时间内发生的话务量，即话务量强度。其大小通常用单位时间（每小时或每分钟）内系统中通过的话务量来表示，计量单位用爱尔兰（Erlang）表示，简记为 Erl，以此来纪念话务理论的创始人 A.K.Erlang。例如，在 1 小时内有 6 个 20 分钟占用时间的呼叫（或者 3 个 40 分钟占用时间的呼叫），表示有 2 个 Erl 的话务量。话务量我们有时用每小时百秒呼（CCS/h）的单位来表示，因为 1 小时内有 36 个百秒，故 1Erl = 36CCS/h。

电路交换机能够承受的话务量直接由交换网络可以同时连接的话路数量决定。现代的局用电路交换机的话务量指标通常可达到数万爱尔兰以上。话务量所衡量的是交换机话路系统能够同时提供的话路数目。

（2）控制设备的呼叫处理能力

控制设备的呼叫处理能力以最大忙时试呼次数（BHCA）来衡量。它是一个评价交换系统的设计水平和服务能力的重要指标。交换机的 BHCA 数值越大，说明系统能够同时处理的呼叫数目就越大。影响这个数值的相关因素有很多，包括交换系统容量、控制系统结构、处理机能力、软件结构、算法等。甚至编程时选用的语言都与之相关。

① 影响 BHCA 的因素

- 交换系统容量的影响：交换系统的用户容量越大，要求处理机付出的固定开销也就越大，这些开销主要是各种扫描程序的开销。这些扫描任务通常以时钟级程序的形式运行，需要占用系统的时钟中断，因此系统容量越大，在单位时间内能够进行呼叫处理的比例就会越小。
- 控制系统结构的影响：现代的电路交换机普遍采用多处理机结构的控制系统。处理机间的通信方式、不同处理机间的负荷或功能的分配方式以及多台处理机的组成方式都会影响到呼叫处理能力。因此在电路交换机的控制系统的设计过程中，就必须考虑这些问题，选择合理和高效的多处理机间通信方式、负荷或功能分配方式，都可以提高控制系统的呼叫处理能力。
- 处理机性能的影响：处理机是一个计算机系统，因此它的指令功能、工作频率、存储器寻址范围和 I/O 端口数量是影响处理机性能的重要指标。在成本允许的情况下，应尽量选用高性能的计算机系统。处理机性能的提升能够直接提高控制系统的处理能力。

- 软件设计水平的影响：这是一个影响控制系统处理能力的重要因素。操作系统软件和应用程序的水平会在很大程度上影响系统的性能。由于程控交换系统的软件是一个实时系统，很多的任务都有严格的时间要求，因此，选择高效的算法和数据结构，采用高效的编程语言都是非常重要的。设计水平高的程控软件，不仅能够提高控制系统的处理能力，同时也可以提高系统的可靠性和可维护性。

② BHCA 值的估算

程控交换机的 BHCA 值必须有足够的精确度，否则会导致使用中服务质量的严重下降。由于影响 BHCA 值的因素很多，要精确地计算 BHCA 值有一些困难，主要是测算各种程序的执行时间比较烦琐，而且要考虑程序执行的动态性和各种话务参数的变化。通常用一个线形模型来估算处理机的时间开销 t。

$$t = a + b \cdot N$$

上式中，a 是与话务量无关的开销，而与系统容量等固定参数有关；b 是处理一次呼叫的平均时间开销，N 是处理能力值，它是一定时间内各种呼叫接续的总数。

处理机的忙时利用率不可能为 100%，一般处理机的时间开销为（即占用率）0.75～0.85。

例如，某处理机忙时处理的时间开销平均为 0.80，固有开销 $a = 0.20$，处理一个呼叫平均需时 16ms，求该处理机的呼叫处理能力。

解：根据公式 $t = a + b \cdot N$　可得

$$N = \frac{t-a}{b} = \frac{(0.8-0.2)\times 3600}{16\times 10^{-3}} = 1.35\times 10^{5}\text{（次/小时）}$$

2. 交换机连接用户线和中继线的最大数量

电路交换机能够提供的用户线和中继线的最大数量是电路交换机的一个重要指标。现代的电路交换机中，数字交换网络一般能够同时提供数万条话路，这些话路可以用来连接到用户线和中继线上。由于用户线的平均语音业务量较小，一般只有 0.2Erl 左右，即同时进行呼叫和通话的用户只占全部用户的 20%，因此电路交换机的用户模块都具有话务集中（扩散）的能力，这样就可以使交换机的话路系统连接更多的用户线。很多的局用电路交换机能够连接的用户线达十万线以上，而中继线也可以达到数万线。

3.5.2 服务质量指标

服务质量指标是从用户的角度评价电路交换机服务好坏的一套指标。电路交换系统的服务质量标准可以用下面的几个指标来衡量。

1. 呼损指标

呼损率是交换设备未能完成的电话呼叫数量和用户发出的电话呼叫数量的比值，简称呼损。这个比率越小，交换机为用户提供的服务质量就越高。

实际考察呼损的时候，要考虑到在用户满意服务质量的前提下，使交换系统有较高的使用率，这是相互矛盾的两个因素。因为若让用户满意，呼损就不能太大；而呼损小了，设备的利用率就要降低。因此要进行权衡，从而将呼损确定在一个合理的范围内。一般认为，在本地电话网中，总呼损在 2%～5%范围内是比较合适的。

2. 接续时延

接续时延包括用户摘机后听到拨号音的时延和用户拨号完毕听到回铃音的时延。前者反映了交换系统对于用户线路的状态变化的反应速度以及进行必要的去话分析所需要的时间。当该时延不超过

400ms 时，用户不会有明显的等待感觉；后者反映了交换系统进行数字分析、通路选择、局间信令配合以及对被叫发送铃流所需要的时间，一般规定平均时延应小于 650ms。

3.5.3 可靠性指标

程控交换系统的可靠性通常用可用度和不可用度来衡量。为了表示系统的可用度和不可用度，定义了两个时间参数：平均故障间隔时间（Mean Time Between Failure，MTBF）和平均故障修复时间（Mean Time To Repair，MTTR）。

一般要求局用电路交换机的系统中断时间在 40 年中不超过 2 小时，相当于可用度 A 不小于 99.9994%。要提高可靠性，就要提高 MTBF 或降低 MTTR，这样就对硬件系统的可靠性和软件的可维护性提出了很高的要求。

3.5.4 运行维护指标

1. 故障定位准确度

显然，在发生故障后，故障诊断程序对于故障的定位越准确，越有利于尽快地排除故障。电路交换机具有较高的自动化和智能化程度，一般可以将故障可能发生的位置按照概率大小依次输出，有些简单的故障可能准确地定位到电路板甚至芯片级。

2. 再启动次数

再启动是指当系统运行异常时，程序和数据恢复到某个起始点重新开始运行。再启动对于软件的恢复是一种有效的措施。再启动会影响交换系统的稳定运行。按照对系统的影响程度的不同，可以将再启动分成若干级别，影响最小的再启动可能使系统只中断运行数百毫秒，对呼叫处理基本没有什么影响，而较高级别的再启动会将所有的呼叫全部损失掉，所有的数据恢复初始值，全部硬件设备恢复为初始状态。

再启动次数是衡量电路交换机工作质量的一个重要指标。一般要求每月再启动次数在 10 次以下。尤其是高级别的再启动，由于其破坏性大，所以其次数应越少越好。

本章小结

电路交换的概念始于电话交换。电路交换技术经历了人工交换、机电式自动交换和电子式自动交换 3 个发展阶段。

在电路交换方式中，交换机的作用就是根据用户的需要，将指定入线和指定出线之间的开关闭合或断开。电路交换是一种面向连接的、支持实时业务的交换技术。

一次成功电话通信过程包括连接建立、消息传输和话终释放 3 个阶段。电路交换系统的基本功能包含连接、信令、终端接口和控制 4 大功能。

电话交换技术在人工交换阶段经历了磁石式电话交换机和共电式电话交换机两种典型机型。磁石交换和共电交换都是由人工完成接续，因此称为人工交换。

机电制自动电路交换经历了步进制电话交换机和纵横制电话交换机两种典型机型。机电式交换机的控制系统采用布线逻辑控制方式，即硬件控制方式，这种控制方式灵活性差，控制逻辑复杂，很难随时按需更改控制逻辑。

电子式自动电路交换经历了“半电子交换机”和“准电子交换机”。它们都是在话路部分采用机械接点，而控制部分则采用电子器件。“半电子交换机”和“准电子交换机”的差别是准电子交换机的话路系统采用了速度较快的“笛簧接线器”。

计算机技术与通信技术的结合，使得程控交换技术应运而生。早期的程控交换机是“空分”半电子模拟交换机，交换的是模拟信号，而程控数字交换机全部采用了电子器件，交换的是数字信号。

程控数字交换机的基本结构分为控制系统和话路系统 2 部分。话路系统主要由交换网络和接口电路组成。交换网络的任务是实现各入、出线上信号的传递或接续。接口电路分为用户接口、中继接口和操作管理维护接口。接口的作用是将来自不同终端或其他交换机的各种信号转换成统一的交换机内部工作信号，并按信号的性质分别将信令送给控制系统，将业务消息送给交换网络。

控制系统由处理机、存储器和输入/输出（I/O）设备构成。控制系统的主要作用是实现交换机的控制功能。

程控交换机的软件分为运行程序（联机程序）和支援程序（脱机程序）两大部分。运行程序是维持交换系统正常运行所必需的软件，支援程序是有关交换系统从设计、生产、安装到交换局开通后的一系列维护、分析等各项支援任务的软件。

习题

一、填空题

3-1 模拟通信最大的缺点是杂音积累较大，抗干扰性能弱，________性能差。

3-2 随着电子科学特别是集成电路和________技术的发展，世界上许多国家都研制出了数字电话交换机。

3-3 电路交换技术其历程大致可划分为人工交换、________自动交换和电子式自动交换 3 个发展阶段。

3-4 1892 年，美国人史端乔发明了自动电话交换机，该交换机用自动________取代了话务员。

3-5 纵横制交换机采用“纵横接线器”，这种接线器将过去的滑动摩擦方式的接点改成了________接触，从而减少了磨损，提高了寿命。

3-6 机电式交换机的控制系统采用________控制方式，即硬件控制方式，这种控制方式灵活性差，控制逻辑复杂，很难随时按需更改控制逻辑。

3-7 随着技术的发展，电路交换机连接通路的建立和拆除由最初的人工发展到________。

3-8 随着技术的发展，自动电路交换机的交换器件由机械过渡到电子，其控制方式由________控制过渡到间接控制。

3-9 电路交换的终端之间的连接通路由最初的实线物理连接到________复用（载波），最后发展到时分复用。

3-10 一个大型电路交换网是由若干________、用户终端、中继线以及用户线组成的。

3-11 电话交换机的话路子系统包括用户级、远端用户级、选组级（交换网络）、各种中继接口以及________设备等部件。

3-12 电话交换机的控制系统是程控交换机的“大脑”，它在呼叫接续的运行过程中担负着________、分析、调度、处理业务等任务。

3-13 程控交换机的软件分为运行程序和________程序两大部分。

3-14 根据功能的不同，运行程序又可分为________系统、数据库系统和应用程序 3 个子系统。

3-15 SDL 图是 SDL 中的一种图形表示法。它用有限图形状态表示事件发展的动态过程，其动态特征是一个________过程。

3-16 在程控交换机中，典型的程序执行级别划分为故障级、时钟级和________级。

3-17 程控电话交换机的性能指标主要包括电路交换机能够承受的话务量、呼叫处理能力和交换机能够接入的用户线和________的最大数量等。

二、选择题

3-18 电路交换的概念始于（　　）。

A. 报文交换　B. 电话交换　C. 分组交换　D. IP 交换

3-19 1970 年在法国成功开通了世界上第一个程控交换系统的国家是（　　）。

A. 美国　B. 日本　C. 中国　D. 法国

3-20 世界上第一台磁石式电话交换机的诞生时间是（　　）年。

A. 1876　B. 1878　C. 1946　D. 1965

3-21 共电式电话交换机的呼叫信号是（　　）。

A. 铃流　B. 手摇发电机

C. 彩铃　D. 话机环路的接通

3-22 史端乔自动电话交换机的自动选择器构成是线弧、上升旋转结构和（　　）。

A. 弧刷　B. 继电器　C. 电子开关　D. T 接线器

3-23 随着技术的发展，人们在电话交换机内引入电子技术，当时由于技术的限制，最初引入电子技术的是在交换机的（　　）。

A. 控制部分　B. 话路部分　C. 接口电路　D. 交换网络

3-24 美国成功地开通世界上第一台程控电话交换机（ESS No.1）的时间是（　　）年。

A. 1876　B. 1878　C. 1946　D. 1965

3-25 电路交换的概念始于（　　）。

A. 报文交换　B. 电话交换　C. 分组交换　D. 计算机网络

3-26 电路交换的 3 个基本要素是交换设备、传输线路和（　　）。

A. 话机　B. 终端　C. 计算机　D. 传真机

3-27 电路交换机的硬件上的两大基本结构是话路系统和（　　）。

A. 控制系统　B. 存储器　C. 交换网络　D. 接口电路

3-28 电话交换机的控制子系统构成有处理机、输入/输出（I/O）设备和（　　）。

A. CPU　B. 存储器　C. 交换网络　D. 接口电路

3-29 在电话交换机中，用于负责话务量的集中与分散的设备是（　　）。

A. 用户集线器　B. 网络接口　C. 扫描存储器　D. 分配存储器

3-30 在电话交换机中，用于暂存从用户线读取的信息的设备是（　　）。

A. 用户集线器　B. 网络接口　C. 扫描存储器　D. 分配存储器

3-31 在电话交换机中，处理机收集话路设备的状态变化和有关的信令信息称为（　　）。

A. 输入处理　B. 内部处理　C. 分析处理　D. 输出处理

3-32 在电话交换机中，数字分析、路由选择、通路选择属于（　　）。

A. 输入处理　B. 内部处理　C. 设备处理　D. 输出处理

3-33 双音多频是指用两个特定的单音频信号的组合来代表数字或功能，这两个音频分别属于高频组和低频组，每组各有（　　）。

A. 2 个频率　B. 4 个频率　C. 8 个频率　D. 16 个频率

3-34 在程控交换机中，下列执行级别最低的程序是（　　）。

A. 基本级　B. 故障级　C. 周期级　D. 时钟级

3-35 ITU-T 建议程控交换机使用的 3 种语言不包括（ ）。

A. SDL B. CHILL C. MML D. 汇编语言

三、判断题

3-36 磁石交换是人工完成接续，电交换是通过拨号脉冲自动完成接续。

3-37 步进制自动交换机采用间接控制的方式来完成线路的接续。

3-38 “半电子交换机”和“准电子交换机”的区别是：半电子交换机采用机械接点，准电子交换机采用电子开关。

3-39 早期的程控电话交换机是“时分”半电子模拟交换机。

3-40 自动电话交换机按控制电路分为空分交换和时分交换。

3-41 电路交换是一种面向连接的、支持实时业务的交换技术。

3-42 电路交换机接口的作用是将来自不同终端或其他交换机的各种信号转换成统一的交换机内部工作信号，并按信号的性质分别将信令送给控制系统，将业务消息送给交换网络。

3-43 运行程序又称联机程序，是指交换系统工作时运行在各处理机中，对交换机的各种业务进行处理的程序的总和。

3-44 呼叫处理程序可以看成是输入处理、内部处理和输出处理不断循环的过程。

3-45 输入处理与输出处理都是与硬件直接有关的低层软件。

四、简答题

3-46 简述磁石电话交换方式的特点。

3-47 简述步进制交换机自动选择器的两种结构及其工作原理。

3-48 什么是布线逻辑控制？并简述其特点。

3-49 什么是存储程序控制？并简述其特点。

3-50 简述电路交换的特点。

3-51 说明电路交换机的基本功能。

3-52 简述步进制交换机和纵横制交换机的特点。

3-53 简述呼叫处理过程的特点

3-54 通过对电路交换技术的学习，请给电路交换机分类。

3-55 电路交换机有哪些接口？它们的基本功能是什么？

3-56 模拟用户接口电路有哪些功能？

3-57 程控交换机对控制系统有何要求？

3-58 处理机冗余配置方式有哪些？冷备用方式与热备用方式有何区别？

3-59 程控交换机的软件是怎样划分的？

3-60 简述呼叫处理程序的结构。

3-61 简述程序的执行级别和执行原则。

3-62 某程控数字交换机需要 5 种时钟级程序，它们的执行周期分别为 A 程序 8ms，B 程序 4ms，C 程序 16ms，D 程序 32ms，E 程序 96ms。现假定处理机字长为 16 位，要求用时间表来调用这些程序，请画出时间表的结构。并说明如何确定时间表的容量。

3-63 简述 SDL、CHILL 和 MML 的使用范围和相互关系。

3-64 电路交换的性能指标有哪些？

3-65 某处理机忙时处理的时间开销平均为 0.85，固有开销 $a = 0.25$，处理一个呼叫平均需时 32ms，求该处理机的呼叫处理能力。

第 4 章

信令系统

【本章内容简介】信令系统是通信网的重要组成部分。本章介绍电话网的信令系统，主要内容包括：信令基本概念和分类、信令方式、No.7 信令系统的结构及各层主要功能、信令网的结构。

【本章重点难点】重点掌握信令基本概念、信令方式及 No.7 信令系统，难点是 No.7 的功能结构。

4.1 信令的概念及功能

4.1.1 信令的概念

正如人类社会必须有一个语言系统，任何通信网都必须有一个保证通信网正常运行的信令系统。信令系统用于指导终端、交换系统及传输系统协调运行，在指定的终端间建立和拆除临时的通信信道，并维护网络本身的正常运行。以电话通信为例，在一次电话通信的摘机、主被叫通话、挂机的过程中，摘机和挂机主要是为通话服务的，是控制电话网完成通话的——这些摘机挂机等控制信号统称为信令。

图 4.1 为两分局用户电话接续的基本信令流程。

在图 4.1 中，主叫用户摘机，发出一个“摘机”信令，表示要发起一个呼叫。该信令送到发端交换局（A 局），A 局收到主叫用户的摘机信令后，经分析，允许主叫发起这个呼叫，则向主叫用户送拨号音，该“拨号音”告知主叫用户可以开始拨号。主叫用户听到拨号音后，开始拨号，发出“拨号”信令，将被叫号码送到 A 局，即告知 A 局此次接续的目的终端。A 局根据被叫号码进行号码分析，确定被叫所在的交换局，然后在 A 局和终端交换局（B 局）之间选择一条空闲的中继电路，向 B 局发“占用”信令，发起局间呼叫并告知 B 局所占中继电路。接着向 B 局发送“被叫号码”信令，以供 B 局选择被叫。

B 局根据被叫号码找寻被叫，向被叫送“振铃”信令，催促被叫摘机应答，向主叫送“回铃音”信令，以告知主叫用户已找到被叫。被叫用户听到振铃后摘机，被叫用户送出一个“摘机”信令，B 局收到被叫“摘机”信令，停振铃，并向 A 局发送“被叫应答”信令；A 局收到“被叫应答”信令后，停止向主叫送回铃音，接通话路，主被叫双方进入通话阶段。

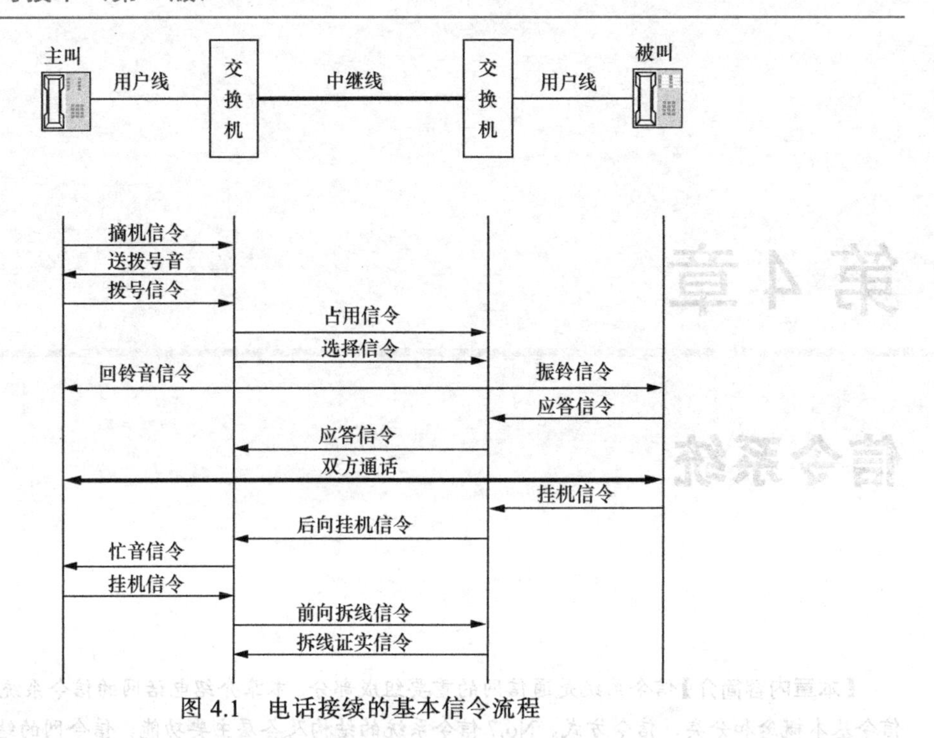

图 4.1　电话接续的基本信令流程

话终时，若被叫用户先挂机，则被叫用户向 B 局送挂机信令，并由 B 局向 A 局发送反向拆线信令；若主叫用户先挂机，则由 A 局向 B 局发送正向拆线信令，B 局拆线后，向 A 局送拆线证实信令，A 局也拆线，一切复原。

从上述电话接续基本信令流程的实例引申到各种通信网，我们可以认为，信令就是除了通信时的用户信息（包括语音信息和非话业务信息）以外的各种控制命令。

4.1.2　信令的功能

信令系统的主要功能就是指导终端、交换系统、传输系统协调运行，在指定的终端间建立和拆除临时的通信连接，并维护网络本身的正常运行，包括监视功能、选择功能和管理功能。

（1）监视功能

监视设备的忙闲状态和通信业务的呼叫进展情况。

（2）选择功能

通信开始时，通过在节点间传递包含目的地址的连接请求消息，使得相关交换节点根据信息进行路由选择，进行入线到出线的交换接续，并占用局间中继线路。通信结束时，通过传递连接释放消息通知相关交换节点释放本次通信业务占用的中继线路，并拆除交换节点的内部连接。

（3）管理功能

进行网络的管理和维护，如检测和传送网络的拥塞信息，提供呼叫计费信息，提供远端维护信令等。

4.2　信令的分类

信令的分类方式有多种，常用的分类方式有以下几种。

1. 按信令信道与用户信息传送通道的关系划分

按信令信道与用户信息传送通道的关系来划分，信令可分为随路信令和公共信道信令，公共信道信令也叫做共路信令。

（1）随路信令

随路信令指用传送用户信息的通路传送与该话路有关的各种信令，或指传送信令的通路与话路之间有固定的关系。图 4.2 所示为随路信令系统示意图。图中交换机 A 和交换机 B 之间没有专用的信令通道来传送两点之间的信令，信令是在所对应的用户信息通路上传送的。在通信接续建立时，用户信息通路是空闲的，没有信息要传送，因而可用于传送与接续相关的信令；接续建立后，再在该通路上传送用户信息。

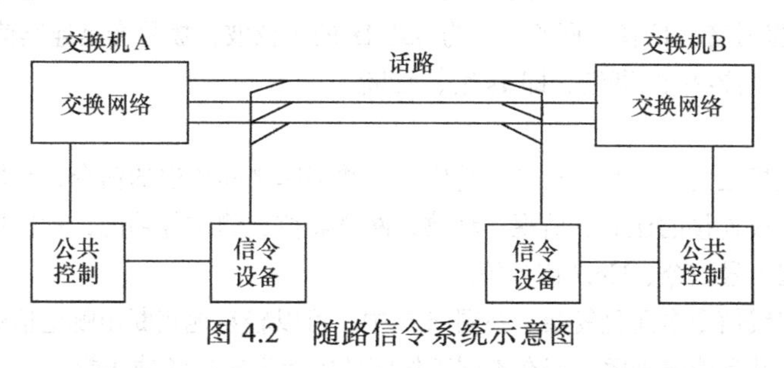

图 4.2　随路信令系统示意图

随路信令具有两个基本特征：①共路性——信令和用户信息在同一通信信道上传送；②相关性——信令通道与用户信息通道在时间位置上具有相关性。与公共信道信令相比，随路信令的传送速度慢，信令容量小，传送与呼叫无关的信令能力有限，不便于信令功能的扩展，支持通信网中新业务的能力较差。

（2）公共信道信令

公共信道信令指传送信令的通道和传送用户信息的通道在逻辑上或物理上是完全分开的，有单独传送信令的通道，在一条双向信令信道上，可传送上千条电路信令消息。图 4.3 所示为公共信道信令系统示意图。

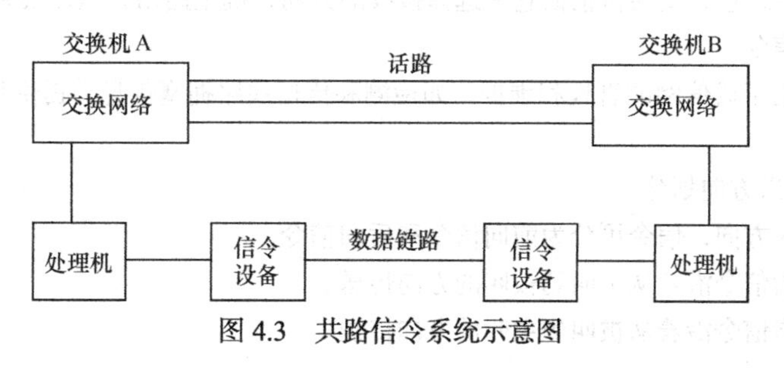

图 4.3　共路信令系统示意图

图中交换机 A 和交换机 B 之间设有专用的信令通道传送两点之间的信令；而用户信息，如语音是在交换机 A 和交换机 B 之间的话路上传送的，信令通道与话路分离。在通信连接建立和拆除时，A 和 B 通过信令通道传送连接建立和拆除的控制信令，在信息传送阶段，交换机则在预先选好的空闲话路上传送用户信息。

公共信道信令的信令通道与用户信息通道之间不具有时间位置的关联性，彼此相互独立。因此，可以得出公共信道信令所具有的两个基本特征为：①分离性——信令和用户信息在各自的通信信道上传送；②独立性——信令信道与用户信息通道之间不具有时间位置的关联性，彼此相互独立。

No.7 信令是公共信道信令。公共信道信令的传送速度快、信令容量大，可传送大量与呼叫无关的信令，便于信令功能的扩展和开放新业务，适应现代通信网的发展。

2. 按信令的工作区域划分

按信令的工作区域划分，可将信令分为用户线信令和局间信令。

（1）用户线信令

用户线信令是用户和交换机之间传送的信令，它们在用户线上传送。它主要包括用户监视信令、数字选择信令以及铃流和信号音。用户监视信令主要反映的是通过用户线直流环路的通、断来表示的用户话机的摘、挂机状态。数字选择信令即被叫号码，主叫用户通过号盘或按键发出脉冲号码或双音频号码给交换局，供选择被叫用户。铃流和信号音都是由交换局向用户发送的，以提示或通知终端采取相应的动作；铃流源为 25Hz 正弦波，普通振铃采用 5s 断续，即 1s 续、4s 断；信号音为 450Hz 和 1400Hz 的正弦波，拨号音、忙音、回铃音均为 450Hz 的正弦波；拨号音是连续信号；忙音为 0.7s 断续，即断续各 0.35s；回铃音 5s 断续，即 1s 续、4s 断。

（2）局间信令

局间信令是交换机之间，或交换机与网管中心、数据库之间传送的信令，在局间中继线上传送。局间信令主要用来完成连接的建立、监视、释放，网络监控、测试等功能，远比用户线信令复杂。典型的局间信令有中国 1 号信令、No.7 信令等。

局间信令比用户线信令多而且复杂。在图 4.1 中，可以轻易地判断出哪些信令是用户线信令，哪些信令是局间信令，并且能够理解它们在不同工作区域中所完成的各种功能。

3. 按信令所完成的功能划分

按信令所完成的功能划分，信令可分为监视信令、路由信令和维护管理信令。

（1）监视信令

监视信令又称为线路信令，用来监视用户线和中继线的状态变化。如用户线上主、被叫的摘、挂机信令以及中继线上的占用信令都是监视信令，它们分别表示了当前用户线和中继线的占用情况。

（2）路由信令

路由信令具有选择接续方向、确定通信路由的功能。如主叫所拨的被叫电话号码就是路由信令，它是此次通信的目的地址，交换机根据它来选择接续的方向，确定路由，从而找到被叫。

（3）维护管理信令

维护管理信令用于通信网的管理和维护，如检测和传送线路拥塞信息，提供呼叫计费信息，提供远距离维护信令等。

4. 按信令的传送方向划分

根据信令的传送方向，信令可分为前向信令和后向信令。

（1）前向信令指信令沿着从主叫到被叫的方向传送。

（2）后向信令指信令沿着从被叫到主叫的方向传送。

4.3 信令方式

信令的传送要遵守一定的规则和约定，这就是信令方式。它包括信令的结构形式、信令在多段链路上的传送方式以及信令传送过程中的控制方式。通常所说的信令系统就是指为实现某种信令方式所必须具有的全部硬件和软件系统。

1. 结构形式

信令的结构形式是指信令所能传送信息的表现形式，一般分为未编码和编码两种结构形式。

（1）未编码信令

未编码信令可按脉冲幅度的不同、脉冲持续时间的不同、脉冲数量的不同等来表达不同的信息含义。如用户在脉冲方式下所拨的号码是以脉冲个数来表示 0～9 个数字的，而拨号音、忙音、回铃音是由相同频率的脉冲采用不同的脉冲持续时间而形成的。

未编码信令的特点是信息量少、传输速度慢、设备复杂。这种结构形式目前已不再使用。

（2）编码信令

信令的编码方式主要有模拟编码方式、二进制编码方式和信令单元方式。

① 模拟编码方式

模拟编码方式有起止式单频编码、双频二进制编码和多频编码方式，其中使用最多的是多频编码方式。其中六中取二是一种典型的多频编码信令，它设置了 6 个频率，每次取出两个同时发出，表示一种信令，共可表示 15 种信令。

多频编码的特点是编码较多、传送速度较快、可靠性较高、有自检能力。例如 R2 信令就使用了这种六中取二的编码方式，其信令编码见表 4.1，前向信号所使用的 6 个频率为 1380Hz～1980Hz，频差 120Hz；后向信号所使用的 6 个频率为 540Hz～1140Hz，频差也为 120Hz。表中 X 表示含有对应频率。

【相关知识】 ITU-T 中 Q.400～Q.490 系列协议定义了 R2 的信令标准，但是 R2 信令在不同的地区或国家具体实现有着不同的标准，各个国家的 R2 信令是 ITU-T 标准的变体（中国 1 号信令是 R2 信令的一个子集）

表 4.1　　R2 信令的记发器信令编码

数码	前向信号/Hz						后向信号/Hz					
	1380	1500	1620	1740	1860	1980	1140	1020	900	780	660	540
	F_0	f_1	f_2	f_3	f_4	f_5	f_0	f_1	f_2	f_3	f_4	f_5
1	×	×					×	×				
2	×		×				×		×			
3		×	×					×	×			
4	×			×			×			×		
5		×		×				×		×		
6			×	×					×	×		
7	×				×		×				×	
8		×			×			×			×	
9			×		×				×		×	
10				×	×					×	×	
11	×					×	×					×
12		×				×		×				×
13			×			×			×			×
14				×		×				×		×
15					×	×					×	×

② 二进制编码方式

二进制编码方式的典型代表是数字型线路信令，它使用 4 位二进制编码来表示线路的状态。当局间传输使用数字 PCM 时，在随路信令系统中应使用数字型线路信令。

例如，中国 1 号信令系统的数字型线路信令是基于 30/32 路 PCM 的，在 30/32 路 PCM 帧结构中，一个复帧由 16 个子帧组成，记为 F0～F15；每个子帧有 32 个时隙，记为 TS0～TS31；每个时隙包含 8 位二进制码，即 8 位；32 个时隙中，TS0 用于帧同步和帧失步告警，TS1～TS15、TS17～TS31 为话路，TS16 用来传送复帧同步和具有监视功能的数字型线路信令，每一个 TS16 的 8 位码分成两组，每 4 位码传送一个话路的线路信令，这样每一帧的 TS16 可以传送 2 个话路的线路信令，15 帧正好传送 30 个话路的线路信令，具体分配如图 4.4 所示。

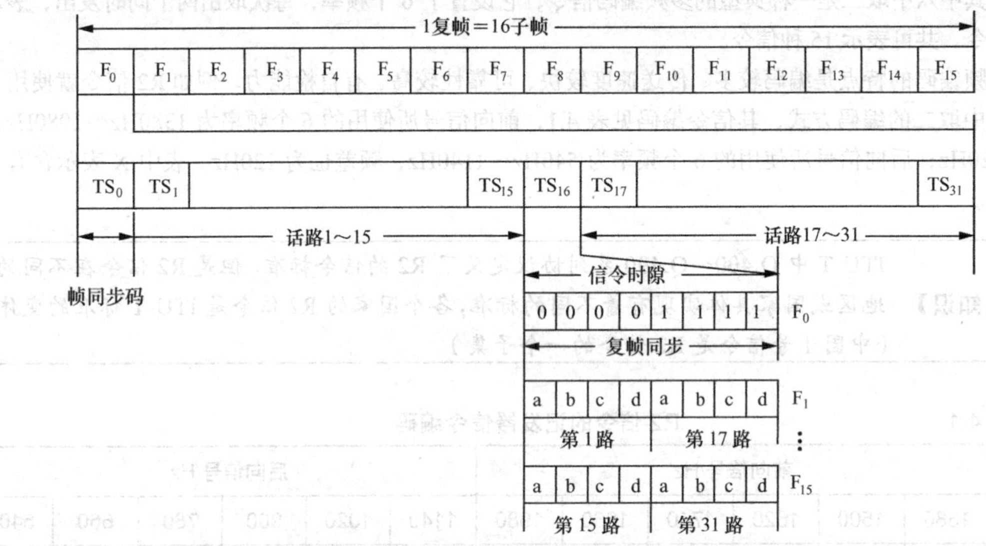

图 4.4　30/32 路 PCM 中的数字型线路信令

③ 信令单元方式

No.7 号信令采用数字编码的形式传送各种信令时，是通过信令消息的最小单元——信令单元（SU）来传送的。由于信令消息本身的长度不相等，如摘挂机等监视信令较短，而地址信令则较长，故采用不等长的信令单元，它是由若干个 8 位位组组成的，故信令单元方式也就是不定长分组形式。

这种方式编码容量大，传输速度快，可靠性高，可扩充性强，是目前各类公共信令系统广泛采用的方式。

2. 传送方式

信令在多段链路上的传送方式有 3 种。下面以电话通信为例，说明其工作过程。

（1）端到端传送方式

如图 4.5 所示，发端局的收号器收到用户发来的全部号码后，由发端局发号器发送第一转接局所需的长途区号，并完成到第一转接局的接续；第一转接局根据收到的长途区号，完成到第二转接局的接续；再由发端局发号器向第二转接局发送 ABC，第二转接局根据 ABC 找到收端局，完成到收端局的接续；此时由发端局向收端局发送用户号码，建立发端到收端的接续。

端到端传送方式的特点是：速度快，拨号后等待时间短，信令在多段路由上的类型必须相同，即要求全程采用同样的信令系统。

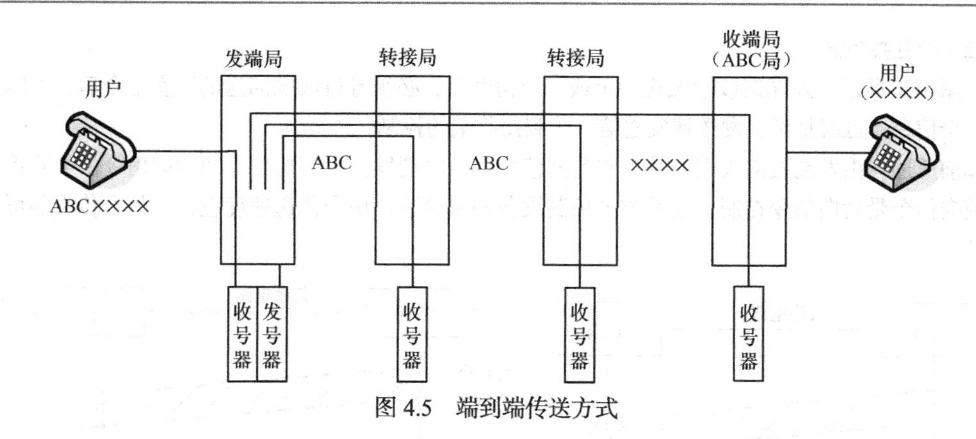

图 4.5　端到端传送方式

（2）逐段转发传送方式

如图 4.6 所示，信令逐段进行接收和转发，全部被叫号码（长途区号和被叫号码）由每一个转接局全部接收，并逐段转发出去。这种方式仅要求信号设备能适应某一段长途电路的传输条件变化，对信号设备、线路的要求比端到端方式低得多。

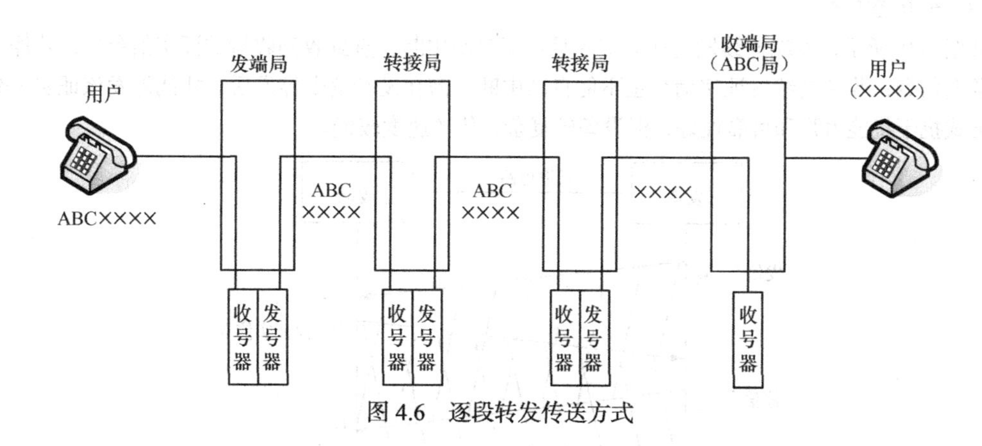

图 4.6　逐段转发传送方式

逐段转发传送方式的特点是：对线路要求低，信令在多段路由上的类型可有多种，信令传送速度慢，持续时间长。

在线路质量较优、传输可靠性不成问题时，端到端方式比逐段转发方式效率高、接续快。

（3）混合方式

在实际应用中，通常将前面两种方式结合起来使用，就是混合方式。

如中国 1 号记发器信令可根据链路质量，在劣质链路中使用逐段转发方式，在优质链路上使用端到端方式；No.7 信令通常使用逐段转发方式，但也可支持端到端的信令方式。

3. 控制方式

控制方式指控制信令发送过程的方法，主要有非互控方式、半互控方式和全互控方式 3 种。

（1）非互控方式

如图 4.7 所示，非互控方式即发端连续发送信令，而不管收端是否收到。这种方式设备简单，发码速度快，但可靠性不高。No.7 信令采用非互控方式传送信令，以求信令快速地传送，并采取有效的可靠性保证机制，克服可靠性不高的缺点。

（2）半互控方式

如图 4.8 所示，发端向收端发送一个或一组信令后，必须等待收端回送的证实信令后，才能接着发下一个信令，也就是说，发送端发送信令受到接收端的控制。

如前所述，由发端发向收端的信令叫前向信令，由收端发向发端的信令叫后向信令。半互控方式就是前向信令受后向信令控制。这种方式控制设备相对简单，信令传送速度较快，信令传送的可靠性有保证。

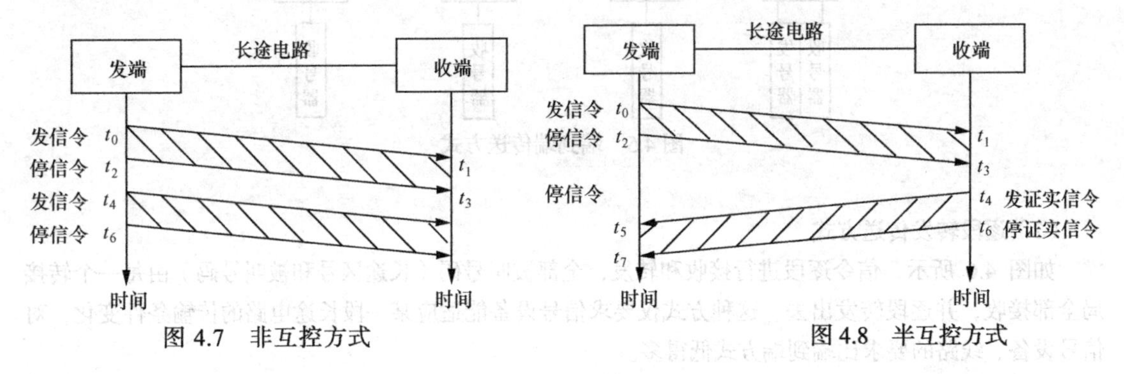

图 4.7　非互控方式　　　　图 4.8　半互控方式

（3）全互控方式

如图 4.9 所示，发端连续发送前向信令且不能自动中断，直到收到收端的证实信令后，才停止发送该前向信令；收端连续发证实信令也不能自动中断，需在发端信令停发后，才能停发该证实信令。这种方式抗干扰能力强和可靠性好，但设备较复杂，传送速度较慢。

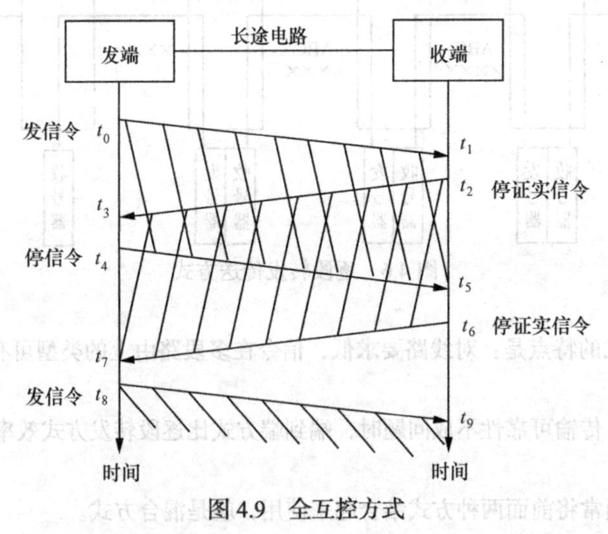

图 4.9　全互控方式

中国 1 号记发器信令使用的就是全互控方式，以保证系统的可靠性，但是影响了它的速度。

4.4 No.7 信令系统

由于目前使用的交换机制式和中继传输信道类型很多，因而局间信令比较复杂。为了统一局间信令，ITU-T 自 1934 年起，陆续提出并形成了 No.1、No.2、No.3、No.4、No.5、No.6、No.7 及 R1、R2 信令系统的建议，且每四年要修改一次版本，增加新内容，逐步使信令系统趋于完善。我国也对局间直流信令和中国 1 号信令等作了规定。其中 No.1、No.2、No.3、No.4、No.5 与 R1、R2 及中国 1 号信令均属随路信令形式，No.6、No.7 信令为共路信令形式。No.1、No.2、No.3、No.4 用于国际人工长途、半自动长途电话交换，现在很少采用。目前还在应用的随路信令有 No.5 与 R1、R2 信令，R1 主要用于北美，R2 主要用于欧洲。No.6 共路信令主要为模拟应用而设计，但可工作于模拟与数字信道，适用于国内、国际长途及卫星电路。No.7 于 1976 年开始研究，1980 年提出新型共路信令形式，它适于程控数字网发展的需要。目前我国应用较广的局间信令是中国 1 号随路信令和 No.7 共路信令。

【相关知识】 ITU-T 是国际电信联盟电信标准化部门，成立于 1993 年，它的前身是国际电报和电话咨询委员会（CCITT）。ITU-T 研究和制订除无线电以外的所有电信领域标准，已通过的建议书有 2600 多项。

4.4.1　中国 1 号信令

中国 1 号信令是一种随路信令。它是国际 R2 信令系统的一个子集，是一种双向信令系统，可通过 2 线或 4 线传输。按信令传输方向，分为前向信令和后向信令；按信令功能，分为线路信令和记发器信令。

1. 线路信令

线路信令在线路设备（中继器）之间传送，一般包括示闲、占用、应答、拆线等信号，主要表明中继线的使用状态。它有前向（主叫局到被叫局方向）与后向、模拟信号与数字信号之分。当需要多个交换机实现接续时，为提高可靠性，一般采用“逐段识别、校正后转发”的方式传送线路信令。

中国 1 号信令的线路信号有两种形式。

（1）模拟线路信令：在模拟通路上传送的线路信号，主要采用直流或交流两种方式。

（2）数字线路信令：局与局之间中继采用 PCM 传输时使用（即数字编码方式），共有 32 路数字传输信道。30 路通话信道，第 1 和第 16 信道传送同步信令和 30 个通道的线路信令，即 30B + D。每个信道传输速率为 64kbit/s，32 × 64kbit/s = 2048 kbit/s，俗称 2M 口（E1）。

2. 记发器信令

记发器信令主要包括选择路由所需的地址信号（即被叫号码），因其是在用户通话之前传送，因而可以利用语音频带实现传送。目前各国广泛采用传送速度快、有检错能力的带内多频信号作为局间记发器信令。记发器信令也分为前向和后向信号，中国 1 号记发器信令采用多频编码、连续互控，一般采用端到端传送。它们的前向信号都采用 6 中取 2 编码，其差别仅在于 R2 信令的后向信号采用 6 中取 2 编码，而中国 1 号信令的后向信号采用 4 中取 2 编码。这种多频互控（MFC）信号由各自话路进行传送，对于数字型中继线，它们经 PCM 数字化后占据各类相应时隙随路传送。

我国规定用户程控交换机（PABX）在以数字中继方式接入市话网（PSTN）时，应采用数字型中国 1 号信令。

3. 中国 1 号信令的缺陷

中国 1 号信令系统在我国通信网处于模拟网和摸数混合网时被长期使用。但是，随着通信网日新月异的发展及数字交换和数字传输广泛的使用，各种新技术新业务不断涌现，在话路中传送随路信令方式的局限性也就日益显见，主要表现在以下几个方面：

（1）由于采用双音频（MFC）来传递主被叫号码，每个号码大约要 0.25 秒时间，呼叫建立慢，中继占用时间长，需要更多的中继才能达到一定的话务量。

（2）由于在一定的话务量下需要更多的中继来实现，中继的扩容又直接导致相应设备（如 MFC 寄发器）需求的增加，所以总的成本会更高。

（3）呼叫建立慢，用户等待的时间长，用户满意度降低。

（4）由于采用双音频来传递信息，表达的信息量有限，可开展的业务种类有限。

4.4.2 No.7 信令系统概述

随着数字交换机和数字传输技术的引入，随路信令方式因信令传送速度慢、信令容量有限、不能传送管理信令等一些缺陷，使其在使用上受到一定的限制。有效的办法是在交换局之间提供一条公共信令链路，使得两个交换局间的所有信令均通过一条与语音分开的信令链路传送。No.7 信令系统是 ITU-T 在 20 世纪 80 年代初为数字电话网设计的一种国际性的标准化局间公共信道信令系统，信令消息完全数字化，采用数据包方式发送数据（通过 SS7 网络）。信令链路具有握手、检验、差错控制、拥塞控制、冗余备份等能力。No.7 信令系统能充分满足电话网（PSTN）、陆地移动通信网（GSM）、智能网（IN）等对信令的要求。

1. No.7 信令系统的特点

公共信道信令是用一条单独的高速数据链路来传送一群话路信令的信令方式。No.7 信令属于公共信道信令，它的主要特点如下：

（1）局间的 No.7 信令链路是由两端的信令终端设备和它们之间的数据链路组成的。数据链路是速率相同的双向数据信道，目前使用的速率为 64 kbit/s。

（2）No.7 信令传送模式采用的是分组传送模式中的数据报方式，其信息传送的最小单位（SU）就是一个分组，并且基于统计时分复用方式。因此在 No.7 信令系统中，为保证信令信息可靠地传送，信令终端应具有对 SU 同步、定位和差错控制功能，同时 SU 中必须包含一个标记，以识别该信令单元传送的信令属于哪一路通信。

（3）由于话路和信令通路是分开的，所以必须对话路进行单独的导通检验。

（4）必须设置备用设备，以保证信令系统的可靠性。

由此可知，在通信网中使用 No.7 信令具有很大的优越性：

（1）信令传送速度快。由于呼叫建立，释放的速度快，大大提高了中继的利用率。

（2）由于呼叫建立快，电话用户使用时不用等候，提高了用户的满意度。

（3）新业务扩展容易，如主叫显示、无线自动漫游、800 号可携带电话号码、本地可携带电话号码。

（4）由于 No.7 信令网络是独立的数据网，支持全球性的网络连接和数据库访问。

2. No.7 信令系统的主要应用

No.7 信令系统能满足多种通信业务的要求，主要的应用如下：

（1）传送电话网的局间信令；

（2）传送电路交换数据网的局间信令；

（3）传送综合业务数字网的局间信令；

（4）在各种运行、管理和维护中心传递有关信息；

（5）在业务交换点和业务控制点之间传送各种数据信息，支持各种类型的智能业务；

（6）传送移动通信网中与用户移动有关的各种控制信息。

3. 功能结构

为了方便各种业务信令功能的实现以及未来信令网的扩充和维护，No.7 信令系统采用分层的协议结构。

（1）4 级结构

No.7 信令系统的基本功能结构分为两部分：消息传递部分（MTP）和适合不同业务的独立用户部分（UP），如图 4.10 所示。

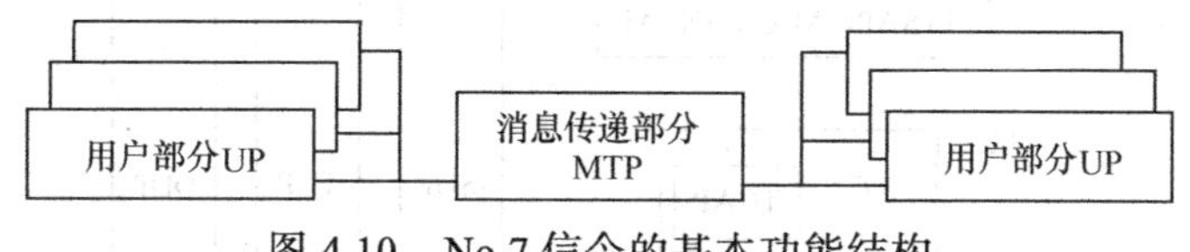

图 4.10　No.7 信令的基本功能结构

用户部分是使用消息传递部分的传送能力的功能实体，它可以是电话用户部分（TUP）、数据用户部分（DUP）、ISDN 用户部分（ISUP）等。

消息传递部分作为一个公共消息传送系统，其功能是在对应的两个用户部分之间可靠地传递信令消息。按照具体功能的不同，该部分分为 3 级：信令数据链路功能级、信令链路功能级和信令网功能级，并同 UP 部分一起构成了 No.7 信令的 4 级结构，如图 4.11 所示。

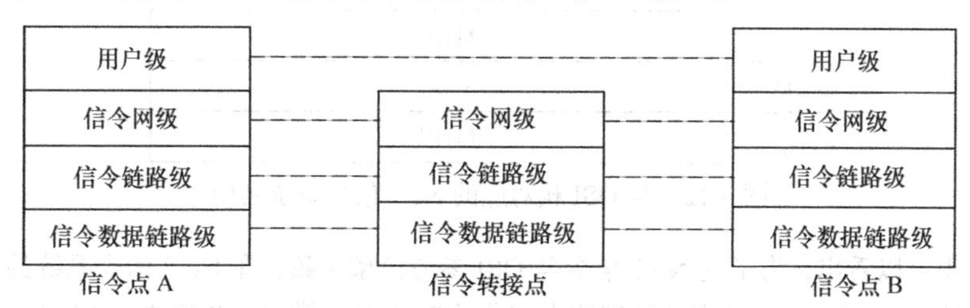

图 4.11　No.7 信令系统的 4 级结构

采用功能模块结构，各模块之间既有一定的联系，又相互独立，某个模块的改变不影响其他模块。这样，如要增加新功能或改进某些功能，不用对整个系统作改动。另外，各个国家可以根据自己的需要自由选择使用某些功能模块，自由组网，这充分体现了 No.7 信令的通用性。

如图 4.11 所示，第一级为信令数据链路功能级，它对应于 OSI 模型的物理层，并规定了信令链路的物理、电气特性及接入方法，提供全双工的双向传输通道。

第二级为信令链路功能级，对应于 OSI 模型的数据链路层，该级负责确保在一条信令链路直连的两点之间可靠地交换信令单元，它包含了差错控制、流量控制、顺序控制、信元定界等功能。

第三级是信令网功能级，对应于 OSI 模型的网络层的部分功能。它分为信令消息处理和信令网管理两部分。信令消息处理的功能是根据消息信令单元中的地址信息，将信令单元送至用户指定信令点的相应用户部分；信令网管理的功能是对每一个信令路由及信令链路的工作情况进行监视，当出现故障时，在已知信令网状态数据和信息的基础上，控制消息路由和信令网的结构，完成信令网的重新组合，从而恢复正常消息传递能力。

【相关知识】 OSI 参考模型（OSI/RM）的全称是开放系统互连参考模型（Open System Interconnection Reference Model，OSI/RM），它是由国际标准化组织（ISO）在 1979 年提出的一个网络系统互连模型。OSI 参考模型分为 7 层，分别是物理层、数据链路层、网络层、传输层、会话层、表示层和应用层。

（2）与 OSI 模型对应的 No.7 信令系统结构

随着通信网技术的发展，各种新业务不断出现，已有 4 级结构的 No.7 信令系统越来越不能满足新技术和新业务的需求，同时通过对 No.7 信令系统的深入研究，发现它与 OSI 参考模型很相似，于是在 No.7 信令系统基本功能结构的基础上，设计了与 OSI 模型相对应的 No.7 信令系统体系结构，如图 4.12 所示。

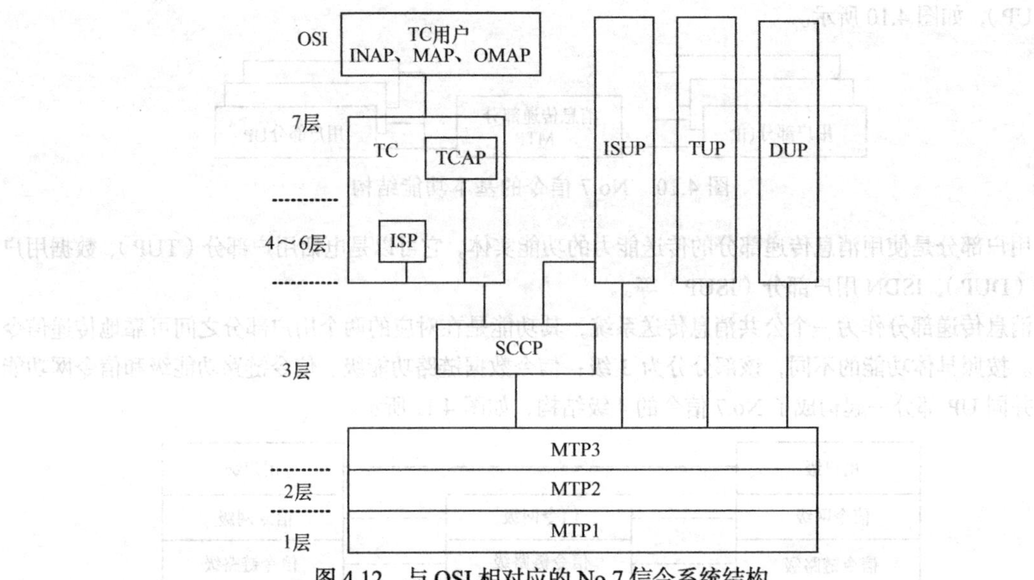

图 4.12　与 OSI 相对应的 No.7 信令系统结构

从图 4.12 中可以看出，为了使 No.7 信令与 OSI 参考模型一致，在 No.7 信令系统的结构中又增加了信令链路控制部分（SCCP）和事务处理能力部分（TC）两个模块，与原来的 MTP、TUP、DUP 和 ISUP 一起构成了一个四级结构与七层协议并存的功能结构。

SCCP 用于加强 MTP 功能，它与 MTP 一起提供相当于 OSI 的第三层功能。SCCP 通过提供全局码翻译，增强了 MTP 的寻址选路功能，从而使 No.7 信令系统能在全球范围内传送与电路无关的端到端消息；同时，SCCP 还使 No.7 信令系统增加了面向连接的消息传送方式。

TUP、ISUP、DUP 相当于 OSI 高四层，TUP 信令和 DUP 信令只能通过 MTP 传送，而 ISUP 信令既可通过 MTP 传送，也可通过 SCCP 传送。

事务处理能力（TC）是指网络中分散的一系列应用在相互通信时所采用的一组规则和功能。这是目前很多电话网提供智能业务和信令网的运行、管理和维护等功能的基础。TC 完成 OSI 参考模型 4～7 层的功能，它包括事务处理能力应用部分（TCAP）和中间业务部分（ISP）。TCAP 是在无连接环境下提供的一种方法，以供智能网应用（INAP）、移动通信应用（MAP）和运行维护管理应用（OMAP）在一个节点调用另一个节点的程序，执行该程序并将执行结果返回调用节点。

TC 用户是指各种应用，目前主要有智能网应用部分（INAP）、移动应用部分（MAP）和运行维护管理应用部分（OMAP）。

4. 信令单元格式

No.7 信令采用数字编码的形式传送各种信令时，是通过信令消息的最小单元——信令单元（SU）来传送的。由于信令消息本身的长度不相等。如摘、挂机等监视信令通常较短，而地址信令则较长，故采用不等长的信令单元。

为适应信令网中各种信令信息的传送要求，No.7 信令方式规定了 3 种基本的信令单元格式，如图 4.13 所示。

（1）消息信令单元（MSU）：由用户产生的可变长的 MSU，用于传送用户所需要的消息。

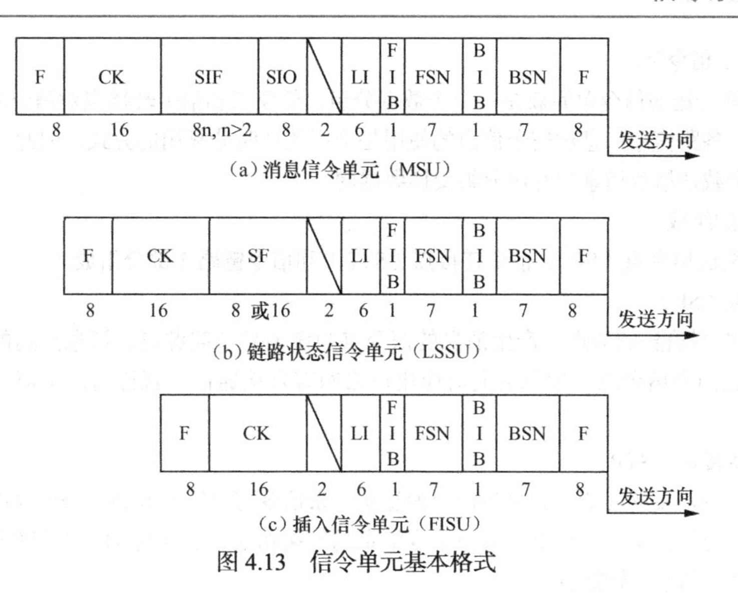

（a）消息信令单元（MSU）

（b）链路状态信令单元（LSSU）

（c）插入信令单元（FISU）

图 4.13　信令单元基本格式

（2）链路状态信令单元（LSSU）：来自 MTP 第 3 级的 LSSU，用于链路初始启用或链路故障时，传送信号链路的状态。

（3）插入信令单元（FISU）：来自 MTP 第 2 级的 FISU，在无消息时传送。用于链路空或链路拥塞时来填补位置。

信令单元中各字段的含义如下。

F：标志码，固定码型 01111110，用于指示一个信令单元的开始和结束，以识别起点。

FSN：前向信令单元序号，表示被传输信令单元的序号，按 0～127 顺序循环编号。

BSN：后向信令单元序号，表示被证实信令单元的序号，按 0～127 顺序循环编号。

FIB：前向指示比特，若信令单元传输正常时，发出的 FIB 和收到的 FIB 一致。一旦不一致，就说明传输出错，即申请重发。FIB 仅一位，取“0”或“1”。

BIB：后向指示比特，若正确接收到信令单元，则保持原值不变送往发送端。当收到信令单元有错时，后向指示比特反转送往发送端，表示要求重发出错的信令单元。同样 BIB 仅有一位，取“0”或“1”。

LI：长度指示码，指示 LI 与 CK 间的八位为组个数，用于区分 3 种信令单元。LI = 0，为插入信令单元；LI = 1 或 2，为链路状态信令单元；LI>2，为消息信令单元。

CK：16 位循环冗余检验码，对信令消息的数据序列进行一种算法操作，查对比特是否正确。

SF：链路状态表示位，是链路状态信令单元（LSSU）的主要组成部分；指示链路的状态。如失去定位、紧急定位处理机故障、退出服务、拥塞等。

SIO：业务信息，是消息信令单元（MSU）的主要组成部分；用于连接特定用户部分的信令消息，指出分发到什么用户部分。

SIF：信令信息字段，是消息信令单元（MSU）的主要组成部分；用于区分 MSU 不同用户部分的消息或同一用户部分的不同消息。

4.5　信令网

No.7 信令是公共信道信令，它在信息网的业务节点（各类交换局、操作维护中心、网络数据库等）之间的专用信令信道中传送，因此，在原有信息网之外，还形成了一个独立于它所服务的信息网、起支撑作用的No.7信令网。

No.7信令网传送的信令单元就是一个个数据分组，信令点和信令转接点对信令的处理过程就是存储转发的过程，各路信令信息对信令信道的使用是采用统计时分复用的方式，因此可以说，No.7信令网的本质是一个载送信令信息的专用分组交换数据网。

1. 信令网的组成

No.7信令网由信令点（SP）、信令转接点（STP）和信令链路3部分组成。

（1）信令点（SP）

SP是处理控制消息的节点，产生消息的信令点为该消息的起源点，消息到达的信令点为该消息的目的点。任意两个信令点，如果它们对应用户之间有直接通信，就称这两个信令点之间存在信令关系。

（2）信令转接点（STP）

STP具有信令转发的功能，它可将信令消息从一条信令链路转发到另一条信令链路上。STP分为独立型和综合型两种。独立型STP只具有信令消息的转接功能；综合型STP与交换局合并在一起，是具有用户部分功能的信令转接点。

（3）信令链路

信令链路是两个相邻信令点之间传送信令消息的链路。

① 信令链路组：直接连接两个信令点的一束信令链路构成一个信令链路组。

② 信令路由：承载指定业务到特定目的信令点的链路组。

③ 信令路由组：载送业务到特定目的信令点的全部信令路由。

2. 信令网的工作方式

No.7信令网的工作方式是指信令消息所取的通路与消息所属的信令关系之间的对应关系。

（1）直联工作方式

直联工作方式也称为对应工作方式，指两个信令点之间的信令消息通过直接连接两个信令点的信令链路传送，而且该信令链路专为连接这两个信令点的话路群服务，如图4.14所示。

信令点SP1和SP2之间有直达的信令链路相连，且该信令链路是专为这两个交换局之间的电路群服务的，即为SP1和SP2信令点的用户部分所存在的信令关系服务的。

（2）准直联工作方式

准直联工作方式也称为准对应工作方式，指两个信令点之间的信令消息可以通过两段或两段以上串联的信令链路来传送，并且允许通过事先预定的路由和STP，如图4.15所示。

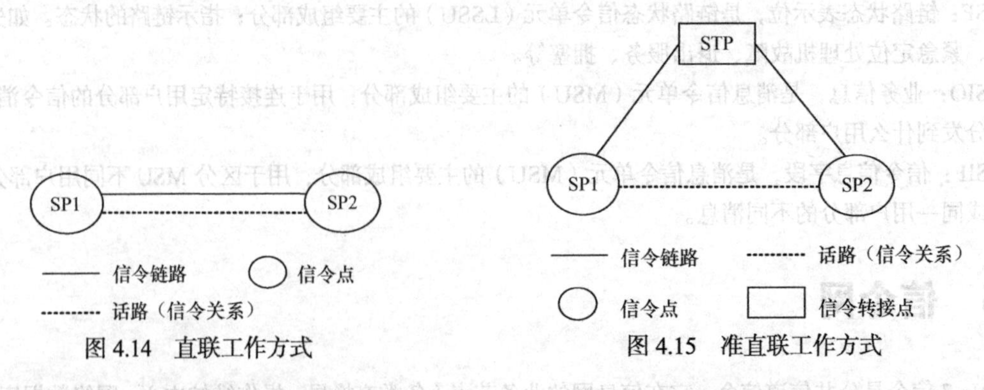

图4.14　直联工作方式　　　图4.15　准直联工作方式

SP1和SP2信令点之间存在着信令关系，即SP1和SP2分别为信令的源点和目的点，STP为信令转接点，SP1和SP2之间的信令路由为SP1-STP-SP2，在这里，信令传送路径与信令关系是非对应的。

（3）非直联工作方式

与上述直联工作方式相同，信令消息是在信令的源点和目的点之间的两段或两段以上串接的信令链路上传送，但在信令的源点和目的点之间的多条信令路由中，信令消息在哪条路由上传送是随机的，与话路无关，是由整个信令网的运行情况动态选择的，这种方式可有效地利用网络资源，但会使信令网的路由选择和管理非常复杂，因此，目前在 No.7 信令网上未建议采用。

目前在 No.7 信令网中，通常采用直联和准直联相结合的工作方式，以满足通信网的需要。当局间的话路群足够大时，则在局间设置直达信令链路即采用直联工作方式；当话路群较小时，一般采用准直联的工作方式。

3. 信令网的结构

信令网按网络的拓扑结构等级，可分为无级信令网和分级信令网两类。

（1）无级信令网

它是指未引入 STP 的信令网。在无级信令网中，信令点间都采用直联方式，所有的信令点处于同一等级。这种方式在信令网的容量和经济性上都满足不了国际、国内信令网的要求，故未广泛采用。

（2）分级信令网

分级信令网是引入 STP 的信令网，按照需要可以分成二级信令网和三级信令网。

二级信令网是具有一级 STP 的信令网，三级信令网是具有二级 STP 的信令网，第一级 STP 为高级信令转接点（HSTP），第二级 STP 为低级信令转接点（LSTP）。其结构如图 4.16 所示。

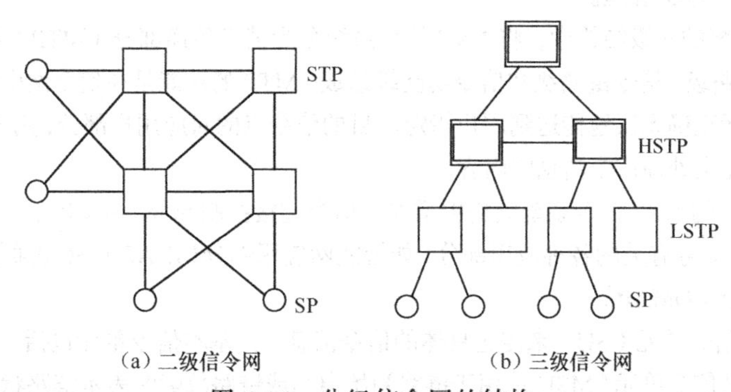

图 4.16 分级信令网的结构

与无级信令网相比，分级信令网具有如下优点：网络所容纳的信令点数量多；增加信令点容易；信令路由多，信令传递时时延相对较短。分级信令网是国际国内信令网采用的主要形式。如我国的 No.7 信令系统采用的是三级信令网结构。

在三级信令网中，HSTP 负责转接它所汇接的 LSTP 和 SP 的信令消息。HSTP 应采用独立型信令转接点设备，且必须具有 No.7 信令系统中消息传送部分（MTP）的功能，以完成电话网和 ISDN 的电话接续有关信令消息的传送。同时，如果在电话网、ISDN 中开放智能网业务、移动通信业务，并传递各种信令网管理消息，则信令转接点还应具有信令连接控制部分（SCCP）的功能，以传送各种与电路无关的信令消息。若该信令点要执行信令网运行、维护管理程序，则还应具有事务处理能力应用（TCAP）和运行管理应用（OMAP）的功能。

LSTP 负责转接它所汇接的 SP 的信令消息。LSTP 可采用独立型的信令转接设备，也可采用与交换局 SP 合设在一起的综合式的信令转接点设备。采用独立型信令转接点设备时的要求同 HSTP；采用综合型信令转接点设备时，除了必须满足独立型信令转接点设备的功能外，还应满足用户部分的有关功能。

第三级 SP 式信令网中传送各种信令消息的源点和目的点，应满足部分 MTP 功能及相应的用户部分功能。

本章小结

信令是通信网中规范化的控制命令，所谓规范化，就是在信令构成、信令交互时要遵守一定的规则和约定。信令的作用是控制通信网中各种通信连接的建立和拆除，并维护通信网的正常运行。信令系统是通信网的重要组成部分，是保证通信网正常运行必不可少的。

信令有多种分类方法。可将信令按照信令工作区域的不同，划分为用户线信令和局间信令；按照信令传送通道与用户信息传送通道的关系，划分为随路信令和公共信道信令；按照其功能的不同，划分为监视信令、路由信令和维护管理信令。

信令方式是指信令在传送时必须遵守的规则和约定，它包括信令的编码方式、信令在多段路由上的传送方式及控制方式。信令的编码方式主要有模拟编码方式、二进制编码方式和信令单元方式 3 种形式。信令在多段链路上的传送方式有 3 种：端到端方式、逐段转发方式和混合方式。

No.7 信令是最适合在数字通信网中使用的公共信道信令技术，具有速度快、容量大的优点。No.7 信令系统不仅可用在传送电话网、综合业务数字网的局间信令，还可支持智能网业务、移动通信业务及 No.7 信令网的集中维护管理。

在 No.7 信令系统的 4 级结构中，将 No.7 信令系统分为消息传递部分（MTP）和用户部分（UP）。MTP 由信令数据链路级、信令链路级和信令功能级组成。MTP 的功能是在信令网中将源信令点的用户发出的消息信令单元正确无误地传送到用户指定的目的信令点的对应用户部分；用户部分是 No.7 信令系统的第四级，功能是处理信令消息的内容。

与 OSI 模型对应的 No.7 信令系统结构中增加了信令连接控制部分（SCCP）、事务处理能力应用部分（TC）以及和具体业务有关的各种应用部分，如智能网应用部分（INAP）、移动通信应用部分（MAP）和维护管理应用部分（OMAP）。

No.7 信令采用信令单元（SU）来传送具体的信令消息。其基本信令单元包括：用于传递来自用户级的信令消息的消息信令单元（MSU）；用于链路初始启用或链路故障时表示链路状态的链路状态信令单元（LSSU）；用于链路空或链路拥塞时填补位置的插入信令单元（FISU）。

信令网的基本组成部件有信令点（SP）、信令转接点（STP）和信令链路。信令网的工作方式分为直联方式、准直联方式和非直联方式，目前 No.7 信令采用直联方式和准直联方式。信令网的结构按照不同等级，可分为无级信令网和分级信令网，我国 No.7 信令网采用三级信令网结构，即由高级信令转接点（HSTP）、低级信令转接点（LSTP）和信令点（SP）组成。

习题

一、填空题

4-1　在电路交换中，按信令所完成的功能划分，信令可分为________信令、路由信令和维护管理信令。

4-2　信令的传送要遵守一定的________和约定，这就是信令方式。

4-3　信令方式包括信令的________形式、信令在多段链路上的传送方式以及信令传送过程中的控制方式。

4-4　信令的结构形式是指信令所能传送信息的表现形式，一般分为________和编码两种结构形式。

4-5　信令的编码方式主要有模拟编码方式、二进制编码方式和________方式。

4-6　模拟编码方式有起止式单频编码、双频二进制编码和多频编码方式，其中使用最多的是________编码方式。

4-7　公共信道信令是用________的高速数据链路来传送一群话路信令的信令方式。

4-8　No.7 信令系统的基本功能结构分为________部分和适合不同业务的独立用户部分。

4-9　No.7 信令网由信令点（SP）、信令转接点（STP）和________3 部分组成。

二、选择题

4-10　在电路交换中，信令系统的作用是（　　）。

A. 传送语音信息　　B. 保证通信网正常运行

C. 提供振铃信号　　D. 建立连接

4-11　在电路交换中，用户和交换机之间传送的信令属于（　　）。

A. 随路信令　　B. 公共信道信令　　C. 用户线信令　　D. 局间信令

4-12　在电路交换中，交换机之间，交换机与网管中心、数据库之间传送的信令属于（　　）。

A. 随路信令　　B. 公共信道信令　　C. 用户线信令　　D. 局间信令

4-13　在电路交换中，主叫所拨的被叫电话号码属于（　　）。

A. 监视信令　　B. 路由信令　　C. OAM 信令　　D. 局间信令

4-14　在电路交换中，检测和传送线路拥塞信息，提供呼叫计费信息，提供远距离维护属于(　　)。

A. 监视信令　　B. 路由信令　　C. OAM 信令　　D. 局间信令

4-15　在电路交换中，为实现某种信令方式所必须具有的全部硬件和软件系统，我们称之为（　　）。

4-16　按脉冲幅度的不同、脉冲持续时间的不同、脉冲数量的不同等来表达不同的信息含义的信令属于（　　）。

A. 未编码信令　　B. 编码信令　　C. R2 信令　　D. No.7 信令

4-17　在电路交换中，R2 信令属于（　　）。

A. 未编码信令　　B. 单频编码信令

C. 双频二进制编码信令　　D. 多频编码信令

4-18　在电路交换中，二进制编码方式的典型代表是（　　）。

A. 未编码信令　　B. 数字型线路信令　　C. R2 信令　　D. No.7 信令

4-19　No.7 号信令采用数字编码的形式传送各种信令时，是通过（　　）。

A. 未编码信令　　B. 数字型线路信令　　C. R2 信令　　D. 信令单元

4-20　在信令的传送方式中，对线路要求低，信令在多段路由上的类型可有多种，信令传送速度慢，持续时间长的信令传送方式是（　　）。

A. 端到端方式　　B. 逐段转发方式　　C. 混合方式　　D. 非互控方式

4-21　在信令的控制方式中，发端连续发送信令，而不管收端是否收到，该方式属于（　　）。

A. 端到端方式　　B. 全互控方式　　C. 半互控方式　　D. 非互控方式

4-22　在电路交换中，下列属于共路信令的信令是（　　）。

A. R1　　B. R2

C. No.6 信令　　D. 中国 1 号信令

三、判断题

4-23　在电路交换中，信令就是除了通信时的用户信息（包括语音信息和非话业务信息）以外的各种控制命令。

4-24 在电路交换中，按信令的工作区域划分，可将信令分为随路信令和公共信道信令。

4-25 监视信令又称为线路信令，用来监视用户线和中继线的状态变化。

4-26 在电路交换中，当局间传输使用数字 PCM 时，在随路信令系统中应使用数字型线路信令。

4-27 在信令的传送方式中，端到端传送方式的特点是：速度快，拨号后等待时间短，信令在多段路由上的类型必须相同，即要求全程采用同样的信令系统。

4-28 中国 1 号记发器信令可根据链路质量，在优质链路中使用逐段转发方式，在劣质链路上使用端到端方式。

4-29 在信令系统中，No.1、No.2、No.3、No.4、No.5 与 R1、R2 及中国 1 号信令均属随路信令形式。

四、简答题

4-30 简述信令系统的主要功能。

4-31 信令的分类方法有哪几种？

4-32 什么是随路信令？什么是公共信道信令？它们的基本特征分别是什么？

4-33 试比较端到端和逐段转发两种信令传送方式的不同。

4-34 中国 1 号信令规定了哪两种信号？可采用何种传送方式？

4-35 简述 No.7 信令的分层功能结构及各层的主要功能。

4-36 No.7 信令的基本信令单元有哪几种？

4-37 信令网有哪几种工作方式？

4-38 信令网由哪几部分组成？各部分的功能是什么？

第 5 章

C&C08 程控数字交换机

【本章内容简介】华为 C&C08 程控数字交换机是综合运用交换、计算机网络和光通信技术于一体的开放系统平台。本章主要内容有 C&C08 系统的系统结构、性能特点、技术指标及其组成，详细阐述了 C&C08 交换机的软硬件构成，模块化的层次结构，各模块的功能与连接， BAM 的网络结构、对外接口和业务应用。

【本章重点难点】本章重点掌握 C&C08 交换机的硬件结构及其软件组成，包括中心模块和交换模块的组成，各种类型的交换模块及其作用，难点是 SM 的构成及其作用。

5.1 C&C08 系统概述

自 20 世纪 80 年代以来，通信技术与计算机技术得到了迅猛发展，程控数字电话交换机发展趋于成熟，并逐步取代模拟交换机。为了适应经济建设迅速发展对通信的急切需求，我国先后大量引进了国外大容量局用程控交换机和生产线。发达国家以其先进的技术、雄厚的资金迅速占领了我国大、中城市的电话交换机市场。此种状况如果长期发展下去，将使我国通信网的建设受控于发达国家，处于被动地位。

为了振兴民族通信产业，我国从 20 世纪 80 年代中期开始加快大容量局用程控交换机的研制工作。其中由深圳华为技术有限公司在 20 世纪 90 年代初研制的 C&C08 程控数字交换机，是根据 ITU 和新国标《邮电部电话交换设备总体技术规范书》的要求设计的，适应我国通信网发展需要的国产大型局用程控数字交换机。它集中了世界各国发展程控数字交换机的成功经验，博采众长，不断创新，采用 20 世纪 90 年代的先进技术，在交换网、全分散控制技术、光电交换技术和软件工程设计等方面取得了重大的突破性进展的基础上，成功研制出的一种达到 20 世纪 90 年代国际先进水平的程控数字交换机系统。

C&C08 交换机为国产大容量程控数字交换机。它是综合运用交换、计算机网络和光通信技术于一体的开放系统平台，C&C08 在标准一万门配置（10240 用户/1260 中继）时的 BHCA（忙时试呼次数）值可达 110 万次。

C&C08 交换机采用先进的软、硬件技术，具有丰富的业务提供能力和灵活的组网能力，不仅适用于 PSTN 网的本地网端局、汇接局、长途局等的建设，也可作为各种专用通信网（如电力、公安、铁路、煤矿、石油）中的各级交换设备，其容量可从 16 线平滑扩容到 120 万线。

5.1.1 系统结构

1. 模块化的层次结构

C&C08 程控数字交换机在硬件上具有模块化的层次结构，其硬件系统分为电路板、功能机框、模块和交换系统 4 个等级，如图 5.1 所示。

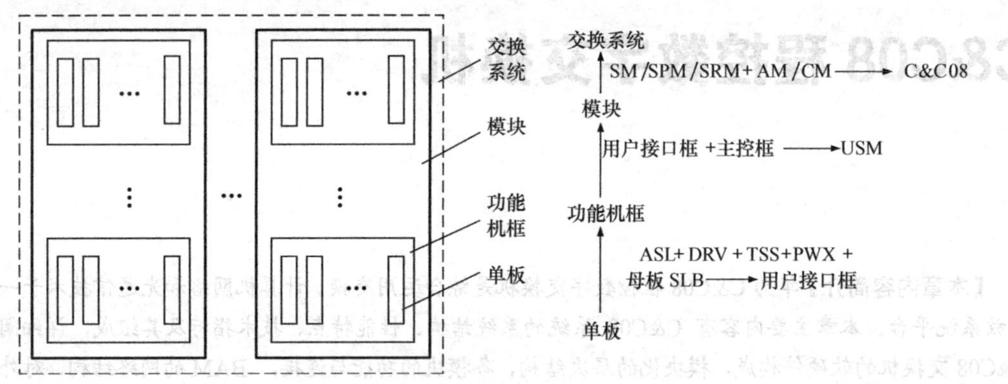

图 5.1 C&C08 交换机模块化的层次结构

（1）机框单元

功能机框就是由各种功能的电路板组成的完成特定功能的机框单元。例如：控制框、接口框、时钟框、用户框、中继框、远端用户接入单元（RSA）框等。每个机框可容纳 26 个标准槽位，槽位编号为 0～25。

（2）机架

机架就是由不同功能的机框单元组合在一起构成的。中心模块（含 AM/CM、SPM、SRM 等）的一个机架包含 4 个机框，SM 模块的一个机架包含 6 个机框。机框编号从 0 开始，由下向上、由近向远，在同一模块内统一编号。

（3）模块

模块是由多个机架构成的，不同的机架构成不同类别的模块。例如，中心模块满配置包含 9（3～9）个机架，SM 模块由 1～8 个机架构成。各模块可以独立实现特定功能。

（4）交换系统

交换系统就是由不同的模块（AM/CM、SPM、SRM、SM）按需要组合在一起构成的。交换系统具有丰富功能和接口。

这种模块化的结构便于系统的安装、扩容和增加新设备，易于实现新功能。通过更换功能单板，可灵活适应不同信令系统的要求，处理多种网上协议；通过增加功能机框、功能模块，可方便地引入新功能、新技术，扩展系统应用领域。

2. C&C08 系统构成

C&C08 程控数字交换系统由一个中心模块和多个交换模块（SM）组成，中心模块由管理通信模块（AM/CM）、业务处理模块（SPM）和共享资源模块（SRM）组成，如图 5.2 所示。其中后管理模块（BAM）是属于 AM/CM 中的一个模块。

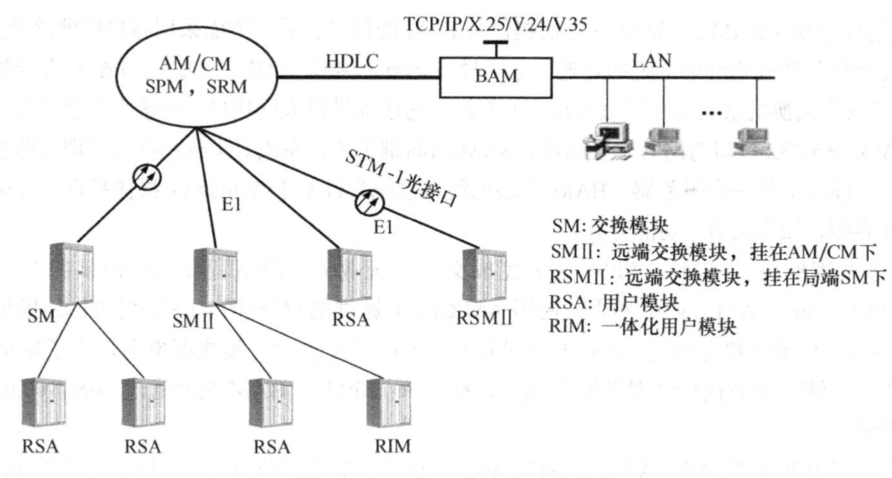

图 5.2 C&C08 系统的总体结构

【小提示】 CM—Communication Module，通信模块；SM—Switching Module，交换模块；BAM—Back Administration Module，后管理模块；SPM—Service Processing Module，业务处理模块；SRM—Shared Resource Module，共享资源模块。

为便于对多个模块进行管理，需对所有模块全局统一编号。中心模块固定编为 0，SM 和 SPM 在 1 至 160 内统一编号；SM 做单模块局时，固定编号为 1。

（1）中心模块

中心模块主要由管理通信模块（AM/CM）、业务处理模块（SPM）和共享资源模块（SRM）组成。

① 管理通信模块（AM/CM）。AM/CM 内部采用了分布式、模块化体系结构，实现了交换、控制和业务的分离，以及话路交换网和信令交换网之间的分离。AM/CM 主要由中心交换网络（CNET）、通信控制模块（CCM）、中央处理模块（CPM）、业务线路接口模块（LIM）、时钟模块（CKM）和后管理模块（BAM）构成。

- 中心交换网络（CNET）：CNET 完成业务交换功能，其容量可根据实际情况以 16K 时隙为单位叠加配置，最大可达 128K × 128K 时隙交换。
- 通信控制模块（CCM）：CCM 主要完成 AM/CM 内部各模块间以及 SM 模块间通信控制消息的传送和交换，是交换系统内部的通信枢纽。
- 中央处理模块（CPM）：CPM 负责与 BAM 通信，备份 BAM 话单，管理 AM/CM 单板状态及全局用户、中继资源，并对周围环境变量进行监控。
- 线路接口模块（LIM）：LIM 主要完成业务数据与通信信令数据的复合/分解及系统传输线路驱动接口功能，使 AM/CM 与各种网络设备相连。LIM 还提供到 SPM 和 SRM 间的话路和信令接口，使 SPM 和 SRM 能够嵌入 AM/CM 中。它提供丰富的线路接口，支持远端多模块组网和局间中继互连。由于大量采用光器件和 ASIC 芯片，因而具有高集成度和低功耗等显著优点。

LIM 还具有数据格式转换功能，通过 IP 转发模块，把从 IP 网络传来的数据包转换为时分多路复用（TDM）格式信息，送到中心交换网络（CNET）进行交换，完成普通电话用户与分组用户间的通信。在相反方向上，将 TDM 语音转换为 IP 包送往 IP 城域网。同时 LIM 具有回声抑制功能，支持 ECP、ECS 和 ECI 3 种回声抵消板，有效地减小语音业务中的回声。

- 时钟模块（CKM）：CKM 主要提供基准时钟源。基准时钟源是用来同步上级局的基准时钟信号，这些信号包括：32MHz、8MHz、2MHz、1MHz、8kHz、4kHz 等，是由中心模块中的时钟框提供的。

- 后管理模块（BAM）：BAM 一方面提供与 FAM 的接口，另一方面采用客户机/服务器（C/S）方式实现交换机与开放式网络系统的互连，它通过 Ethernet 接口/HDLC 链路与 FAM 直接相连，是 C&C08 程控数字交换机系统与计算机网相连的枢纽。它还提供以太网接口，可接入大量工作站，并且提供 V.24/V.35/RS-232 接口与网管中心相连。BAM 面向维护者，完成对主机系统的管理与监控，也称终端系统，它硬件上是一台服务器。BAM 上装的终端系统软件基于 Windows 操作平台，是全中文多窗口的操作界面，操作灵活，功能完善。

② 业务处理模块（SPM）。SPM 主要完成交换系统业务处理流程和信令协议的处理，它是 C&C08 的核心，嵌在 AM/CM 机架中，使用 AM/CM 上提供的对外接口（SDH、E1），提供 SM 的几乎所有接口（模拟中继除外），单模块处理能力与 SM 相比更大，集成度更高。为了保证在处理大量业务时，能够将业务执行情况及时准确地反映出来，SPM 与 BAM 之间通过 10M/100M TCP/IP 网口直接相连。

SPM 作为媒体网关控制器（MGC），处理 MGCP 协议，完成对分组用户的控制及呼叫处理。

③ 共享资源模块（SRM）。SRM 提供 SPM 在处理业务过程中所必需的各种资源，包括信号音、双音收号器、多频互控收发器（MFC）、会议电话、主叫号码显示等资源，这些资源并不固定从属于某一个 SPM，而是全局所有 SPM 共享的。

（2）交换模块

交换模块（SM）是 C&C08 的核心，提供分散数据库管理、呼叫处理、维护操作等各种功能。SM 是具有独立交换功能的模块，可实现模块内用户呼叫接续及交换的全部功能，可以单模块成局，此时不需要 AM/CM，但要接 BAM。SM 还可挂接在 AM/CM 下，组成多模块局，由 AM/CM 中的中心交换网（CNET）配合完成 SM 间的交换功能，AM/CM 最多可以下挂 128 个负荷分担的 SM 模块。交换模块（SM）提供各种接口（用户线接口、中继线接口），并负责同模块内来自各种接口的呼叫接续。

SM 按照接口单元的不同，可分为用户交换模块（USM）、中继交换模块（TSM）和用户中继交换模块（UTM）。USM 只提供用户线接口；TSM 只提供中继线接口；UTM 既提供用户线接口，又提供中继线接口。在小容量情况下，TSM 和 UTM 可单模块独立成局。

SM 按照与 AM/CM 距离的不同，又可分为本地（近端、局端）交换模块和远端交换模块（Remote Switching Module,RSM），远端交换模块（RSM）可装于距局端 50km 的地方。对于一些用户数较少的社区，安装 RSM 比新建交换局更经济。局端 SM 与 AM/CM 位于同一处，作为远端模块留在母局内的部分，可以为一个或多个远端模块（RSMⅡ、RSA、RSU）提供远端接口。

【小提示】 这里介绍的 SM 是华为公司在原 A 型模块和 C 型模块基础上开发出的 B 型模块，也称为 BSM。

（3）用户模块

C&C08 程控数字交换机提供远端用户模块（RSA）、远端用户处理板（RSP）和远端一体化模块（RIM）3 种远端用户模块，可帮助电信运营商快速、灵活、便捷地完成用户覆盖和建网布点工作，降低管理维护成本。

① 远端用户模块（RSA）和远端用户处理板（RSP）的区别。

a. 远端用户模块（RSA）具有收号功能；远端用户处理板（RSP）无收号功能，它利用业务处理模块（SPM）或交换模块（SM）的收号资源。

b. 远端用户处理板（RSP）框一般在远端或母局都有应用。用于母局时，主要用于拨测或实现少量用户直接接入 AM/CM；远端一体化模块（RIM）和远端用户模块（RSA）一般多用于用户远端接入。

c. 远端用户处理板（RSP）可根据用户需要配置 2、4、8 条 E1，收敛比较灵活。

② 远端一体化模块（RIM）。

远端一体化模块（RIM）是 C&C08 程控数字交换系统的一体化模块，兼容远端用户处理板（RSP）的所有功能，并包含若干种容量、尺寸不同的型号，其特点是在一个机框中包括了用户框、传输框、配线架、蓄电池、一次电源、环境监控等配套设备。可以根据实际的需求选用标准传输、混合传输和母局的综合交换平台相连，帮助电信运营商快速、灵活、便捷地完成用户覆盖和建网布点等工作。

RIM 中各种设备的维护、管理和操作都可在母局和网管中心完成，实现一体化的管理。RIM 可广泛应用在不具备机房条件和环境恶劣的地点，业务开展速度快，施工周期短、占地面积少、安全可靠，具有防雨、防尘、防冷、抗热等很强的环境适应性，同时还具有强大的环境监控能力。

（4）C&C08 远端模块种类

① 远端交换模块（RSM）。RSM 的容量与 SM 相同（32 线～9728 线）。5000 线配置：4560ASL/480DT；7000 线配置：6688ASL/600DT；采用光接口直接拉远，可无中继传输 50km。

② 远端交换模块 II（SM II）。SM II 2000 线配置：2048ASL/240DT（内部）；6000 线配置：5472ASL/480DT（内部）；8000 线配置：8512ASL/960DT（内部）。采用 2M 接口接到 AM/CM 的 E16 板上，利用标准传输系统连接。

③ 远端用户模块和远端一体化模块（RSA/RIM）。RSA/RIM 板和用户板同框时，容量为 256ASL～1024ASL；RSA 板单独成框时，容量为：304ASL～1216ASL。采用 2M 接口连接到 SM/RSM/SMII/RSMII，利用标准传输系统连接。

3. AM/CM 和 SM 之间的接口

（1）AM/CM 和 SM 之间的接口

AM/CM 和 SM 之间的接口包括 40Mbit/s 光纤、SDH 接口、E1 接口 3 种。近端交换模块（SM）与 AM/CM 间通常采用 2 对主备用或负荷分担的 40Mbit/s 光纤连接；远端交换模块（RSM）与 AM/CM 可采用 2 对主备用或负荷分担的 40Mbit/s 光纤、SDH 光传输网或多条 E1 连接。

【小提示】 AM/CM 和 SM 之间 40Mbit/s 光纤的资源分配：32Mbit/s…传话路（16 条 2Mbit/s…16 × 32Ts = 512Ts，作为语音通道）；2Mbit/s…传信令（模块间通信信息）；2Mbit/s…传同步；4Mbit/s…作检错、纠错开销。

（2）40Mbit/s 光纤、SDH、E1 三种接口的应用

如果采用 40Mbit/s 光纤连接，可以将远端交换模块（RSM）放置到距母局 50km 以内的地方。但因为 40Mbit/s 的光纤传输是非标准的，所以这种连接方式不能利用当地现有的传输资源（SDH、E1）。那么，为了利用当地现有的传输资源，C&C08 机引入了 SDH 接口和 E1 接口来实现 RSM 与局端的通信。

通过 SDH、E1 连接的 RSM 称为 SMII 或 RSMII，它们的区别是：SMII 挂在 AM/CM 下，RSMII 挂在 SM 下（SM 挂在 AM/CM 下），RSMII 比 SMII 多了一级 SM 的连接。

4. C&C08 交换的组网方式

C&C08 程控数字交换系统采用了模块化设计，SM 以积木堆砌方式与 AM/CM 相连，AM/CM 和 SM 配合就是传统的组网方式，最大可提供 120 万用户，作为大容量端局使用；AM/CM 和 SPM、SRM 配合，可以组成 SPM 组网方式，最大可提供 12 万中继，作为网间接口局、大容量汇接局、长途交换局等使用，同时可以采用 SPM-LAPRSA 方式接入远端用户，满足大容量用户模块的需求。

5.1.2 C&C08 的终端系统

1. BAM 的网络结构

C&C08 程控数字数字交换机的后管理模块（BAM）采用了客户机/服务器（C/S）的方案，提供了系统的全开放式接口，以局域网（LAN）的方式向外延伸，做到多机并行工作，满足多点维护要求。BAM 的网络结构如图 5.3 所示。

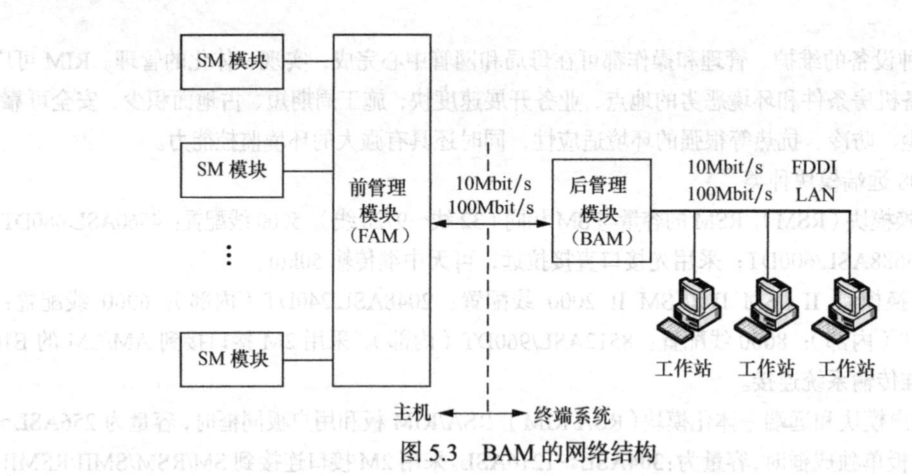

图 5.3 BAM 的网络结构

2. 客户机/服务器（C/S）方案

随着计算机工业的发展，客户机/服务器（C/S）已经成为商业领域和局域网的标准。所谓客户机/服务器，就是存在一个中央计算机，也就是服务器，而众多用户的计算机形成客户机，且具有一定的信息处理能力。客户机/服务器系统把信息处理能力分散给各个用户，不是保留在中央计算机上；服务器存储着公用的重要的信息，可以对信息的管理和安全性进行严格的控制。客户通过自已的前台即应用程序向服务器申请对信息的使用，而对信息的处理过程在服务器端进行，最后客户将处理完的信息存储在服务器上，使得其他客户能够使用。

在 C&C08 中，后管理模块（BAM）就是服务器，工作站（WS）就是客户机。BAM 上存储有局数据、话单、告警、话务统计结果等公用的数据信息；工作站（WS）可以对这些信息进行调用、显示和发布处理命令，修改后的结果仍存放在 BAM 上。

华为 C&C08 交换机 BAM 采用 100Mbit/s FDDI 或 10Mbit/s LAN，通过开放网络接口，连接各种维护操作终端，完成维护、测量、统计、数据设定、计费及其他管理功能。采用内置式 BAM 结构，可配置光盘、双容错硬盘、磁带机等，保证计费数据、交换程序和局数据的完整性、安全性，支持 V.24/V.35/X.25 接口。

（1）局域网（LAN）

基于局域网的终端系统提供高达 10Mbit/s～100Mbit/s 的数据通信带宽；网络文件服务器保证数据高可靠性、安全性；提供基于 LAN 的开放分布式数据库，可与第三方设备和系统的各种数据互通；可作为三级网管中心、计费中心并可通过 X.25 数据网与上级网管中心相通。

（2）终端

C&C08 的终端操作平台基于 Windows，采用先进的全中文多窗口界面，具有完善的话务统计、计费、数据管理、维护、测试等功能。

（3）接口

后管理模块（BAM）与用户维护终端之间有多种接口，如 LAN、FDDI（Fiber Distributed Data Interface，光纤分布式数据接口）、V.24、V.25 等。

（4）数据库

C&C08 采用分布式数据库，吸取了面向对象的软件设计思想，采用 C++和面向对象的数据库语言，提供第四代结构查找语言（SQL），大大提高了查询速度。

5.1.3 C&C08 交换机的性能特点

C&C08 程控数字交换系统是综合运用交换、光通信和计算机网络技术于一体的开放系统平台，具有光电一体化、交换传输一体化、有线无线接入一体化、窄带宽带一体化、基本业务和智能业务一体化、网络管理一体化等特点。全方位地为广大电信用户提供在公众电信网、专用通信网、智能网（IN）、综合业务数字网（ISDN）等方面的服务。

1. 模块化设计

C&C08 采用模块化的结构设计，整个交换系统由一个管理/通信模块（AM/CM）和多个交换模块（SM）组成。各交换模块（SM）以积木堆砌的方式通过光纤链路（OFL）接口或 E1 接口与 AM/CM 相连，彼此独立，互不影响。AM/CM 完成模块间的通信，具有分布式交换网络，可构成大容量交换系统，整个系统的容量从 32 线平滑扩容到 120 万线。

用户/中继混装独立局 4 机架：9728ASL + 720DT；纯用户模块局 4 机架：9728ASL；用户/中继混装模块局：3 机架 6688ASL + 600DT；纯中继独立局：单机架 2640DT；纯中继模块局：单机架 1440DT。

C&C08 交换系统的配置十分灵活，中继线接口与用户线接口可以等效对换，每减少 304 个模拟用户线，可增加 60 路数字中继（DT）。数字用户板（DSL）与模拟用户板（ASL）槽位兼容，数字用户板可提供 8 路 2B + D 接口，模拟用户板可提供 16 路用户端口。数字中继板（DTM）与不同的协议处理板（LAP）配合可分别实现 30B + D 接口、V5.2 接口和分组处理接口（PHI）。

对于小规模扩容，不必增加交换模块时，只需增加用户框，接入预留的节点通信线和交换网母线（HW）线即可；若需增加新的交换模块，该交换模块可单独装配，不影响其他交换模块，只需在管理/通信模块（AM/CM）中增加一对光接口板及其光纤链路与之相连接即可。C&C08 的平滑扩容，可由 AM/CM 和多达 128 个 SM 模块可构成 80 万的 C&C08 系统，如图 5.4 所示。

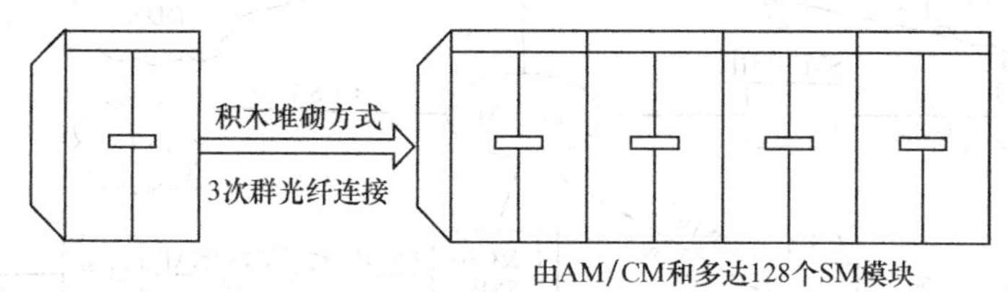

图 5.4 C&C08 的平滑扩容示意图

2. 灵活的组网

C&C08 程控数字交换系统能够满足从公共电话交换网、专用通信网向综合业务数字网过渡，发展多媒体业务、智能网业务及宽带业务的要求。C&C08 程控数字交换机适用于公共电话交换网（PSTN）的长话局、长市合一局、长市农合一局、汇接局、端局，也可以作为各种专用通信网（如电力、铁路、石油、煤矿、军事、公安）中的交换设备，如图 5.5 所示。

C&C08 具有各种数字与模拟接口，支持 E1/T1 接口。在相同硬件基础上，仅需软件设置，即可支持No.7信令、V5.2、R2等多种信令协议。C&C08中国1号信令板与No.7信令板槽位兼容，24位、14位No.7信令点编码自动识别。

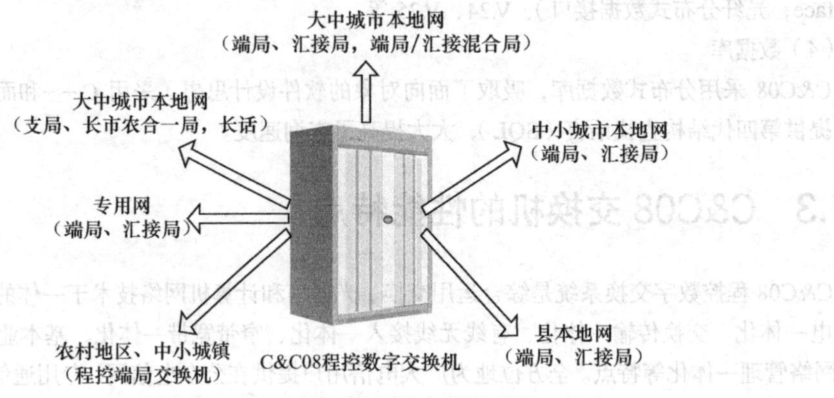

图5.5　C&C08灵活的配置方式示意图

随着通信网的数字化和计算机的普及，C&C08程控数字交换系统提供BRI（2B＋D）、PRI（30B＋D）、V5.2、PHI接口；具有ISDN功能，支持TCP/IP、X.25、X.75等协议，可接入数据网（例如Internet、PSPDN、ATM等）、多媒体通信网、用户接入网；具有语音/数据/图像等综合业务功能，可实现数据通信、会议电视、多媒体通信、CATV、VOD、远程医疗、远程教学等窄带与宽带业务。

C&C08程控数字交换机一般有3种配置方式：大中容量交换机、小型独立局、各种远端模块。其中大中容量交换机方式适用于大中城市的市话端局、汇接局、长途局、接口局等；小型独立局方式适用于中小城市和农村地区的程控端局；各种远端模块方式适用于用户比较分散的地区组网。

C&C08大容量模块化交换机，其通过两对光纤与AM/CM连接的SM可以和AM/CM装在同一机房，作为集中的大容量局；也可根据本地网情况，将用户交换模块（USM）装在与AM/CM相距50km范围内的任何地方，这种模块被称为远端交换模块（RSM）。如图5.6所示，C&C08可提供多种形式的远端模块，除RSM外，还有RSMII、SMII、远端用户模块（RSA）。

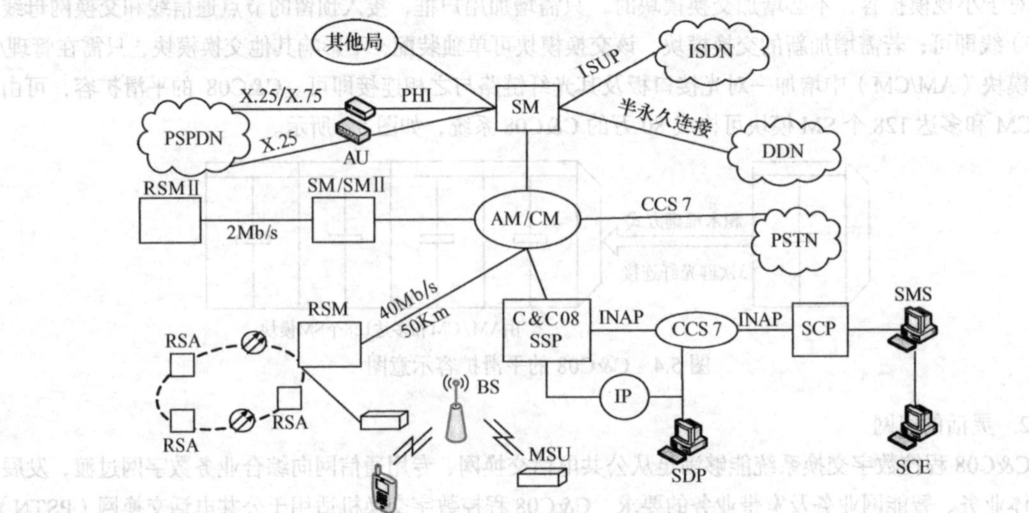

图5.6　C&C08一体化网络平台组网示例

（1）远端交换模块（RSM）

RSM通过光纤与母局AM/CM连接，SDH光传输设备已集成在模块内部，省去了光端机。突破了传输与交换分离的概念，将传输设备与交换设备融为一体，提高系统性能并降低了设备成本和维护费用，具有较高的性能价格比。

（2）远端交换模块 II（RSMII）

RSMII 是利用标准的 2Mbit/s 接口与母局 SM（TSM、UTM）相连接，其间采用内部协议。这种方式的优点是：可利用现有的传输系统；方便本地网建设，适于撤点并网。

SMII 可看作是 RSMII 的改进型，SMII 直接采用 2Mbit/s 接口与 AM/CM 连接，中间不经过 TSM 或 UTM。采用这种方式组网的优点是：简化了网络结构，减少了呼叫时延，提高了系统可靠性，大大节省了成本。

远端用户模块（RSA）是利用 ISDN 30B + D 技术构成的小容量远端用户模块，304 用户（一个用户框满配置为 304 个模拟用户）共用两条 PCM 链路构成一个远端模块，且这 2 条 PCM 链路具有互助的功能，其中 PCM 数据流中的 16 时隙采用 LAPD 方式传送接续信号。RSA 可以通过 PCM 系统和光传输系统远距离接入，还可以采用 HDSL 高速数字用户线技术用两对电话线远距离接入。RSA 作为接入设备不具备独立交换能力，但具有可变收敛比的集线功能，交换、维护和计费集中在与之相连的 USM、UTM 或 RSM 中进行。

3. 具有无线本地环路

C&C08 提供多种无线接入系统：跨段双工无线集群系统 ETS450/150、同段双工无线集群系统 ETS450，两者都是基于大区制的无线集群系统，覆盖 20～60km，适用于中小城市及远郊和乡村通信。

C&C08 还提供 800MHz 多功能集群通信指挥调度电话系统 ETS800 和基于 DECT（欧洲数字无绳电话系统）技术的数字蜂窝系统 ETS1900。C&C08 无线接入系统是实现个人通信的有效手段，如图 5.7 所示。

数字微蜂窝系统 DECT1900，覆盖 0.2～0.5km，适用于大中城市用户密集区或商业区。有线用户和无线用户可以混装，实现等位拨号，功能等同。

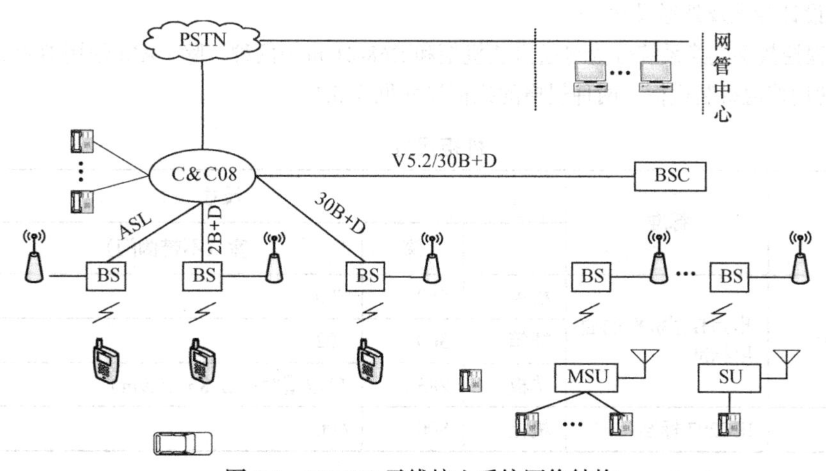

图 5.7　C&C08 无线接入系统网络结构

4. 高处理能力

在 C&C08 中，单个交换模块（SM）的最大忙时试呼次数（BHCA）值达 200K，实测为 171K（其中 CPU 占用率为 52%），整个系统的 BHCA 值达 6000K，支持话务量达 100K 爱尔兰。

提供 CPU 过载控制。根据新国标的要求，过载限制分四级，每级限制 25%的用户，恢复也按四级相应恢复。进入过载及拥塞时，会产生过载或拥塞的紧急告警，恢复正常后，会有告警恢复的事件告警。

C&C08 号码存储能力达到 24 位，号码分析能力达到 16 位。主叫用户号码是否带区号可以根据目的码由人机指令设置（缺省为不带区号）。

5. 可靠性设计

为了提高系统的可靠性，C&C08 程控数字交换机在硬件/软件设计和系统负荷控制等诸多方面采取了大量的措施，如分布式控制、多处理机冗余技术、软件容错设计、系统负荷分级控制等，根据业界通用做法，采用可靠性预计方法估计，C&C08 的平均无故障运行时间（MTBF）达到 7995 小时（3331 天），系统年平均中断时间为 3.285 分钟。主要措施有：

- 重要部件采用单板级热备份的结构，保证系统的可靠性；
- 采用多处理机多冗余技术，进一步提高了系统的可靠性；
- 分布式处理；
- 互助的工作方式；
- 采用 Flash Memory 器件，永久保存程序和静态数据，恢复小于 3 分钟；
- 单板采用 ASIC 技术，减少系统复杂度，提高器件的稳定性；
- 面向对象的软件设计方法；
- 完善的单板测试功能，支持单板在线测试；

6. 功耗特性

C&C08 采用了超大规模集成电路技术，多 CPU 集成的技术，用户电路中采用了智能化的供电技术，增加可控智能调节器，使每个用户电路功耗只有 0.35W，且内发热只有 0.03W。

5.1.4 C&C08 交换机的技术指标

1. 结构设计标准及外形尺寸

C&C08 程控数字交换系统分为普通拼装机柜和 B68-21 机柜两种。除 BAM 使用 B68-21 机柜外，其余部件均使用普通拼装机柜。两种规格的机柜尺寸见表 5.1。

表 5.1 机柜尺寸

分类	标准	尺寸			
			深	宽（不带侧门）	高
普通拼装机柜	华为 B 型机柜的通用标准	机柜	550	800	2100
		插箱	300	702	280
		单板	283.2	单位槽距：22.86（0.9in）	233.4
B68-21 机柜	IEC297 标准	机柜	800	600	2100

其中，高度包含顶盖高度，不含底座或支脚的高度。

2. 环境条件指标

① 环境温度：在 5～40℃环境中可长期工作；在 0～5℃，40～45℃环境中可短期工作。

② 相对湿度：在 20%～80%环境中可长期工作；在 10%～20%，80%～90%环境中可短期工作。

③ 气压环境：86～105kPa。短期工作条件是指连续不超过 48h 和每年不超过 15 天。

④ 直流电源：额定电源为−48V，电压波动范围：−40～−57V

⑤ 杂音电压：

- 0～300Hz≤400mV 峰-峰值；
- 300～3400Hz≤2mV 杂音计衡重杂音；
- 3.4～150kHz 单频≤5mV 有效值；
- 150～200kHz 单频≤3mV 有效值；
- 200～500kHz 单频≤2mV 有效值；
- 500kHz～30MHz 单频≤1mV 有效值。

⑥ 交流电源：交流电（三相四线）380（1 ± 10%）V，频率为 50（1 ± 5%）Hz，线电压波形畸变率小于 5%。

3. 产品功耗及电磁特性

① 功耗特性。C&C08 程控数字交换系统的用户电路采用了智能化的供电技术，增加了可控智能调节器，使每个用户电路功耗只有 0.35W，且内发热只有 0.03W。系统最小配置（带 2 个 B 模块）时，功耗小于 450W；满配置时，功耗小于 10kW。

② 电磁特性。系统设计时，机架采用屏蔽技术，机框采用屏蔽机框，单板设计满足《电磁兼容性实验和测量技术》标准。结构设计充分考虑了电磁兼容性（EMC）系统的电磁特性符合以下标准：

- GB9254-88《信息技术设备的无线电干扰极限值和测量方法》；
- IEC1000-4《电磁兼容性实验和测量技术》；
- IEC801.4《电力快速瞬变测试标准》；
- IEC555-2《电力线谐波测试标准》；
- ANSI/IEEEC62.41《雷电瞬变测试标准》。

4. 设备处理能力技术指标

① BHCA 值可达 6000K。

② 话务量可达 100K 爱尔兰。

③ 容量

- 用户端口数 80 万；
- 中继端口数 24 万；
- 局向数 65535；
- 话路路由数 65535；
- 最大 No.7 链路数 3072；
- PBX 群数 65535；
- PBX 用户总数 65535；
- Centrex 群数 65535；
- 每模块 Centrex 群数 255；
- 普通话单长度为 118B，智能话单长度为 154B；
- 每个 SM 话单池可存储 30 万张详细话单；SPM 模块话单池可存储 30 万张详细话单。

5. 可靠性指标

① 时钟可靠性：二级时钟长期稳定性为 1×10^{-7}，三级时钟钟长期稳定性为 1×10^{-6}。时钟单板失效率为 11×10^{-6}/小时，时钟板的平均故障时间间隔（MTBF）值 90909 小时，约为 10.38 年，满足时钟可靠性要求。

② 平均无故障时间：MTBF = 337214.86h

③ 平均修复时间：MTTR < 30min

④ 可用度：0.99999852

5.2 C&C08 交换机的接口与业务

5.2.1 C&C08 的接口种类

C&C08 的接口分为：模块间接口、用户终端接口、网间接口、测试维护接口和时钟接口等，现分别介绍如下。

1. 模块间接口

模块间接口分为光接口（40Mbit/s、155M Mbit/s）和电接口（E1）。

（1）光接口

① 采用 40Mbit/s 光接口与 SM 相连。

② STU 板接口（STM-1）。AM/CM 接口框中的 STU 板提供速率为 155Mbit/s 的 SDH 同步接口，STU 板与 SDH 设备直接相连，完成 STM-1 信号的接收和发送，并完成段开销和高阶通道开销的处理、指针解释等 ITU-T G.783 建议中定义的功能。每块 STU 板从 SDH 网上通过 STM-1 接口上下 63 路 E1。一块 STU 板占 2 个槽位的资源，每个 LIM 框最多可接 4 个 STM-1。STU 板可以直接用于连接 SDH 设备，并且对不同的 SDH 设备所使用的两种编号方案（华为方式和朗讯方式）均支持。

③ ATU 板接口。AM/CM 提供的 STM-1 接口的另一种板是 ATU 板，配置 ATU 板时，该接口可以直接用于连接 ATM 网络设备。每块 ATU 板从 ATM 网上通过 STM-1 接口上下 60 路逻辑 E1。一块 ATU 板占 4 个槽位的资源，每个 LIM 框最多可接 4 个 STM-1。

（2）E1 接口

E1 接口是最常用的数字通信接口，C&C08 系统有 3 种 E1 接口。

① 电接口 E16：AM/CM 的接口框（LIM）中的 E16 板，每板可提供 16 路 E1 线路接口，因此取名“E16 板”。该接口提供标准的中继和接入业务。通过嵌入业务处理模块（SPM）和共享资源模块（SRM），AM/CM 就可以作为独立交换机使用。每个 LIM 框最多可提供 256 路 E1 接口。

② AM/CM 的业务处理框（SPM）中的 HN7 板，每板提供 1 路 E1 接口，用于与对端信令点（SP）连接，处理局间七号信令业务。

③ 交换模块（SM）中的数字中继电路板（DTM），每板可提供 2 路 E1 接口，也用于提供标准的中继和接入业务。一个数字中继框有 16 个 DTM 槽位，最多可提供 32 路 E1 接口。

2. 用户接口

（1）模拟用户接口（Z 接口）

① 华为自行开发 SLIC 芯片、CODEC 芯片及控制芯片 SD502 等。

② 用户电路采用智能内控馈电方式、防雷、过压过流保护。

③ 具有 16KC、远距离用户、反极性用户等接口。

④ 采用 SMT 工艺。

（2）数字用户接口（V 接口）

① 基本速率接口 2B + D：3344 个/模块。

② 基群速率接口 30B + D：支持 ISDN-PBX 接入 ISDN 交换网，同样支持电路和分组交换业务。

③ ISDN 话务员接口：通过 2B + D 接口接远程话务台，距离可达 7km。

（3）C&C08 的 ISDN 接口

① 每块 DSL 板提供 8 个 2B + D 端口，接口符合 ITU-T I.430、G.961 标准，每块 PRA 板提供 2

个 30B + D 端口，接口符合 ITU-T I.431 标准。

② 处理 Q.921 网络侧协议。

③ 处理 Q.931 网络侧协议。

④ 数字用户板 DSL 与模拟用户板 ASL 槽位完全兼容，PRA 板与数字中继板 DT 槽位完全兼容。

⑤ 传输技术：回波抵消方法，2B1Q。

3. 网间接口

C&C08 交换机具有各种数字/模拟中继接口、CCS7 信令接口（CCS7 信令 14 位/24 位信令点编码可自动识别和兼容）和中国一号随路信令接口（能与共路信令接口兼容、并存和转换）。

（1）中继接口

中继接口分为数字中继（DT）和模拟中继（AT0、AT2、AT4、MTK、E/M）两大类。

① 环路中继（AT0）

环路中继（AT0）用来接用户小交换机（PBX），从用户小机的角度来看是中继，从局用机的角度来看则相当于一部普通电话机。实现 DOD1（分机用户直接呼出听一次拨号音）或 DOD2（分机用户直接呼出听一次拨号音）及 BID（话务台转接呼入分机）方式。该中继支持反极计费，呼叫进程分析计费及延时计费 3 种计费方式。

每块 AT0 板 16 路，但按 2 块 8 路的 AT0 配置，占用 2 个 AT 的槽位，因此 AT0 板要间隔 1 个槽位插。

② 实线中继（AT2）

实线中继（AT2）能配合不同模拟制式电话局以完成局间信息的连接与传送。实线中继（AT2）采用直流线路信令 DC1、DC8、DC10 及标志方式 9，实现程控市话与纵横市话间、程控市话与纵横长话间、程控市话与纵横长话半自动间的线路信令的发送和接收。

③ 载波中继（AT4）

模拟载波中继接口板（AT4）每板 8 路，是配合长途载波线路完成两电话局间的信息交换。完成四线载波中继线上带内单频脉冲线路信号的发送和接收。实现 DOD1 及 DID（直接呼入分机用户）方式。完成外部模拟信号和交换机内部 PCM 数字信号的转换。

④ E/M 中继接口

E/M 中继接口具有如下特点：

① 各种制式的程控交换机均能支持这种接口；

② 价格便宜、功能强；

③ 配上信号转换器能适应各种信道；

④ 工作在载波方式可直接接入载波设备，实现长途组网。

（2）信令接口

信令接口包含 CCS7、NO.1 和 DSS1（一号数字用户信令系统，是一种将数字用户终端接入 ISDN 交换机的信令）。

（3）分组网接口

通过 PHI 直连、通过 2B + D/30B + D 接入 AU 连接。

（4）数字数据网接口

DIU 提供 4 个数字信号端口（V.24/V.35/V.36/64kbit/s 同向信号）。

（5）接入网接口（V5 接口）

C&C08 遵循 ITU-T 建议规范，为接入网提供了开放性的互连接口：V5.2 接口。V5.2 建立在 E1 基础上，每群最多可达 16 个 E1；V5.2 使用共路信令方式（CCS）传送共路控制信号。每个 E1 中话路具有灵活的通路分配原则，实现用户集线功能。

4. 测试维护接口

C&C08 交换机具有测试总线接口，可以与故障集中受理测试系统或测试设备对接。具有对用户接口、中继接口的测试功能，测试系统可对各种单板，如 NET 网板、DTMF 收号器、MFC 多频收发器、光接口等系统资源和功能单板进行测试，可对用户话机功能、用户线路性能等进行准确测试、故障定位。

5. 时钟接口

可提供二级时钟或三级时钟系统，满足 ITU G.812 和 GB12048-89 的要求。可外接 4 个时钟源，采用主从同步方式，具备 8K、2M、5M、8M、HDB3 等同步时钟输入/输出接口；可通过维护终端对时钟系统进行控制和管理；实现区域内数字设备之间的同步；可选配华为 BITS（Building Integreted Timing System），满足同步网建设要求，过滤传输过程造成的定时损伤，减少局内同步链路，替代各种业务不同的局内同步链路。具有快捕、慢捕、记忆功能。

6. IP 接口

AM/CM 接口框中的 LCC 板提供 6 个快速以太网（FE）接口和一个吉比特以太网（GE）接口与 IP 网相连，用于实现媒体流的互通。SPM 框中的 IFM 板提供两个 FE 口与 IP 网相连，转发 IP 网中的协议和信令。

5.2.2 软件接口

1. V5 接口

C&C08 程控数字交换系统与接入网之间具备标准 V5 接口，同时支持 V5.1 和 V5.2 协议。V5.1 接口支持 2Mbit/s 速率的接入方式（例如，用于无线接入环路等）；V5.2 接口支持 $n \times$ 2Mbit/s（$n = 2 \sim 16$）速率的接入方式。

C&C08 程控数字交换系统 V5 接口的特点是：

（1）标准性、开放性，可与任何具有此接口的接入网设备互连；

（2）可靠性强，V5 协议具有保护规程，同一接口上可有两条主备信令链路；

（3）高信令负载能力，每块协议处理板具有两片微处理器，可同时处理 8 条 HDLC 链路，每条链路可以处理 3000 条话路的话务负荷；

（4）可维护性强，V5 接口可在本地或远端进行维护管理，实时监视 V5 信令和接续过程。

C&C08 程控数字交换系统提供标准的 V5 接口，通过 DTM/E16 板上的 2M 端口，可以与提供标准 V5 接口的 AN 设备相连。V5 协议的处理由 LAP/CPC 板完成，AN 用户的收号功能由 DTR/SRC 板完成。

关于 V5 接口单元的结构如图 5.8 所示。

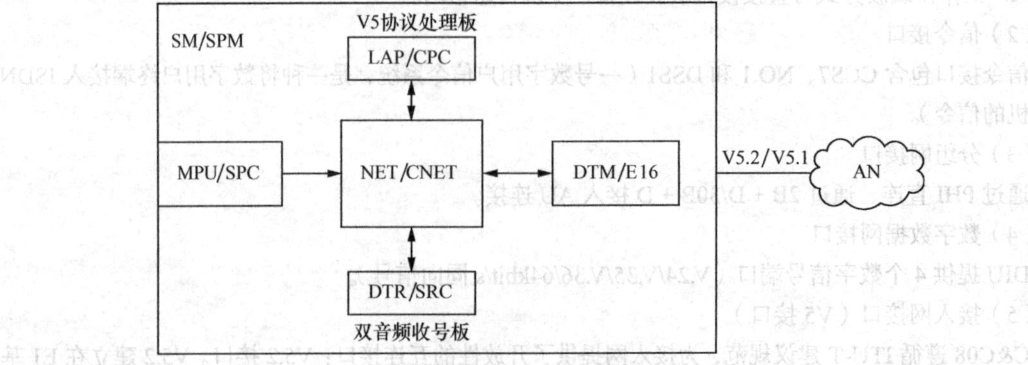

图 5.8 V5 接口单元

2. BRI 接口

基本速率接口（BRI）是窄带 ISDN 的一种标准接口，速率为 144kbit/s，支持 2 条 64kbit/s 的用户通道（B 通道）和 1 条 16kbit/s 的信令通道（D 通道），即 2B + D 接口。

C&C08 程控数字交换系统中实现 2B + D 接入功能的单板为数字用户板（DSL）。DSL 与模拟用户板（ASL）的外部板间接口电气特性相同，因此它插在 ASL 板的位置，可直接与 ASL 对换。DSL 每板提供 8 路 U 接口，实现 8 对双绞线的数字化，U 接口符合 ITU-TG.960 标准。

2B + D 全面支持新国标所规定的各类业务。

3. PRI 接口

基群速率接口（PRI）是窄带 ISDN 的另一种标准接口，又称为一次群速率接口，其速率和 PCM 一次群速率相同（2048kbit/s），支持 30 条 64kbit/s 的用户信道（B 信道）和 1 条 64kbit/s 的信令信道（D 信道），即（30B + D）接口。

C&C08 程控数字交换系统中 30B + D 接口单元主要由接口电路板和协议处理板两部分组成。接口电路板主要完成基群速率接口（PRI）的功能，接口电路板硬件采用了 DTM 板或 E16 板。协议处理器板采用 LAP 和 CPC 板。

（1）PRI 接口的特点

① 可以满足那些有大量通信需求的用户，如装有 PBX 或 LAN 的办公室用户。

② 具有灵活、强大的组网能力，集局用交换机与用户小交换机功能于一身，可以广泛应用于各种专网或邮电网络。

③ PRI 与 ISUP、TUP、一号信令混合组网是 C&C08 程控数字交换系统应用于 ISDN 时的一大特色。

④ 由于其自身的特殊性，在 Internet 接入方面又有其特殊的应用。

（2）PRI 接口在 Internet 接入方面的应用

下面重点介绍一下 PRI 接口在 Internet 接入方面的应用，C&C08 程控数字交换系统在 SM 模块中增加 Internet 接入单元，可以同时处理语音、Internet 接入、IP Phone 等业务。接入单元与 SM/SPM 之间就是采用了 PRI 接口相连。每个接入单元可提供 720 路接入端口。

（3）Internet 接口的特点

C&C08 程控数字交换系统提供的 Internet 接口的特点如下：

① 简化网络结构，提高网络承载能力，便于网络规划；

② 在最靠近用户的端局或接入网实现 Internet 旁路；

③ 发展 Internet 相关业务，提高 Internet 业务的可管理性及服务质量；

④ 通过 IP Phone/Fax 网关、VTOA 技术实现窄带网络与宽带网络的互通。

4. 中国一号信令接口

中国一号信令系统是国际 R2 信令系统的一个子集，是一种双向信令系统，可通过 2 线或 4 线传输。中国一号信令系统在我国的长途网和市话网中都有使用的随路信令系统。C&C08 程控数字交换系统可以提供中国一号信令系统的各种功能。

5. No.7 信令接口

No.7 信令系统是一种国际通用的标准公共信道信令系统。比较适合传递数字电信网中呼叫控制信息及交换机或数据库处理机之间事务处理信息。其主要特点是话路与传送控制信息的信道分离。它改变了以往交换机局间信令靠多频互控传递的随路信令方式，可以在一个或几个公共信道中传递大量的与话路相关、与电路无关的信令信息和其他类型的消息，具有信息传递速度快、功能强、灵活可靠等优点。

C&C08 程控数字交换系统 No.7 信令系统目前可以提供 ITUNo.7 信令系统中各层次功能，包括消息传递部分（MTP）、信令连接控制部分（SCCP）、电话用户部分（TUP）、ISDN 用户部分（ISUP）、事务处理能力应用部分（TCAP）、智能网应用规程（INAP）、操作维护管理部分（OMAP）、移动应用部分（MAP）等多种功能，并且全部通过邮电部有效性测试。

C&C08 No.7 信令系统在满足邮电部颁布的一系列技术规范要求的基础上，同时兼容 ITU-T 的系列建议。能满足铁道部标准、军用标准等专用网的规范。既可在国内网中使用，也可用于国际及其他国家国内的电信网中。

C&C08 程控数字交换系统 No.7 信令系统的特点有：

① 支持直联、准直联工作方式；

② 支持信令转接功能；

③ 支持 24 位信令点编码及 14 位信令点编码；

④ 每个局可分配多个信令点编码；

⑤ 链路负荷分担技术保证负荷尽可能均匀地分担到每一条链路；

⑥ SM 模块和 SPM 模块对 No.7 信令链路采用负荷分担方式进行处理，即 SM 模块可以处理 SPM 模块协议处理板（CPC）传来的 No.7 信令消息，SPM 模块也可以处理 SM 模块 LAP/NO7 板传来的 No.7 信令消息；

⑦ 支持 2M 信令链路。

6. PHI 接口

C&C08 程控数字交换系统提供与分组网 PSPDN 的互通接口 PHI，如图 5.9 所示。

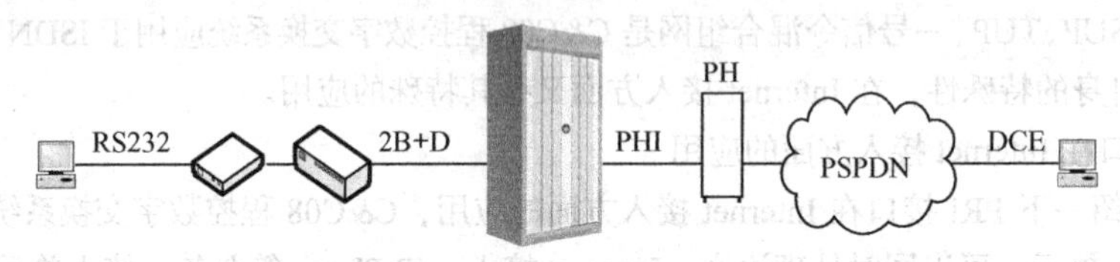

图 5.9　C&C08 程控数字交换系统与 PSPDN 互连

PHI 接口通过数字中继板和协议处理板共同实现。在 SM 模块中，协议处理板 LAP 与 PHI 板（DTM-PHI）共同提供 PHI 接口。在 SPM 模块中，协议处理板（CPC）与 E16 板共同提供 PHI 接口。

5.2.3　C&C08 交换机提供的业务与功能

1. 基本业务

C&C08 程控数字交换系统能提供的基本业务有：本地呼叫，市内、长途、国际自动拨号和自动计费，话务员代答，各类查询，特服呼叫，呼叫移动用户，呼叫寻呼用户等。

2. 多种补充业务功能

能提供缩位拨号、热线服务、呼出限制、免打扰服务、查找恶意呼叫、闹钟服务、截接服务、无应答呼叫前转、无条件呼叫前转、遇忙呼叫前转、缺席用户服务、遇忙回叫、呼叫等待、三方通话、会议电话、主叫号码显示、主叫号码显示限制、话音邮箱等补充业务。此外，还能提供以下功能。

① 单叫多显功能：即有呼入时，同组所有空闲话机振铃，任一用户摘机即可应答，其余话机停止振铃。此功能仅在模块内使用。

② 支持国标新话单格式、第三方计费和 UUS 计费。

③ 支持测量台。

④ 支持话务台代办长途功能。

⑤ 支持新国标要求的话务员回振铃再振铃功能。

⑥ 长途局长途疏忙：用户正在接听电话，如果有第三方长途打进，可听到话筒中的提示“现在长途来话 A”。该业务能有效提高网络率，从而可提升网络服务质量。

⑦ 改号通知音：能查到被叫已改号后的被叫号码，并发出“您拨打的电话已改为 B”的通知音，能很好地解决网络运营中随时都可能出现的用户改号问题，提升网络服务质量。

3. 新市话业务

C&C08 新市话是基于 ISDN 技术、IN 技术、光通信技术，以及计算机技术来满足用户对语音、数据、图像通信的需要，从技术上解决电信网、计算机网、CATV 有线电视网三网合一的综合业务网络。

新市话通过覆盖网的方式叠加在 PSTN 上，可充分利用原有网络资源，不需大规模改造现有的网络。商业用户分布较分散，且许多新市话业务需跨区域实现。C&C08 新市话以 C&C08 程控数字交换机为节点，充分发挥其多级远端模块组网的优势，AM/CM 与各 SM 之间通过高速光纤连接，采用 RSM、RSA 等多种远端模块，根据网络形式组成链状、环状或树状等多种网络结构，便于覆盖大、中城市的大部分市话商业用户。

C&C08 丰富的信令和接口，使得新市话能方便、灵活地与其他网络互连、互通，以 No.7 信令电话用户部分与 PSTN 互通，以 No.7 信令 ISDN 用户部分与 ISDN 节点机互通，以 PHI 接口与 PSPDN 互通，以智能网应用部分 INAP 协议与 IN 互连，以 V5.1 接口接入无线设备，V5.2 以 30B + D 接口接入 ISDN 用户交换机或 Internet，以 2B + D 接口接入 ISDN 用户等，综合实现有线/无线、固定/移动、窄带/宽带的语音、数据、图像等业务。

C&C08 新市话能够提供多种业务功能，如 Centrex 业务、ISDN 业务、IN 业务、公司卡业务、主叫号码显示以及号码流动业务等。

4. 实用化 CENTREX 业务

可提供面向酒店、商业大厦、医院、学校政府机关、金融证券等集团用户的行业化解决方案。该业务不仅具有 PBX 的全部功能，而且还可提供上百种特殊新业务新功能，如：跨局 Centrex、AOCE（通话结束话费显示）、密码计费、按时间段限制呼叫、超级免打扰、异地设置新业务、汇接式会议电话、CID-II、商业网语音邮箱、酒店功能等，满足商业用户和集团用户对通信的多层次需求。

（1）C&C08 实用化 CENTREX 业务的主要特点

① 加强大客户个性化、行业解决方案。

② 功能全面的话务台满足大客房立即计费、自助管理通信业务的需要。

③ 技术成熟，1996 年开始在广东商业网上提供立即计费等 CENTREX 业务，每秒可出 15 张话单。

④ 全局可 100％的 CENTREX 用户、无比例限制，可提供跨局 CENTREX 业务，每个群可由 65535 用户组成。

（2）话务台的主要功能

① 处理呼叫：来去话转接、话务台姓名拨号、电脑话务台等。

② 话机权限控制：话务台上留言灯控制、设置按时间段的电话权限等。

③ 维护功能：话务统计有报表生成、用户内线/外线测试等。

（3）C&C08 实用化 CENTREX 特色业务

① 自动电话权限控制：在话务台上所有、单个、多处电话登记按时间段的电话权限，如白天工作时间允许打入、打出电话，下班时间限制话机长途电话；可自动转话务台、自动免打扰等。

② 密码计费：Centrex 用户可以实现密码计费，费用记到密码上，实现同一电话区别计费。

③ 跨局 CENTREX：可实现企业不同办公地点的话务台共享，内部短号通信，方便企业内部通信及统一形象。

5. ISDN 业务

ISDN 已成为提供语音、数据、图像等综合业务的主要手段之一。C&C08 程控数字交换系统提供 3 种 ISDN 的接口：2B + D 基本速率接口（BRI），30B + D 基群速率接口（PRI）以及分组处理接口（PHI）。

① 2B + D 基本速率接口符合 ITU-T G.960 标准，每块数字用户板（DSL）可提供 8 个端口，板上处理机完成一层和二层的协议，三层协议由 SM/SPM 主处理机完成。

② 30B + D 基群速率接口符合 ITU-T G.703 标准，D 信道通过交换网连接到协议处理器板（LAP/CPC）上完成，通过 SM 模块/SPM 模块处理机下载 PRA 协议处理软件包后即可被激活。

③ 分组处理接口（PHI）设计原理同 30B + D，区别在于下载的协议处理软件包是符合 ETSI300-099 标准的 PHI 协议。

ISDN 支持电路交换及分组交换方式的承载业务，支持 ISDN 的各种补充业务及用户终端业务，可应用于会议电视、实况转播、桌面会议系统、多用户屏幕共享、快速文件传送、局域网的扩展与互连、Internet 接入、G4 传真机、远程诊断以及作为 DDN 专线的备用等领域。

ISDN 的根本任务是向用户提供综合的、广泛的、多种多样的业务。ISDN 业务必须是完整的，能够保证端到端的兼容性，使用标准的业务过程，实现国际和国内范围终端用户之间的高质量通信。

6. 智能商业业务

C&C08 智能商业网采用交换与计算机网络技术、大型数据库相结合的方式，使业务的提供与交换相分离。运营者能根据自身的需要，在业务生成平台上生成、创建自己有特色的业务，不需要对现有的网络做出升级或改变，就能快速向用户提供丰富的业务，并且其体系结构和接口均符合标准智能网规范，不仅解决了用户对新业务不断增长的需求与设备不断增加、升级的矛盾，同时也解决了本地网中业务多样性、特殊性与全网业务的单一性之间的矛盾，保证了全网设备的稳定性和可靠性，是经济、快速提供本地特性业务的理想解决方案。比较典型的智能商业业务，如移机不改号业务（NP）、校园卡（201）业务、记账卡（200、300）业务等，已在全国广泛应用。

C&C08 程控数字交换系统的体系结构为智能网提供了统一的交换平台，其特点是交换与业务分离、全网智能化和面向业务用户，可作为业务交换点 SSP、业务控制点 SCP、业务管理接入点 SMAP、业务生成环境 SCE、业务数据点 SDP，可支持独立的智能外设 IP 如语音邮箱和语音启动拨号设备等。

智能网（IN）提供智能业务，智能业务的“使用者”，包括通信网中的用户以及通信网的营运者，例如取得智能网能力集（IN-CS）对网管的支撑等。IN 将业务逻辑与交换逻辑分离，强化软件功能，并采用共用的业务控制设备和智能外设，使引入新的业务时不必增加硬件投资，又可迅速将新增业务得到广泛的应用，创造良好效益。

C&C08 IN 采用面向业务使用者的设计思想，充分考虑使用者的全方位的需求。C&C08 IN 主要由 SSP、SCP、SMS、SMAP、SCE、IP 等组成。

（1）业务交换点（SSP）

C&C08 程控数字交换系统可兼备 SSP 功能，其软件版本含有呼叫控制功能 CCF 与业务控制功能 SCF，可配合 SCP 完成业务逻辑的执行。支持 IN 能力集 CS-1 的 13 种业务独立构件 SIB 及若干的自定义 SIB。含有专用资源功能 SRF 功能（收号器、通知音、会议桥接电路、语言识别、语言合成、协议转换等），也可外接 IP。提供过渡阶段非 SSP 接入的汇接电路。

（2）业务控制点（SCP）

每个 SCP 可以控制和完成多种业务的提供，应用时，按向使用者开放的业务种类以及每种业务受到使用的负荷，逐一定义 IN 内每一 SCP 具体管辖的业务。C&C08　SCP 采用高性能容错计算机，提供各种业务逻辑处理程序实例（SLPI）的选择、调用和作用管理。具有 No.7 信令和 X.25 接口，分别接至 SSP、IP、SMS 及其他 SCP 等。

（3）业务管理系统（SMS）和业务管理接入点（SMAP）

业务数据管理平台，提供对 SCP、SSP、IP 等的管理，将测试总体业务逻辑（GSL）定义文件，加载至 SCP、SSP，并向 IN 的使用者提供多点远程管理接口。

（4）智能外设（IP）

提供 IN 业务的专用资源，经 INAP/DSS1 接至 SSP，经 INAP 接至 SCP。

（5）业务生成环境（SCE）

基于 UNIX 操作系统的交互式操作平台，提供定义、验证、测试 GSL 的功能。C&C08 IN 可以根据发展和用户的要求随时定义和生成新的业务。

7. 长途平等接入/用户权限细分

为满足国家电信管制规定，推动 PSTN 网改，C&C08 程控数字交换系统提供了长途平等接入功能，以实现用户预置和拨号选择长途运营商的功能。它支持以下特性：

① （ST/V5/DSL/V5DSL/PRA/CON）用户的预置业务属性支持 20 × 32 矩阵，本网呼出权限类别支持 39 类（即 7 + 32，前面 7 个为本局、本地、本地长途、模块间、模块内、CENTREX 群内、CENTREX 出群）；

② （ST/V5/DSL/V5DSL/PRA/CON）用户的话务台控制呼出权限类别支持 39 类；

③ （ST/V5/DSL/V5DSL/PRA/CON）用户支持话务台控制预置业务属性，用一个位域控制话务台是否可以修改预置业务属性；

④ 呼出限制业务的权限支持 39 类（即 7 + 32），后面的 32 个权限类别是针对所有运营商；

⑤ CENTREX 群呼出限制业务的权限支持 39 类（即 7 + 32），后面的 32 个权限类别是针对所有运营商；

⑥ 按时间限制呼出限制业务的权限支持 39 类（即 7 + 32），后面的 32 个权限类别是针对所有运营商；

⑦ 可对运营商、权限的名称进行修改（用户数据表中前面 7 个不支持修改，即本局、本地、本地长途、模块间、模块内、CENTREX 群内、CENTREX 出群），但不支持更改时刷新用户相应的权限，但支持提供从一个指定号段查询预置某个运营商业务和具有某个业务权限的用户；

⑧ 话务台、UI 上支持同步 BAM 上的运营商和权限名称的功能；

⑨ 话务台、UI 界面支持 20 × 32 的用户呼出预置矩阵；

⑩ 支持维护运营商的 CIC（运营商的标识符）号（包括增加、修改、删除、查询、数据校验）；

⑪ 用户有预置和自由选择拨号两种方式；

⑫ 支持用户针对国内长途、国际长途等 32 种业务预置不同的运营商；

⑬ 端局（直接带用户的汇接局）支持对主叫用户的鉴权功能，包括以下几种呼叫模式：

a. 预置用户无拨号选择时的呼叫；

b. 预置用户拨号选择时的呼叫；

c. 未预置用户无拨号选择时的呼叫；

d. 未预置用户拨号选择时的呼叫；

⑭ 主、被叫号码存储能力支持 32 位；

⑮ 主、被叫号码分析能力支持 32 位；

⑯ 号码变换支持 32 位；

⑰ 关口局支持鉴权和黑白名单；

⑱ 主机用 5 个比特表示运营商（最大可表示 31 个），通过简单扩容，可支持 31 × 32 预置业务矩阵。

8. 宽窄带一体化接入

C&C08 程控数字交换系统提供窄带框提供宽带业务的特性，以满足远端少量用户的宽带业务需求。它只需在现有窄带系统上增加一些单板，并利用现有的传输和维护设备就可以把业务开展起来，可大大提高业务的开展速度，节约成本，提高运营商的竞争力。组网示意图如图 5.10 所示。

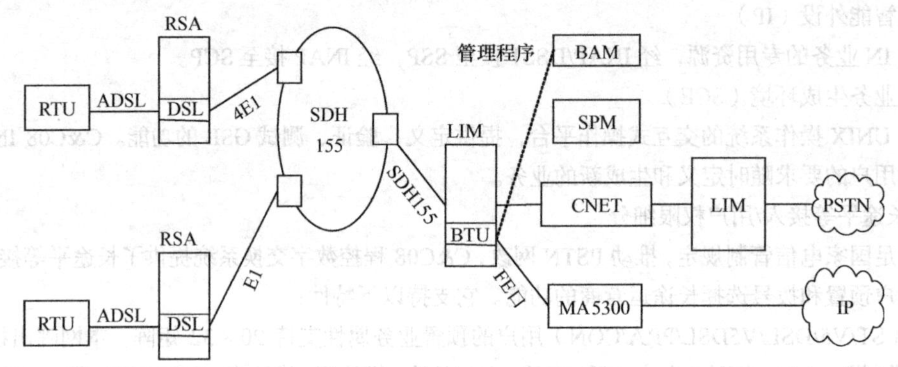

图 5.10　宽窄带一体化组网图

在用户框中通过 BSL 板接入远端的 ADSL 用户，再利用现有 SDH 接入环的剩余带宽把这些宽带用户接入母局的 BTU（宽带传送单元）板。BTU 板对宽带业务做协议处理后转发到 MA5202 等 IP 设备上，实现对宽带业务的接入。

9. 交换机方式的 NP 业务

各地都在逐步考虑开放 NP 业务，而大量的本地网是没有 SSCP 本地智能平台的，由于 NP 用户比例较少，单为 NP 来建设 SSCP 平台不值得。C&C08 程控数字交换系统可利用 ISP 单板直接在交换机上实现 NP 业务，支持 100 万 NP 用户，可以帮助运营商尽快开展本地网业务。NP 业务有以下特点：

① NP 业务提供的号码流动，当用户由于某种原因（位置的移动、营业网的更换）发生改变，对于旧号码的来话，将会自动被转到新号码上。

② 业务用户在需要时，向电信部门申请此种业务，业务用户可以要求业务的有效期限，在有效期限内，电信部门保留用户的原号码，不对外再分配，但在业务失效后，原号码可重新分配。

③ 来电播放改号提示，去话设定主叫号码。

10. 全通达（一号通）业务

一号通业务指用户拨叫一号通号码，要求此一号通用户的固定终端、移动终端同时振铃；同时，可满足不同用户的需求，提供灵活振铃功能，如同时振铃、顺序振铃、仅固定终端振铃、仅移动终端振铃等。

① 多个终端同时振铃，系统给第一个响应的终端进行接续。

② “一号通号码”作被叫时，用户登记的固定电话与手机同时振铃，先摘机者被接通，并停止另外一方的振铃和接续。

③ 灵活振铃（可配置）：系统的多个终端可以设置为同时振铃、顺序振铃、单独振铃，以及每个终端的振铃时间。

④ 一号通登记的两个终端之间可以通话：一号通号码所登记的任意一个终端拨打自身一号通号码，可以接续到另外一个终端。

⑤ 被叫计费：一号通用户作被叫时，如果摘机用户为手机，则应为被叫计费，因此要求系统可以

根据被接续的终端灵活设置计费方式和费率。

⑥ 一号通业务可实现临时转移、遇/忙无应答前转、按时间表转移功能。

5.3 C&C08 的硬件系统结构

C&C08 在硬件上采用模块化的设计思想，整个交换系统由一个管理/通信模块（AM/CM）和多个交换模块（SM）组成，其结构如图 5.11 所示。

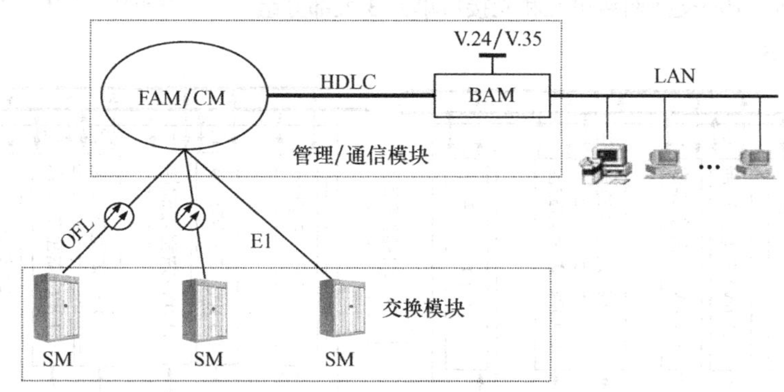

图 5.11　C&C08 硬件体系结构

5.3.1 管理与通信模块（AM/CM）

管理/通信（AM/CM）模块是管理模块（AM）和通信模块（CM）的合称。这是因为 AM 在硬件上几乎与 CM 合为一体，而其管理功能主要通过软件来实现。AM/CM 模块起到中央控制系统的作用。

管理/通信（AM/CM）主要完成核心控制与核心交换功能，是 C&C08 交换机的枢纽部件。此外，管理/通信（AM/CM）还提供交换机主机系统与外部计算机网络的接口，在终端操作维护及管理（OAM）软件的支持下，完成对交换机的操作、管理、计费、告警、网管等功能。

1. AM 模块

AM 由前管理模块（FAM）和后管理模块（BAM）构成。主要负责模块间呼叫的接续管理与控制，并提供交换机主机系统与计算机网络的接口。

（1）前管理模块

前管理模块（FAM）负责整个交换系统模块间呼叫接续的管理与控制，完成模块间信令转发、内部路由选择等功能，并负责处理网管数据传输、话务统计、计费数据收集、告警信息处理等实时性较强的管理任务。FAM 在硬件上与 CM 合在一起，合称为 FAM/CM。FAM（前台）面向用户，提供业务接口，完成交换的实时控制与管理，也称主机系统。

（2）后管理模块

后管理模块（BAM）负责提供交换机主机系统与外部计算机网络的接口，通过安装并运行终端管理软件，完成对交换机的操作、维护、管理、计费、告警、网管等 OAM 功能。BAM 在硬件上为一台工控机或服务器，通过 HDLC 链路与 FAM 相连，通过以太网接口与外部计算机网络相连，是外部计算机网络访问交换机主机系统得通信枢纽。BAM（后台）面向维护者，完成对主机系统的管理与监控，也称终端系统。

2. CM模块

通信模块（CM）主要由中心时分交换网络（CNET）、信令交换网和通信接口组成。主要负责SM模块间话路和信令链路的接续，完成核心交换功能。

综上所述，AM/CM的分层结构如图5.12所示。

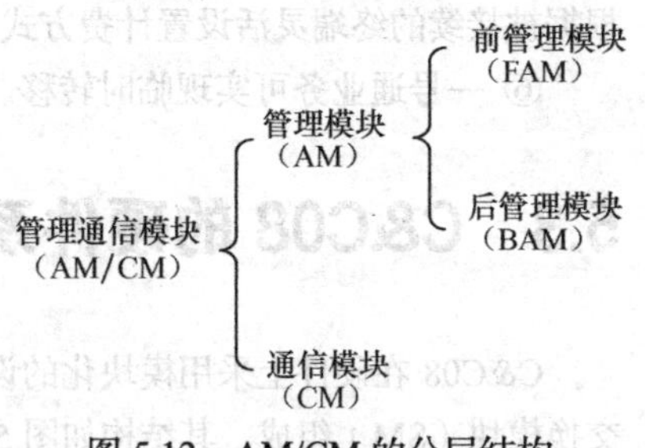

图5.12　AM/CM的分层结构

3. AM/CM的硬件结构

C&C08交换机的管理模块（AM）和通信模块（CM）主要由通信与控制单元、中心交换网络单元和光接口单元3大部分组成，如图5.13所示。

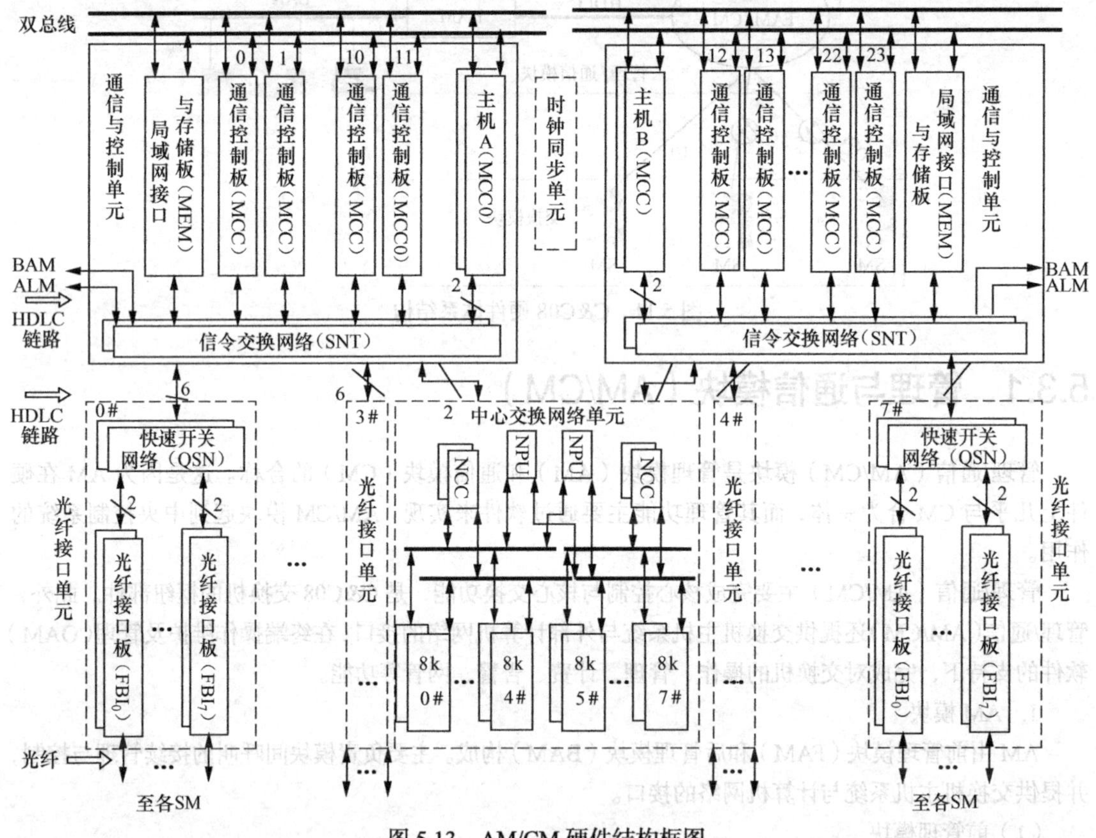

图5.13　AM/CM硬件结构框图

（1）通信与控制单元

通信与控制单元主要由通信控制板（MCC）、信令交换板（SNT）、存储板（MEM）和局域网接口等电路板组成，各电路板都采用双备份配置。

MCC0和MCC1作为AM/CM的主处理机，经信令交换板（SNT）实现对后管理模块（BAM）、时钟同步单元和告警板（ALM）的通信和控制，其余的MCC经信令交换板（SNT）与光纤接口单元配合实现AM/CM与SM之间的通信。

控制线路采用了3种通信方式：

a. 所有的通信控制板（MCC）之间通过邮箱在总线上通信，每个平面的总线为主/备两条。

b. $MCC_{0\sim1}$与ALM、BAM；通信控制板（MCC）与中心交换网络单元；通信控制板（MCC）与各个交换模块（SM）之间经信令交换网（SNT）通过HDLC高速链路连接。由于MCC与各个交换模块之间的连接距离较远，还要通过光纤接口单元由光纤传输。

c. $MCC_{0\sim1}$ 与时钟同步单元，ALM 与警告箱之间则通过 RS422 串口传递信息。

① 模块间的通信。C&C08 交换机各模块间相互通信的数据通路由 AM/CM 中的主机（$MCC_{0\sim1}$）及模块通信板（MCC）和 SM 中的主机（MPU）及模块通信板（MC2）组成。模块间通信的信息主要有：管理数据、呼叫处理信息、维护测试信息、计费和话务统计信息等。

SM 中 MPU 与模块通信板（MC2）的通信和 AM/CM 中 $MCC_{0\sim1}$ 与通信控制板（MCC）的通信均是通过双端口 RAM（邮箱）进行的，而模块通信板（MC2）与通信控制板（MCC）的通信及通信控制板（MCC）间的相互通信均是通过 HDLC 进行的。

通信控制板（MCC）板之间的 HDLC 可通过直接相连实现，而通信板（MC2）与通信控制板（MCC）之间的连接则需要借助光纤及光纤接口板（OPT/OLE、FBI/FLE）。OPT 与 OLE、FBI 与 FLE 的功能相同，只是采用的光器件不同，驱动能力不同。

每个 SM 中有通信板（MC2）板，分别与两块通信控制板（MCC）通信，以增强可靠性。两块通信控制板（MCC）以负荷分担方式工作，分工互助。正常工作时，各承担工作量的一半，若有一条链路故障，另一条链路负担全部工作。

② 信令交换网络。信令交换网络（SNT）用以完成各模块间控制信号和内部信令信息的交换，并为主机向各个模块加载提供通道。信令交换网络（SNT）是各模块信令交换的中心。通过软件配置，信令交换网络（SNT）可以灵活地分配各模块间的通信链路，完成各模块的交叉连接。

信令交换网络（SNT）板的主要功能如下：

a. 完成 2K × 2K 时隙的交换及对网的测试；

b. 完成对 HW 和时钟的驱动；

c. 提供一条与 MCC 板相连的 HDLC 链路。

图 5.14 所示为信令交换网络（SNT）和各个部分的连接示意图。

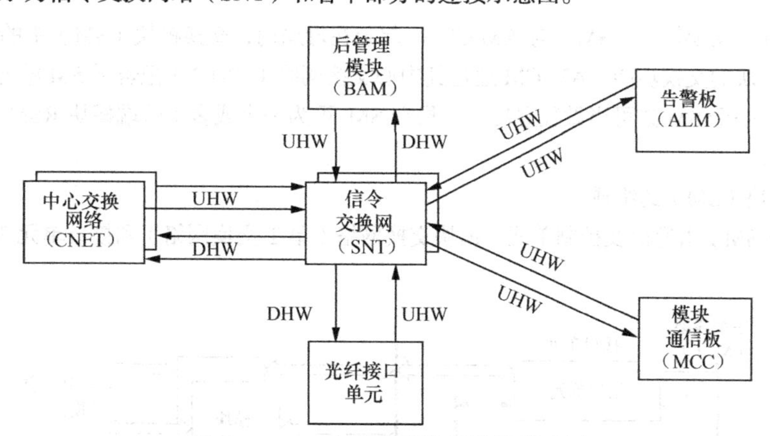

图 5.14 SNT 与各个部分的连接示意图

（2）中心交换网络

中心交换网络单元包括中心交换网络和其控制部分。中心交换网络单元由 8 对 8K 网板组成。每对 8K 网板由主备的两块 8K 网板组成。4 块中心网络单元通信板（NCC）和两块中心网络单元控制板（NPU）控制整个交换网络。NCC 板和两块 NPU 板通过总线与 8K 网板连接。每两块 NCC 板（主备关系）控制 4 块 8K 网板的接续，并对 8 块 8K 网板进行监视和倒换控制。两块 NPU 板与所连接的总线一起构成主备控制关系，完成对整个交换网络的时隙分配。NCC 板还担负中心交换网络单元与其他电路及单元之间的通信。

中心交换网络单元主要完成交换模块（SM）之间的时分交换。

（3）光纤接口单元

光纤接口单元由快速开关网（QSN）和光纤接口板（FBI）组成。

QSN 是光纤接口单元的主控制板，它通过串口监控 FBI 板，并将这些控制和状态信息通过一个 2Mbit/s 的 HW 送往通信与控制单元。QSN 具有 3 个功能：

a. 提供 2K × 2K 的交换网络和两个 RS422 串口。

b. 将 16 条速率为 32Mbit/s 的 HW 复合成一条速率为 512Mbit/s 的 HW。

c. 将 1 条速率为 512Mbit/s 的 HW 分解成 16 条速率为 32Mbit/s 的 HW。

FBI 板提供两路独立的光接口。每路光接口的功能是：将一个 2Mbit/s 的 HW 上的信令数据与一个 32Mbit/s 的业务数据以及定时同步码合成为一个 40Mbit/s 的数据流送至光纤，传送到各个交换模块。同时，将交换模块通过另一根光纤送来的 40Mbit/s 的数据流分解成一个 2Mbit/sHW 上的信令数据与一个 32Mbit/sHW 上的业务数据。

5.3.2 交换模块

交换模块（SM）相当于话路系统。一个 SM 的容量是 4000 条 64kbit/s 话路，能完成交换机中 90% 的呼叫处理功能和电路维护功能。其中呼叫处理功能包括对呼叫源的描述、拨号音发生器、号码接收与分析以及呼叫监视。

SM 包括本地（局端）和远端等类型，按功能可分为用户模块（USM）、远端用户模块（RSA）、远端交换用户模块（RSM）、远端用户单元（RSU）、中继模块（TSM）等。远端交换模块（RSM）可用光纤链路连接到距母局远达 50km 的地方。对于一些用户数较少的社区，安装 RSM 比新建一个交换局更经济、合理。

本地（局端）交换模块（SM）与 AM/CM 一起装在母局内，交换模块（SM）中的单 T 交换网络可独立完成本模块的交换功能。AM/CM 通过其中心交换网络（CNET）把若干 SM 整合成大容量交换网，扩容方便。一个 SM 亦可当做独立局用。局端 SM 可为一个或多个远端模块 RSMII、RSA、RSU 提供远端接口。

1. 交换模块（SM）的组成

交换模块（SM）由通信及控制单元、模块交换网络（单 T 交换网络）和接口单元 3 部分组成，如图 5.15 所示。

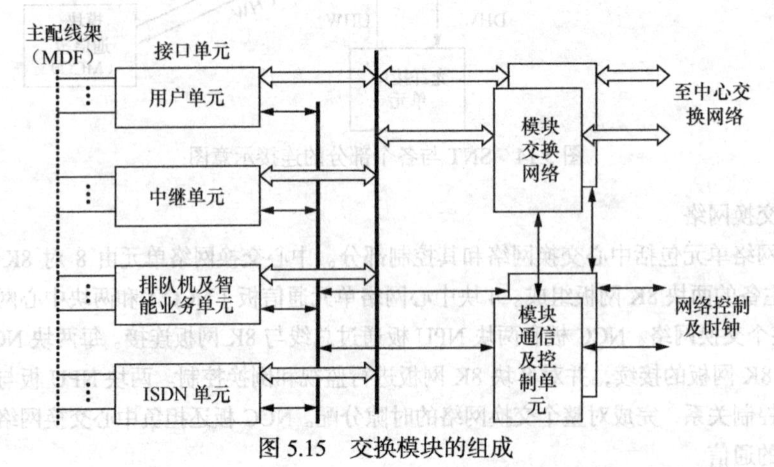

图 5.15 交换模块的组成

模块通信及控制单元和模块交换网络称为主控单元或主控框。主控单元对于所有的 SM 来讲都是相同的。SM 的主控单元具有分级控制结构，关键部件均采用主备热备份的工作方式，以提高系统的可靠性。

SM 的主控单元主要由主处理机（MPU，简称主机）、模块内部主控制点（NOD，简称主节点）、模块通信板（MC2）、光纤接口板（OPT）、模块内交换网板（NET）、数据存储板（MEM）等构成。各电路均为双备份方式配置。

2. 模块通信与控制单元

SM 的模块通信与控制单元由主处理机（MPU）、模块内通信主节点（NOD）和双机倒换板（EMA）3 部分组成。

通信与控制单元主要控制 SM 的运行，具有各种音信号的产生和检测功能、呼叫测试功能及特殊的呼叫处理功能，如 3 方、60 方通话等业务的控制。

SM 通过 2 对光纤链路与 AM/CM 相连，完成 SM 与 AM/CM、SM 与 SM 间的通信。同时为与 BAM 之间的维护测试信号提供了传输通道。SM 作为独立局使用时，该单元还具有信令及协议处理等局间通信功能。

SM 内采用 3 级控制：主处理机（MPU），然后是 NOD 和从控制点 CPU。MPU 是模块内的中央处理机。通过双机热备份工作方式提高系统的可靠性。

双机倒换板（EMA）监视主、备 MPU 的工作状态，协调双机数据备份，控制双机倒换，完成模块主处理机的热备份功能。

模块内通信主节点（NOD）是 MPU 与各功能从节点之间的通信桥梁，它转发 MPU 给各从节点的命令，并向 MPU 报从节点的状态。

主处理机（MPU）、模块内通信主节点（NOD）和从控制点 CPU 之间的关系如图 5.16 所示。

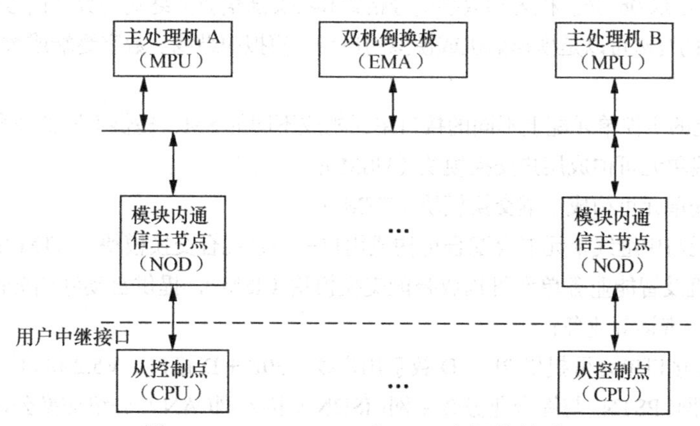

图 5.16　MPU、NOD 和 CPU 之间的关系

3. 模块交换网络

C&C08 交换机的 SM 中的模块交换网络（单 T 交换网络）可以完成本 SM 内部两个用户之间的交换，同时它还可以和中心交换网络一起实现不同 SM 用户间的交换。

模块交换网络是一个由 4 片 2K × 2K 网络芯片组合而成的 4K × 4K 网络，其交换速率为 2Mbit/s，如图 5.17 所示。

模块交换网络除了完成基本的语音交换功能以外，还支持 64 时隙的会议电话、32 时隙的主叫号码识别显示（包括 CID-Ⅰ振铃状态显示主叫号码和 CID-Ⅱ通话状态显示主叫号码，并向主叫送呼叫等待音），以及 64 时隙的信号音。模块交换网络结构如图 5.18 所示。

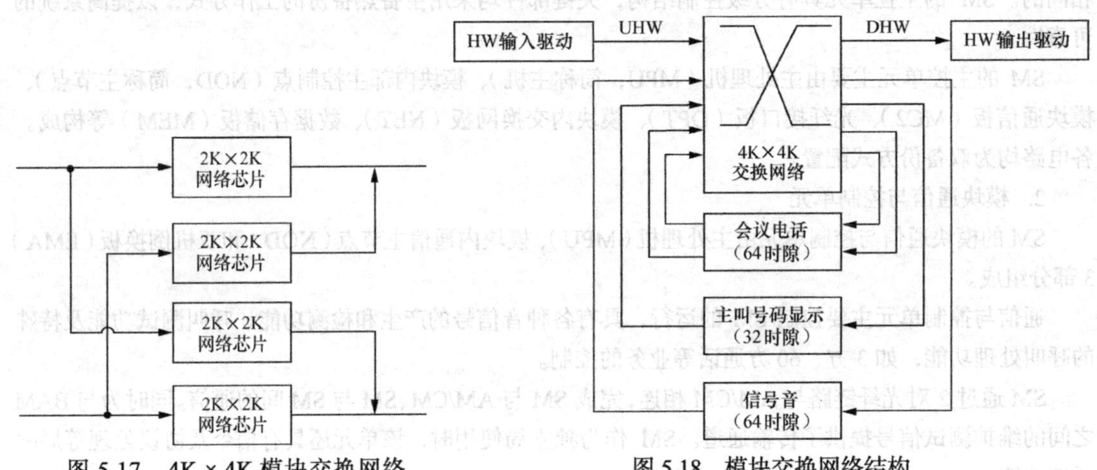

图 5.17　4K × 4K 模块交换网络　　图 5.18　模块交换网络结构

例如，一个交换网络（NET）是容量为 4K × 4K 的单 T 交换网，主/备双份配置，目前，由 4 片 2K × 2K 的 T 网 ASIC 芯片 SD509（华为公司产品）构成。一个 SM 内的 NET 独立完成本 SM 内呼叫的交换，并能配合 AM/CM 中的中心交换网络（CNET）完成不同 SM 间呼叫的交换。每个 SM 的 NET 有 512 个话路（时隙）经过 2 条（一主一备，负荷分担）32.768Mbit/s 复用光纤链路连接到 CNET，并由 CNET 完成与其他 SM 内 NET 的话路交换。此外，每个 SM 与 AM/CM 间还配置一条 2Mbit/s 的 HDLC 链路，传送共路信令。

4. 模块接口单元

接口单元完成 C&C08 交换机内部数字信号格式和各类通信业务终端的数字信号格式或模拟信号间的转换。因此 SM 的终端可以是模拟话机或模拟用户线、模拟中继线、数字终端或数字用户线，数字中继线等。

C&C08 交换机的主控单元配上不同的接口单元构成不同的 SM，提供不同的业务功能：

① 配上用户线单元可构成用户交换模块（USM）；

② 配上中继线单元可构成中继交换模块（TSM）；

③ 用户线单元与中继线单元混合配合可构成用户—中继混合交换模块（UTM）；

④ 配上排队机及智能业务单元可构成智能交换模块（ISM），提供自动呼叫分配服务、语音信箱服务、114 电话号码查询等业务；

⑤ 配上 ISDN 接口单元可提供 2B + D 数字用户线、30B + D 接口、V5.2 接口、分组处理接口等，实现公众电话交换网（PSTN）与综合业务数字网（ISDN）、接入网（AN）、分组交换公用数据网（PSPDN）等网络的互通；

⑥ 配上无线设备的用户接口，可提供无线业务。

（1）用户交换模块及接口单元

C&C08 的用户交换模块（USM）为具有独立交换功能的纯用户线接口模块，其结构如图 5.19 所示。一个 USM 的用户接口单元由 22 个基本用户单元构成，每个基本用户单元由 19 块用户板组成，模拟用户板（ASL）每板 16 线，数字用户板（DSL）每板 8 线，因此，每个基本用户单元的容量为 304 模拟用户线或 152 数字用户线；而整个 USM 满容量可达 6688 模拟用户线，共占 4 各标准机柜。

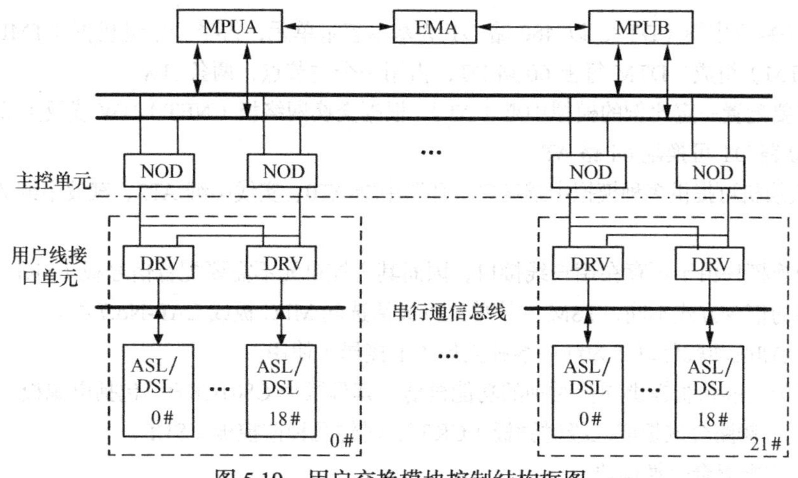

图 5.19 用户交换模块控制结构框图

从控制结构来看，USM 的三级分散控制依次由主备方式工作的 MPUA、B→NOD→双音驱动板（DRV）承担。每个基本用户单元由分工互助的两个主节点控制，这两个主节点选自不同的 NOD 板，以提高可靠性。两块 DRV 板同样以分工互助的方式完成基本用户单元的驱动和双音收号功能。如图 5.20 所示，每块 DRV 板有 16 套双音多频（DTMF）收号器。USM 作为纯用户线模块不需配局间信号处理板（MFC、LAP 等）。

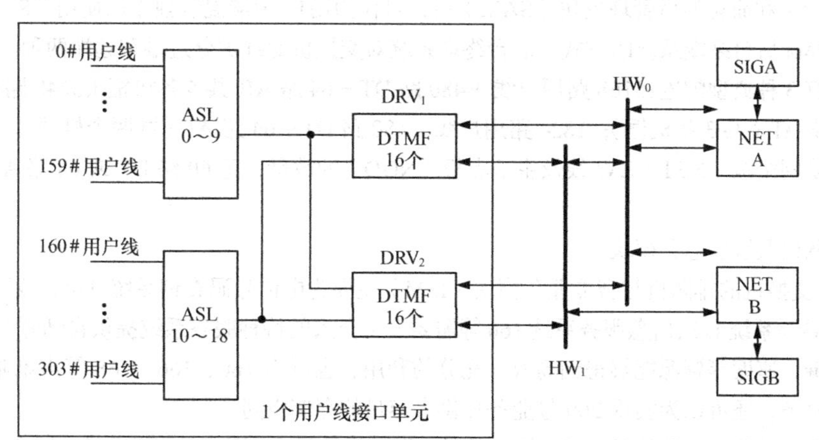

图 5.20 基本用户单元

从网络结构来看，模块交换网络（NET）向每个基本用户单元分配两条 HW 作为时隙交换的通路。NET 的 HW 线还分配给音信号板（SIG）和用户线测试板（TSS），并用于同 AM/CM 上的中心交换网络（CNET）通信，共同完成模块间信息的交换。每 608 路用户线需配一块 TSS 板。

从电路结构来看，USM 用户线接口单元由 ASL 和（或）DSL、DRV 以及 TSS 等基本单元板组成。需要配语音邮箱时，可用语音邮箱接口板（AVM）替换 ASL 板，每 16 路 AVM 占 1 各 ASL 板位。

C&C08 交换机可以向远端用户提供与近段用户相同的性能和服务，实现的方法有 3 种，即通过设远端交换模块（RSM）、远端用户模块（RSA）或远端用户单元（RSU）来实现。其中 RSM 与 USM 具有完全相同的结构和配置，只是在 RSM 与 AM/CM 通信时要采用远距离光接口板。而 RSA 是通过 PCM 复用线拉到远端的用户线接口单元（不含主控单元）的，RSU 则只需通过双绞线拉到远端的用户板。

（2）中继交换模块及接口单元

C&C08 交换机的中继模块（TSM）是具有独立交换功能的纯中继线接口模块。一个 TSM 的典型配置为 1440 路数字中继（DT），以 480 路 DT 为基本容量单元，占半个中继机框（TMB），由 8 块数字中继板（DTM）组成。DTM 每板 60 路 DT，占用一个主节点，两条 HW。

可根据需要配置一定比例的模拟中继（AT），根据交换网络板（NET）HW 线及主节点板（NOD）的数量，没 60 路 DT 可换配 64 路 AT。

C&C08 交换机可提供多种模拟中继接口：环路中继 AT0、实线中继 AT2、载波中继 AT4 及 E/M 中继等。

纯中继交换模块由于不存在用户线接口，因而其主控单元不需要配音信号板（SIG）。此外，根据局间配合采用的信令方式不同，TSM 主控单元可灵活选配 MFC 板或 LAP-No.7 板。

将 TSM 稍加改动就可以作为纯中继独立局（汇接局）使用。

时钟框是为交换系统提供同步时钟的功能机框，其母版为 C801CKB，包括电源板（PWC）、二级时钟板（CK2）、频路合成板或三级时钟板（CK3）、时钟几种监控板（SLT）。

（3）用户/中继混合交换模块

用户/中继混合交换模块（UTM）是一种具有独立交换功能的用户、中继混装模块，其典型容量为：4256 用户线 + 480 路 DT + 64 路 AT。它是由 14 个基本用户单元、1 个数字中继基本单元、1 个模拟中继基本单元和 1 个主控单元组成的，共占 3 个机柜。在该配置下，主控单元需配 9 块 NOD 板，即 36 个主节点，其他配置同 USM 一样。

作为独立局，UTM 的主控单元不需配模块间通信电路（MC2、OPT）。与 TSM 类似，UTM 加配时钟框（CKB）和简化的后管理模块（SAM）后，可作为用户/中继混装独立局使用。SAM 可单独使用，也可选择配后台终端系统的方式。后台终端系统对交换机的维护分近端和远端两种。

独立局有 3 种典型配置：5168 路用户线 + 480 路 DT + 64 路 AT（共 4 各机柜）；3648 路用户线 + 480 路 DT + 64 路 AT（共 3 各机柜）；1824 路用户线 + 480 路 DT + 64 路 AT（共两个机柜）。

根据交换网络板（NET）HW 线及主节点板（NOD）的数量，每 60 路 DT 或 64 路 AT 可换配 304 路用户线。

（4）排队机及智能业务模块

C&C08 交换机的排队机与智能业务模块（ISM）主要为电话号码查询系统 114、故障告警申告系统 112、无线寻呼系统 128、信息服务系统 160 等需要人工介入的特种服务系统提供自动呼叫分配（ACD）功能，使中继、座席等资源能够得到高效、充分的利用，也可为 160、166、168 等声讯业务提供自动报音和留言服务，还可以为实现 200 号业务提供大容量的存储空间。

ISM 由主控单元、中继单元、座席接口单元、集中收号单元、语音处理单元（VP）及业务台构成。由于 ISM 一般作为独立局使用，所以应增加时钟同步单元和 SAM，其主控单元不需配模块间通信电路（MC2、OPT）。OPT 的位置换成配线转换板（HWC），以便将内部 HW 线引出至 VP 台。另外，ISM 通常需要存储板（MEM）。

业务台同样可以通过 SAM 或 MEM 上的网卡互连成以太网，也可以通过 ALM 板上的 RS232 串口与其他服务台相连。

（5）ISDN 接口单元

C&C08 交换机的突出特点在于它具有丰富的业务接口，如 ISDN 的 2B + D 接口、30B + D 接口、AN 的 V5.2 接口、PSPDN 的 PHI 接口，为各种网的互通和各种业务的接入提供了可能。这些接口的实现在硬件结构上与前面介绍过的用户线接口和中继线接口没有本质区别。2B + D 接口由数字用户板（DTL）提供，而 30B + D 接口、V5.2 接口和 PHI 都是由配专用固件的数字中级班（DTM）和协议处理板（LAP）来实现的。不论主控单元还是接口单元在硬件构成上都无异于 USM 和 TSM，但在软件设计上，主机软件、接口软件及协议处理软件则是截然不同的。如前所述，LAP 板有两组 HDLC 链路，每组 4 路 64kbit/s 的 HDLC 链路，分别由两个通信处理机控制，加载不同的协议处理软件，可分别生成单板。

5. 模块间的通信

C&C08 交换机各模块之间相互通信的数据通路，由 AM/CM 中的主机（$MCC_{0\sim1}$）及其模块通信板（MCC）和 SM 中的主处理机（MPU）及其模块通信板（MC2）组成，如图 5.21 所示。

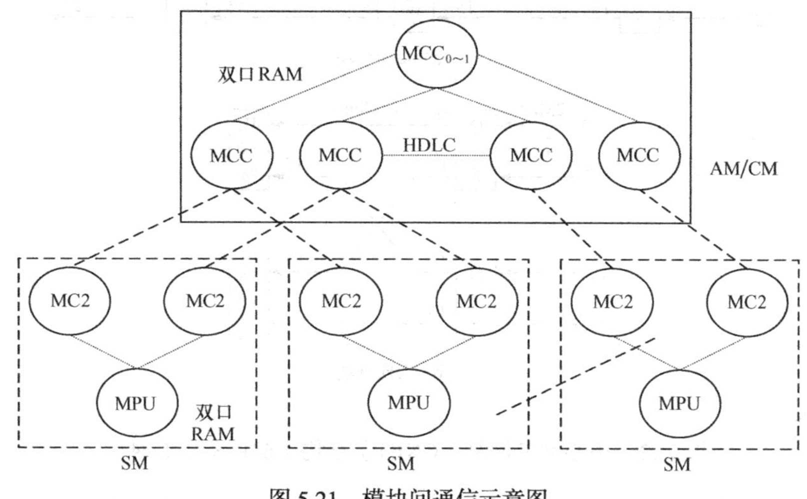

图 5.21 模块间通信示意图

模块间通信的主要信息有：管理数据、呼叫处理信息、维护测试信息、计费和话务统计信息等。

根据不同情况，通信可按不同方式进行：

① 模块内部主机和其模块通信板之间（如在 AM/CM 中，$MCC_{0\sim1}$ 和 MCC 之间；在 SM 中，MPU 和 MC2 之间）的通信是通过双端口 RAM（邮箱）进行的。

② 各模块之间（MCC 与 MC2 之间）的通信是采用 HDLC 链路通过光纤和光纤接口进行的。

③ 在 AM/CM 内，MCC 之间的通信是采用 HDLC 链路通过直接连接实现的。

5.3.3 C&C08 交换机的分级交换过程

C&C08 交换机在 SM 的单 T 交换网络（NET）和 AM/CM 的中心交换网络（CNET）两级进行纯时分交换。

NET 级以 4096 个时隙为一组，在一个 SM 内由 2 个 4K × 4K T 网按主/备负荷分担方式实现相互间无阻塞自由交换。交换控制由 SM 内多达 38 个 CPU 处理机构成的多处理机主控系统控制。每个 SM 有主/备 2 条 512 个时隙（32.768Mbit/s）的 SM 模块间时隙交换总线连接 CNET。

CNET 是一个 64K × 64K T 网，有 128 条 512 时隙（32.768Mbit/s）总线连接 64 个 SM。128 条 512 时隙（32.768Mb/s）总线每 8 条为一组，共 16 组。每组通过快速开关网（QSN）切换成 16 条 256 时隙（16.384 Mb/s）总线，分别连接 16 个 4K × 4K T 网。于是，每个 4K × 4K T 网共连有 16 条 256 时隙（16 × 256 = 4096）总线，正好满负荷。图 5.22 以单向和双向两种方式画出了 CNET 的连接示意图。

当某一 SM 中的主叫用户呼叫另一 SM 中的被叫用户时，主叫 SM 发出连接请求，经 HDLC 光纤链路送往 AM/CM 内的中心交换网络单元 CNET，控制 CNET 的时隙交换，并由 CNET 将时隙交换分配的结果再经 HDLC 链路送回主叫 SM。

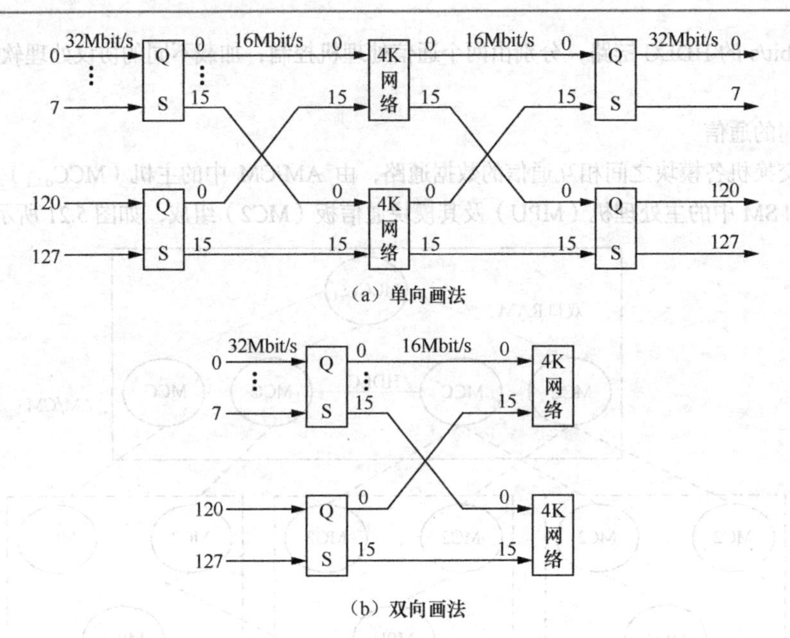

注：QS 快速开关

图 5.22　中心交换网络（CNET）结构（64K × 4KT 网）

由于一个 SM 中的 4096 个时隙只能经由 521 个时隙的总线通过 CNET 与其他 SM 中的时隙实现交换。这种交换将是有阻塞（受限于 512 个时隙的总线）的交换。

5.4 C&C08 程控数字交换机的软件系统

5.4.1 概述

C&C08 程控数字交换机的软件系统是按照软件工程的要求，采用自顶而下和分层模块化的程序设计思想，实施严格的文档控制，以保证目标软件的可控性。设计中遵循软件集成化的设计思路，并使用规范描述语言（SDL）、计算机辅助软件工程（CASE）工具进行代码生成，以保证目标代码的严格可控性，使软件系统具备高可靠、易维护、易扩展的特点。主机软件主要采用 C + +语言作为编程语言，使得源代码易读，可维护性好。

1. C&C08 程控数字交换机的软件系统组成

C&C08 程控数字交换机的软件系统主要由主机（前台）软件和终端 OAM（后台）软件两大部分构成，其体系结构如图 5.23 所示。

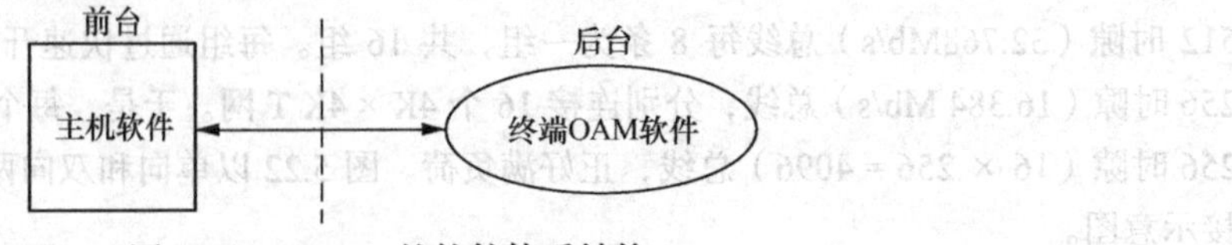

图 5.23　C&C08 的软件体系结构

2. 软件结构

C&C08 程控数字交换系统软件的组成及层次关系如图 5.24 所示。

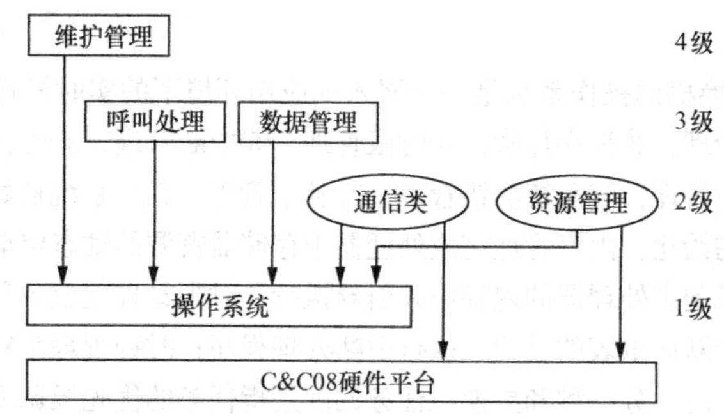

图 5.24　C&C08 主机软件的层次结构

其中操作系统为 C&C08 程控数字交换系统软件内核（属系统级程序），而通信类任务、资源管理类任务、呼叫处理类任务、数据库管理类任务以及维护类任务实基于操作系统之上的应用级程序。若从虚拟机的概念出发，可将软件系统划分为多个级别，较低级别的任务系统同硬件平台关联，较高级别的任务系统则基于高级别而独立于具体的硬件环境，用核心码封装硬件相关部分，从而使整个软件系统便于移植。

5.4.2　主机软件

主机软件是指运行于交换机主处理机上的软件，主要由操作系统、通信处理类任务、资源管理类任务、呼叫处理类任务、信令处理类任务、数据库管理类任务和维护管理类任务七部分组成。其中操作系统为主机软件系统的内核，属系统级程序，而其他软件是基于操作系统之上的应用级程序。主机软件的组成如图 5.25 所示。

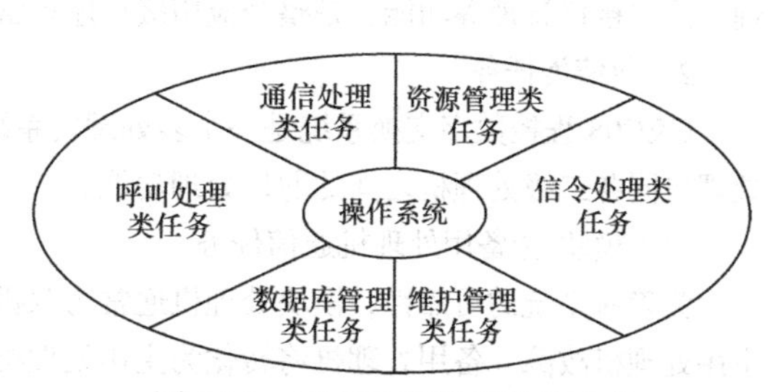

图 5.25　C&C08 交换机软件组成

根据虚拟机概念，可将 C&C08 程控数字交换机的软件分为多个级别，较低级别的软件模块同硬件平台相关联，较高级别的软件模块则独立于具体的硬件环境，各软件模块之间的通信由操作系统中的信息包管理程序负责完成。整个主机软件的层次结构如图 5.26 所示。

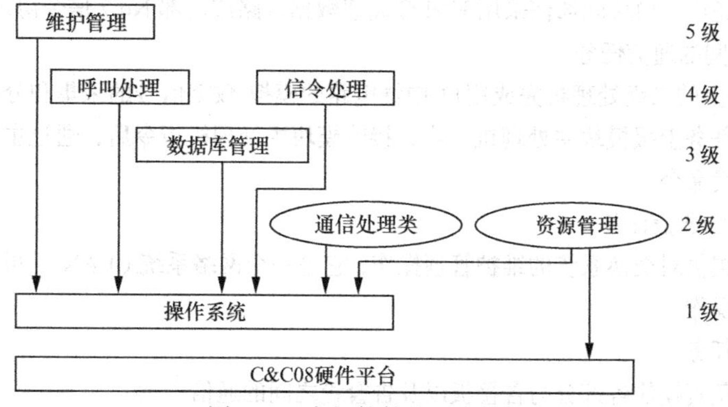

图 5.26　主机软件的层次结构

1. 操作系统

按任务调度策略分类，操作系统可分为批量处理操作系统、分时操作系统和实时操作系统三类，分别适用于不同的场合。在程控电话交换应用领域，由于要求对事件进行实时响应，因此必须采用实时操作系统。

C&C08 程控数字交换机的操作系统是一个嵌入式应用环境下的实时操作系统，其基本功能有：①系统初始化，②内存管理，③程序加载，④时限管理，⑤中断管理，⑥时钟管理、⑦任务调度，⑧系统负荷控制，⑨消息包管理，⑩系统容错管理，⑪补丁管理。其中系统初始化完成整个系统软件环境与硬件环境的配置和初始化；内存管理完成处理器中存储器资源的动态申请和释放；程序加载是将后台上的程序和数据装载到主处理器的内存中并引导执行；时限管理完成各种定时任务的启动、激活或撤销；中断管理完成中断向量表的设置，执行中断处理程序；时钟管理是对系统时钟进行管理，系统时间包括年、月、日、时、分、秒和星期；任务调度是指任务的优先级调度及其相应的资源（处理机和内存）管理和分配；系统负荷控制指操作系统实时监视处理机的利用率（或称为忙闲度）情况，当利用率超过预定的上限阀值时，采取过载控制，即暂停一些优先级低的任务来降低处理机负荷，使处理机迅速脱离过载状态，而后，当处理机利用率恢复正常，并继续下降到预定的利用率下限阀值时，才解除过载控制，通过设置上下阀值，可使处理机处在最佳利用率状态下运行；消息包是软件系统各任务间通信的实体，任何一个任务的激活是由另一任务或操作系统发送的消息包来驱动的；系统容错管理指操作系统监视系统运行和任务执行情况，一旦出现异常（例如，寻址过大、程序死循环、内存故障、处理机故障），可采取相应的故障处理和系统恢复措施，确保系统正常运行；补丁管理指操作系统提供的软件自升级功能，当整个软件系统需要进行一些功能性改进时，可以通过补丁管理实现在线升级，降低功能改进的风险。

C&C08 程控数字交换机的操作系统主要执行任务调度、内存管理、中断管理、外设管理、补丁管理、用户接口管理等功能，是整个应用级程序正常运行的基础平台。

2. 通信类任务

C&C08 程控数字交换系统是一个多处理机系统，通信处理类软件主要完成模块处理机之间及模块处理机同各二级处理机之间的通信处理功能。

（1）模块主/备用处理机通信任务

为确保系统的可靠性，模块处理机通常为双机配置，通常采用主/备用热备份工作方式。一旦模块主用处理机故障，备用处理机将转化为主用处理机，负责整个交换系统的运转。

（2）模块间通信任务

C&C08 程控数字交换系统由多模块组成，模块间通信（SM/SPM 之间或 SM/SPM 与 AM/CM 之间）由模块间通信任务完成。模块间通信采用 HDLC 高速数据链路或内部 No.7 信令协议。

（3）主/从节点间的通信任务

用户/中继单板上的二级处理机完成用户/中继电路的模拟/数字信号的采集和分析，并按一定协议格式由主节点通信任务上报模块主处理机；或在接收模块主处理机指令后，通过主节点通信任务给用户终端或对方局下发命令。

（4）前/后台间的通信任务

后台终端系统提供对交换系统的维护管理操作，它是一个网络系统（LAN），可允许多台工作站同时对交换系统进行操作。

（5）告警通信任务

告警通信任务负责模块各部分与告警板以及告警箱之间的通信。

（6）主机与数据链路层协议系统的通信任务

主要完成 MPU 同交换平台中其他处理机系统间的通信工作。软件系统内部各软件任务间的通信则由操作系统中消息包管理程序负责完成，不属通信类任务之列，通信类任务因实时性要求很强，因此任务优先级很高。

3. 资源管理类任务

资源管理类任务完成对硬件资源的初始化、申请、释放、维护以及测试等功能，这些资源包括交换网络、信号音源、双音多频收号器（DTMF）、多频互控信令（MFC）、发号器、会议电话时隙、FSK数字信号处理器、语音邮箱等，具体包括下列几种任务：

① 交换网络管理任务；

② 信号音源管理任务；

③ 双音多频收号器管理任务；

④ 多频互控信令管理任务；

⑤ 语音邮箱和管理任务；

⑥ 电脑话务员管理任务。

以上任务也因与硬件平台关联，因而任务优先级较高，它们主要为呼叫处理类任务提供服务支持。

4. 呼叫处理类任务

呼叫处理类软件是基于操作系统和数据库管理类软件之上的一个应用软件系统，它在资源管理类软件和信令处理软件的配合下，主要完成号码分析、局内规程控制、被叫信道定位、计费处理等功能。

呼叫处理类任务完成具体的呼叫业务，按 Q.931 建议，它分为用户侧和网络侧两个层次。

（1）用户侧任务

用户侧任务又可划分为下列几类：

- 模拟/数字用户管理任务；
- 模拟/数字中继管理任务；
- No.7 管理任务（如 TUP、ISUT 任务等）；
- 接入网用户管理任务；
- 30B + D 接口任务；
- 分组网接口任务；
- 话务员管理任务；
- 中国 1 号信令管理任务。

（2）网络侧任务

网络侧任务可划分为：

- 号码分析（如主/被叫号码分析、号码变换等）；
- 号码定位；
- 中继选线，鉴权（如黑白名单、网管指令等）。

5. 信令处理类任务

信令处理类任务主要负责在呼叫接续过程中各种信令或协议的处理工作，包括各种用户网络接口（UNI）协议和网络—网络接口（NNI）协议，如用户线信令、中国 1 号信令、No.7 信令、DSS1 信令、V5 协议等。

6. 数据库管理类任务

数据库管理类任务负责整个交换系统的所有数据库管理（包括配置数据、用户数据、中继数据、局数据、网管数据以及计费数据等），需要完成的工作包括数据存取和组织、数据维护、数据更新、数据备份和数据恢复。

C&C08 程控数字交换系统的数据库为分布式关系数据库，每一关系表描述一组彼此相关的数据，而每一关系表又是相对独立的。数据库提供多级索引机制以及树型查找算法，以便为其他应用任务提供快捷服务。

7. 维护类任务

维护类任务支持维护人员对交换设备的运行情况进行监视和管理，包括：

① 告警管理；

② 计费及话单管理；

③ 话务统计；

④ 信令监视；

⑤ 呼叫接续过程跟踪；

⑥ 用户/中继测试；

⑦ 通用消息跟踪。

5.4.3 终端 OAM 软件

终端 OAM 软件是指运行于 BAM 和工作站上的软件，它与主机软件中的维护管理模块、数据库管理模块等密切配合，主要用于支持维护人员完成对交换设备的数据维护、设备管理、告警管理、测试管理、话单管理、话务统计、服务观察、环境监控等功能。

终端 OAM 软件采用客户机/服务器（C/S）方式，主要由 BAM 应用程序和终端应用程序两部分组成。其中，BAM 应用程序安装在 BAM 端，是服务器；终端应用程序安装在工作站，是客户机。

1. BAM 应用程序

BAM 应用程序运行于 BAM 上，集通信服务器与数据库服务器于一体，是终端 OAM 软件的核心。

多种操作维护任务均以客户机/服务器（C/S）方式执行，BAM 应用程序作为服务器，支持远/近维护终端多点同时设置数据以及其他维护操作。BAM 将来自终端的维护操作命令转发到主机，将主机响应信息进行处理并反馈到相应的终端设备上，同时完成主机软件、配置数据、告警信息、话单等的存储和转发，维护人员通过 BAM 的处理，完成与交换机主机的交互操作任务。

BAM 的应用程序基于 Windows NT 操作系统，采用 MS SQL Server 为数据库平台，通过多个并列运行的业务进程来实现终端 OAM 软件的主要功能，其与操作系统、数据库平台的层次关系如图 5.27 所示。

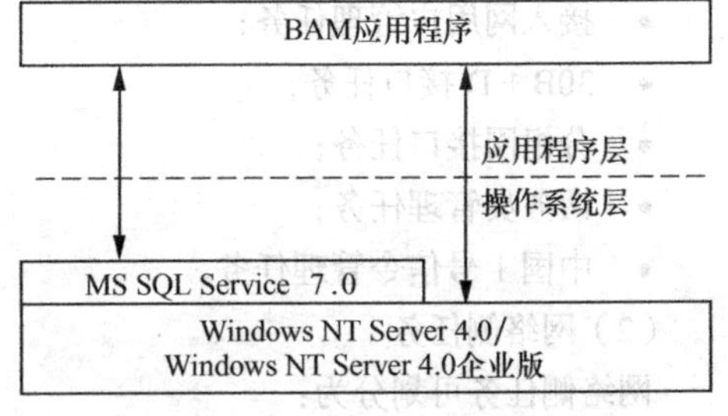

图 5.27 BAM 各软件的层次关系

2. 终端应用程序

终端应用程序运行于工作站上，作为客户机/服务器（C/S）方式的客户端，与 BAM 连接，提供基于 MML 的业务图形终端，可以实现系统所有的维护功能。

5.4.4 数据库

C&C08 程控数字交换机的数据库采用分布式结构。数据分布在多个模块中，各模块负责维护本模块的数据库，它们具有相对的独立性。多个模块数据库的相互协作共同完成全局数据库的功能。模块数据库由数据库本身、数据库管理系统和应用程序接口组成。

5.5 C&C08 交换机的管理维护

C&C08 程控数字交换机具有完备的人机通信系统，包括维护操作和运行管理的各种功能，并有

Windows 操作环境和人机语言（MML）命令环境供用户选择。

5.5.1 C&C08 交换机维护分类

C&C08 交换机维护分类如图 5.28 所示。

1. 设备维护的分类

按照维护目的的不同，可将设备维护分为例行维护和故障处理。

（1）例行维护

例行维护是一种预防性的维护，它是指在设备的正常运行过程中，为及时发现并消除设备所存在的缺陷或隐患，维持设备的健康水平，使系统能够长期安全、稳定、可靠运行而对设备进行的定期维护和保养，是一种预防性的措施。如日常设备巡检、日常计费检查、定期查杀 BAM 病毒、定期清洗防尘网框、定期备份系统数据、定期测试系统功能等。

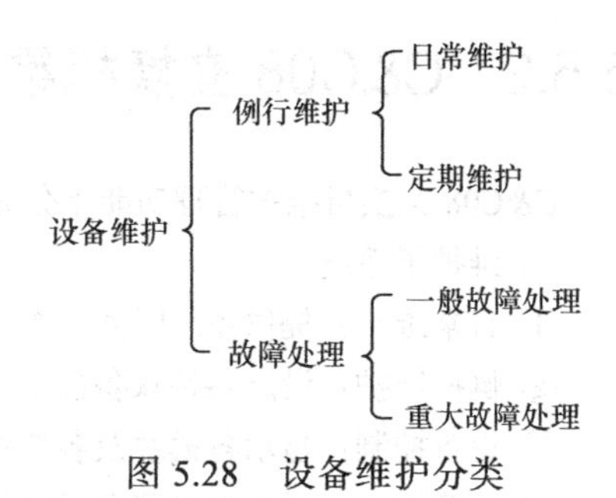

图 5.28 设备维护分类

（2）故障处理

故障处理是一种补救性的维护，它是指在系统或设备发生故障的情况下，为迅速定位并排除故障，回复系统或设备的正常运行，尽量挽回或减少故障损失而对设备进行的非定期检修和维护，是一种补救性的措施。如更换故障单板、倒换故障系统、启动应急工作站等。

2. 例行维护

按照维护实施的周期长短来分，可将例行维护分为日常维护和定期维护。

（1）日常维护

日常维护是指每天实施的、维护过程相对简单并可由一般维护人员实施的维护操作，如日常设备巡检、日常计费检查、告警状态检查等。日常维护的目的是：

① 及时发现设备所发出的告警或已存在的缺陷，并采取适当的措施予以恢复和处理，维护设备的健康水平，降低设备的故障率；

② 及时发现和处理有关计费、话单系统在运行过程中的非正常现象，避免或降低由于话单丢失而造成的损失；

③ 实时掌握设备和网络的运行状况，了解设备或网络的运行趋势，提高对突发事件的处理效率。

（2）定期维护

定期维护是指按一定周期实施的、维护过程相对复杂，多数情况下须经过专门培训的维护人员实施的维护操作，如定期查杀 BAM 病毒、定期备份话单、定期清洗单板等。定期维护的目的是：

① 通过定期维护和保养设备，使设备的健康水平长期处于良好状态，确保系统安全、稳定、可靠运行；

② 通过定期检查、备份、测试、清洁等手段，及时发现设备在运行过程中的功能失效、自然老化、性能下降等缺陷，并采取适当的措施及时予以处理，以消除隐患，预防事故的发生；

③ 建议的定期维护分为以下 4 类：周维护、月度维护、季度维护、年度维护。

3. 故障处理

按照故障处理的紧急程度和影响面，故障处理可分为一般故障处理和重大故障处理。

（1）一般故障处理

一般故障处理是指不紧急的、影响面小的，或具有备份措施不需要立即执行的维护操作，如故障单板更换、中继电路复位处理等。

（2）重大故障处理

重大故障处理是指紧急且影响重大，需要立即执行的维护操作，如系统加电重启、BAM 故障回复、话单恢复处理等。

5.5.2 C&C08 交换机维护管理功能

C&C08 交换机维护管理功能十分完善，其主要体现在以下几个方面。

1. 维护子系统

① 日常维护：提供系统时间设置、查看操作记录等。

② 倒换维护：设定各种双备份单板的倒换模式。

③ 设备控制：显示各模块及各单板的配置与运行状态。

④ 电路控制：对各类电路资源进行状态查询、闭塞、打开和复位等操作。

⑤ 跟踪事件：对用户电路、中继电路进行实时动态跟踪，并保存跟踪信息。

⑥ 接续查询：查找相关的用户电路、中继占用情况的信息。

⑦ 过载空盒子：设置过载阈值，实时显示各模块的 CPU 占用率等。

⑧ 中继增益：设定模拟中继的输入/输出电平。

⑨ 加载设置：设定再启动参数。

⑩ 7 号信令维护功能。

2. 测试子系统

测试子系统包括用户电路测试、话路测试、模拟中继电路测试、数字中继测试、MFC 测试、DTMF 测试及其他单板测试等功能。

3. 话务统计子系统

话务统计子系统主要对 C&C08 交换机的话务量、交换设备运行情况、交换机服务质量等进行观察统计，其内容主要包括呼叫次数测量、话务量统计、平均占用时间测量、话务拥塞统计、服务质量、CPU 占用率、交换设备占用率等。

4. 数据管理子系统

数据管理子系统的功能包括：配置数据管理、字冠数据管理、用户数据管理、中继数据管理、计费数据管理、网管数据管理等。

5. 计费子系统

计费子系统由四大部分构成：主机计费、终端联机设定与取话单、对外数据接口与转换部件、脱机计费系统。

6. 特服测量子系统

特服测量子系统由特服终端和一部特服话机组成。特服终端可以是专用的，也可以是一台普通的终端与其他终端系统合用。特服话机占用一条普通用户电路，将其属性设置为特服话机。

5.5.3 C&C08 交换机的管理维护操作

1. 具有 Windows 集成维护操作环境

C&C08 集成环境维护操作终端是以中文 Windows 操作系统为平台、基于对象的控制方式而监理起来的客户机/服务器体系结构下的新型维护操作平台。

（1）终端操作流程

客户端必须先运行通信服务器。通信服务器与主题服务器建立连接后，用户就可以进行登录。一旦登录成功，用户即可以进行相应的业务操作。使用不同操作权限的用户名登录，其所能操作的业务范围也就不同。而一旦失败，系统将封闭所有业务操作能力，保证了系统的安全性。

（2）客户机/服务器方式

这种方式是一种流行的访问/服务机制。该结构采用功能分担的方式将用户界面和实际所完成的功能分离，客户端负责完成接收用户的请求，把请求送到相应的服务器端，接收服务器回送的结果并提供给用户。

2. 人机语言（MML）命令行操作系统

C&C08 交换机 MML 处理系统与集成环境相对应，MML 终端上仅是一个简单的输入/输出接口。MML 处理系统是独立于集成环境之外的，它用另外一种方式实现了终端的各种操作，包括数据管理、维护测试、话务统计、话单处理、操作员管理及网络管理在内的各种功能都用一系列命令实现。

终端界面分为两个窗口：一个输入，一个输出。所有的输入都在输入窗口中用 ASCⅡ字符录入，而大多数输出信息都是在输出窗口中显示的。

5.5.4 C&C08 交换机话单信息查询

话单信息的查询分为主机话单池信息查询和后台（BAM）话单信息查询两类。

1. 主机话单池信息查询

主机话单信息查询分为查询主机话单池的话单信息和查询主机计次表信息两类。利用 LST BILPOL 命令可以查询各模块主机话单池的话单信息。利用 LST BILMTR 命令可以查询主机计次表信息。

（1）查询主机话单池

可以通过查询主机话单池命令（LST BILPOL）来了解话单的产生及存储情况，例如是否有新的话单产生、主备机之间的话单备份是否完成等内容。

示例，查询 3 号模块主机话单池的信息：

LST BILPOL：MN = 3；

系统返回的信息如表 5.2 所示。

表 5.2　系统返回信息

模块	话单数	备份指针	取指针	存指针	流水号	话单池大小	CTX 话单	CTX 话单池
3	0	3	3	3	3	149935	0	2000

从返回信息可以了解到：“模块 3”的话单池“普通话单池容量” 为 149935；“Centrex 话单池容量”为 2000 张话单。“流水号”表示从机器上一次加电启动以后，该模块向 BAM 已经发送的话单数量，本例中说明该模块已经向 BAM 发送了 3 张话单。

普通话单池是一个环形队列。“取指针”指向队列的头，“存指针”指向队列的尾。初始状态“取指针” = “存指针” = 0。主机生成的话单加到队列尾部，使“存指针”后移，值增加；主机向 BAM 发送话单，使“取指针”后移，值增加。无论是“取指针”还是“存指针”，当指向的值等于话单池容量 + 1 的时候，该指针都会重新指向 0。本结果表示指向普通话单池中话单缓冲队列头的“取指针”为 3，指向话单缓冲队列尾的“存指针”为 3。

话单池中的话单将备份到备机上，备份过程是定时分批地把话单池中的话单从头到尾向备机备份，“备份指针”指明当前备份进行的位置。“备份指针” = “取指针”，表示话单缓冲队列没有开始备份；“备份指针” = “存指针”，表示话单缓冲队列已经全部备份。本结果表示话单缓冲队列已经全部备份。

（2）查询主机计次表

当采用计次表方式计费时，计费信息在计次表上不断累加，当计次表更新后，计次表清零，因此所查看的该用户或中继的主机计次表信息只是从上一次更新到当前时刻为止各表的跳表累加值。

示例，查询用户 8002000 的主机计次表：

LST BILMTR：JT = STM，D = K’8002000；

参数 JT = STM 表示查询用户计次表，参数 D 表示用户号码。

2. 后台话单信息查询

后台（BAM）话单信息查询分为浏览话单和查询累加计次表表底两类。

（1）浏览话单

浏览话单命令（LST AMA）用于查询在 BAM 上存放的一段时间内的普通详细话单、申告话单、告警话单、计次表话单、统计话单等信息。

示例：查询主叫 80300008 在 2012 年 10 月 8 日 15：00～16：00 的普通详细话单，并以部分显示方式显示。

LST AMA：TP = NRM，CID = K’ 80300008，SD = 2012&10&08&15&00，
ED = 2012&10&08&16&00，SA = NO；

其中 TP = NRM 表示查询普通详细话单，参数 CID 表示主叫号码，SD 表示查询起始日期，ED 表示查询结束日期，SA = NO 表示部分显示查询信息。

（2）查询累加计次表表底

当对主机执行更新计次表操作时，主机中计次表清零，生成计次表话单。同时，计次表中的跳表值被发送到 BAM 的 SQLSERVER 数据库中，相应的有 3 张表格分别用于存放用户、中继、出中继的计次表累加值，这 3 张表分别为：用户计次写入表 TBL_USERMETER、入中继群计次写入表 TBL_TRUNKMETER 和出中继群计次写入表 TBL_TRUNKOUTMETER。

执行 LST MTR 命令可以查询累加计次表表底的信息。

示例：查询用户 80880000 的累加计次表表底。

LST MTR：TP = USER，D = K’80880000；

其中 TP = USER 表示查询用户计费产生的计次表表底，D 表示用户号码。

（3）查询恶意呼叫话单

对于已申请了“追查恶意呼叫”新业务的用户，如果在某次通话过程中使用了该新业务，则在告警信息中会产生一条记录。查询恶意呼叫话单实际上就是查询这些恶意呼叫告警记录。

查询恶意呼叫话单的命令为：LST ALMMAL。该操作用于在 BAM 上查询一个用户在一段时间内请求恶意呼叫跟踪服务的话单。

示例：查询电话号码 80100002 的恶意呼叫话单。

LST ALMMAL：D = K’801000002；

参数 D 表示被叫号码。

本章小结

本课程主要介绍了 C&C08 程控数字交换机的基本组成模块、各个模块的功能及模块间的连接，还有模块化的层次结构和 BAM 的网络结构，这些内容是今后硬件学习的基础，必须掌握。

本课程还介绍了 C&C08 系统的性能特点，是对 C&C08 概括的介绍，增加感性认识。

（1）双备份分级时隙交换；模块化设计，交换模块之间采用高速光纤连接，可通过模块叠加实现增容；容量可达 80 万用户/18 万中继线，无收敛可达 12 万中继，中心网络可平滑扩至 128K，BHCA 达 6000K；集成度高，功耗低，10 万中继线仅用 9 个机架，功耗低达 8.2kW。

（2）多层次分散控制结构，多处理机主控系统，信令处理能力强，每条链路负荷 0.85Erl，处理能力 340MSU/s；　支持国际 No.7 信令和 2M 高速 No.7 信令链路；多信令点编码达 16 个，无须对端局配合，突破同一局向只能开 4096 条电路的限制；内置信令监视仪功能。

（3）有 STM-1 光/电接口，可通过拨键开关灵活选用，交换设备之间采用透明传输，突破了传输与交换分离的概念。

（4）具有端局、长市农合一局、汇接局、长话局、长市合一局、网间接口局和国际接口局的全部接续功能；信令转接（STP）功能；先进的商业网、CENTREX 和酒店接口功能；号码转译，中继双向计费和信令转换功能；实时话务统计功能，统计周期在 1 分钟至 24 小时可调，还可对网管指令的执行情况进行统计。

（5）提供 2B + D、30B + D、V5.2、PHI 等接口和 V.35 接口，具有 ISDN 功能；可接入 Internet、PSPDN、ATM、DDN 等数据网、多媒体通信网和用户接入网，具有语音/数据/图像等综合业务功能，可实现数据通信、会议电视、多媒体通信、VoD、远程医疗和远程教学等窄带与宽带业务。

（6）No.7 信令、中国 1 号信令、R2 信令、No.5 信令、V5.2 接口支持的信令等多种信令板槽位兼容，仅需通过软件选置信令；No.7 信令 14 位与 24 位自动识别。已实现和 S1240、5ESS、EWSD、AXE-10、F-150、E10-B、DMS100、NEAX61 等机型的 No.7 信令互通。

（7）具有性能完善的网管功能，组网方式灵活，同时可提供 Q3 接口接入 TMN 和原信息产业部软件中心 NOMA 网管系统。

习题

一、填空题

5-1　C&C08 程控数字交换机在硬件上具有________的层次结构。

5-2　C&C08 的功能机框就是由各种功能的________组成的完成特定功能的机框单元。

5-3　C&C08 的机框编号从________开始，由下向上、由近向远，在同一模块内统一编号。

5-4　C&C08 的中心模块满配置包含 9（3～9）个机架，SM 模块由 1～8 个机架构成。各模块可以________实现特定功能。

5-5　C&C08 模块化的结构便于系统的安装、________和增加新设备，易于实现新功能。

5-6　在 C&C08 机中，通过更换________，可灵活适应不同信令系统的要求，处理多种网上协议。

5-7　在 C&C08 机中，通过增加功能机框、________，可方便地引入新功能、新技术，扩展系统应用领域。

5-8　C&C08 交换机的中心模块由管理通信模块（AM/CM）、业务处理模块（SPM）和________组成。

5-9　在 C&C08 机中，为便于对多个模块进行管理，需对所有模块全局统一编号。中心模块固定编为________。

5-10　在 C&C08 机中，AM/CM 内部采用了分布式、模块化体系结构，实现了交换、控制和业务的________，以及话路交换网和信令交换网之间的分离。

5-11　C&C08 机的 AM/CM 主要由中心交换网络（CNET）、通信控制模块（CCM）、中央处理模块（CPM）、业务线路接口模块（LIM）、时钟模块（CKM）和________构成。

5-12　C&C08 机的通信控制模块（CCM）主要完成 AM/CM 内部各模块间以及 SM 模块间通信控制消息的传送和交换，是交换系统________的通信枢纽。

5-13　C&C08 机的中央处理模块（CPM）负责与 BAM 通信，备份 BAM 话单，管理 AM/CM 单板状态及全局用户、中继资源，并对周围环境变量进行________。

5-14　C&C08 机的线路接口模块（LIM）主要完成业务数据与通信信令数据的复合/分解及系统传输线路驱动接口功能，使 AM/CM 与各种________设备相连。

5-15　C&C08 机的线路接口模块（LIM）提供到 SPM 和 SRM 间的话路和________接口，使 SPM 和 SRM 能够嵌入 AM/CM 中。

5-16　C&C08 机的线路接口模块（LIM）通过 IP 转发模块把从 IP 网络传来的数据包转换为________格式信息，送到中心交换网络（CNET）进行交换，完成普通电话用户与分组用户间的通信。

5-17　C&C08 机的时钟模块（CKM）的基准时钟源是用来同步上级局的基准时钟信号，这些信号包括：32MHz、8MHz、2MHz、1MHz、8kHz、4kHz 等，是由中心模块中的________提供的。

5-18　共享资源模块（SRM）提供________在处理业务过程中所必需的各种资源，包括信号音、双音收号器、多频互控收发器（MFC）、会议电话、主叫号码显示等资源。

5-19　SM 还可挂接在________下，组成多模块局，由 AM/CM 中的中心交换网（CNET）配合完成 SM 间的交换功能。

5-20　SM 按照与 AM/CM 距离的不同，又可分为本地交换模块和________交换模块 RSM。

5-21　C&C08 程控数字交换机提供________、远端用户处理板（RSP）和远端一体化模块（RIM）3 种远端用户模块，可帮助电信运营商快速、灵活、便捷地完成用户覆盖和建网布点工作，降低管理维护成本。

5-22　远端一体化模块（RIM）是 C&C08 程控数字交换系统的一体化模块，兼容远端用户处理板（RSP）的所有功能，并包含若干种________、尺寸不同的型号。

5-23　AM/CM 和 SM 之间的接口包括 40Mbit/s 光纤、________接口和 E1 接口 3 种。

5-24　C&C08 交换机的 SM 以积木堆砌方式与 AM/CM 相连，AM/CM 和 SM 配合就是传统的________方式。

5-25　C&C08 的接口分为模块间接口、用户终端接口、网间接口、测试维护接口和________接口。

5-26　C&C08 交换机的光纤接口单元由快速开关网（QSN）和________接口板（FBI）组成。

5-27　SM 的主控单元主要由主处理机、模块内部主控制点、模块________板、光纤接口板、模块内交换网板、数据存储板等构成。

5-28　C&C08 交换机的软件系统是按照软件工程的要求，采用自顶而下和________模块化的程序设计思想实施严格的文档控制，以保证目标软件的可控性。

5-29　C&C08 交换机主机软件主要采用________语言作为编程语言，使得源代码易读，可维护性好。

5-30　C&C08 交换机有 Windows 操作环境和________语言命令环境供用户选择。

5-31　在程控交换机设备维护中，按照维护目的的不同，可将设备维护分为例行维护和________处理。

二、选择题

5-32　C&C08 交换机硬件系统的 4 个等级是电路板、功能机框、模块和（　　）。

A. 交换系统　　B. 交换网络　　C. 交换单元　　D. 交换设备

5-33　C&C08 交换机每个机框可容纳的标准槽位数和编号分别是（　　）。

A. 20，0～19　　B. 20，1～20　　C. 26，0～25　　D. 26，1～26

5-34　C&C08 交换机的中心模块（含 AM/CM、SPM、SRM 等）的一个机架包含的机框数是（　　）。

A. 2　　B. 4　　C. 6　　D. 8

5-35　C&C08 交换机的 SM 模块的一个机架包含的机框数是（　　）。

A. 2　　B. 4　　C. 6　　D. 8

5-36　C&C08 交换机的后管理模块（BAM）是属于（　　）。

A. AM/CM　　B. SM　　C. SRM　　D. CM

5-37 在 C&C08 机中，为便于对多个模块进行管理，需对所有模块全局统一编号。SM 和 SPM 的编号是（　　）。

A. 0　　B. 1　　C. 1～8　　D. 1～160

5-38 在 C&C08 机中，CNET 完成业务交换功能，其容量可根据实际情况以 16K 时隙为单位叠加配置，最大可达交换时隙是（　　）。

A. 2K × 2K　　B. 4K × 4K　　C. 64K × 64K　　D. 128K × 128K

5-39 下列具有数据格式转换功能的模块是（　　）。

A. BAM　　B. FAM　　C. LIM　　D. RSA

5-40 在 C&C08 机中，SM 做单模块成局时，固定编号为（　　）。

A. 0　　B. 1　　C. 1～8　　D. 1～160

5-41 在 C&C08 机中，通过 Ethernet 接口/HDLC 链路与 FAM 直接相连的模块是（　　）。

A. BAM　　B. FAM　　C. LIM　　D. RSA

5-42 在 C&C08 机中，交换机与计算机网相连的枢纽是（　　）。

A. BAM　　B. FAM　　C. SPM　　D. RSA

5-43 在 C&C08 机中，主要完成交换系统业务处理流程和信令协议处理的模块是（　　）。

A. BAM　　B. FAM　　C. SPM　　D. RSA

5-44 在 C&C08 机中，提供分散数据库管理、呼叫处理、维护操作等各种功能的模块是（　　）。

A. SM　　B. CKM　　C. CM　　D. BAM

5-45 在 C&C08 机中，AM/CM 最多可以下挂的 SM 模块数是（　　）。

A. 0　　B. 128　　C. 1～8　　D. 1～160

5-46 远端交换模块（RSM）安装距局端的距离是（　　）。

A. 10km　　B. 20km　　C. 30km　　D. 50km

5-47 在 C&C08 机中，后管理模块与用户维护终端之间的接口不包括（　　）。

A. LAN 接口　　B. FDDI 接口　　C. V.24、V.25 接口　　D. Z 接口

5-48 C&C08 为了提高查询速度，采用分布式数据库，吸取了面向对象的软件设计思想，运用 C++ 和面向对象的数据库语言，提供（　　）。

A. 第一代结构查找语言　　B. 第二代结构查找语言

C. 第三代结构查找语言　　D. 第四代结构查找语言

5-49 C&C08 交换机用户/中继混装独立局 4 机架提供的最大模拟用户数是（　　）。

A. 600　　B. 720　　C. 6688　　D. 9728

5-50 C&C08 交换机纯用户局 4 机架提供的最大模拟用户数是（　　）。

A. 600　　B. 2640　　C. 6688　　D. 9728

5-51 C&C08 交换机纯中继独立局单机架提供的最大中继线数是（　　）。

A. 600　　B. 2640　　C. 6688　　D. 9728

5-52 C&C08 程控数字交换机常有的 3 种配置方式有：大中容量交换机、各种远端模块和（　　）。

A. 小型独立局　　B. 汇接局　　C. 端局　　D. 长途局

5-53 C&C08 程控数字交换机直流电源其额定值为-48V，电压波动范围是（　　）。

A. −48V ± 5%　　B. −48V ± 10%　　C. −40～−57V　　D. 220V ± 5%

5-54 C&C08 程控数字交换机系统最小配置（带 2 个 B 模块）时，功耗小于（　　）。

A. 300W　　B. 450W　　C. 1000W　　D. 10kW

5-55 C&C08程控数字交换机系统满配置（带2个B模块）时，功耗小于（　　）。

A. 300W　　B. 450W　　C. 1000W　　D. 10kW

5-56 C&C08程控数字交换机的通信与控制单元主要由通信控制板（MCC）、信令交换板（SNT）、存储板（MEM）和（　　）等电路板组成。

A. BRI　　B. CKM　　C. CM　　D. LAN

5-57 SM的模块交换网络是一个由（　　）片2K × 2K网络芯片组合而成的4K × 4K网络。

A. 2　　B. 4　　C. 8　　D. 16

5-58 C&C08程控数字交换机的软件系统主要由主机软件和（　　）软件两大部分构成。

A. 操作系统　　B. 呼叫处理程序

C. 终端OAM　　D. 通信处理程序

5-59 下列属于C&C08交换机系统级程序的是（　　）。

A. 操作系统　　B. 资源处理类任务

C. 呼叫处理类任务　　D. 数据库管理类任务

5-60 日常设备巡检、日常计费检查、告警状态检查等属于（　　）。

A. 日常维护　　B. 定期处理

C. 故障处理　　D. 一般故障处理

三、判断题

5-61 SM是具有独立交换功能的模块，可实现模块内用户呼叫接续及交换的全部功能，可以单模块成局，此时需要AM/CM。

5-62 SM按照接口单元的不同，可分为用户交换模块（USM）、中继交换模块（TSM）和用户中继交换模块（UTM）。

5-63 USM不仅可提供用户线接口，还可提供中继线接口。

5-64 UTM既提供用户线接口，又提供中继线接口。

5-65 在小容量情况下，TSM和UTM可单模块独立成局。

5-66 SMII与RSMII的区别是：SMII挂在AM/CM下，RSMII挂在SM下（SM挂在AM/CM下），RSMII比SMII多了一级SM的连接。

5-67 C&C08程控数字交换机的模块间接口分为光接口、电接口和光电接口。

5-68 C&C08交换机的局端SM与AM/CM位于同一处，作为远端模块留在母局内的部分，只能为一个远端模块提供远端接口。

5-69 在C&C08交换机中，3种类型的交换模块都可以单模块成局。

四、简答题

5-70 简述C&C08交换机No.7信令系统的特点。

5-71 C&C08数字程控交换机包括哪些基本组成模块？

5-72 AM/CM与SM之间以何种方式连接？当以40Mbit/s光纤连接时，AM/CM与SM之间传递的信息包含哪几部分？速率各是多少？

5-73 AM与BAM之间以何种方式连接？BAM与维护终端之间以何种方式连接？

5-74 根据SM所提供的不同接口，C&C08交换机能提供哪些种类的SM？各SM的最大容量是多少？

5-75 简述C&C08数字程控交换机信令交换网络（SNT）板的主要功能。

5-76 简述C&C08交换机的主控单元配上不同的接口单元构成哪些SM？提供哪些业务功能？

5-77 什么是主机软件？简述其组成。

5-78 简述C&C08交换机操作系统的功能。

第6章

通信工程设计与综合布线技术

【本章内容简介】 本章主要从工程应用角度出发，介绍通信工程和综合布线方面的设计、施工维护等方面的使用技术，包括通信工程设计的基本要求及其注意事项，程控用户交换机工程设计原则、设备选型、系统设计、机房设计、电源设计；综合布线技术概念、特点，综合布线的组成与常用设备，综合布线技术与传统布线技术的比较，以及综合布线系统的设计、施工、测试和验收。

【本章重点难点】 本章重点掌握通信工程设计内容及其程控交换机机房设计方法，综合布线系统的构成；难点是综合布线系统的设计、施工、检测与验收。

6.1 概述

6.1.1 电信大楼设计、施工及安装要求

1. 防火、防水要求

电信大楼应设计有通过楼板的孔洞，电缆与楼板间的孔隙应使用非燃烧材料密封，通向其他房间的地槽、墙上的孔洞，已装电缆者，其与墙体的孔隙亦宜采用非燃烧材料封隔。大楼应设火灾事故照明和疏散指示标志。在经常发生水灾地区的通信局（站），设备及电源必须放置在当地水位警戒线以上房间内或采取其他防水灾措施。

2. 主机室设置要求

由于环境直接影响交换机及其室内通信设备的寿命、通信质量和通信可靠性。室内通信设备不应设置在温度高、湿度变化大、灰尘多、有害气体多的环境中，因此电信主机房最好不要布置在一楼或顶楼，以免潮湿、浸水、渗漏，同时应避免阳光直射引起机房高温；机房的楼层地板要求承重大于 $450kg/m^2$；若要放置蓄电池承重考虑要大于 $600kg/m^2$，机房四周应没有强电磁干扰源。

3. 机房装修要求

电信机房应铺设防静电地板，总地线排的地阻值要小于 3Ω；各种设备要求接地良好，避免静

电对设备造成损害。机房应配置冷暖空调，房间温度要求在 18～28℃范围内，机房应防尘、防潮，湿度要求在 30%～75%范围内，为了节省能源，机房窗户应安装双层玻璃，同时机房应设置应急电源。

4. 设备安装要求

机房设备安装时，应按照规定抗震等级要求进行施工，对于列架式通信设备顶部安装应采取由上梁、立柱、连固铁、列间撑铁、旁侧撑铁和斜撑组成的加固连接网。对于自立式通信设备要求 6~9 度抗震设防时，自立式设备底部应与地面加固。对于通信电源设备，如果要达到 8 度和 9 度抗震设防时，蓄电池组必须用钢抗震框架或柜架安装，钢抗震框架底部应与地面加固。机房设备放置要合理，设备的行间距尽可能保持一致，行间距一般不少于 1.0m，机柜离墙面应有 1.2m 的距离。同时，要预留几个走道，主走道的宽度不得少于 1.5m。

6.1.2 通信电源

1. 交流供电系统

通信大楼交流供电系统由市电和自备发电机发电两部分组成，采用集中供电方式供电。低压交流供电系统应采用三相五线和单相三线制供电。

【相关知识】	一般情况下，三相电路中火线使用红、黄、蓝三色表示 A 相、B 相和 C 相 3 根火线；中性线（零线）使用黑色；黄绿相间的线用作保护线（地线）。单相照明电路中，一般黄色表示火线，蓝色是零线，黄绿相间的是地线。也有些地方使用红色表示火线，黑色表示零线，黄绿相间的是地线。国家标准 GB7947 中有明确规定，但这个标准执行得并不是很严格。

2. 直流供电系

直流供电系统采用蓄电池组供给，要根据交换机的容量及当地电网的情况来确定蓄电池的容量。

6.1.3 接地系统

1. 接地种类

电信大楼接地应采用联合接地方式。联合接地方式是在单点接地的原理上将通信设备的工作接地、保护接地、屏蔽接地、建筑防雷接地等共同合用一组接地体的接地方式。

（1）保护接地

保护接地就是将正常情况下不带电，而在绝缘材料损坏后或其他情况下可能带电的电器金属部分（即与带电部分相绝缘的金属结构部分）用导线与接地体可靠连接起来的一种保护接线方式。

（2）屏蔽接地

屏蔽接地是为了防止电磁干扰，在屏蔽体与地或干扰源的金属壳体之间所做的永久良好的电气连接。

（3）防雷接地

防雷接地是用避雷针、避雷线或避雷器接地，目的是使雷电流顺利导入大地，以利于降低雷电过压。

2. 接地要求

新建局（站）应采用联合接地；各类通信局（站）联合接地装置的接地电阻值应按表 6.1 的规定执行。

表 6.1　　　　　　各类通信局（站）接地阻值要求

接地电阻值（Ω）	适用范围
<1	综合楼、国际电信局、汇接局、万门以上程控交换局、2000 路以上长话局
<3	2000 门以上 1 万门以下的程控交换局、2000 路以下长话局
<5	2000 门以下程控交换局、光缆端站、载波增音站、地球站、微波枢纽站、移动通信基站
<10	微波中继站、光缆中继站、小型地球站
<20（注）	微波无源中继站
<10	适用于大地电阻率小于 100Ω·m，电力电缆与架空电力线接口处防雷接地
<15	适用于大地电阻率为 100～500Ω·m，电力电缆与架空电力线接口处防雷接地
<20	适用于大地电阻率为 500～1000Ω·m，电力电缆与架空电力线接口处防雷接地

注：当土壤电阻率太高，难以达到 20Ω时，可放宽到 30Ω。

6.1.4　程控用户交换机工程设计

程控用户交换机工程设计，必须贯彻执行国家的有关方针政策，做到技术先进、经济合理、安全适用和确保质量，充分发挥程控用户交换机的特点，适应综合业务数字网（ISDN）的发展需要。

企事业单位程控交换局的新建、扩建和改建工程要按照程控用户交换机工程设计要求施工；对于扩建和改建工程，应从实际出发，充分利用原有设施。

程控用户交换机工程设计主要包括如下内容。

1. 工程说明

① 概述，包括工程设计依据，原有设备现状概述，本期工程概况、设计分工、特殊要求及其他需要说明的问题。

② 设备选型，程控用户交换机的选型应综合多种因素，并加以技术经济和可行性论证。

③ 系统设计，包括网络结构，入网方式、同步方法、接口类型及数量，线路信号及编号方法，计算中继线和话务量等。

④ 机房设计，包括对房屋的要求及平面布置、设备布置及土建要求。

⑤ 对原有设备处理意见。

⑥ 电源设计。

⑦ 工程注意事项及有关说明。

2. 概算部分

① 概算说明

② 概算表

3. 图纸部分

图纸是工程设计的重要组成部分。它是设计、施工和查检的依据及标准。

6.1.5　综合布线技术

1. 为什么要进行综合布线

建筑物或楼宇内传统布线，如电话、计算机局域网都是各自独立的，各系统分别由不同的厂商设计和安装，布线采用不同的线缆和不同的终端插座。而且，连接这些不同布线的插头、插座及配线架无法互相兼容。由于办公布局及环境改变的情况经常发生，需要调整办公设备或随着新技术的发展需要更换设备时，就必须更换布线。这样因增加新电缆而留下不用的旧电缆，天长日久，导致建筑物内到处都有废旧线缆，不仅浪费原材料，而且造成很大的隐患，使维护不方便，同时也给改造带来很多困难。

2. 综合布线的概念

随着全球社会信息化与经济国际化的深入发展，人们对信息共享的需求日趋迫切，因此需要一个适合信息时代的布线方案。美国电话电报（AT&T）公司的贝尔（Bell）实验室的专家经过多年的研究，在办公楼和工厂试验成功的基础上，于 20 世纪 80 年代末率先推出 SYSTIMAX™PDS（建筑与建筑群综合布线系统），现已推出结构化布线系统 SCS。

综合布线系统的对象是建筑物或楼宇内的传输网络，以使语音和数据通信设备、交换设备和其他信息管理系统彼此相连，并使这些设备与外部通信网络连接。它包含着建筑物内部和外部线路间的电缆及相关的设备连接措施。综合布线系统是由许多部件组成的，主要有传输介质、线路管理硬件、连接器、插座、插头、适配器、传输电子线路、电气保护设施等，并由这些部件来构造各种子系统。

3. 综合布线系统的组成

综合布线系统应该说是跨学科跨行业的系统工程，主要体现在以下几个方面：

① 楼宇自动化系统（BA）；

② 通信自动化系统（CA）；

③ 办公室自动化系统（OA）；

④ 计算机网络系统（CN）。

6.2 程控用户交换机工程设计

程控交换机的工程设计主要包括设备选型、系统设计、机房设计和电源设计。它不仅关系到程控交换机能否正常开通运行，而且对其业务范围、经济效益、投资成本都有直接影响。

6.2.1 设备选型

1. 选型原则

程控用户交换机的选型应综合多种因素，并加以技术经济论证。在实际选型时，既要考虑设备的先进性，又要考虑系统的成熟性和可靠性，一般选用的设备是经过一年以上实际运行的考验，经实践证明是安全可靠、技术比较先进的设备。

① 应符合原邮电部关于《程控用户交换机接入市话网技术要求的暂行规定》和现行国家标准《专用电话网进入公用电话网的进网条件》；符合原邮电部关于《程控用户交换机接入市话网技术要求的暂行规定》和现行国家标准《专用电话网进入公用电话网的进网条件》。

② 应选用符合国家有关技术标准的定型产品，并执行有关通信设备国产化政策。

③ 同一城市或本地网内宜采用相同型号和国家推荐的某些型号的程控用户交换机，以简化接口，便于维修和管理。

④ 除应满足近期容量的需要外，还应考虑远期发展进行扩容改造，逐步发展综合业务数字网的需要。

⑤ 宜选用程控数字用户交换机，以数字链路进行传输，减少接口设备。

2. 设备选型的主要内容

选型问题关系到能否顺利开通和保证通信可靠、充分发挥交换机的优越性以及节省资金等方面。

在具体选型时，应从以下几方面入手。

（1）技术先进性问题

① 综合性能：包括系统容量、话务量负荷能力、基本新业务功能、语音和非语音综合能力、外围接口配置、技术指标、信号方式、话务台功能、提供的特殊功能、组网能力、非语音业务接口及终端种类及数量等。

② 系统结构：包括控制方式、总体结构方式、处理器处理能力、内存容量、外存容量及结构、交换网络结构及外围处理器能力等。

③ 硬件系统：包括硬件水平、接口种类及其符合国际标准程度、硬件的冗余度、硬件可靠性指标和机械结构工艺水平等。

④ 软件系统：包括软件模块和结构化程序的设计水平、软件规模、编程语言的先进性和规范化程度、软件的容错性、软件的成熟性、软件操作的难易度及软件的可维护性等。

⑤ 系统情况：包括模块化结构、系统可靠性、系统冗余度、维护管理功能和系统可靠性指标等。

（2）可靠性问题

交换机不同于其他产品，当它安装开通进入运行后，是连续不间断的工作，这就要求产品具有极大的可靠性与稳定性，可靠性与平均故障时间成反比，和故障间隔时间的长短成正比，故障时间越短，故障间隔越长，则可靠性越好。可靠性与硬件故障率、软件功能失灵度及维护管理人员操作错误有关，同时也与系统成熟程度、市话局配合情况、工作条件、安装情况、使用方法及维护管理水平有关。因此，在选型时应选择用多处理器分散控制的交换机。

（3）实用性问题

根据本单位的实际需要对国内外各种机型进行选择。在选择过程中，应阅读多种机型的说明书，了解其功能和系统结构及一些重要指标，进行调查、咨询。同时要考虑将来的发展，能适应容量的扩充，考虑数据通信、长途电话通信、计算机联网、非话业务、办公自动化等方面发展的需要，尽量选用软/硬件模块化结构，采用脉码调制技术 PCM 数字传输的程控数字交换机。另外，根据需要，应留有数字接口，在进行计算机与交换机联网时，应注意数码率一致（64kbit/s）、电平一致、阻抗相同。

（4）功能要求问题

功能可分为两类，一类是固有功能（又称基本功能），另一类是选择功能。基本功能是设备固有的，设备价格包括了固有功能的价格，选型时应考虑性能价格比。选择功能要根据用户的实际需要，并配备相应的软/硬件以后才能实现。

（5）经济性问题

要选用性能价格比高，机型功能适用的机器，同时还要考虑扩容引起的价格。要全面衡量，取总的平均每线价格进行比较，还要对具体项目进行比较，最后根据需要和投资的可能，选用适当设备。

（6）计费问题

计费可分为 4 类：交换机内部通话计费、市内电话计费、国内长途电话计费和国际长途电话计费。计费系统有 3 种：一种是 CAMA 计费系统，即集中式自动通话计费系统，也叫长途计费系统，由发端长话局进行计费；一种是 LAMA 计费系统，即本地自动通话计费系统，也叫市话计费系统，由发端市话局进行计费；另一种是 PAMA 计费系统，即专用自动通话计费系统，也叫用户交换机立即计费系统。在选型时采用哪种计费系统，应根据进网方式和用户性质而定。

（7）设备对环境要求及制造商情况、售后服务等

环境直接影响交换机的寿命、通信质量和通信可靠性。应选对环境要求较宽、适应性强、运行安全可靠的设备；要确保交换机开通运行后的可靠性，就要在选择产品时考虑制造商的资质与开发和技术能力，至少应该是在业界具有很好的知名度，在技术上能满足用户未来的一些功能需求或软件升级，

在售后服务上应具有完善的服务体系，满足产品在未来长期工作中出现故障时能得到及时解决，因而对生产厂家在培训、维修、服务等方面也要有相应的考虑。

6.2.2 系统设计

程控交换机的系统设计包括电话网结构、系统配置、入网方式、编号计划等。系统设计与交换机所在的实际环境及其具体要求有关。

1. 电话网结构

（1）电话网结构的基本形式

电话通信网和其他通信网一样，其基本要素也是交换机、用户终端和传输线路。电话网的连接形式有星形网、网状网、环形网、树型网和复合网等多种。

（2）电话网的等级结构

等级结构就是把全网的交换局划分成若干个等级，低等级的交换局与管辖它的高等级的交换局相连、形成多级汇接辐射网，即星形网；而最高等级的交换局间则直接互连，形成网状网。所以等级结构的电话网一般是复合网。

等级结构的级数选择与很多因素有关，主要有两个：①全网的服务质量，例如接通率、接续时延、传输质量、可靠性等；②全网的经济性，即网的总费用问题。

（3）我国电话网的一般结构

1986 年，我国电话网实现了 5 级的等级结构，即由 4 级长途交换中心和本地电话网交换中心组成，如图 6.1 所示。5 级结构是根据当时我国长途业务量不大，长途网规模较小和长话网开始由人工向自动过渡的实际情况，从电路的利用率和组网经济性综合考虑确定的。十多年来电话发展的实践证明，在我国电话网发展的初级阶段，采用 5 级的结构是经济合理的，加速了我国电话网自动化的进程。

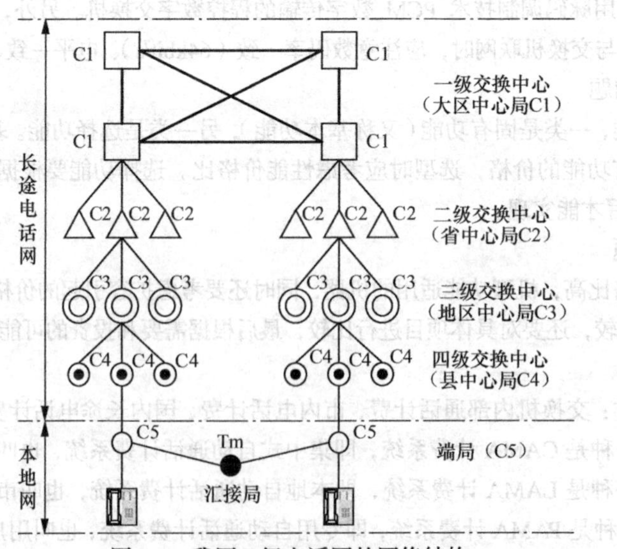

图 6.1　我国 5 级电话网的网络结构

（4）长途网

① 组成。长途电话网简称长途网。长途网由长途交换中心、长市中继和长途电路组成。我国的长途网是以北京为中心，按行政区建立起来的四通八达的 4 级汇集辐射式电话网。我国 5 级结构的长途电话网分为 C1～C4 四级交换中心。一级交换中心为国家的大型交换中心，又称为大区交换中心（我

国共有 8 个大区交换中心：北京、沈阳、西安、成都、武汉、南京、上海、广州；同时还设有两个辅助大区中心局：天津、重庆）；二级交换中心 C2 以省、市为交换中心，一般设在省会城市；三级交换中心 C3 以地区为交换中心；四级交换中心 C4 以县级为交换中心。

② 作用。长途网的作用是用来疏通各个不同本地网之间的长途话务。其中一个或几个一级交换中心直接与国际出入口局连接，完成国际来去话业务的接续。

③ 长途电话网路由选择原则。路由选择是指当两个交换中心的高效直达路由忙时，话务量溢出，要选择迂回路由的顺序。长途路由选择顺序的原则是：先选直达路由，次选迂回路由，最后选基干路由。

④ 我国长途网电路建设原则。我国长途网电路建设原则是：北京至省中心局均有直达电路；同一大区内的各省中心局彼此相连；任何两个交换中心之间，只要长途电话业务量大，地理环境合适，又有经济效益，都可以建立直达路由。

【相关知识】

直达路由：两个交换中心之间直接相连的电路群，直达路由可分为高效直达路由和低呼损直达路由。

基干路由：构成网络基本结构的路由。基干路由电路群的呼损率要低于 1%，它的业务量不许溢出到其他路由。

迂回路由：转接段数少于基干路由的非直达路由。

（5）本地网

① 概念。本地网是本地电话网的简称，有单独的长途区号，这个长途区号的范围就是本地网的范围。同一个本地网内，用户相互之间呼叫只需拨本地电话号码。

② 组成。本地网是由若干个端局（或者若干个端局和汇接局）及局间中继线、长市中继线、用户线、用户交换机、电话机等所组成的电话网。由端局和汇接局两个交换等级组成的本地网叫做 2 级本地电话网结构。本地电话网有两种基本形式：其一是城市及其郊区所组成的本地电话网；其二是县及其农村区域组成的本地电话网。本地电话网的城市市区部分即习惯上所称的“市内电话网”。本地电话网的各端局或汇接局与一个或几个长途交换中心相连接，以疏通长途电话业务。

2. 系统配置

系统配置包括交换机本身的硬件配置、布局和系统配套设备等内容。

交换机的硬件配置就是要确定交换机各种板型的数量。例如，模拟、数字用户线路板，模拟、数字中继单元板，双音多频信号（也称为键音）收发器板，多频互控信号（MFC）收发器板，交换网络板等。

（1）硬件配置

① 中继线路设计。中继线路设计主要是确定中继线的种类和数量。中继线是一个交换机和其他交换机之间的物理连接，它是交换机对外连接的出入干道，其数量的计算以交换机所承担的话务量为基本依据。路由则是它们之间的逻辑连接。

话务量是用户占用交换机有效资源的一个宏观度量。它用呼叫次数（呼叫率）和平均通话时长两个参数确定。对于一定的时间单位，这两个参数的乘积就是话务量，其基本计算公式为：

$$话务量 = 呼叫次数 \times 平均通话时长$$

话务量的基本时间单位是爱尔兰（Erlang），它表示在一个小时的时间内，用户呼叫的次数与平均每次通话时长相乘的结果。

例：某个交换机在一个小时内共发生了 360 次用户呼叫，平均每次通话时长为 4 分钟，问一小时内交换机所承受的话务量。

解：话务量 = 呼叫次数 × 平均通话时长

$$=360 \times 4/60 = 24\ (\text{Ere})$$

如果以 100 秒为核算话务量的时间单位（即平均通话时长以 100 秒为单位），则话务量的单位为百秒呼（CCS）。1 小时 = 3600 秒，因此 1 爱尔兰等于 36CCS。

一般，每条分机用户线的话务量为 0.1 爱尔兰左右，其中外线电话的呼出、呼入的话务量各占约 30%，即 0.03 爱尔兰。而每条中继线可承受的话务量为 0.6 爱尔兰左右，因此，一台交换机的出入中继线数一般各为交换机分机用户总量的 5%，而总的中继线数约为分机容量的 10%左右。

② 硬件基本配置数据。用户可以选购的主要是一些外围电路板和交换网络板。配置这些外围电路板的基本依据是分机用户的容量，即以分机用户的总装机容量为参考值来逐一确定其他所需卡板的种类和数量，见表 6.2。

表 6.2　　　　硬件基本配置数据

项目	所占分机总容量的比值
入中继线	5%左右
出中继线	5%左右
DTMF 收号器	1.5%左右
DTMF 发号器	1%左右
MFC 收码器	0.5%左右
MFC 发码器	0.5%左右
交换网络话路通道	25%左右（非冗余配置）

③ 在硬件配置中，有关控制、机架电源部分电路板的种类、数量、位置等一般都已由交换机的生产厂家设计完毕，无需用户考虑。

（2）布局

硬件布局则是考虑怎样合理安排各种电路板在机架中的位置。

（3）系统配套设备

交换系统的配套设备包括电源、配线架、维护终端、话务台、打印机和计费终端等。在订购这些设备时，要保证其数量及技术规范与所订的交换机相适应。

配线架有架式和柜式两种结构。柜式配线架体积小、外型美观，同程控交换机配在一起整齐协调。

配线架上的内、外线一定要装置保安器，在雷电多发区更应该重视这个问题。由于未装保安器或保安器性能不良而导致雷电侵袭，损坏交换机元部件的情况是不乏其例的。

3. 入网方式

PBX 要接入 PSTN 网，要求能同 PSTN 网上的用户进行语音交换，因此，进行系统设计时，必须考虑入网方式。

入网方式的考虑因素有：交换机容量的大小、区间话务量的大小和接口局的制式等。

常用中继方式包括：

① 全自动直拨中继方式（DOD1 + DID）；

② 半自动方式（DOD2 + BID）；

③ 混合中继方式（DOD + DID + BID）；

④ 人工中继方式：出入局的话务均由话务台转接。

当大话务量（如≥40Erl）时，宜采用全自动方式，这样可以方便使用、简化管理，并有利于将来发展，但由于该方式与公用网等位拨号，因而占有市场号码资源，费用也较高，而且还要考虑局间信令配合问题。

话务量不大时，可采用半自动方式，以节省投资。在半自动方式时，话务量稍大时，可将中继设为单向中继（出入中继分开），并增多中断；当话务量稍小时，可将中继设为双向中继。

混合中继采用半自动方式，以节约部分投资。

话务量很小时，可采用人工方式。

4. 电话网编号计划

编号计划主要是确定用户号码，明确对当地公用电话局和其他交换机的拨号方式及对特种业务号码的编排。

编号方法取决于用户交换机与公用网的中继连接方式，用户号码应选用统一的号长，对于每一个用户话机，应只有一个号码。

（1）编号原则

号码计划是以业务预测和网络规划为依据的。业务预测确定了网络的规模容量、各类性质用户的分布情况及交换机的设置情况。号码的位长和容量既要满足近期需要，又要考虑远期发展，规划时要留有一定的备用号码。

在确定网络组织方案时，必须与编号方案统一考虑，做到统一编号。例如号码怎样分配最有利，取多大的号码位长等。

从用户应用角度考虑，要尽可能地避免改号；同时应尽量缩短号长，以节省设备投资及缩短接续时间。对于分机号码，还可以与楼层、房间号码相对应，以方便用户。

（2）第 1 位号码的分配方案

我国第 1 位号码的分配规则如下：

① “0”为国内长途全自动冠号；

② “00”为国际长途全自动冠号；

③ “1”为特种业务、新业务及网间互通的首位号码；

④ “2”～“9”为本地电话首位号码。

（3）长途电话编号方案

国际长途直拨用户号码按以下顺序组成：

国际长途字冠 + 国家号码 + 该国国内号码

国际长途字冠为“00”；国家号码由 1～3 位组成，根据 ITU-T 的规定，世界上共分为 9 个国家号码编号区，我国在第 8 编号区，国家代码为“86”。

（4）本地电话编号方案

在一个本地网内，一般情况下采用统一等位置编号，号长根据本地网的长远规划容量来确定，但要注意本地网号码加上长途区号的总长不超过 11 位。目前我国大多数城市的本地网电话号码为 8 位。

本地网用户号码按以下顺序组成：

局号 + 用户号码

其中局号可以是 1～4 位。

（5）特种业务编号方案

特种业务号码目前是 3 位，首位是 1。

6.2.3 电信机房设计

电信机房可分为程控交换机室、控制室、话务员室、传输设备室、用户模块室、总配线室、电源室。这些房间的楼层、承重、接地、面积和高度等要根据各自设备要求予以考虑。其地点应避开温度高、灰尘多、有较大震动、强噪声或低洼地区。新建工程的房间面积需要满足终期容量要求。对于机房安装工艺要求，可按设备及工作环境要求进行设计。

1．温、湿度要求

交换机一旦开通，就要求其稳定、可靠地工作。为确保设备正常，各房间温度、湿度条件应符合表 6.3 的要求。如果温度偏高，易使机器散热不畅，使晶体管的工作参数产生漂移，影响电路的稳定性和可靠性，严重时还可造成元器件的击穿损坏。湿度对程控用户交换机的影响也很大。空气潮湿，易引起设备的金属部件和插接部件产生锈蚀，并引起电路板、插接件和布线的绝缘降低，严重时还可造成电线短路，因此，程控用户交换机机房内不要安装暖气，并尽可能避免暖气管道从机房内通过。

表 6.3　温度、湿度条件

机房名称	温度（℃）		相对湿度（%）	
	长期工作条件	短期工作条件	长期工作条件	短期工作条件
程控交换机室	18～28	10～35	30～75	10～90
控制室	18～28	10～35	30～75	10～90
话务员室	10～30		10～80	
传输设备室	10～32	10～40	20～80	10～90
用户模块室	10～32	10～40	20～80	10～90
总配线室	10～32		20～80	
电源室	10～40		10～90	

2．电气环境要求

电气环境的要求主要是指防静电要求和防电磁干扰等。

（1）防静电要求

为降低功耗，程控交换机的许多器件都是 CMOS 器件，这类器件对静电的敏感范围为 25～1000V，而静电产生的静电电压往往高达数千伏甚至万伏以上，这样高的静电电压足以击穿各种类型的半导体器件。所以，程控交换机的抗静电能力较差，由静电引起的故障可以涉及交换机的各个部位，严重时，还可造成交换机整个系统的瘫痪。为防止静电危害，机房应铺设防静电地板或防静电地毯等，并且防静电设施要良好接地，墙壁也应做防静电处理，机房内不可铺设化纤类地毯。工作人员进入机房内要穿防静电服装和防静电鞋，避免穿着化纤类服装进入机房。交换机柜门平常应关闭，工作人员在机房内搬动设备和拿取备件时动作要轻，并尽量减少在机房内来回走动的次数，以免物体间运动摩擦产生静电，特别是我国北方地区气候干燥，更应重视。

（2）防电磁干扰

程控用户交换机附近的设备产生的电磁辐射和其他电干扰，对程控用户交换机的硬件和软件都有可能造成损害，程控用户交换机本身产生的电磁辐射也会对临近的电子设备产生影响。因此，程控用户交换机设备在安装时，应与临近的用电设备保持一定的距离，必要时，机房应采取屏蔽措施，以免临近电子设备之间相互产生干扰。程控用户交换机的机外布线最好与火线交叉通过，并尽量避免长距离靠近并行。

程控交换机应避免安装在场强大于表 6.4 所示的电磁干扰源。

表 6.4　电磁干扰源限值

频率	电场强度（E）	磁场强度（H）
30Hz～30kHz	—	—
30kHz～30MHz	0.6V/m	50μA/m
30～50MHz	0.3 V/m	0.0016μA/m
500MHz～13GHz	1.5 V/m	0.008A/m

3. 防尘、防有害气体要求

电子器件、金属插接件等部件如果积有灰尘，可引起绝缘降低和接触不良，严重时还会造成电路短路，因此程控交换机室的洁净程度与程控交换机的正常运行和使用寿命有密切关系。为保证程控交换机室有较高的清洁程度，机房应采用双层密闭钢窗，并安装吊顶。应经常打扫，并减少人员的出入。此外程控交换机室应和话务员室隔离。

机房允许尘埃限值可参见表 6.5；同时机房应防止有害气体，如 SO_2、H_2S、NH_3、NO_2 和 Cl_2 等侵入，其限值可参见表 6.6。

表 6.5　　允许尘埃限值

灰尘颗粒的最大直径（μm）	0.5	1	3	5
灰尘颗粒的最大浓度（颗粒/m³）	1.4×10^7	7×10^6	2.4×10^6	1.3×10^6

注：灰尘颗粒应是不导电的、非铁磁性和非金属性的。

表 6.6　　有害气体限值

气体	平均（mg/m³）	最大（mg/m³）
二氧化硫（SO_2）	0.2	1.5
硫化氢（H_2S）	0.006	0.03
氨（NH_3）	0.04	0.15
二氧化氮（NO_2）	0.05	0.15
氯气（Cl_2）	0.01	0.3

4. 安全方面的要求

程控交换机是大型贵重设备，应对机房进行防雷、防火、防震等多项安全设计，其中防雷、防火要达到二类或二级防雷、防火标准。如安装避雷针、避雷网、烟雾报警器，配备相应的消防器材，保证事故照明等。

5. 通风方面的要求

为了防尘，程控交换机机房的门窗要尽量少开。但这将使室内空气混浊且容易累积静电。因此程控交换机机房应安装通风管道，并适时进行室内空气的排换。对蓄电池室，如果使用铅酸蓄电池时，应对房间采取防酸、防爆措施。

6.2.4 电源设计

电源是交换机的动力之源，它提供交换机正常工作所需的工作电压和工作电流。电源设备包括交流配电盘、整流柜、直流配电盘、蓄电池等部分，其中以整流设备为核心。

1. 机房电源要求

由于程控数字交换机大量使用数字电路和 CMOS 集成电路，这些电路工作速度快、工作电压低，因而对电源设计也提出了以下具体要求。

（1）高稳定

要求电源的瞬变电压、波动电压、杂音电压都应限制在较低的范围之内。程控数字交换机的工作电压低、工作速度快，电压的不稳定变化可能引起程控交换机高速元件的工作失常，导致数据丢失或逻辑错误，这将会影响系统正常运行，甚至造成整个系统瘫痪。

（2）长寿命

电源应长期稳定地工作（至少和数字交换机设计的使用寿命一样），确保在使用期限内提供正常的工作电压和电流，否则由于电源的更换，将迫使通信中断。

（3）无阻断

由于电源是交换机的动力之源，它一经投入运行，就不允许发生阻断，即使阻断时间很短，也会影响系统运行。因为程控数字交换机采用存储程序控制方式，运行过程中的大量动态数据都存储在随机存储器（RAM）之中，在电源阻断时，这类存储器中的数据将全部丢失，从而引起系统错误操作甚至系统瘫痪。

2. 电源设计应采取的措施

为了满足程控数字交换机对电源高稳定、长寿命和无阻断的要求，电源设备不仅要符合规定的技术指标，而且在电源的配置使用方面还要采取以下措施：

① 采用双套电源备份工作方式；

② 采用整流器和蓄电池并联供电方式，而且蓄电池也用两套；

③ 电源设备要良好接地，一般要求 3000 线以下交换机电源的接地电阻小于 5Ω，3000 线以上的接地电阻应小于 3Ω；

④ 要为交换机的扩容留有余地。

3. 整流器的技术条件

程控电话交换机对电源设备的基本要求主要靠整流器的技术特性来保证，整流器的主要技术数据应满足下述条件。

（1）输入电压

交流输入电压：三相 380V ± 10%；

单相 220V ± 10%；

电压频率：50Hz ± 5%。

（2）输出电压

直流额定输出电压：−48V；

直流整流工作电压视供电方式而定，分有：

- 整流器、蓄电池并联浮充供电：−52.8～53.76V；
- 整流器单独给蓄电池充电：−56.40～57.60V；
- 输入电压。

（3）稳定性

稳定度：1%（满载，输入电压 ± 10%，频率 ± 5%）；

温度特性：约 0.04%/℃；

漂移特性：约 0.15%/1000 小时。

（4）保护特性

- 交流输入熔断器；
- 直流输出熔断器；
- 交、直流冲击电流抑制电路；
- 软启动电路，整流器开机时，其输出电流缓慢增加，防止开机时的过电流损坏设备；
- 过流、过压保护设备；
- 蓄电池极性错接保护等。

（5）输出及告警指示

- 交流输入电压表；

- 直流输出电压表；
- 直流输出电流表；
- 工作状态指示灯；
- 各种告警指示灯（过载、过流等）。

4. 电源设备的配置原则

程控交换机的电源配置与设备厂家、型号以及程控交换机的容量有关，其基本原则有以下几条：

① 选用整流器和蓄电池容量时，主要考虑交换机满容量时的功耗，并加上适当的安全系数，同时考虑将来要进行的扩容等因素；

② 采用整流器给蓄电池浮充供电方式时，整流器的容量应该大于交换机及其他设备耗电电流和蓄电池充电电流之和，否则，若停电时间过长，再通电时可能损坏整流器或其他设备；

③ 蓄电池的容量应能保证在停电后维持交换机正常工作；

④ 如果选用铅酸蓄电池，应尽量选用能给蓄电池进行初充电的整流设备；

⑤ 直流配电盘的容量应大于整流柜和蓄电池容量之和。

6.3 综合布线技术

综合布线技术是在建筑和建筑群环境下的一种信息传输技术。它是将所有电话、数据、图文、图像及多媒体设备的布线综合（或组合）在一套标准的布线系统上，实现了多种信息系统的兼容、共用和互换互调性能。

综合布线系统（Premises Distribution System）全称“建筑与建筑群综合布线系统”，亦称结构化布线系统（SCS）。它是随着现代化通信需求的不断发展、对布线系统的要求越来越高的情况下推出的从整体角度来考虑的一种标准布线系统。综合布线系统可以满足语音通信、计算机网络、保安监控、楼宇自控等建筑物内各系统的通信需求。

6.3.1 综合布线概述

1. 综合布线与传统布线的比较

传统的布线方法是对不同的语音、数据、电视设备采用不同类别的电缆线、接插件、配线架，它们分别设计和施工布线，互不兼容，重复投资；管理拥挤，难以维护，可靠性差。传送速率低，难以满足设备更新、人员变动、办公室扩充等新环境的发展。

综合布线系统采用标准化的语音、数据、图像、监控设备，各线综合配置在一套标准的布线系统上，统一布线设计、安装施工和集中管理维护。综合布线系统以无屏蔽双绞线和光缆为传输媒介，采用分层星形结构，传送速率高。还具有布线标准化、接线灵活性、设备兼容性、模块化信息插座、能与其他拓扑结构连接及扩充设备，安全可靠性高等优点。

2. 综合布线与智能建筑

（1）综合布线

综合布线系统（PDS，Premises Distribution System）又称开放式布线系统，是用通信电缆、光缆、各种软电缆及有关连接硬件构成的通用布线系统，是一套用于建筑物或建筑物群内的信息传输通道。该传输通道既能使语音、数据、图像等设备和交换设备与其他信息管理系统彼此相连，也能使这些设备与外部通信网相连接。

综合布线是智能建筑的基础设施和神经系统。综合布线系统犹如智能建筑内的一条高速公路，实现语音、数据、图像设备、交换设备与其他信息管理系统以及外部通信数据网络的连接和通信，能支持多种应用系统。

综合布线系统的兴起与发展，是在计算机技术、通信技术和新式大型高层建筑技术发展的基础上进一步适应社会信息化和经济国际化的需要，也是办公自动化进一步发展的结果。它也是建筑技术与信息技术相结合的产物，是通信网络工程的基础。

（2）智能建筑

智能建筑是在传统建筑的基础上，综合利用计算机网络技术和现代控制技术，将建筑、通信、计算机网络和监控等各方面的先进技术相互融合、集成为最优化的整体，向人们提供安全、舒适、便利的新型建筑系统。

智能建筑主要由大楼自动化系统（BAS，Building Automation System）、办公自动化系统（OAS，Office Automation System）和通信自动化系统（CAS，Communication Automation System）三大功能系统组成，即所谓的 3A 系统。它们是智能化建筑中最基本的而且必须具备的系统。

① 大楼自动化系统：是将建筑物（或建筑群）内的电力、照明、空气调节与热源、防火、防盗、环境监控与门禁系统及电梯等各种设备以集中监视、控制和管理为目的而构成的一个综合系统。大楼自动化系统主要包括大楼设备监控系统、消防自动化系统和安全防范自动化系统。其任务是给用户提供安全、健康、舒适、温馨、高效的生活环境和高效的工作环境。

② 办公自动化系统：是利用先进的科学技术，不断使人的部分办公业务活动物化于人以外的各种设备中，并由这些设备与办公室人员构成服务于某种目标的人机信息处理系统。办公自动化是多层次的技术、设备和系统的综合。一个完整的办公自动化系统应包括信息的生成与输入、信息的加工与处理、信息的存储与检索、信息的复制、信息的传输与交流以及信息安全管理等功能。办公自动化设备包括：信息处理设备、信息复制设备、信息传输设备、信息储存设备、其他辅助设备。办公自动化是智能建筑的重要组成部分之一，实现办公自动化就是要利用先进的技术和设备来提高办公效率和办公质量，改善办公条件，减轻劳动强度，实现管理和决策的科学化，防止或减少人为的差错和失误。办公自动化技术将使办公活动向着数字化的方向发展，最终将实现无纸化办公。

③ 通信自动化系统：通信自动化是智能建筑的重要基础设施，通常由以程控用户电话交换机为核心的通信网和计算机系统局域网组成。这些设备和传输网络与外部公用通信设施联网，可完成语音、文字、图像和数据等的高速传输和准确处理。是保证建筑物内语音、数据、图像传输的基础，同时与外部通信网（如电话公网、数据网、计算机网、卫星以及广电网）相连，与世界各地互通信息。通常，通信自动化由语音通信、图文通信和数据通信三大部分组成。

（3）综合布线系统与智能建筑的关系

由于智能化建筑涉及建筑、通信、计算机网络和自动控制等多种高新技术，所以智能化建筑工程项目的内容极为广泛，作为智能化建筑中的神经系统（综合布线系统）是智能化建筑的关键部分和基础设施之一，因此，不应将智能化建筑和综合布线系统相互等同，否则容易错误理解。综合布线系统在建筑内和其他设施一样，都是附属于建筑物的基础设施，为智能化建筑的主人或用户服务。虽然综合布线系统和房屋建筑彼此结合形成不可分离的整体，但要看到它们是不同类型和工程性质的建设项目。它们从规划、设计直到施工及使用的全过程中，其关系是极为密切的。具体表现有以下几点：

① 综合布线系统是衡量智能化建筑的智能化程度的重要标志；

② 综合布线系统使智能化建筑充分发挥智能化效能，它是智能化建筑中必备的基础设施；

③ 综合布线系统能适应今后智能化建筑和各种科学技术的发展需要。

总之，综合布线系统分布于智能化建筑中，必然会有相互融合的需要，同时又可能发生彼此矛盾的问题。因此，在综合布线系统的规划、设计、施工和使用等各个环节，都应与负责建筑工程等有关单位密切联系、配合协调，采取妥善合理的方式来处理，以满足各方面的要求。

3. 综合布线系统的特点

（1）综合性兼容性好

传统的专业布线方式需要使用不同的电缆、电线、接续设备和其他器材，技术性能差别极大，难以互相通用，彼此不能兼容。综合布线系统具有综合所有系统和互相兼容的特点，采用光缆或高质量的布线部件和连接硬件，能满足不同生产厂家终端设备传输信号的需要。

（2）灵活性、适应性强

采用传统的专业布线系统时，如需改变终端设备的位置和数量，必须敷设新的缆线和安装新的设备，且在施工中有可能发生传送信号中断或质量下降，增加工程投资和施工时间，因此，传统的专业布线系统的灵活性和适应性差。在综合布线系统中，任何信息点都能连接不同类型的终端设备，当设备数量和位置发生变化时，只需采用简单的插接工序，实用方便，其灵活性和适应性都强，且节省工程投资。

（3）便于今后扩建和维护管理

综合布线系统的网络结构一般采用星形结构，各条线路自成独立系统，在改建或扩建时互相不会影响。综合布线系统的所有布线部件采用积木式的标准件和模块化设计。因此，部件容易更换，便于排除障碍，且采用集中管理方式，有利于分析、检查、测试和维修，节约维护费用和提高工作效率。

（4）技术经济合理

综合布线系统各个部分都采用高质量材料和标准化部件，并按照标准施工和严格检测，保证系统技术性能优良可靠，满足目前和今后通信需要，且在维护管理中减少维修工作，节省管理费用。采用综合布线系统虽然初次投资较多，但从总体上看是符合技术先进、经济合理的要求的。

4. 综合布线系统的适用场合

由于现代化的智能建筑和建筑群体的不断涌现，综合布线系统的适用场合和服务对象逐渐增多，目前主要有以下几类。

（1）商业贸易类型：如商务贸易中心、金融机构、高级宾馆饭店、股票证券市场和高级商城大厦等高层建筑。

（2）综合办公类型：如政府机关、群众团体、公司总部等办公大厦，办公、贸易和商业兼有的综合业务楼和租赁大厦等。

（3）交通运输类型：如航空港、火车站、长途汽车客运枢纽站、江海港区（包括客货运站）、城市公共交通指挥中心、出租车调度中心、邮政枢纽楼、电信枢纽楼等公共服务建筑。

（4）新闻机构类型：如广播电台、电视台、新闻通讯社、书刊出版社及报社业务楼等。

（5）其他重要建筑类型：如医院、急救中心、气象中心、科研机构、高等院校和工业企业的高科技业务楼等。

此外，在军事基地和重要部门（如安全部门等）的建筑以及高级住宅小区等也需要采用综合布线系统。

6.3.2 综合布线系统的组成与常用设备

1. 综合布线系统的组成

目前，关于综合布线有两种常用标准：一种是美国 EIA/TIA568 标准，即商业大楼电信布线标准；另一种是国际标准化组织/国际电工委员会 ISO/IEC11801 标准，即用户楼群通用布线标准。我国新标准是在参考上述两种标准基础上，将综合布线系统分成 6 个子系统，如图 6.2 所示。

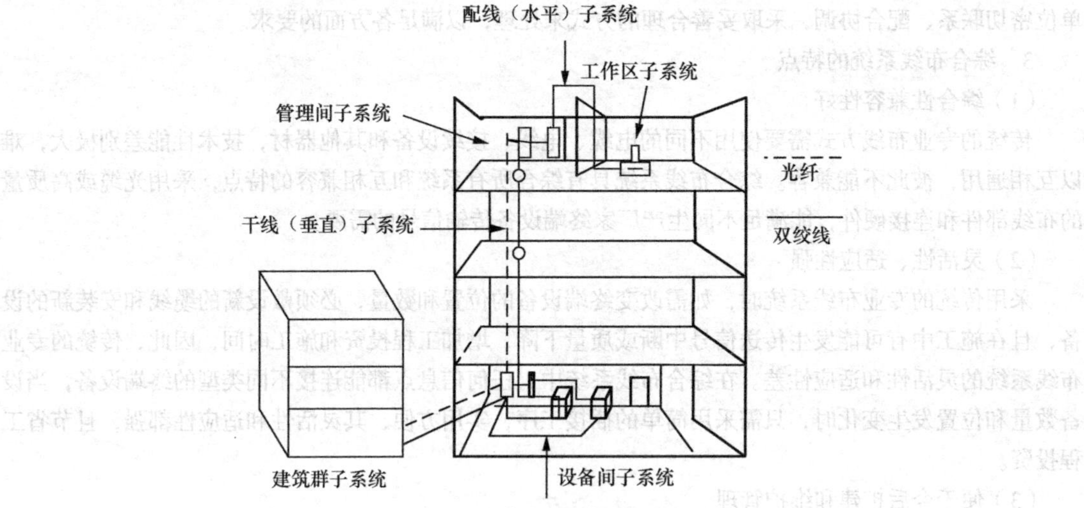

图 6.2 综合布线系统的组成

综合布线系统采用星形结构，任何一个子系统都可以接入综合布线中，因此，结构易于扩充，布线易于重新组合，也便于查找和排除故障，6 个子系统分别如下。

（1）工作区子系统

工作区子系统是指一个独立的需要设置和连接终端设备的区域。它由从终端设备连接到信息插座（RJ-45，结构有单孔、双孔及多孔等）的连线和相关部件组成，包括装配软线、连接器和连接所需的扩展软线，起到在信息插座和终端设备之间搭桥的作用。由 RJ-45 插座和其所连接的设备（终端或工作站）组成。工作区的每个信息插座都应该支持电话机、数据终端、计算机及监视器等终端设备，同时为了便于管理和识别，有些厂家的信息插座做成多种颜色：黑、白、红、蓝、绿、黄，这些颜色的设置应符合 ITA/EIA606 标准。

（2）配线（水平）子系统

配线子系统是从用户工作区连接到干线子系统的水平布线。一端接在信息插座上，另一端连接在楼层配线间（又常称为交接间）的配线架上。它由工作区用的信息插座至楼层配线设备的配线电缆或光缆、楼层配线设备和跳线等组成。结构一般为星形结构，它与干线子系统的区别在于：配线子系统总是在一个楼层上，仅与信息插座、管理间连接。

（3）干线（垂直）子系统

干线子系统应由设备间的配线设备和跳线以及设备间至各楼层交接间的干线电缆组成。缆线一般为大对数双绞线或光缆。

（4）设备间子系统

综合布线系统的设备间是在每一幢大楼的适当地点设置进线设备，进行网络管理及管理人员值班的场所。其作用是把公共设备系统的各种不同设备互连起来，如电信部门的中继线和公共系统设备（如 PBX）连接起来。设备间子系统由设备间中的电缆、连接跳线架及相关支撑硬件、防雷电保护装置等构成。设备间还包括建筑物入口区的设备或电气保护装置及其符合要求的建筑物接地装置。

设备间内的所有总配线设备应用色标区别各类用途的配线区。设备间位置及大小应根据设备的数量、规模和最佳网络中心等因素综合考虑确定。

（5）管理间子系统

管理应对设备间、交接间（安装楼层配线设备的房间）和工作区的配线设备、缆线、信息插座等设施按一定的模式进行标示和记录。

（6）楼宇（建筑群）子系统

建筑群是指由两幢及以上的建筑物组成的建筑群体。建筑群子系统由连接各建筑物之间的综合布线缆线、建筑群配线设备和跳线等组成。它是将一个建筑物中的电缆延伸到另一个建筑物的通信设备和装置，支持建筑物之间通信所需的硬件，包括电缆、光缆以及防止电缆上的脉冲电压进入建筑物的电气保护装置。在建筑群子系统中，会遇到室外敷设电缆问题，一般有 3 种情况：架空电缆、直埋电缆和地下管道电缆，或者是这 3 种的任意组合，具体情况应根据现场的环境来决定。

2. 综合布线系统的常用设备

（1）机柜

机柜（Rack）广泛应用于电子设备的叠放。机柜具有增强电磁屏蔽、削弱设备工作噪音和减少设备占地面积的优点。根据柜内设备的多少，机柜高度一般为 0.7～2.4m，19 英寸标准机柜是最常见的一种机柜。标准机柜的结构比较简单，主要包括基本框架、内部支撑系统、布线系统和通风系统。与机柜相比，机架具有价格相对便宜、搬动方便的优点。不过机架一般为敞开式结构，不像机柜采用全封闭或半封闭结构，所以自然不具备增强电磁屏蔽、削弱设备工作噪声等特性。机柜从组装方式来看，大致有一体化焊接型和组装型两种。一体化焊接型机柜价格相对便宜，焊接工艺和产品材料是这类机柜的关键。组装型是目前比较流行的形式，包装中都是散件，需要时可以迅速组装起来。

（2）电气保护设备

电气保护的目的是为了尽量减小电气事故对布线网上用户的危害，也尽量减小对布线设备的电气损害。常用的电气保护设备如下。

接闪器：直接截接雷击，以及用作接闪的器具、金属构件和金属屋面等，称为接闪器。接闪器包括避雷针、避雷带和避雷网等，是防范直击雷的有效措施。它将雷电流接闪导入地下，防止建筑物和设备遭受直接雷击。

防雷保护器：当电缆从建筑物外部进入建筑物内部，如果室外铜缆和楼内暴露长度超过 15m，必须用保护器保护电缆。

过压保护器：过压保护常见的有碳块保护器、气体保护器与固态保护管保护器。当建筑物内部电缆易于受到雷击、电力系统干扰、电源感应使电压或地电压升高，影响设备的正常使用时，必须用过压保护器保护线对。

保安配线架：为了管理和维护方便，防雷保护器、过流保护器和过压保护器等电气保护设备，可直接安装在建筑配线架上，这样的配线架就叫保安配架。保安配线架要对所有的线对提供保护。

（3）电话交换机

电话交换机（PBX）同样是布线系统的周边产品之一，它与布线系统中语音部分紧密相关。

中继线是用户与外界沟通的线路，按功能分为入中继、出中继和双向中继等。中继线路类型有模拟中继和数字中继。

电话交换机通常通过带 25 对针连接头的电话交换机专用连接线与配线架相连。

（4）网络集线器

网络集线器（HUB）和交换机、路由器网络设备并非布线系统产品，但与布线系统紧密相关。

6.3.3 综合布线系统设计

1. 综合布线设计内容

（1）用户需求分析

① 确定工程实施的范围：主要是确定实施综合布线工程的建筑物的数量、各建筑物的各类信息点

数量及分布情况。还要注意到现场查看并确定各建筑物配线间和设备间的位置，以及整个建筑群的中心机房的位置。

② 确定系统的类型：通过与用户的沟通了解，确定本工程是否包括计算机网络通信、电话语音通信、有线电视系统、闭路视频监控等系统，并要求统计各类系统信息点的分布及数量。

③ 确定系统各类信息点接入要求：对于各类系统的信息点接入要求主要掌握以下内容，即：a. 信息点接入设备类型；b. 未来预计需要扩展的设备数量；c. 信息点接入的服务要求。

④ 查看现场，了解建筑物布局：工程设计人员必须到各建筑物的现场考察，详细了解以下内容：a. 每个房间信息点安装的位置；b. 建筑物预埋的管槽分布情况；c. 楼层内布线走向；d. 建筑物内任何两个信息点之间的最大距离；e. 建筑物垂直走线情况；f. 建筑物之间预埋的管槽情况及布线走向；g. 有什么特殊要求或限制。

（2）系统总体方案设计

系统总体方案设计在综合布线系统工程设计中是极为关键的部分，它直接决定了工程实施后的工程项目质量的优劣。系统总体方案设计主要包括系统的设计目标、系统设计原则、系统设计依据、系统各类设备的选型及配置、系统总体结构、各个布线子系统详细工程技术方案等内容。在进行总体方案设计时，应根据工程具体情况，进行灵活设计，例如单个建筑物楼宇的综合布线设计就不应考虑建筑群子系统的设计。又例如，有些低层建筑物信息点数量又很少，考虑到系统的性价比的因素，可以取消楼层配线间，只保留设备间，配线间与设备间功能整合在一起设计。

此外，在进行系统总体方案设计时，还应考虑其他系统（如有线电视系统、闭路视频监控系统、消防监控管理系统等）的特点和要求，提出互相密切配合，统一协调的技术方案。例如各个主机之间的线路连接，同一路由的敷设方式等，都应有明确要求并有切实可行的具体方案，同时，还应注意与建筑结构和内部装修以及其他管槽设施之间的配合，这些问题在系统总体方案设计中都应予以考虑。

（3）各子系统方案详细设计

综合布线系统工程的各个子系统设计是系统设计的核心内容，它直接影响用户的使用效果。按照国内外综合布线的标准及规范，综合布线系统主要由 6 个子系统构成，即工作区子系统、水平子系统、管理子系统、干线子系统、设备间子系统、建筑群子系统。在对 6 个子系统设计时，应注意以下设计要点：

① 工作区子系统要注意信息点数量及安装位置，以及模块、信息插座的选型及安装标准；

② 水平子系统要注意线缆布设路由，线缆和管槽类型的选择，确定具体的布线方案；

③ 管理子系统要注意管理器件的选择、水平线缆和主干线缆的端接方式和安装位置；

④ 干线子系统要注意主干线缆的选择、布线路由走向的确定、管槽铺设的方式；

⑤ 设备间子系统要注意确定建筑物设备间位置、设备装修标准、设备间环境要求、主干线缆的安装和管理方式；

⑥ 建筑群子系统要注意确定各建筑物之间线缆的路由走向、线缆规格选择、线缆布设方式、建筑物线缆入口位置。还要考虑线缆引入建筑物后采取的防雷、接地和防火的保护设备及相应的技术措施。

（4）其他方面设计

综合布线系统其他方面的设计内容较多，主要有以下几个方面：

① 交直流电源的设备选用和安装方法；

② 综合布线系统在可能遭受各种外界干扰源的影响（如各种电气装置、无线电干扰、高压电线以及强噪声环境等）时，采取的防护和接地等技术措施；

③ 综合布线系统要求采用全屏蔽技术时，应选用屏蔽线缆以及相应的屏蔽配线设备，在设计中应

详细说明系统屏蔽的要求和具体实施的标准；

④ 在综合布线系统中，对建筑物设备间和楼层配线间进行设计时，应对其面积、门窗、内部装修、防尘、防火、电气照明、空调等方面进行明确的规定。

2. 综合布线系统设计等级

（1）基本型综合布线系统

基本型综合布线系统方案是一个经济有效的布线方案。它支持语音或综合型语音/数据产品，并能够全面过渡到数据的异步传输或综合型布线系统。它的基本配置如下：

① 每一个工作区有 1 个信息插座；

② 每一个工作区有一条水平布线 4 对 UTP 系统；

③ 完全采用 110A 交叉连接硬件，并与未来的附加设备兼容；

④ 每个工作区的干线电缆至少有 2 对双绞线。

它的特点为：

① 能够支持所有语音和数据传输应用；

② 支持语音、综合型语音/数据高速传输；

③ 便于维护人员维护、管理；

④ 能够支持众多厂家的产品设备和特殊信息的传输。

这类系统适合于目前的大多数的场合，因为它具有要求不高，经济有效，且能适应发展，逐步过渡到较高级别等特点，因此目前主要应用于配置要求较低的场合。

（2）增强型综合布线系统

增强型综合布线系统不仅支持语音和数据的应用，还支持图像、影像、视频会议等。它具有为增加功能提供发展的余地，并能够利用接线板进行管理，它的基本配置如下：

① 每个工作区有 2 个以上信息插座；

② 每个信息插座均有水平布线 4 对 UTP 系统；

③ 具有 110A 交叉连接硬件；

④ 每个工作区的电缆至少有 8 对双绞线。

它的特点为：

① 每个工作区有 2 个信息插座，灵活方便，功能齐全；

② 任何一个插座都可以提供语音和高速数据传输；

③ 便于管理与维护；

④ 能够为众多厂商提供服务环境的布线方案。

这类系统能支持语音和数据系统使用，具有增强功能，且有适应今后发展的余地，适用于中等配置标准的场合。

（3）综合型综合布线系统

综合型布线系统是将双绞线和光缆纳入建筑物布线的系统，它的基本配置如下：

① 在建筑物内、建筑群的干线或水平布线子系统中配置 62.5μm 光缆；

② 在每个工作区的电缆内配有 4 对双绞线；

③ 每个工作区的电缆中应有 2 条以上的双绞线。

它的特点为：

① 每个工作区有 2 个以上的信息插座，不仅灵活方便，而且功能齐全；

② 任何一个信息插座都可供语音和高速数据传输；

③ 有一个很好的环境，为客户提供服务。

这类系统具有功能齐全．满足各方面通信要求，适用于配置较高的场合，如规模较大的智能建筑等。

6.3.4 综合布线系统的施工和验收

1. 综合布线系统的施工

（1）工程实施前的准备工作

施工前的准备工作主要包括技术准备、施工前的环境检查、施工前的器材检查等环节。

① 技术准备工作：熟悉综合布线系统工程设计、施工、验收的规范要求，掌握综合布线各子系统的施工技术以及整个工程的施工组织技术；熟悉和会审施工图纸；熟悉与工程有关的技术资料，如厂家提供的说明书和产品测试报告、技术规程、质量验收评定标准等内容。

② 施工前的环境检查：在工程施工开始以前，应对楼层配线间、二级交接间、设备间的建筑和环境条件进行检查，具备条件后方可开工。

③ 施工前的器材检查：工程施工前应认真对施工器材进行检查，经检验的器材应做好记录，对不合格的器材应单独存放，以备检查和处理。

（2）工程施工过程中的注意事项

① 施工督导人员要认真负责，及时处理施工进程中出现的各种情况，协调处理各方意见。

② 如果现场施工碰到不可预见的问题，应及时向工程单位汇报，并提出解决办法供工程单位当场研究解决，以免影响工程进度。

③ 对工程单位计划不周的问题，在施工过程中发现后，应及时与工程单位协商，及时妥善解决。

④ 对工程单位提出新增加的信息点，要履行确认手续并及时在施工图中反映出来。

⑤ 对部分场地或工段要及时进行阶段检查验收，确保工程质量。

⑥ 制订工程进度表。为了确保工程能按进度推进，必须认真做好工程的组织管理工作，保证每项工作能按时间表及时完成，建议使用督导指派任务表、工作间施工表等工程管理表格，督导人员依据这些表格对工程进行监督管理。

2. 综合布线系统的验收

根据综合布线工程施工与验收规范的规定，综合布线工程竣工验收主要包括 3 个阶段：工程验收准备，工程验收检查，工程竣工验收。工程验收工作主要由施工单位、监理单位、用户单位三方一起参与实施的。

（1）工程验收准备

工程竣工完成后，施工单位应向用户单位提交一式三份的工程竣工技术文档，具体应包含以下内容：

① 竣工图纸。竣工图纸应包含设计单位提交的系统图和施工图，以及在施工过程中变更的图纸资料。

② 设备材料清单。它主要包含综合布线各类设备类型及数量，以及管槽等材料。

③ 安装技术记录。它包含施工过程中验收记录和隐蔽工程签证。

④ 施工变更记录。它包含由设计单位、施工单位及用户单位一起协商确定的更改设计资料。

⑤ 测试报告。测试报告是由施工单位对已竣工的综合布线工程的测试结果记录。它包含楼内各个信息点通道的详细测试数据以及楼宇之间光缆通道的测试数据。

（2）工程验收检查

工程验收检查工作是由施工方、监理方、用户方三方一起进行的，根据检查出的问题可以立即制定整改措施，如果验收检查已基本符合要求的，可以提出下一步竣工验收的时间。工程验收检查工作主要包含下面内容。

① 信息插座检查

- 信息插座标记是否齐全；
- 信息插座的规格和型号是否符合设计要求；
- 信息插座安装的位置是否符合设计要求；
- 信息插座模块的端接是否符合要求；
- 信息插座各种螺丝是否拧紧；
- 如果屏蔽系统，还要检查屏蔽层是否接地可靠。

② 楼内线缆的敷设检查

- 线缆的规格和型号是否符合设计要求；
- 线缆的敷设工艺是否达到要求；
- 管槽内敷设的线缆容量是否符合要求。

③ 管槽施工检查

- 安装路由是否符合设计要求；
- 安装工艺是否符合要求；
- 如果采用金属管，要检查金属管是否可靠地接地；
- 检查安装管槽时已破坏的建筑物局部区域是否已进行修补并达到原有的感官效果。

④ 线缆端接检查

- 信息插座的线缆端接是否符合要求；
- 配线设备的模块端接是否符合要求；
- 各类跳线规格及安装工艺是否符合要求；
- 光纤插座安装是否符合工艺要求。

⑤ 机柜和配线架的检查

- 规格和型号是否符合设计要求；
- 安装的位置是否符合要求；
- 外观及相关标志是否齐全；
- 各种螺丝是否拧紧；
- 接地连接是否可靠。

⑥ 楼宇之间线缆敷设检查

- 线缆的规格和型号是否符合设计要求；
- 线缆的电气防护设施是否正确安装；
- 线缆与其他线路的间距是否符合要求；
- 对于架空线缆，要注意架设的方式以及线缆引入建筑物的方式是否符合要求，对于管道线缆，要注意管径、入孔位置是否符要求，对于直埋线缆，注意其路由、深度、地面标志是否符合要求。

（3）工程竣工验收

工程竣工验收是由施工方、监理方、用户方三方一起组织人员实施的。它是工程验收中的一个重要环节，最终要通过该环节来确定工程是否符合设计要求。工程竣工验收包含整个工程质量和传输性能的验收。

工程质量验收是通过到工程现场检查的方式来实施的，具体内容可以参照工程验收检查的内容。由于前面已进行了较详细的现场验收检查，因此该环节主要以抽检方式进行。传输性能的验收是通过标准测试仪器对工程所涉及的电缆和光缆的传输通道进行测试，以检查通道或链路是否符合

ANSI/TIA/EIA TSB-67 标准。由于测试之前，施工单位已自行对所有信息点的通道进行了完整的测试并提交了测试报告，因此该环节主要以抽检方式进行，一般可以抽查工程的 20%信息点进行测试。如果测试结果达不到要求，则要求工程所有信息点均需要整改并重新测试。

本章小结

电信设备工作环境直接影响交换机及其室内设备的寿命、通信质量和通信可靠性。因此室内可靠性要求高、价格昂贵的设备不应放置在温度高、湿度变化大、灰尘多、有害气体多的环境中。电信大楼设计、施工及装修均应按照相关规定执行。

程控交换机的工程设计主要包括设备选型、系统设计、机房设计、电源设计。它不仅关系到程控交换机能否正常开通运行，而且对其业务范围、经济效益、投资成本都有直接影响。

程控交换机的系统设计包括电话网结构、系统配置、入网方式、编号计划等。系统设计与交换机所在的实际环境及其具体要求有关。

集团用户交换机入网时考虑的因素有：交换机容量的大小、区间话务量的大小和接口局的制式等。常用入网中继方式有：①全自动直拨中继方式（DOD1 + DID）；②半自动方式（DOD2 + BID）；③混合中继方式（DOD + DID + BID）；④人工中继方式，出入局的话务均由话务台转接。

综合布线系统是智能建筑中必不可少的组成部分，它为智能建筑的各应用系统提供了可靠的传输通道，使智能建筑内各应用系统可以集中管理。综合布线的设计与实施是一项系统工程，它是建筑、通信、计算机和监控等方面的先进技术相互融合的产物。

智能建筑是在传统建筑的基础上，综合利用计算机网络技术和现代控制技术，将建筑、通信、计算机网络和监控等各方面的先进技术相互融合、集成为最优化的整体，向人们提供安全、舒适、便利的新型建筑系统。智能建筑主要由大楼自动化系统、办公自动化系统和通信自动化系统 3 大功能系统组成。它们是智能化建筑中最基本的而且必须具备的系统。

综合布线有两种常用标准：一种是美国 EIA/TIA568 标准，即商业大楼电信布线标准；另一种是国际标准化组织/国际电工委员会 ISO/IEC11801 标准，即用户楼群通用布线标准。我国新标准是在参考上述两种标准基础上，将综合布线系统分成工作区子系统、配线（水平）子系统、干线（垂直）子系统、建筑群子系统、设备间子系统和管理间子系统 6 个子系统，综合布线系统的常用设备包括机柜（Rack）、电气保护设备、电话交换机、网络集线器等。

综合布线工程竣工验收主要包括工程验收准备、工程验收检查、工程竣工验收 3 个阶段。工程验收工作主要由施工单位、监理单位、用户单位三方一起参与实施。

习题

一、填空题

6-1 通信大楼交流供电系统由________和自备发电机发电两部分组成，采用集中供电方式供电。

6-2 一般情况下，三相电路中火线使用红、黄、________三色表示 A 相、B 相和 C 相 3 根火线。

6-3 单相供电电路中，一般黄色表示火线，________色是零线，黄绿相间的是地线。

6-4 联合接地方式是在单点接地的原理上将通信设备的工作接地、保护接地、屏蔽接地、建筑防雷接地等共同合用________的接地方式。

6-5 两个交换中心之间直接相连的电路群路由属于________路由。

6-6 程控电话交换机的系统配置包括交换机本身的________配置、布局和系统配套设备等内容。

6-7 交换机的硬件配置就是要确定交换机各种________的数量。

6-8 在电路交换中，交换系统的配套设备包括电源、________架、维护终端、话务台、打印机和计费终端等。

6-9 用户电话交换机的入网方式的考虑因素主要有交换机容量的大小、区间话务量的大小和________的制式等。

6-10 综合布线技术是在建筑和建筑群环境下的一种________技术。

6-11 智能建筑主要由大楼自动化系统（BAS）、办公自动化系统（OAS）和________系统三大功能系统组成，即所谓的 3A 系统。

6-12 工程验收检查工作是由施工方、________方、用户方三方一起进行的。

二、选择题

6-13 三相电路中，一般情况下用作保护线的颜色是（ ）。

A. 黄绿相间的线 B. 红色 C. 绿色 D. 蓝色

6-14 将正常情况下不带电而在绝缘材料损坏后或其他情况下可能带电的电器金属部分用导线与接地体可靠连接起来的一种保护接线方式属于（ ）。

A. 工作接地 B. 保护接地 C. 屏蔽接地 D. 防雷接地

6-15 1986 年，我国电话网实现的等级结构是（ ）。

A. 2 级 B. 3 级 C. 5 级 D. 7 级

6-16 由若干个端局（或者若干个端局和汇接局）及局间中继线、长市中继线、用户线、用户交换机、电话机等所组成的电话网称为（ ）。

A. 电话网 B. 本地网 C. 长途网 D. 农话网

6-17 目前，关于综合布线有两种常用标准：一种是美国 EIA/TIA568 标准；另一种是（ ）。

A. G.902 标准 B. Y.1231 标准

C. ISO/IEC11801 标准 D. X.25 标准

三、判断题

6-18 电信大楼接地应采用屏蔽接地方式。

6-19 中继线路设计主要是确定用户线和中继线的种类和数量。

6-20 话务量是用户占用交换机有效资源的一个宏观度量。

四、简答题

6-21 常用的接地方式有哪些？什么是联合接地？

6-22 程控用户交换机工程设计包含哪些内容？

6-23 程控用户交换机的系统设计包括哪些内容？

6-24 电源设备有哪些配置原则？

6-25 什么是综合布线系统？简述综合布线的作用。

6-26 什么是智能建筑？它由哪几部分组成？

6-27 简述综合布线的特点。

6-28 简述综合布线系统的组成。

第 7 章

分组交换与帧中继技术

【本章内容简介】 本章系统介绍了分组交换原理和技术及帧中继技术。包括数据通信的概念、构成、分类及其交换方式；分组交换的概念、特点以及分组交换技术的产生背景，分组交换的思想、统计时分复用技术、逻辑信道、虚电路和数据报、路由选择、流量控制、X.25 协议；帧中继技术的产生背景，帧中继的协议与帧格式，帧中继的交换原理、分组交换技术与帧中继的主要区别。

【本章重点难点】 本章重点是分组交换思想、分组交换方式、分组交换技术以及帧中继与分组交换的区别；难点是 X.25 协议。

7.1 概述

7.1.1 数据通信的概念

数据是具有某种含义的数字信号的组合，如字母、数字和符号等。随着计算机的普及，人们对数据的理解也更加广泛，无论是文字、语音或图像，只要它们能用编码的方法形成各种代码的组合，都统称为数据。

数据通信就是按照通信协议，利用数据传输技术在功能单元之间传递数据信息，从而实现计算机与计算机、计算机与终端以及终端与终端之间的数据信息传递而产生的一种通信技术。

数据通信包含两方面内容：数据的传输和数据传输前后的处理，例如数据的集中、交换、控制等。数据传输是数据通信的基础，而数据传输前后的处理使数据的远距离交换得以实现。这一点在讨论数据链路、数据交换以及各种规程时将会更明显。

【相关知识】

数字通信：先将模拟信号转换成数字信号再传输。

数据通信：数据终端产生的是数字形式的信号（即数据信号）。

7.1.2 数据通信系统的基本结构

数据通信系统由三大部分组成，即发送器、信道和接收器。在双向通信中，通信的每一方都具有发送器和接收器，也就是说，通信的每一方都可同时发送和接收数据。目前，使用较多的是采用 7 个部分的通用数据电路（Universal Seven-Part Data Circuit）来描述一个终端 A 与终端 B 间的数据通信系统（见图 7.1）。

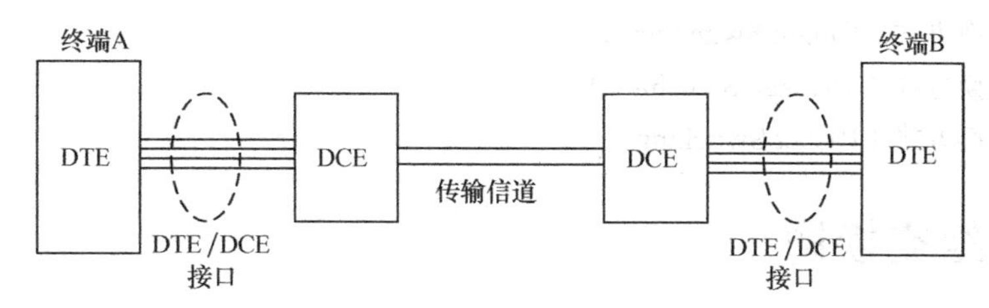

图 7.1　数据通信系统的 7 部分组成示意图

图 7.1 中，DTE（Data Terminal Equipment）是数据终端设备；DCE（Data Circuit-Terminating Equipment）为数据电路终接设备；DTE/DCE 接口则分别位于 DTE 和 DCE 上。传输信道可以是模拟信道，也可以是数字信道。

在构成数据通信系统的 7 个部分中，DTE 可以是计算机或计算机终端，也可以是其他数据终端；DCE 在模拟技术体制下是调制解调器，而在数字技术体制下可以是数据业务单元（Data Service Unit，DSU）。

DCE 和传输信道可以完成将数据从终端 A 传送到终端 B 的功能或者相反。通常，它们并不知道也不关心信息的内容。

DTE/DCE 接口由 DCE 和 DTE 内部的输入/输出电路以及连接它们的连接器和电缆组成。通常，接口遵从国际标准化组织（ISO）、国际电信联盟电信标准部（ITU-T）和美国电子工业协会（EIA）制定的标准（如 ITU-T 的 V 系列接口和 X 系列接口；EIA 的 RS-232 标准等）。

7.1.3 数据通信网的分类

可以从不同的角度对数据通信网进行分类。

1. 按服务范围分

（1）广域网（Wide Area Network, WAN）：广域网的服务范围通常为几十到几千千米，有时也称为远程网。

（2）局域网（Local Area Network, LAN）：局域网通常限定在一个较小的区域之内，一般局限于一幢大楼或建筑群，一个企业或一所学校，局域网的直径通常不超过数千米。对 LAN 来说，一幢楼内传输媒介可选双绞线、同轴电缆，建筑群之间可选光纤。

（3）城域网（Metropolitan Area Network, MAN）：城域网的地理范围比局域网大，可跨越几个街区甚至整个城市，有时又称都市网。MAN 可以为几个单位所拥有，也可以是一种公用设施，用来将多个 LAN 互连。对 MAN 来说，光纤是最好的传输媒介，可以满足 MAN 高速率、长距离的要求。

2. 按交换方式分类

按交换方式分类，可以有电路交换的数据通信网、分组交换网（又称 X.25 网）、帧中继网、异步传送模式 ATM 等。

还有多种分类方法，如按使用对象可分为公用网和专用网等。

7.1.4 数据通信网的交换方式

在信息传输方面，由于数据通信网与电话通信网相比，有它自己的特点（实时性要求不如电话通信网那样高），因而，在数据通信网中引入一些特殊的交换方式。

目前，数据通信网中可采用的信息的交换方式有以下 3 类：

（1）电路交换方式（Circuit Switching）；

（2）报文交换方式（Message Switching）；

（3）分组交换方式（Packet Switching）。

7.1.5 分组交换网

数据通信网发展的重要里程碑是采用分组交换方式构成分组交换网。分组交换网和电路交换网相比，分组交换网的两个站之间通信时，网络内不存在需提供一条物理电路供两个站点之间通信专用，因此不会像电路交换那样，所有的数据传输控制仅仅涉及两个站之间的通信协议。在分组交换网中，一个分组从发送站传送到接收站的整个传输控制，不仅涉及该分组在网络内所经过的每个节点交换机之间的通信协议，还涉及发送站、接收站与所连接的节点交换机之间的通信协议。国际电信联盟电信标准部（ITU-T）为分组交换网制定了一系列通信协议，世界上绝大多数分组交换网都用这些标准。其中最著名的标准是 X.25 协议，它在推动分组交换网的发展中做出了很大的贡献。因此，有人把分组交换网简称为 X.25 网。

7.1.6 分组交换技术的产生

分组交换技术的研究是从 20 世纪 60 年代开始的。当时，报文交换和电路交换技术已经得到了极大发展，人们在异地之间可以借助于电报和电话网进行图文和实时的信息交流。随着计算机的出现和广泛应用，人们越来越多地希望多个计算机之间能够进行资源共享，使得计算机与计算机之间或计算机与其终端之间需要进行信息的沟通，而计算机中的信息是以二进制数“1”和“0”表示的，它代表着文字、符号、数码、图像和声音等，也就是数据信息。由于计算机之间通信的数据业务不像电话业务那样具有实时性，而是具有突发性的特点，并要求有高度的可靠性，这就要求电信网络能够提供适应高速、容量大、可靠性高、突发性强和延时小的数据业务，传统的电报网传输信息时延大，不适合大容量的数据通信业务，而电话网固定占用带宽，传输速率低，线路利用率不高，不适合突发性业务，不同速率的数据终端之间不能互通信息。因此，大约在 20 世纪 60 年代末，人们开始研究一种新的适合于进行数据通信的技术——分组交换。

7.2 分组交换原理

7.2.1 分组交换的工作原理

分组交换技术是在计算机技术发展到一定程度，人们除了打电话直接沟通，通过计算机和终端实现计算机与计算机之间的通信，在传输线路质量不高、网络技术手段还较单一的情况下应运而生的一种交换技术。

分组交换也称包交换，它是将用户传送的数据划分成一定的长度，每个部分叫做一个分组。在每个分组的前面加上一个分组头，包含用于控制和选路的有关信息。分组在网内由分组交换机根据每个分组的地址标志，采用“存储—转发”、流量控制和差错控制技术，将它们传送至目的地，这一过程称为分组交换。进行分组交换的通信网称为分组交换网。

分组交换实质上是在“存储—转发”基础上发展起来的。每个分组标识后，在一条物理线路上采用动态复用的技术，同一个报文的多个分组可以同时传输，多个用户的信息也可以共享同一物理链路，因此分组交换可以达到资源共享，并为用户提供可靠、有效的数据服务。它克服了电路交换中独占线路、线路利用率低的缺点，同时由于分组的长度短，格式统一，便于交换机进行处理，因此，它相比报文交换有较小的时延。所以我们可以看出分组交换比电路交换的线路利用率高，比报文交换的传输时延小，交互性好，它兼有电路交换和报文交换的优点。

1. 数据终端设备

数据终端设备（DTE）按业务内容不同，可分为分组型终端（PT）和非分组型终端（NPT）。

分组型终端（PT）就是具有分组形成能力，可将数据信息分成若干个分组，能执行 X.25 协议，可直接和分组网相连进行通信的终端设备。一般的计算机装上 X.25 网卡，同时通过运行相应的软件，可完成分组终端的功能。如数字传真机、智能用户电报终端（Teletex）、可视图文接入设备（VAP）、局域网和各种专用终端等都属于分组终端。

非分组终端（NPT）也称一般终端，就是以字符形式收发信息的一般终端。非分组终端就是不能执行 X.25 通信协议和无通信协议终端的统称。如异步字符终端、G3 传真机、电传机以及 SDLC 同步终端等。非分组是不能直接和分组通信网络相接进行通信的终端设备。为了能允许非分组终端设备利用分组交换网络进行通信，通常在分组交换机中设置分组装拆（PAD）模块，完成用户报文信息和分组之间的转换。

2. 分组交换的工作原理

假设分组交换网有 3 个交换节点（分组交换机）和 4 个终端，其中 A 和 D 为一般（非分组）终端，B 和 C 为分组终端。图 7.2 表示了用户 A 向用户 C 以及用户 B 向用户 D 传送分组的过程。首先看一看用户 A 的信息向用户 C 的传送过程：由于用户 A 是一般终端，它的信息在分组交换机 1 中需经分组装拆设备（PAD）变成 3 个分组 1C、2C 和 3C；1C、3C 分组通过交换机 1、2 的传输线，而 2C 分组通过交换机 1、3 和 3、2 的传输线，这些分组在节点都要通过“存储—转发”的操作，最后由目的分组交换机 2 将这些分组送给用户 C。由于用户 C 为分组型终端，因此分组到达目的分组交换机 2 后不必经过 PAD，而是直接将分组送给用户 C，由于用户 A 的信息到达用户 C 的过程中，分组在网络中通过路线不一致，排队等待时间长短不一，故分组到达目的终端前须重新排队。分组从 A 节点到达 C 节点通过多个路经，类似报文交换。其次，我们再看一看用户 B 的信息向用户 D 的传送过程：由于用户 B 是分组型终端，因此发送的数据已是分组型，在交换机 3 中不必经过 PAD，而是由分组终端 B 将数据信息变成分组 1D、2D 和 3D，它们通过交换机 3、2 的传输线到达分组交换机 2，但由于目的终端 D 是一般终端，需要在交换机 2 中经过 PAD 将分组变成一般报文送给用户 D。分组从 B 节点到达 D 节点通过路经一致，类似电路交换。

由此可见，分组在分组网中传送时，由于每个分组包含有用于控制和选路作用的分组头，这些分组在网络中以“存储—转发”的方式在网络中传输。即每个节点首先对收到的分组进行暂存，检查分组在传输中有无差错，分析分组头中的有关选路信息，进行路由选择，并在选择的路由上进行排队，等到信道有空闲时，才向下一个节点或目的用户终端发送。

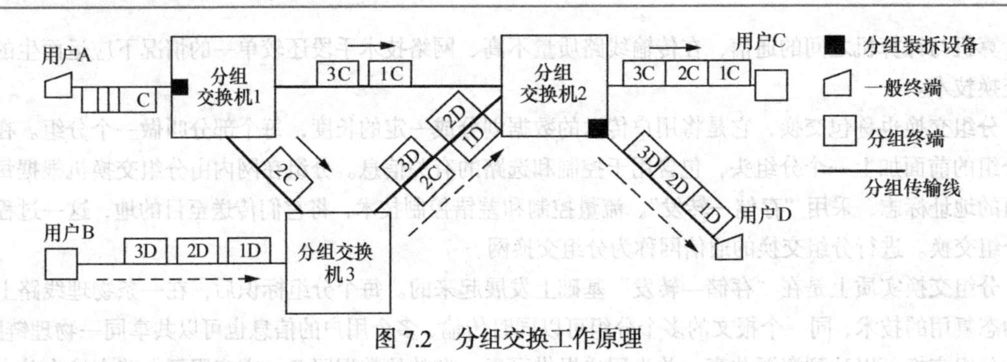

图 7.2　分组交换工作原理

7.2.2　分组交换方式

从图 7.2 可以看出，分组交换网采用两种方式向用户提供信息传送服务，一种是数据报方式，另一种是虚电路方式。

1. 数据报方式

分组交换的数据报方式继承了报文交换的优点。所谓数据报方式，就是采用统计复用技术，在分组网内根据每个分组的地址信息将数据分组由信源传送到信宿。交换节点对每一个分组单独进行处理，采用“存储—转发”方式，根据分组中包含的目的地址信息和网络状态为每个分组独立寻找路由，属于同一用户的不同分组可能沿着不同的路径到达终点，分组到达终点后，应按原来的顺序组合用户数据信息。

数据报方式的特点如下：

（1）用户之间的通信不需要连接建立和拆除过程，根据分组头地址就可以直接传送数据，因此对于短报文通信效率比较高；

（2）网络节点根据分组头地址自由地选路，可以避开网络中的拥塞路段或节点，因此网络传送分组的可靠性更高，如果一个节点出现故障，分组可以通过其他路由传送；

（3）数据报方式的缺点是分组和节点的开销较大。由于分组在网内按地址信息和网络状态向目的地方向传送，分组的到达终点次序随机，需要重新排序。每个分组的分组头要包含详细的目的地址；

（4）数据报方式适用于短报文的数据通信，如询问/响应型、电子邮件型业务等。

2. 虚电路方式

分组交换的虚电路方式继承了电路交换的优点。所谓虚电路方式，就是采用统计复用技术，在用户数据分组传送前，先通过发送呼叫请求分组建立端到端的虚电路，一旦虚电路建立，属于同一呼叫的数据分组均沿着这一虚电路传送，传送完毕，通过呼叫清除分组来拆除虚电路。在这种方式中，用户的通信过程需要经过虚连接建立、分组传输、虚连接拆除 3 个阶段。因此，虚电路提供的是面向连接服务。

必须说明的是，分组交换中的虚电路和电路交换中的实电路是不同的。在分组交换中，以统计时分复用方式传送信息，在一条物理线路上可以同时建立多个虚电路，两个用户终端之间建立的是虚连接；而在电路交换中，采用的是同步时分复用方式进行复用，两个用户终端之间建立的是实连接（物理连接），多个用户终端的信息在固定的时隙向所复用的物理线路上发送信息，若属于某终端或通信过程的某个时隙无信息传送，其他终端也不能利用这个时隙进行信息传送。而虚电路方式则不同，每个终端发送信息没有固定的间（时）隙，它们的分组在节点的相应端口统一进行排队，当某个终端暂时无信息发送时，线路的所有带宽资源立即由其他用户分享。换言之，建立实连接时，不但确定了信息所走的路径，在连接拆除前，一直独占带宽资源。而在建立虚连接时，仅仅是确定了信息的端到端路径，该路径并不独占带宽资源。因此，将每个连接只在占用它的用户发送数据时才排队竞争带宽资源，称之为虚连接。

虚电路方式的特点如下：

（1）分组的传输时延较小。虚电路的路由选择仅仅发生在虚电路建立时，此过程称为虚呼叫，在后续的数据传送过程中，路由不再改变，因此可以减少节点不必要的控制和处理开销；

（2）终端不需要重新排序。由于属于同一呼叫的所有分组遵循同一路由，这些分组将以原有的顺序到达目的地，终端不需要重新排序；

（3）虚电路建立后，每个分组头中不再需要包含详细的目的地址，而只需逻辑信道号，就可以区分各个呼叫的信息，减少了每个分组的额外开销；

（4）虚电路是由多段逻辑信道级联而成，虚电路在它经过的每段物理线路上都有一个逻辑信道号，这些逻辑信道级联构成了端到端的虚电路，因此，逻辑信道是基于段来划分的，而虚电路则是端到端的；

（5）虚电路的缺点是当网络中线路或设备发生故障时，可能导致虚电路中断，必须重新建立连接才能恢复数据传输。随着技术的发展，现在许多采用虚电路方式的网络已能提供呼叫重新连接的功能。当网络出现故障时，将由网络自动选择并建立新的虚电路，不需要用户重新呼叫，并且不丢失用户数据；

（6）虚电路适用于长报文的数据通信。它适用于一次建立后长时间传送数据的应用，其持续时间应明显大于呼叫建立时间，如文件传送、传真业务等；否则，传输时延大，传输效率较低，虚电路的技术优势无法实现。

7.2.3　分组交换方式的主要特征

分组交换方式的主要特征是以数据分组为单位，以“存储—转发”方式在分组网内进行交换和传送分组信息。分组交换方式除了具有报文交换方式的各种优点外，还由于分组长度较短，具有统一的格式，因而便于交换机存储（可以只用内存储器）与处理。所以，与报文交换方相比，其信息传输延迟时间大大缩短。

7.3　分组交换技术

7.3.1　分组的形成

在分组交换中，分组是交换和传送处理的对象。分组交换是采用“存储—转发”方式传送若干比较短的、被规范化了的分组。与报文交换相比，分组在分组网内传送的时间较短，通常一个分组在交换机内的平均时延为数毫秒甚至更短，所以，分组网能满足绝大多数数据通信用户对信息传输的实时要求。

分组的形成过程如图 7.3 所示。分组终端或分组装拆设备（PAD）将用户数据信息分成分组 1、2 和 3，每个分组都有一个分组头，它由 3～8 个字节构成。每个分组包含标志序列、地址字段、控制字段、分组头、用户数据、帧检查序列，其长度通常为 128 个 8bit 组（OCTET 或称为字节 B），也可根据通信线路的质量选用 32、64、256 或 1024 个 8 位组。

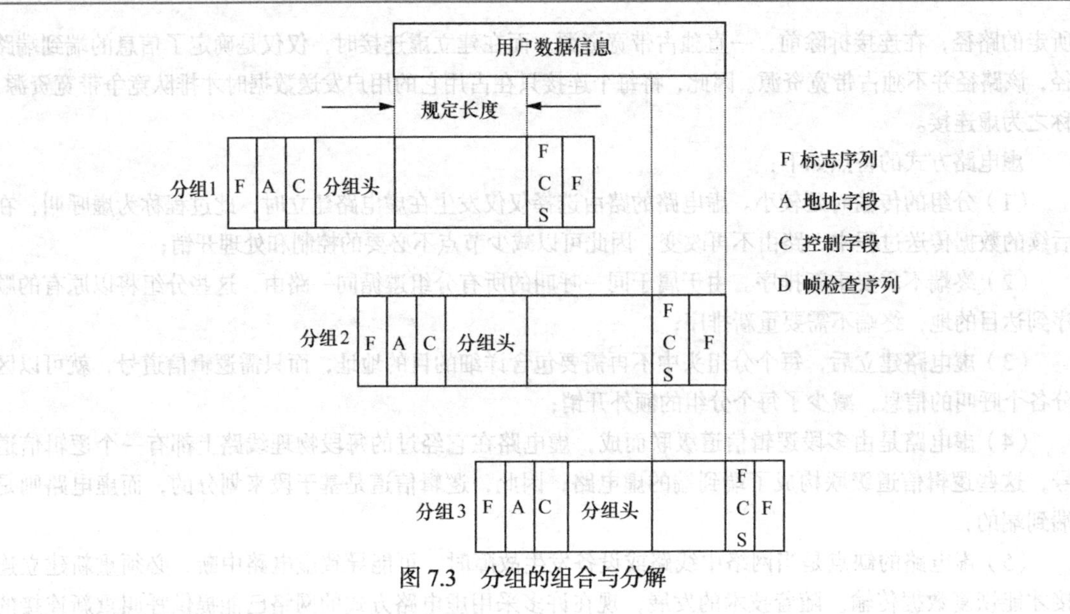

图 7.3 分组的组合与分解

1. 分组头格式

为了区分分组的类型，每个分组都有一个分组头，它由 3～8 个字节（B）构成，如图 7.4 所示。分组头可分为 3 部分：通用格式识别符、逻辑信道组号和逻辑信道号、分组类型识别符。

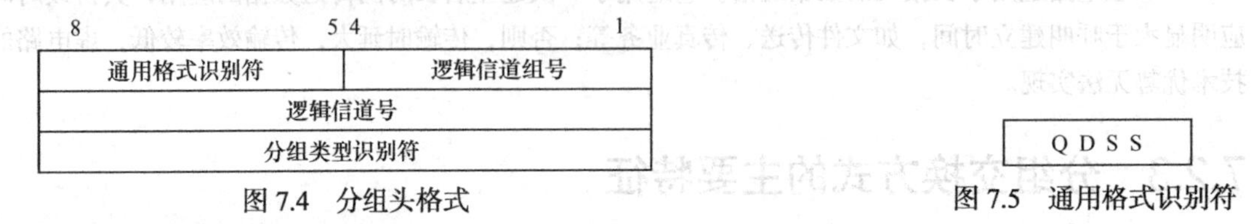

图 7.4 分组头格式　　图 7.5 通用格式识别符

通用格式识别符由分组头第 1 个字节的 8～5 位组成，如图 7.5 所示。其中，Q 比特（第 8 比特）称为限定符比特，用来区分传输的分组是用户数据还是控制信息，Q 比特是任选的，如不需要，则 Q 比特总是置 0。D 比特（第 7 比特）为传送确认比特，D = 0，表示数据组由本地确认（DTE→DCE 之间确认）；D = 1，表示数据分组进行端到端（DTE 与 DTE）确认。SS 比特（第 6、5 比特）为模式比特，SS = 01，表示分组的顺序编号按模 8 方式工作；SS = 10，表示按模 128 方式工作。

逻辑信道组号和逻辑信道号共 12 比特，用以表示在 DTE 与交换机之间的时分复用信道上以分组为单位的时隙号，在理论上可以同时支持 4096 个呼叫，实际上支持的逻辑信道数取决于接口的传输速率、与应用有关的信息流的大小和时间分布。逻辑信道号在分组头的第 2 字节中，当编号大于 256 时，用逻辑信道组号扩充，扩充后的编号可达 4096。

分组类型识别符为 8bit，区分各种不同的分组，共分如下 4 类。

（1）呼叫建立分组用于在两个 DTE 之间建立交换虚电路。这类分组包括呼叫请求分组、入呼叫分组、呼叫接受分组和呼叫连接分组。

（2）数据传输分组用于两个 DTE 之间实现数据传输。这类分组包括数据分组、流量控制分组、中继分组和在线登记分组。

（3）恢复分组实现分组层的差错恢复，包括复位分组、再启动分组和诊断分组。

（4）呼叫释放分组在两个 DTE 之间断开虚电路，包括释放请求分组、释放指示分组和释放证实分组。

分组类型识别的编码格式见表 7.1。从表中可见，分组类型识别符的第 1 比特为“0”的分组是数据分组，其余的分组都是各种控制用分组。

表 7.1 分组类型识别符的编码格式（模 8）

分组类型	传输方向		编码
	DTE→DCE	DCE→DTE	(HEX)
呼叫建立和释放分组	呼叫请求分组 呼叫接受分组 释放请求分组 DTE 释放证实分组	入呼叫分组 呼叫连接（接通）分组 释放指示分组 DCE 释放证实分组	00001011 00001111 00010011 00010111
数据传输和中断分组	DTE 数据分组 DTE 中断请求分组 DTE 中断证实分组	DCE 数据分组 DCE 中断请求分组 DCE 中断证实分组	×××××××0 00100011 00100111
流量控制分组	DTE RR（接收准备好） DTE RNR（接收未准备好） DTE REJ（拒绝）	DCE RR（接收准备好） DCE RNR（接收未准备好） DCE REJ（拒绝）	×××00001 ×××00101 ×××01001
恢复分组	复位请求分组 DTE 复位证实分组 再启动请求分组 DTE 重新启动证实分组	复位指示分组 DCE 复位证实分组 再启动指示分组 DCE 重新启动证实分组	00011011 00011111 11111011 11111111
登记分组	登记请求分组	登记证实分组	11110011 11110111
诊断分组			11110001

注：RR—接收准备好；RNR—接收未准备好；REJ—拒绝。

2. 各类分组格式

用于呼叫建立的分组有呼叫请求分组、入呼叫分组、呼叫接受分组和呼叫连接分组。它们的格式相同，但它们的内容有些不同，这里介绍两种分组，即呼叫请求分组和呼叫接收分组。

（1）呼叫请求分组格式

呼叫请求分组格式如图 7.6 所示。该分组的前 3 个字节为组头，第 1 个字节 5～6 比特为 01，表示分组的顺序号按模 8 的工作方式，1～4 比特表示逻辑信道组号；第 2 个字节为逻辑信道号；第 3 个字节比特序列为 00001011，表示该分组是呼叫请求/入呼叫分组。第 4 个字节的左边 4 个比特表示主叫 DTE 地址长度，右边 4 个比特表示被叫 DTE 地址长度。第 5 个字节开始是被叫 DTE 的地址，该地址容量占用几字节由被叫 DTE 地址长度来确定，在其下面是主叫 DTE 地址，其占用的字节数由主叫 DTE 地址长度来确定，再下面是业务字段长度，业务字段以及呼叫用户数据分别用以向交换说明用户所选的补充业务以及在呼叫过程中要传送的用户数据。

<table>
<tr><td>8</td><td>7</td><td>6</td><td>5</td><td>4</td><td>3</td><td>2</td><td>1</td></tr>
<tr><td>0</td><td>0</td><td>0</td><td>1</td><td colspan="4">逻辑信道组号</td></tr>
<tr><td colspan="8">逻 辑 信 道 号</td></tr>
<tr><td>0</td><td>0</td><td>0</td><td>0</td><td>1</td><td>0</td><td>1</td><td>1</td></tr>
<tr><td colspan="4">主叫DTE地址长度</td><td colspan="4">被叫DTE地址长度</td></tr>
<tr><td colspan="8">DTE地址（若干字节）</td></tr>
<tr><td colspan="2">0</td><td colspan="2">0</td><td colspan="4">业务字段长度</td></tr>
<tr><td colspan="8">业务字段（若干字节）</td></tr>
<tr><td colspan="8">呼叫用户数据（若干字节）</td></tr>
</table>

图 7.6 呼叫请求分组格式

逻辑信道组号及逻辑信道号有时统称逻辑信道号，用以表示在数据终端至交换机之间或交换机之间的时分复用信道上以分组为单位的时隙号，由于分组交换采用动态复用方法，所以该逻辑信道号每次呼叫是根据当时实际情况进行分配，各段链路中的逻辑信道号是相互独立的，可以分配不同的逻辑信道号。

（2）呼叫接受分组格式

呼叫接受分组格式如图 7.7 所示。由于发送呼叫接受分组时，发送端至接收端的路由已经确定，所以呼叫接受分组只有逻辑信道号，而无主叫和被叫 DTE 的地址。

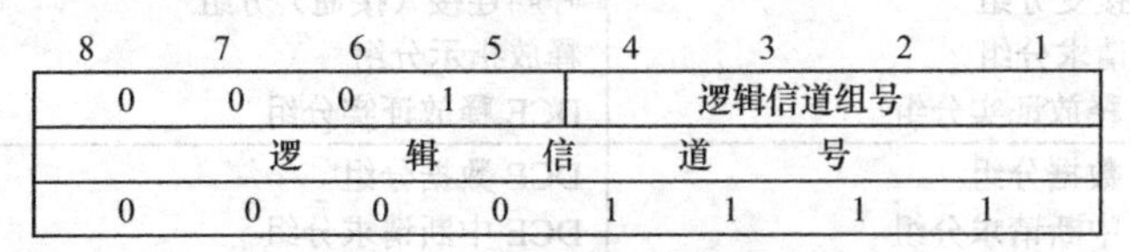

图 7.7　呼叫接受分组格式

（3）数据分组格式

在数据传输阶段传送的数据分组的格式如图 7.8 所示。数据分组只有逻辑信道号而无被叫与主叫终端地址号。由于终端地址号至少要用 8 个十进制数表示，如果每一个十进制数用 4 位二进制数来表示，那么被叫地址就要占用 32bit，现每一数据分组只用 12bit 的逻辑号来表示去向，便可大大减少数据分组的开销，提高传输效率。

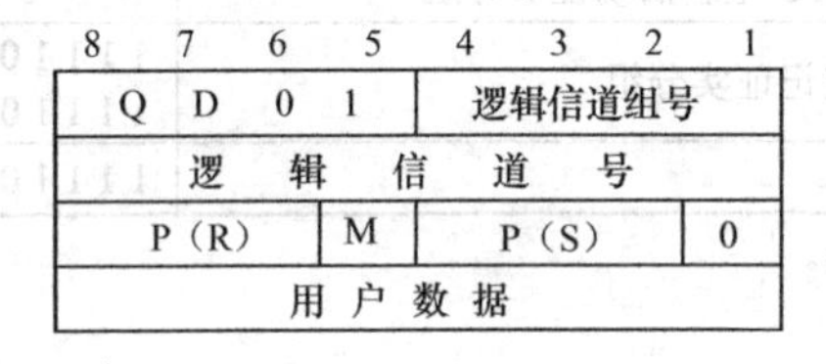

（a）模8

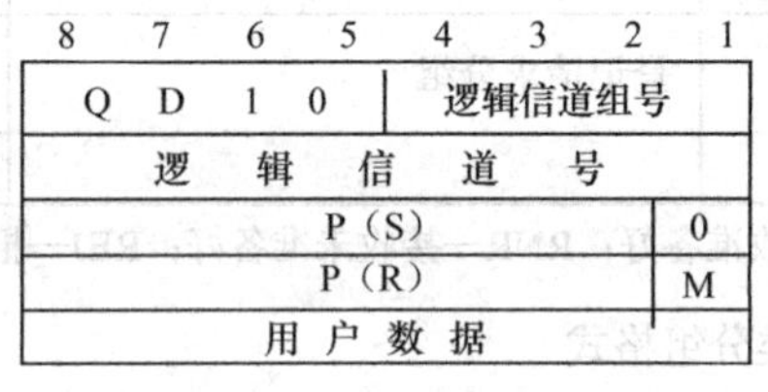

（b）模128

图 7.8　数据分组格式

图 7.8 表示按照模 8 和模 128 编号的两种数据分组格式。两种格式包含的内容基本相同，只有分组的编号 P（S）的长度不同，模 8 情况下 P（S）占用 3bit，模 128 情况下 P（S）占用 7 bit；P（R）用于对数据分组的证实，它的长度与 P（S）相同。

数据分组头第 3 字节为分组类型识别符，其中第 1 比特为 0 是数据分组唯一标志，M 称为后续比特，M＝0，表示该数据分组是一份用户报文的最后一个分组；M＝1，表示该数据分组之后还属于同一份报文的数据分组。

P（S）称为分组发送顺序号，只有数据分组才包含 P（S）。P（R）为分组接收顺序号，它表示期望接收的下一个分组编号，它表明对方发来的 P（R）—1 以前的数据分组已正确接收。数据分组和流量控制分组都有 P（R）。

（4）呼叫释放分组格式

释放请求及释放证实分组的格式相同，前者如图 7.9（a）所示，释放确认分组如图 7.9（b）所示。

8	7	6	5	4	3	2	1
0	0	0	1	逻辑信道组号			
逻 辑 信 道 号							
0	0	0	1	0	0	1	1
释放原因							

（a）释放请求

8	7	6	5	4	3	2	1
0	0	0	1	逻辑信道组号			
逻 辑 信 道 号							
0	0	0	1	0	1	1	1

（b）释放证实

图 7.9　呼叫释放分组格式

7.3.2 资源分配技术

1. 多路复用技术

为了提高信道的利用率，在数据的传输中组合多个低速的数据终端共同使用一条高速的信道进行信息传送，然后在接收端再将复合信号分离出来，这种方法称为多路复用技术，常用的复用技术有：频分多路复用（FDM）和时分多路复用（TDM）。

（1）频分复用（FDM，Frequency Division Multiplexing）

将线路的通频带划分成若干个子频带（或称子信道），每个用户的数据通过专门分配给它的子频带传输，每一个子频带传输 1 路信号。频分复用要求信道总频率宽度大于各个子信道频率之和，同时为了保证各子信道中所传输的信号互不干扰，应在各子信道之间设立隔离带，这样就保证了各路信号互不干扰（适于传输模拟信号的频分制信道）。

频分复用技术的特点是：所有子信道传输的信号以并行的方式工作，每一路信号传输时可不考虑传输时延，因而频分复用技术取得了非常广泛的应用。

（2）时分复用（TDM，Time Division Multiplexing）

时分复用是把线路传输时间划分成若干时间片（简称时隙），多个用户在不同的时间段（时隙）占用或共享公共资源（如信道、介质等）的方法。

在实际中，时隙的划分有两类：固定划分，即将信道划分成定长、周期性的时间段；可变划分，即将信道划分成变长的时间段。

时分复用技术的特点是：所有子信道（时隙）传输的信号以串行的方式工作。

2. 资源分配技术

分组交换采用“存储—转发”及动态复用技术，基本思想是实现通信资源共享，因此必须考虑资源分配。从分配传输资源角度可分为两类技术：预分配（或固定分配）资源技术和动态分配资源技术。

（1）预分配资源技术

所谓预分配，是根据用户要求，预先把线路传输容量的一部分分配给他。下面介绍频分多路复用预分配技术和时分多路复用预分配技术。

① 频分复用。是把线路的通频带分成多个子频带，分别分配给用户形成数据传输子通路，每个用户的数据通过专门分配给它的子通路传输。当该用户没有数据传输时，别的用户不能使用，此通路保持空闲状态。频分复用适于传输模拟信号的频分制信道，在数据通信系统中应同调制解调技术结合使用。

② 时分复用。同步时分复用就是把线路传输时隙轮流分配给每个用户，每个用户只在分配的时间里向线路发送信息，当分配的时间内用户没有信息传输时，这段时间不能由其他用户使用，而保持空闲状态，所以线路的利用率低。

上述时分复用和频分复用方法都实现了多个用户对 1 条传输线路的资源共享，由于采用了预分配方法，而使一些用户没有信息传输时部分子信道呈现空闲状态，线路的传输能力不能得到充分利用，这是预分配方式的缺点。

（2）动态分配资源技术

为了克服预分配资源方式的缺点，采取用户有数据传输时才给他分配资源的方法，称为动态分配或按需分配。当用户暂停发送数据时，不给他分配线路资源，线路的传输能力可用于为其他用户传输数据。这种根据用户有数据传输时才给他分配线路资源的方法称为统计时分复用（STDM），如图 7.10 所示。

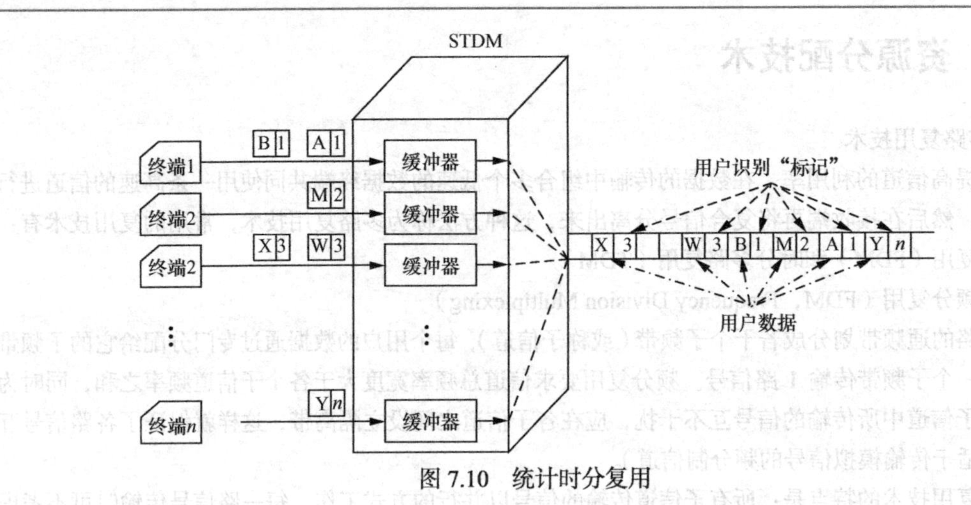

图 7.10　统计时分复用

在分组交换中，执行统计复用功能的是具有存储能力和处理能力的专用计算机——信息接口处理机（IMP）。要实现统计时分复用方式，信息接口处理机要完成对数据流进行缓冲存储和对信息流进行控制的能力，以解决用户争用线路资源时产生的冲突。当用户有数据传送时，IMP 给用户分配线路资源，一旦停发数据，则线路资源另作它用。

我们来看看具体的工作过程。来自终端的各分组按到达的顺序在复用器内进行排队，形成队列，复用器按照 FIFO 原则，从队列中逐个取出分组向线路上发送，当存储器空时，线路资源也暂时空闲，当队列中又有了新的分组时，又继续进行发送。图 7.10 中，起初终端 n 有 Y 分组要发送，终端 1 有 A 分组要发送，终端 2 有 M 分组要发送，终端 1 有 B 分组要发送，终端 3 有 W 分组要发送，它们按到达顺序进行排队：n、1、2、1、3，因此在线路上的传送顺序为：n、1、2、1、3，然后终端均暂时无数据传送，则线路空闲。后来，终端 3 有 X 分组要传送，则线路上又开始传送分组。这样，在高速传输线上，形成了用户分组的交织传输。输出的数据不是按固定的时间分配，而是根据用户的需要进行的。这些用户数据的区分不像同步时分复用那样靠位置来区分，而是靠各个用户分组头中的“标记”来区分的。

在统计时分复用中，把时隙动态地分配给各个终端，即当终端的数据要传送时，才会分配到时隙，因此每个用户的数据传输速率可以高于平均传输速率，最高可以达到线路总的传输能力。例如，线路传输速率为 9600bit/s，4 个用户的平均速率为 2400bit/s，当用同步时分复用时，每个用户的最高速率为 2400bit/s，而在统计时分复用方式下，每个用户最高速率可达 9600bit/s。

统计时分复用的缺点是会产生附加的随机时延并且有丢失数据的可能。这是由于用户传送数据的时间是随机的，若多个用户同时发送数据，则需要进行竞争排队，引起排队时延；若排队的数据很多，引起缓冲器溢出，则会有部分数据被丢失。

【相关知识】 同步时分复用和统计时分复用在数据通信网中均有使用，如 DDN 网采用同步时分复用，X.25、ATM 采用统计时分复用。

7.3.3　逻辑信道与交换虚电路

1. 逻辑信道的概念

在统计时分复用中，虽然没有为各个终端分配固定的时隙，但通过各个用户的数据信息上所加的标记，仍然可以把各个终端的数据在线路上严格地区分开来。这样，在一条共享的物理线路上，实质上形成了逻辑上的多条子信道，各个子信道用相同的号码来表示。

图 7.11 中在高速的传输线上形成了分别为 3 个用户传输信息的逻辑上的子信道，我们把这种形式的子信道称为逻辑信道，用逻辑信道号（LCN，Logical Channel Number）来标识。逻辑信道号由逻辑信道群号及群内逻辑信道号组成，二者统称为逻辑信道号。在统计复用器中建立了终端号和逻辑信道号的对照表，网络通过 LCN 就可以识别出是哪个终端发来的数据。

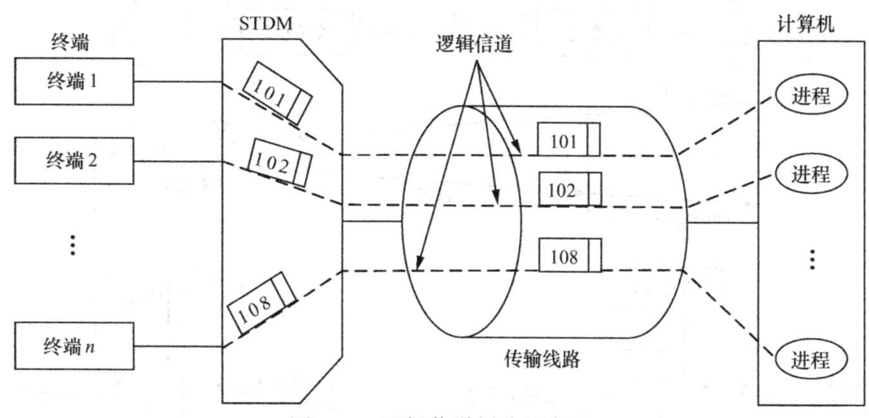

图 7.11 逻辑信道划分示意图

2. 逻辑信道的特点

（1）由于分组交换采用动态统计时分复用方法，因此终端每次呼叫时，需要根据当时的资源情况分配 LCN，同一个终端可同时通过网络建立多个数据通路，它们之间通过 LCN 进行区分。

（2）逻辑信道号是在用户至交换机的用户线或交换机之间的中继线上分配的，用于代表子信道的一种标号资源，每条线路上，逻辑信道号的分配是独立进行的。也就是说，逻辑信道号并不在全网中有效，而是在每段链路上局部有效，即它只具有局部意义。网内各节点交换机只负责出/入线上逻辑信道号的转换。

（3）逻辑信道号是一种客观存在。逻辑信道总是处于下列状态中的一种：“准备好”状态、“呼叫建立”状态、“数据传输”状态、“呼叫清除”状态。

3. 交换虚电路的建立和释放

虚电路是分组交换的一种工作方式。虚电路分为两种：一种是交换虚电路（SVC，Switched Virtual Circuit）；另一种是永久虚电路（PVC，Permanent Virtual Circuit）。交换虚电路是指在每次呼叫时，用户通过发送呼叫请求分组临时建立的虚电路，一旦虚电路建立后，属于同一呼叫的数据分组均沿着这一虚电路传送，当通信结束后，通过呼叫清除分组将虚电路拆除。永久虚电路是根据与用户约定，由网络运营者为其建立固定的虚电路，每次通信时，用户无须呼叫就可直接进入数据传送阶段，就好像具有一条专线一样。永久虚电路一般适用于业务量较大的集团用户。

采用交换虚电路通信需经历交换虚电路的呼叫建立、数据传输和虚电路的释放 3 个阶段。

（1）交换虚电路的建立

交换虚电路的建立过程如图 7.12 所示。

如果 DTE_A 与 DTE_B 要进行数据通信，则 DTE_A 发出呼叫请求分组，该分组格式如图 7.6 所示。交换机 1 在收到呼叫请求分组后，根据其被叫 DTE 地址，选择通往交换机 2 的路由，并且发出呼叫请求分组，由于逻辑信道号只具有本地意义，交换机 1 至交换机 2 之间的逻辑信道号与 DTE_A 至交换机 1 之间逻辑信道号可能不同，为此，交换机 1 应建立一张如图 7.12（b）所示的逻辑信道对应表，D_A 表示 DTE_A 进入交换机 1，逻辑信道号为 20；S_2 表示交换机 1 出去的下一节点是交换机 2，逻辑信道号为

80，通过交换机 1 把上述逻辑信道号 20 与 80 连接起来。同理，交换机 2 根据从交换机 1 发来的呼叫请求分组再发送呼叫请求分组至 DTE_B，并在该交换机内也建立一张逻辑信道对应表，如图 7.12（c）所示。

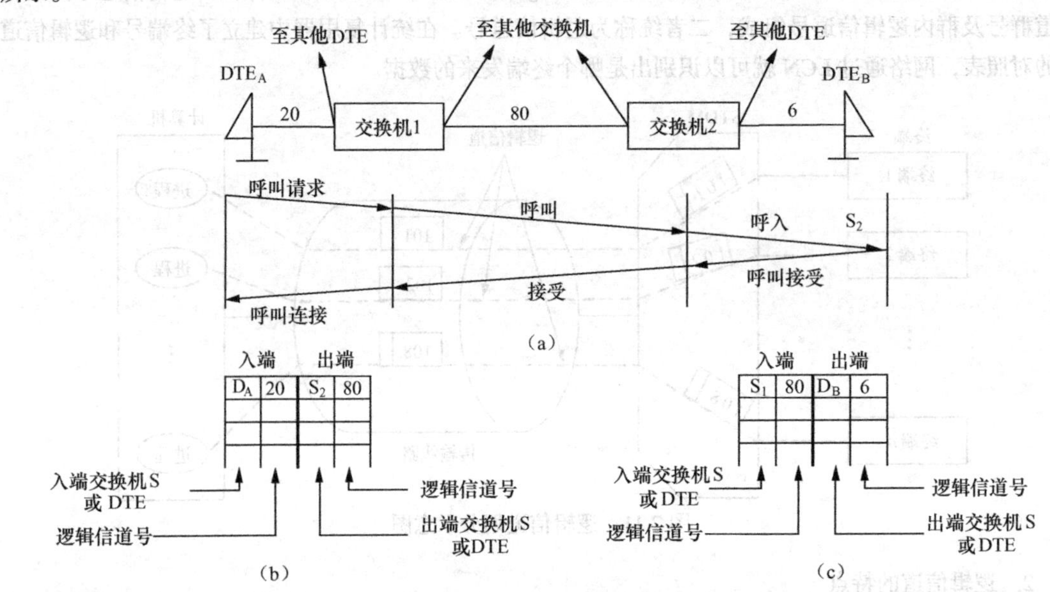

图 7.12　交换虚电路的建立

S_1 表示进入交换机 2 的是交换机 1，逻辑信道号为 80，D_B 表示交换机 2 出去的是 DTE_B，逻辑信道号为 6，交换机 2 将逻辑信道号 80 与逻辑信道号 6 连接起来。对于 DTE_B 来讲，它是被叫终端，所以从交换机 2 发出的呼叫请求分组应为入呼叫分组，其格式不变。当 DTE_B 可以接入呼叫时，它便发出呼叫接受分组，其格式如图 7.7 所示。由于 DTE_A 至 DTE_B 的路由已经确定，所以呼叫接受分组只有逻辑信道号，无主叫和被叫 DTE 地址，呼叫接受分组的逻辑信道号与呼入分组的逻辑信道号相同。该呼叫接受分组经交换机 2 接收后再向交换机 1 发送另一个呼叫接受分组，交换机 1 接受该分组后，再向 DTE_A 发呼叫连接分组，其格式与呼叫接受分组相同。呼叫连接分组的逻辑信道号必须与呼叫接受分组逻辑信道号相同。一经 DTE_A 收到该呼叫连接分组，DTE_A 至 DTE_B 之间的虚呼叫建立过程就算完成或虚电路已建立。

虚电路通过交换机内的入端/出端对应表，把两个不同的链路及两个不同的逻辑信道号连接起来。如图 7.12（b）所示，交换机 1 把 DTE_A 至交换机 1 的所用的逻辑信道号 20 与交换机 1 至交换机 2 的逻辑信道号 80 连接起来；如图 7.12（c）所示，交换机 2 把交换机 1 至交换机 2 的所用的逻辑信道号 80 与交换机 2 至 DTE_B 的逻辑信道号 6 连接起来，由此构成了一条至 DTE_A 至 DTE_B 的虚电路。由于 DTE_A、DTE_B 在交换机 1、交换机 2 的入端号 D_A、D_B 是固定的，所以虚电路已经建立，数据分组只需用逻辑信道号表示去向，无须再用 DTE 地址来表示去向。

需要指出的是，当 DTE 和 DCE 同时发送指定同一逻辑信道的呼叫，即 DTE 要求呼叫出 DCE 要求呼入并且指定同一条逻辑信道时，便发生呼叫冲突。解决的办法是尽可能不让它们同时指定同一条逻辑信道。为此，X.25 规定呼出从逻辑信道的高序号开始选用，而呼入从逻辑信道的低序号开始选用；当遇到冲突时，DCE 应继续发送呼叫请求而取消入呼叫。

（2）数据传输

在虚电路建立以后，进入数据传输阶段，DTE_A 与 DTE_B 之间传送一个数据分组，该分组的格式如图 7.8 所示。

在分组交换方式中，普遍采用逐段转发、出错重发的控制措施，必须保证数据传送的正确无误。所谓逐段转发、出错重发是指数据分组经过各段线路并抵达每个转送节点时，都需对数据分组进行检错，并在发现错误后要求对方重新发送并进行确认。因此在数据分组中设有 P（S）和 P（R）分组编号。

（3）虚电路的释放

虚电路的释放过程与建立过程相似，只是主动要求释放必须首先发出释放请求分组，并获得交换机发来的确认信号便算释放了，虚呼叫所占用的所有逻辑信道都成为“准备好”状态。虚电路释放过程如图 7.13 所示。

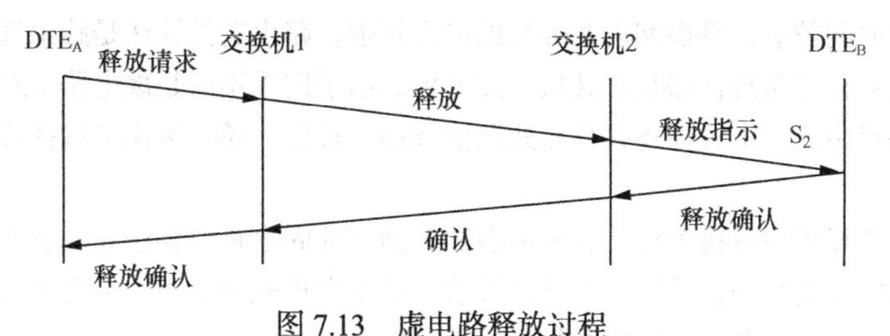

图 7.13　虚电路释放过程

4. 虚电路和逻辑信道的主要区别

（1）虚电路是主、被叫 DTE 之间建立的虚连接；而逻辑信道是在 DTE 与交换机接口或网内中继线上分配的，代表了信道的一种编号资源。

（2）一条虚电路由多个逻辑信道链接而成，每条线路的逻辑信道号的分配是独立进行的。

（3）一条虚电路具有呼叫建立、数据传输和呼叫释放过程。永久虚电路可在预约时由网络建立，也可通过预约予以清除；而逻辑信道是一种客观存在，它有占用和空闲的区别，但不会消失。

（4）逻辑信道一般定义了如下一些状态：

- “准备好”状态，在逻辑信道上没有呼叫存在，逻辑信道号未分配。
- “呼叫建立”状态，正处在呼叫建立过程中，逻辑信道号已分配。
- “数据传输”状态，可以通过逻辑信道发送和接收数据。
- “呼叫释放”状态，呼叫正处在断开的过程中，所有网络资源被释放，逻辑信道返回到“准备好”状态。

分组头有 12 比特供逻辑信道编号用，所以 DTE 与 DCE 之间的链路最多有 $2^{12}=4096$ 条逻辑信道。虚电路是由多个不同链路的逻辑信道链接而成的，它是连接两个 DTE 的通路，是在两个 DTE 之间允许全双工传输数据的一个连接。虚电路与逻辑信道之间的区别可见表 7.2。

表 7.2　虚电路与逻辑信道之间的区别

虚电路	逻辑信道
两个 DTE 之间端到端连接 每个 DTE 可以使用不同逻辑信道 交换虚电路只是在建立后才存在，而永久虚电路固定存在	DTE 与 DCE 之间的局部实体 一个逻辑信道只能分配给一个虚电路 逻辑信道总是存在的，或是被分配到虚电路上，或者处于“准备好”状态（空闲）

7.3.4 路由选择和差错控制

1. 路由选择概念及策略

在通信网中，网络节点间一般都存在一条或多条路径。多路径不仅有利于提高通信的可靠性，而且有利于业务量的控制。为了充分利用网络资源，减少信息传送时延，就需要针对网络的运行状况，通过节点交换机、相关软件及路由选择协议，在多条路由中选择一条较好的路由，从而使业务量尽可能在网内分散，提高网络信息传送能力，因此，进行路由选择是分组交换中一个很重要的问题。

在分组网中，分组交换节点收到一个分组后，就要确定其下一个节点的传递路径，这个过程就是路由选择。它是网络层要实现的基本功能。在数据报方式中，网络节点要为每一个分组做出路由选择；而在虚电路方式中，只需要在建立连接的过程中确定路由。

确定路由选择的策略被称为路由选择算法，也就是获得较好路由的方法，所谓较好，应使报文通过网络的平均延迟时间较短，平衡网内业务量的能力较强。路由选择算法是路由选择的核心。首先，要考虑是选择最短路径还是最佳路径；其次，要考虑通信子网采用的是虚电路方式还是数据报方式；第三，还要考虑是集中式路由选择还是分布式路由选择；最后，还要考虑是选择静态路由还是选择动态路由。

实用化的路由选择算法有很多种，有的最多的有静态的固定路由算法和动态的自适应路由算法。对于小规模的专用分组交换网，采用固定路由算法；对于大规模的公用分组交换网，采用简单的自适应路由算法，同时仍保留固定路由算法作备用。

2. 路由选择方法

（1）固定型算法

- 洪泛法

洪泛法（Flooding）是欧洲 RAND 公司提出的军用分组交换网的路由选择方法。其基本思想是，当节点交换机收到一个分组后，只要该分组的目的地址不是其本身，就将此分组转发到全部（或部分）邻接节点。洪泛法分为完全洪泛法和选择洪泛法两种。前者除了输入分组的那条链路之外，向所有输出链路同时转发分组。后者则沿分组的目的地方向选择几条链路发送分组。最终该分组必会到达目的节点，而且最早到达的分组历经的必定是一条最佳路由，由其他路径陆续到达的同一分组将被目的节点丢弃。为了避免分组在网络中传送时发生环路，任何中间节点发现同一分组第二次进入时，即予以丢弃。

洪泛法十分简单，不需要路由表，且不论网络发生什么故障，它总能自动找到一条路由到达目的地，可靠性很高。但它会造成网络中无效负荷的剧增，导致网络拥塞。因此这种方法一般只用在可靠性要求特别高的军事通信网中。

- 固定路由表算法

这是静态路由算法中最常用的一种。其基本思想是：在每个节点上事先设置一张路由表，表中给出了该节点到达其他各目的节点的路由的下一个节点。当分组到达该节点并需要转发时，即可按它的目的地址查路由表，将分组转发至下一节点，下一节点再继续进行查表、选路、转发，直到将分组转发至终点。在这种方式中，路由表是在整个系统进行配置时生成的，并且在此后的一段时间内保持不变。这种算法简单，当网络拓扑结构固定不变并且业务量也相对稳定时，采用此法比较好。但它不能适应网络的变化，一旦被选路由出现故障，就会影响信息的正常传送。

固定路由表算法的一种改进方法是根据网络结构、传输线路速率、途经交换机的个数等，预先算出某一交换机至各交换机的路由表，说明该交换机至各目的交换机的路由的第一、第二及第三选择等，即给每个节点提供到各目的节点的可替代的下一个节点，然后将此表装入交换机的主存储器内。只要网络结构不变化，此表就不作修改。这样，当链路或节点故障时，可选择替代路由来进行数据传输。

例如，设有图 7.14 所示的网络结构，根据上述因素算出交换机 J 的路由表如表 7.3 所列。当交换机 J 要对交换机 D 进行呼叫建立虚电路时，查表 7.3 的最佳选择为交换机 H，第 2 选择为经交换机 A，第 3 选择为经交换机 I，最终到达交换机 D。

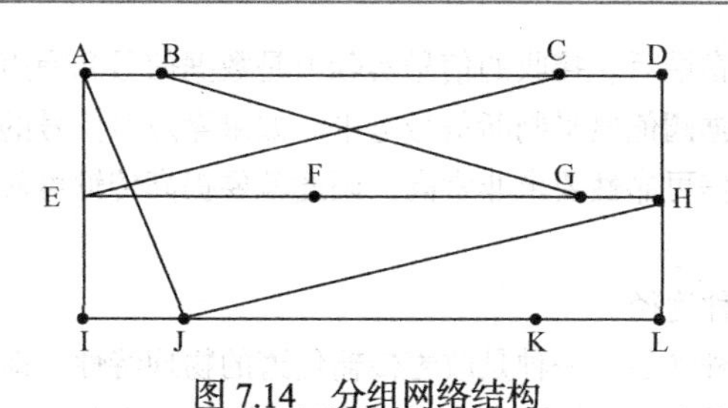

图 7.14 分组网络结构

表 7.3 交换机 J 的路由表

目的交换机	第 1 选择		第 2 选择		第 3 选择	
A	A	0.63	I	0.21	H	0.16
B	A	0.46	H	0.31	I	0.23
C	A	0.33	I	0.33	H	0.34
D	H	0.50	A	0.25	I	0.25
E	A	0.40	I	0.40	H	0.20
F	A	0.33	H	0.33	I	0.34
G	H	0.46	A	0.31	K	0.23
H	H	0.63	K	0.21	A	0.16
I	I	0.65	A	0.22	H	0.13
—						
K	K	0.67	H	0.22	A	0.11
L	L	0.42	H	0.42	A	0.16

（2）自适应路由选择

自适应路由选择（Adaptive Routing）是指路由选择随网络情况的变化而变化，事实上，在所有的分组交换网中，都使用了某种形式的自适应路由选择技术。

影响路由选择判决的主要条件有：

① 故障。当一个节点或一条中继线发生故障时，它就不能被用作路由的一部分。

② 拥塞。当网络的某部分拥塞时，最好让分组绕道而行，而不是从发生拥塞的区域穿过。

到目前为止，自适应路由选择策略是使用最普遍的，其原因如下：

① 从网络用户的角度来看，自适应路由选择策略能够提高网络性能。

② 由于自适应路由选择策略趋向于平衡负荷，因而有助于拥塞控制，能够延迟严重拥塞事件的发生。

③ 自适应路由选择的上述优点与网络设计是否合理以及负荷本身有关。总的说来，要想获得良好的选路效果，涉及网络结构、选路策略和流量工程等诸多因素，是一项复杂的系统工程。主要的分组交换网络，如 ARPA Net、TYM Net 等，大都至少经历过一次对其路由选择策略的重大调整。

（3）最短路径算法

在路由选择中，要依据一定的算法来计算具有最小参数的路由，即最佳路由。这里最佳的路径并不一定是物理长度最短，最佳的意思可以是长度最短，也可能是时延最小或者费用最低等，若以这些参数为链路的权值，则一般称权值之和最小的路径为最短路径。一般地，在分组网中采用时延最小的路径为最短路路径。常用的求最短路径的方法有 Dijkstra 算法和 Bellman-Ford 两种。限于篇幅，这里从略。

3. 差错控制

我们从数据通信系统的模型可以看出，当数据从信源发出经过通信信道传输时，由于信道总存在着一定的噪声，数据到达信宿端后，接收的信号实际上是数据信号和噪声信号的叠加。接收端在取样时钟作用下接收数据，并根据阈值电平判断信号电平。如果噪声对信号的影响非常大时，就会造成数据的传输错误。由于数据通信可靠性要求非常高，因此就要提高传输可靠性，降低误码率，减少数据传输的差错发生。

（1）减少差错发生的两种途径

减少差错发生主要有两种途径：一种是改善传输信道的物理特性，即提高通信线路和通信设备的质量，如电特性；另一种是采取检、纠错技术，即使用差错控制技术。

（2）差错控制

差错控制就是在数据通信过程中能发现或纠正差错，把差错限制在尽可能小的允许范围内的技术和方法。

（3）差错控制技术

差错控制方法是使构成传输数据的编码或编码组具有一定的逻辑性，接收端根据接受编码所发生的逻辑性错误来识别和纠正差错。

- 前向差错控制（前向纠错 FEC）

基本原理是发送端将信息编成具有检错和纠错能力的码字并发送出去，接收端通过所接收到的码字（数据中的差错编码）进行检测，判断数据是否出错；若有错，则确定差错所在具体位置，并加以自动纠正。

缺点：需要较多的冗余码元，传输效率有所下降。

- 自动反馈重发（ARQ）

ARQ 的工作原理是：发送端对所发送的序列进行差错编码，接收端根据检验序列的编码规则检测接收信息是否有错，若有错，则通过反馈信道要求发送端重发有错的信息，直到接收端认可为止，从而达到纠正错误的目的。

缺点：需要双向信道，且实时性较差。

- 混合纠错方式（HEC）

该方式是上述两种纠错方式的综合，其基本思想是发送端发送具有一定纠错能力的码字，接收端对所收到的数据进行检测。若发现错误，就对少量的能纠正的错误进行纠正，而对于超过纠错能力的差错，则通过反馈重发方式予以纠正。

7.3.5 流量控制和拥塞控制

1. 流量控制

（1）流量控制原因

由于分组交换技术采用“存储—转发”方式，不同速率的终端之间可以互通，分组网中各设备的缓冲区容量有限，当网络负荷比较小时，各节点分组的队列都很短，节点有足够的缓冲空间接收新到达的分组，导致相邻节点中的分组转发也较快，使网络吞吐量和负荷之间基本上保持了线形增长的关系。当网络负荷增大到一定程度时，节点中的分组队列加长，造成时延迅速增加；并且有的缓存器已占满，缓存器占满的节点将丢弃继续到达的分组，造成分组的重传次数增多，从而使吞吐量下降。因此吞吐量曲线的增长速度在超负荷的情况下随着输入负荷的增大而逐渐减小。情况严重时，重发分组大量挤占节点队列，这时网络进入严重阻塞状态，甚至可能导致吞吐量下降为零，此时称为网络死锁（Deadlock），分组的传送时延将无限增加。注意，死锁也可能在负荷不重的情况下发生，这可能是一组节点间由于没有可用的缓冲空间而无法转发分组引起的。

为了确保网络正常运行，避免阻塞发生，必须限制过多的信息到达节点。在虚电路方式时，不同速率的终端之间互通，要控制速率较高的终端进入分组网的流量，即对两者进行速率匹配。因此在分组网中必须进行流量控制。

采用流量控制技术需要增加一些系统开销，其吞吐量将小于理想情况下的吞吐量，分组时延将大于理想情况，这点在输入负荷比较小时尤其明显。可见流量控制的实现是有一定代价的。

（2）流量控制目的

流量控制是为了保证网络内的数据流量的平滑均匀，提高网络的吞吐能力和可靠性，防止阻塞现象的发生。

（3）流量控制实现

网络阻塞控制主要是要限制节点中分组队列的长度，维持一个网中或网中的一个区域里的分组数目低于某一水平，使分组的到达率低于或等于分组的传输率。

流量控制包括端—端控制方式与网—端控制方式。目前最常用的方法是 X.25 建议中规定的窗口控制方法，它根据接收端缓冲器的大小，用能连续接收分组的数目来控制发送分组数。当发送方发送了窗口值规定的分组数后，若未收到收方发来的“允许发送”分组，就不能继续发送分组。

2. 拥塞控制

拥塞控制与流量控制关系密切，但它们之间也存在一些差别。拥塞控制的前提就是网络能够承受现有的负荷。拥塞控制是一个全局性的过程，涉及所有的终端和节点，以及与降低网络传输性能有关的所有因素。流量控制往往指在给定的发送端和接收端之间的点对点通信量。流量控制所要做的是使发送端发送数据的速率不能让接收端来不及接收。它几乎总是存在着从接收端到发送端的某种直接反馈，使发送端知道接收端处于怎样的状态。流量控制与拥塞控制容易被混淆，这是因为拥塞控制算法是向发送端发送控制报文，并告诉发送端网络出现拥塞，必须放慢发送速率。这又同流量控制很相似。目前，用于分组交换网络的拥塞控制的机制很多，常用的有如下几种：

（1）从拥塞的节点向一些或所有的源节点发送一个控制分组。这种分组的作用是告诉源节点停止或延缓发送分组的速率，从而达到限制网络总分组数量的目的。这种方法的缺点是会在拥塞期间向网络添加额外的通信量。

（2）根据路由选择信息调整新分组的产生速率。有些路由选择算法可以向其他节点提供链路的时延信息，以此来影响路由选择的结果。这个信息也可以用来影响新分组的产生速率，以此进行拥塞控制。

7.4 X.25 协议

7.4.1 X.25 协议概述

在分组通信网中，终端设备是通过接口接入分组交换机的，因此，为了使得各种终端设备都能和不同的分组交换机进行连接，接口协议就必须标准化。在分组交换网中，这个接口上的协议称为 X.25 协议。

X.25 协议是数据终端设备（DTE）和数据电路终接设备（DCE）之间的接口规程。1974 年，CCITT 颁布了 X.25 的第一稿，它的最初文件取材于美国的 Telenet、Tymnet 和加拿大的 Datapac 分组交换网的经验和建议。并在 1976、1978、1980 和 1984 年又进行了多次修改，增添了许多可选业务功能和设施。目前，它是广域分组交换网范畴中最流行的终端用户和网络之间的接口标准。由于 X.25 协议是分组交换网中最主要的一个协议，因此，有时把分组交换网又叫做 X.25 网。

X.25 使得两台数据终端设备 DTE 可以通过现有的电话网络进行通信。为了进行一次通信，通信的一端必须首先呼叫另一端，请求在它们之间建立一个会话连接；被呼叫的一端可以根据自己的情况接收或拒绝这个连接请求。一旦这个连接建立，两端的设备可以全双工地进行信息传输，并且任何一端在任何时候均有权拆除这个连接。

X.25 协议是在传输媒介质量较差、终端智能较低以及对通信速率要求不高的历史背景下，由 ITU-T 的前身 CCITT 按照电信级标准制定的，它含有复杂的差错控制和流量控制措施，只能提供中低速率的数据通信业务，主要用于广域网互连。

7.4.2 X.25 协议的分层结构

如图 7.15 所示，X.25 协议定义了物理层、数据链路层和分组层，分别和 OSI 的下三层一一对应。

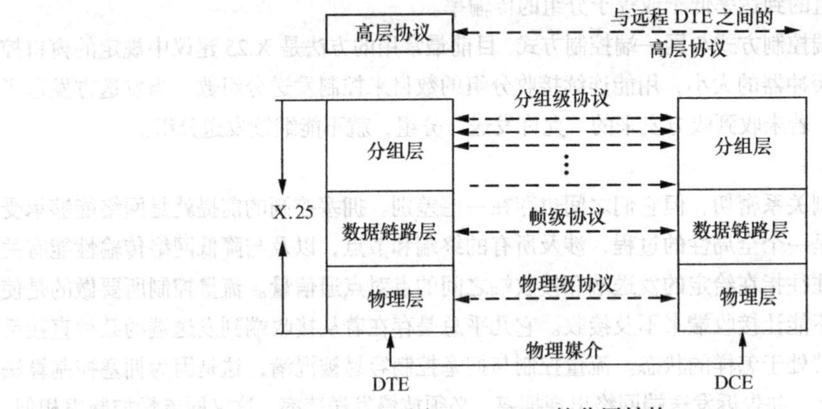

图 7.15 X.25 的分层结构

第 1 层为物理层，定义了 DTE 和 DCE 之间建立、维持、释放物理链路的过程，包括机械、电气、功能和规程等特性，相当于 OSI 的物理层。X.25 物理层接口采用 ITU-TX.21、X.21bis 和 V 系列协议。而 X.21bis 和 V 系列协议实际上是兼容的，因此可以认为是两种接口。其中 X.21 协议用于数字传输信道，接口线少，可定义的接口功能多，是较理想的接口标准。X.21bis 接口标准与 V.24 或 RS232 兼容，主要用于模拟传输信道。X.25 物理层就像是一条传送信息的通道，它不执行重要的控制功能。控制功能主要由链路层和分组层来完成。

第 2 层为数据链路层，规定了在 DTE 和 DCE 之间的线路上交换帧的过程。链路层规程在物理层的基础上执行一些控制功能，以保证帧的正确传送。X.25 数据链路层采用高级数据链路控制规程（HDLC，High-level Data Link Control）的子集——平衡型链路接入规程（LAPB，Link Access Procedures Balanced）作为数据链路的控制规程。

链路层的主要功能有：

（1）在 DTE 和 DCE 之间有效地传输数据；

（2）确保接收器和发送器之间信息的同步；

（3）监测和纠正传输中产生的差错；

（4）识别并向高层协议报告规程性错误；

（5）向分组层通知链路层的状态。

第 3 层为分组层，X.25 分组层对应于 OSI 的网络层，二者叫法不同，但其功能是一致的。分组层利用链路层提供的服务在 DTE-DCE 接口上交换分组。它是将一条数据链路按动态时分复用的方法划分为许多个逻辑信道，允许多台计算机或终端同时使用高速的数据信道，以充分利用数据链路的传输能力和交换机资源，实现通信能力和资源的按需分配。

7.4.3 HDLC 简介

数据链路（data link）是数据电路加上传输控制规程。也就是说，数据链路就是按照一定的控制规程来进行工作的数据电路。

数据链路的作用与数据电路的作用不同，数据链路不是单纯地在两地间实现数据信息的传输，而是按照规定的交互工作方式在两个或两个以上的 DTE 之间有效地交换信息。为此，通信双方必须建立一定的协议，对所采用的信息格式、通信顺序、差错控制以及在信息传输与交换过程中出现的各种情况的监控与处理方式做出规定。这种协议就叫做数据链路控制规程。

HDLC 是由 ISO 定义的面向比特的数据链路控制协议的总称。面向比特的协议是指传输时以比特作为基本单位。HDLC 是最重要的数据链路控制协议，它的传输效率较高，能适应数据通信的发展，因此广泛应用于公用数据网。同时，它还是其他许多重要数据链路控制协议的基础。为了满足各种应用的需要，HDLC 定义了 3 种类型的站（Station）、两种链路配置及 3 种数据传送模式。

（1）站类型

所谓站，是指链路两端的通信设备。HDLC 定义的 3 种站是：

① 主站，负责控制链路的操作。主站只能有一个，由主站发送的帧称为命令。

② 从站，在主站的控制下操作。从站可以有多个，由从站发送的帧称为响应。主站为链路上的每个从站维护一条独立的逻辑链路。

③ 复合站，兼具主站和从站的功能。复合站发送的帧可能是命令，也可能是响应。

（2）链路配置

① 非平衡配置：由一个主站和一个或多个从站组成，可以按点到点方式配置，也可以按点到多点方式配置。

② 平衡配置：由两个复合站组成，只能按点到点方式配置。

（3）数据传送模式

① 正常响应方式（NRM，Normal Response Mode）：适用于非平衡配置，只有主站才能启动数据传输，从站只有在收到主站发给它的命令帧时，才能向主站发送数据。

② 异步平衡方式（ABM，Asynchronous Balanced Mode）：适用于平衡配置，任何一个复合站都可以启动数据传输过程，而不需要得到对方复合站的许可。

③ 异步响应方式（ARM，Asynchronous Response Mode）：适用于非平衡配置，在主站未发来命令帧时，从站可以主动向主站发送数据，但主站仍负责对链路的管理。

X.25 的 LAPB 采用平衡配置方式，用于点到点链路，采用异步平衡方式来传输数据。

7.4.4 LAPB 帧结构

LAPB 的帧结构如图 7.16 所示。

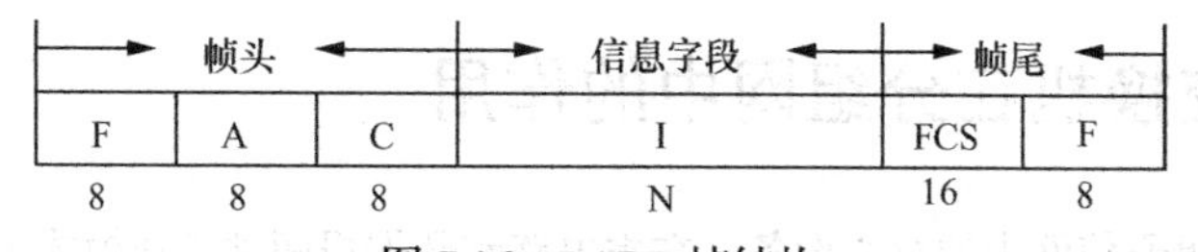

图 7.16　LAPB 帧结构

（1）标志（F）：F 为帧标志，编码为 01111110。所有的帧都应以 F 开始和结束。一个标志可以作为一个帧的结束标志，同时也可以作为下一个帧的开始标志。

（2）地址字段（A）：地址字段由 8 比特组成，表示链路层的地址。

（3）控制字段（C）：控制字段由 8 比特组成，主要作用是指示帧的类型。LAPB 控制字段的分类格式见表 7.4。

表 7.4　　LAPB 控制字段的分类格式

控制字段（位）	8　7　6	5	4　3　2		1
信息帧（I 帧）	N（R）	P	N（S）		0
监控帧（S 帧）	N（R）	P/F	S　S	0	1
无编号帧（U 帧）	M　M　M	P/F	M　M	1	1

① 信息帧（I 帧）：由帧头、信息字段 I 和帧尾组成。I 帧用于传输高层用户的信息，即在分组层之间交换的分组，分组包含在 I 帧的信息字段中。I 帧的 C 字段的第 1 个比特为“0”，这是识别 I 帧的唯一标志，第 2～8 比特用于提供 I 帧的控制信息，其中包括发送顺序号 N（S），接收顺序号 N（R），探寻位 P。其中 N（S）是所发送帧的编号，以供双方核对有无遗漏及重复；N（R）是下一个期望接收帧的编号，发送 N（R）的站用它表示以正确接收编号为 N（R）以前的帧，即编号到 N（R）−1 的全部帧已正确接收。I 帧可以是命令帧，也可以是响应帧。

② 监控帧（S 帧）：没有信息字段，其作用是用来保护 I 帧的正确传送。监控帧的标志是 C 字段的第 2、1 位为“01”。SS 用来进一步区分监控帧的类型，监控帧有 3 种：接收准备好（RR）、接收未准备好（RNR）和拒绝接收帧（REJ）。RR 用于在没有 I 帧发送时向对端发送肯定证实信息；RNR 用于流量控制，通知对段暂停发送 I 帧；REJ 用于重发请求。监控帧带有 N（R），但没有 N（S）；第 5 位为探寻/最终位 P/F。S 帧既可以是命令帧，也可以是响应帧。

③ 无编号帧（U 帧）：用于对链路的建立和断开过程实施控制。识别无编号帧的标志是 C 字段的第 2、1 位为“11”。第 5 位为 P/F 位。M 用于区分不同的无编号帧，包括：置异步平衡方式（SABM）、断链（DISC）、已断链方式（DM）、无编号确认（UA）、帧拒绝（FRMR）等。其中，SABM、DISC 分别用于建立链路和断开链路，UA 和 DM 分别为 SABM、DISC 进行肯定和否定的响应，帧拒绝（FRMR，Frame Reject）表示接收到语法正确但语义不正确的帧，它将引起链路的复原。

（4）信息字段（I）：信息字段是为传输用户信息而设置的，用来装载分组层的数据分组，其长度可变，在 X.25 中，用户数据以分组为单位传输，由于客户终端设备不一，对数据分组所包含的 8bit 个数要求不同，因此分组网通常提供 32、64、128、256、512、1024、2048 个 8bit 的分组长度供客户选择，其中 128bit 为标准值，它适合于分组型终端使用。

（5）帧校验序列（FCS）：每个帧的尾部都包含一个 16bit 的帧校验序列，用来检测的传送过程中是否有错。FCS 采用循环冗余码，可以用移位寄存器实现。

7.5 分组交换机及其网络

7.5.1 分组交换机在分组网中的作用

分组交换机是分组通信网中的核心设备，在虚电路和数据报两种工作模式下，分组交换机的作用有所不同。

1. 虚电路模式下分组交换机的作用

在分组网内，我们只从交换的角度看，在虚电路模式下，分组交换机的主要作用有如下两个。

（1）路由选择。呼叫建立阶段，分组交换机要按照用户的要求进行路由选择，在源点和终点的用户终端设备之间建立起一条虚电路，在这个虚电路所经过的每段链路上，都有一个逻辑信道来传送属于该虚电路的信息。因此，在选择路由的同时，交换机内部要建立起一张出/入端与逻辑信道号之间的映射关系表，即转发表，以便属于该虚电路的分组均沿着同一条虚电路到达终点。在呼叫拆除阶段，交换机要负责拆除虚电路，释放每段链路上的逻辑信道资源。

（2）分组的转发。分组转发也就是分组交换机按转发表进行转发分组。在信息传输阶段，交换机要按照转发表中的映射关系，把某一入端逻辑信道中送来的分组信息转发到对应的出端进行排队，当出端口有相应的带宽时，在对应的逻辑信道中转发出去。

2. 数据报方式下分组交换机的作用

数据报方式下不需要进行连接建立和连接拆除的过程，只有信息的传送过程。此时，每个交换机对来自用户的每个分组都要进行路由的选择。一旦选好路由，就将该分组直接进行转发，而不需要转发表。当下一个分组到来时，再重新进行路由选择。

7.5.2 分组交换机的功能结构

由于 ITU-T 只对分组交换网和终端之间的互连方式做了规范，而对网内的设备如交换机之间的协议并未做规范，因此各个厂家的内部协议并不统一，生产的分组交换机也是多种多样，不尽相同，但其完成的基本功能是一样的。从功能上讲，分组交换机一般由 4 个主要功能部件组成，即接口模块、分组交换模块、控制模块和维护操作与管理模块，两种工作模式下分组交换机的功能结构如图 7.17 所示。

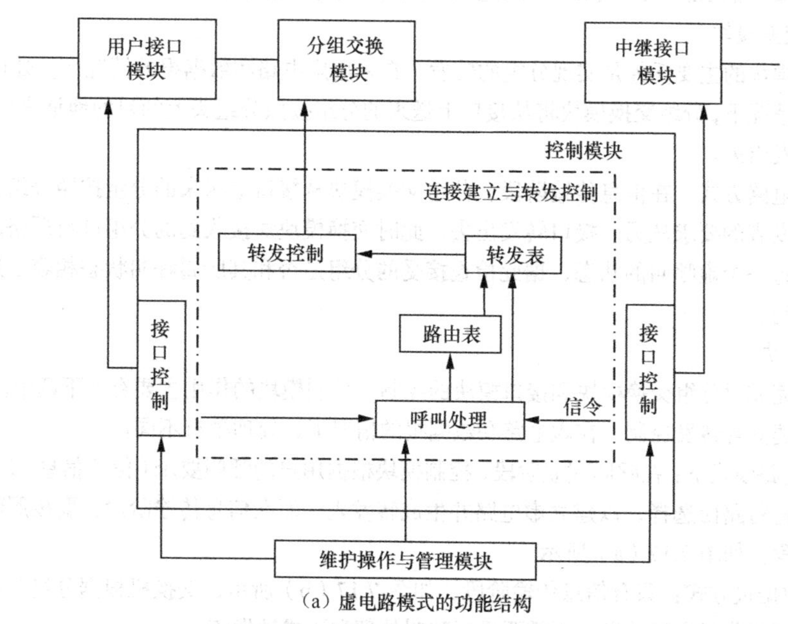

（a）虚电路模式的功能结构

图 7.17　分组交换机的功能结构

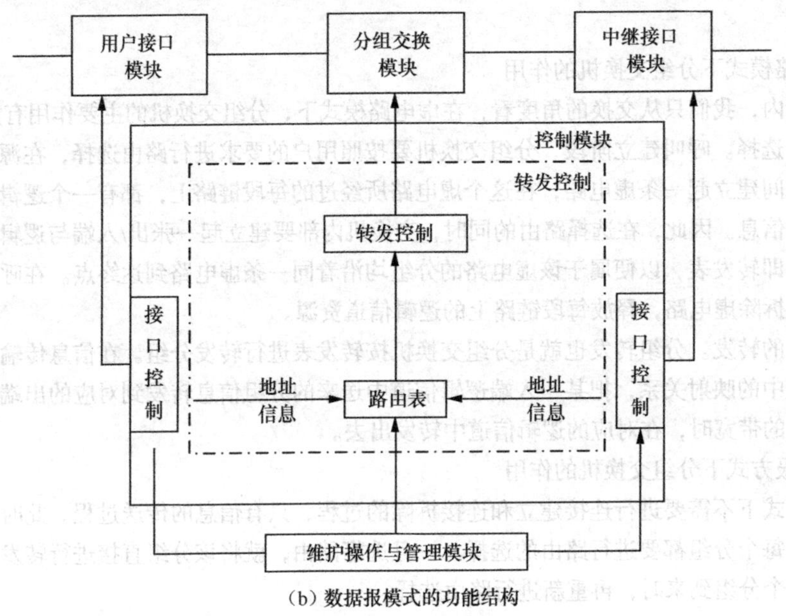

（b）数据报模式的功能结构

图 7.17　分组交换机的功能结构（续）

1. 接口功能模块

接口模块负责分组交换机和用户终端之间或与其他交换机之间的互连。接口模块包括中继接口模块和用户接口模块。接口模块完成接口的物理层功能，定义了用户线和中继线接入分组交换机时的物理接口，包括机械、电气、功能、规程等特性。

分组交换机中常用的物理接口包括 ITU-T 的 X.21、X.21bis、V.24 等。X.21 是一种高速物理层接口，可以支持高达 10Mbit/s 的链路速率，适用于全数字网。X.21bis 和 V.24 兼容，两者的电气接口都采用 V.28，即著名的 RS-232，可以支持直至 19.2kbit/s 的链路速率。

2. 分组交换模块

分组处理模块的主要任务是实现分组的转发。在采用虚电路和数据报的情况下，处理稍有不同。

在数据报情况下，分组交换模块将从接口上送来的分组按照分组头上的目的地址进行路由选择后，从其他接口转发出去。

若采用虚电路方式，在信息传输阶段，分组交换模块从接口上送来的分组按照分组头上的逻辑信道号，根据转发表的要求从另一接口转发出去。此时交换模块对接收到的分组进行严格的检查，分组交换机中保存每一个虚呼叫的状态，据此检查接受的分组是否和其所属呼叫状态相容，这样可以对分组进行流量控制。

3. 控制模块

控制模块完成对分组交换模块和接口模块的控制。控制模块的作用主要有如下两个。

（1）连接建立与转发控制。在虚电路和数据报的情况下，处理稍有不同。

- 在虚电路模式下：在呼叫建立阶段，控制模块根据用户的呼叫要求（信令信息）进行呼叫处理，并根据路由表进行路由选择，以建立虚电路并生成转发表；而在信息传输阶段，要按照转发表，控制分组的转发过程。如图 7.17（a）所示。
- 对于数据报方式：只有信息传输阶段，如图 7.17（b）所示，交换机根据分组头的地址信息查询路由表，直接将分组进行转发，不需要进行呼叫处理和生成转发表。

（2）接口控制。完成 X.25 链路层的功能，如差错控制和流量控制。在 X.25 中，数据链路层要进行逐段链路上的差错控制和流量控制，这是靠 I 帧和 S 帧的 C 字段中的发送顺序号 N（S）、接收顺序号 N（R）、探寻/最终位 P/F 等进行的，包括帧的确认、重发机制、窗口机制等控制措施；在分组层，要对每条虚电路进行差错控制和流量控制，其控制机理与链路层相似，但控制的层次不同。

4. 维护操作与管理模块

该模块完成对分组交换机各部分的维护操作和管理功能。

7.5.3 分组交换机的指标体系

（1）分组吞吐量：表示每秒通过交换机的数据分组的最大数量。在给出该指标时，必须指出分组长度，通常为 128 字节/分组。一般小于 50 分组/s 的为低速率交换机；50～500 分组/s 的为中速率交换机；大于 500 分组/s 的为高速率交换机。

【相关知识】	分组吞吐量常用业务量发生器测试。业务量发生器与分组交换机的两个端口分别相连，一个用于发送，另一个用于接收。在分组交换机的处理能力达到极限之前的最大分组发送速率为分组交换机的分组吞吐量。

（2）链路速率：指交换机能支持的链路的最高速率。一般小于 19.2kbit/s 的为低速率链路，19.2～64kbit/s 的为中速率链路，大于 64kbit/s 的为高速率链路，分组交换的链路最高速率可达 2.048Mbit/s。

（3）并发虚呼叫数：指的是交换机可以同时处理的虚呼叫数。

（4）平均分组处理时延：指的是将一个数据分组从输入端口传送至输出端口所需的平均处理时间。在给出该指标时，也必须指出分组长度。

（5）可靠性：涉及硬件可靠性和软件可靠性两方面，可靠性用平均故障间隔时间（MTBF）来表示。

（6）可利用度：指的是交换机运行的时间比例，它与硬件故障的平均修复时间及软件故障的恢复时间有关。平均故障修复时间（MTTR）是指从出现故障开始到排除故障，网络恢复正常工作为止的时间。可用性 A 可以用平均故障时间（MTBF）和平均故障修复时间（MTTR）来表示：

$$A=\frac{\text{MTBF}}{\text{MTBF+MTTR}}$$

（7）提供用户可选补充业务和增值业务的能力：也就是说，分组交换机除了给用户提供的基本业务外，还能提供那些供用户选择的补充业务和增值业务。

7.5.4 分组交换网络

分组交换网的设备构成类似电话网，主要由分组交换机、网管中心、集中器、用户终端设备以及传输设备等组成，其基本结构如图 7.18 所示。

分组交换机的基本功能是对数据分组进行“存储—转发”交换，实现数据终端设备与交换机之间的接口协议（如 X.25）以及交换机之间的接口协议（如 X.75），并与网管中心协同完成路由选择、计费、流量控制、差错控制等功能。与电话网相比较，X.25、X.75 协议的基本作用类似于用户信令和局间信令。分组交换机可分为转接交换机和本地交换机两种。转接交换机主要用于主干网中，多用于实现交换机与交换机之间的互连，因而具有通信容量大、线路端口多，并能进行路由选择等特点。本地交换机主要完成与用户终端之间以及交换机之间的通信，通常只和某一个转接交换机相连。因此，其通信容量较小，线路端口较少。

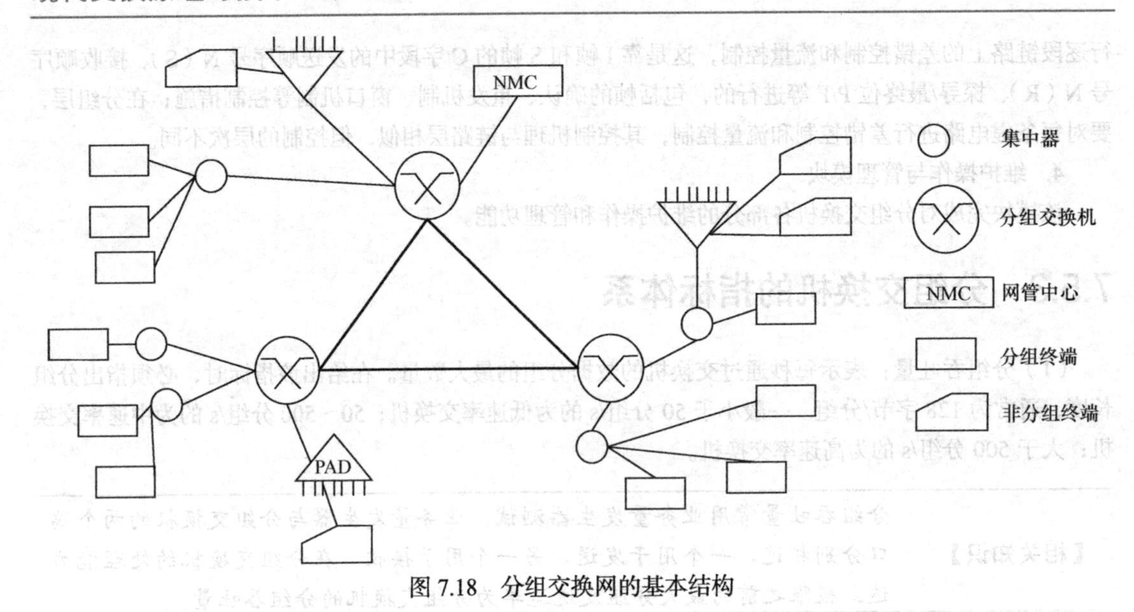

图 7.18 分组交换网的基本结构

用户终端设备包括可以发送数据分组的分组终端和不能发送数据分组、只能发送普通字符的非分组（一般）终端。分组终端通常是装有 X.25 通信控制卡的 PC 机，而非分组终端一般是普通的 PC 机、打印机等。

分组装拆设备的主要功能是把普通字符终端的字符数据组装成分组数据，并以分组交织复用的方式将所组成的各用户终端的数据分组在同一条物理线路上传送给交换机；或者反之，将来自交换机的分组数据转换成普通字符格式数据后送给相应的用户终端。一台分组装拆设备一般都可以连接多个用户终端。

集中器的作用类似于本地交换机，通常含有分组装拆功能，一般只能和一个分组交换机相连。使用集中器可以提高传输线路的利用率，它可以将低速的数据分组交织复用于中速或高速的传输线路上。

网管中心的作用是与各节点交换机相互协作、配合，保证全网正常、有效、协调地运行。网管中心的主要功能是收集全网信息，如线路或交换机的故障信息、网络拥塞信息、大量分组丢失及通信状况异常信息、通信时长及通信量等计费信息，利用这些收集的信息，可以为调整网络结构及交换机、线路的容量配置提供必要的数据。此外，网管中心还能与节点交换机共同协调实现路由选择、拥塞控制等功能，并能通过网络对节点交换机进行软件的装载与修改。一般地，全网只设一个网管中心，但也可以按区域划分或功能分担的方式设置多个网管中心。

我国的公用分组交换数据网叫做 CHINAPAC。

7.6 帧中继技术

7.6.1 帧中继技术的产生

1. 分组交换技术的时代背景及其作用

分组交换技术是在通信网以模拟通信为主的时代背景下提出的，当时可提供数据传输的信道大多数是 FDM 电话信道，信道带宽为 300～3400Hz，这种信道的数据传输速率一般不超过 9600bit/s，误码率为 10^{-5}～10^{-4}。由于数据通信的质量要求高，为了解决在高误码率、低质量的传输线路上实现数据可靠传送和计算机联网等功能，在 X.25 分组交换网内，每个节点必须提供强大的检错、纠错以及流量控制等功能，为了保证这些功能的实现，X.25 分组交换网采用了路由选择、流量控制、逐段转发、逐段检错/纠错以及出错重发等技术，这些技术的应用，使得网络把误码率提高到小于 10^{-11} 的水平，能够实现不同终端之间互通，满足了当时绝大多数数据通信的要求。因此，分组交换技术在数据通信方面发挥了巨大作用。

2. 光纤传输的普及应用

20 世纪 80 年代末至 90 年代初，数字化技术、光纤传输技术以及超大规模集成电路取得了惊人成果，随之通信网络的传输技术也发生了重大变革：已存在了一百余年的铜线传输技术正在迅速地让位于光纤数字传输技术，传输技术的光纤化不仅改善了传输质量，使线路的误码率由原来铜线的 10^{-5} 降低到 10^{-9} 以下，同时也极大地加宽了原来的传输频带，扩充了传输容量。这一基础条件的变化呼唤着新技术的产生，以便使光纤传输能充分发挥其所具有的潜能。

3. 计算机网络技术迅猛发展

20 世纪 80 年代以来，计算机网络技术的发展令人刮目相看，它已成为数据通信行业中发展最快的一个领域。LAN 已渗透到各个领域，机关、学校、公司、企业几乎都拥有自己的局域网，局域网的数量迅速发展，越来越多的用户迫切需要局域网互连，以在更大的范围内实现资源共享、信息交换。此外，在数据速率上，局域网已从早期的 10Mbit/s 发展到 1000Mbit/s 或更高。要在这些众多的、高速的局域网之间实现互连，就要求互联网络具有更高的数据传输速率，否则，互联网络就将成为局域网之间的瓶颈，而不能取得令人满意的效果。计算机网络技术急需通信工程技术人员解决网络瓶颈问题。

4. 分组交换技术的局限性

20 世纪 80 年代后期，通信领域许多应用都迫切要求增加网络提供的数据传送速率。人们在分组网上进行实时业务、高速业务传输时，发现现有的分组交换技术的逐段差错控制、流量控制、逐节点转发、出错重发等技术使得分组交换机开销很大，使得分组交换网的数据传输速率只能达到 64kbit/s。分组交换网络的体系结构和接口协议已不适合于提供高速的数据传送业务。

5. 社会的需求和技术的进步使得帧中继技术应运而生

随着技术的进步，局域网、广域网互连和其他大容量的突发性通信需求猛增，用户终端进一步智能化，通过计算机局域网连接个人计算机和工作站的应用越来越广泛，人们对局域网与局域网之间进行互连要求的传输速率迅猛增长。为了进一步提高数据通信网的吞吐量和传输速率，可从两个方面来考虑：一方面是提高信道的传输能力，另一方面是发展新的交换技术。对于传输来说，采用光纤通信技术，光纤的传输能力强，误码率非常低（达到 10^{-9} 以下），同时由于采用了先进的复用技术，带宽也非常宽，因此，链路的差错控制和流量控制机制显得就不那么必要了，可以将其简化，以加快交换机的处理速度。因此，一种快速的分组交换技术——帧中继技术就在这样的背景下应运而生。

7.6.2　帧中继与 X.25 的比较

1. 帧中继与分组协议分层比较

帧中继将 X.25 网络的下三层协议进一步简化，差错控制、流量控制推到网络的边界，从而实现轻载协议网络，如图 7.19 所示。

帧中继在 OSI 第二层以简化的方式传送数据，仅完成物理层和链路层核心层的功能，智能化的终端设备把数据发送到链路层，并封装在 Q.922 核心层的帧结构中，实施以帧为单位的信息传送；网络不进行纠错、重发、流量控制等，帧不需要确认，就能够在每个交换机中直接通过；若网络检查出错误帧，直接将其丢弃；第二、第三层的一些处理，如纠错、流量控制等，留给智能终端去完成。

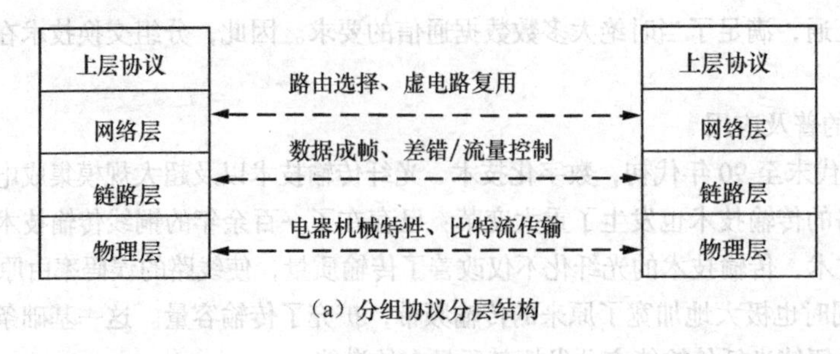

（a）分组协议分层结构

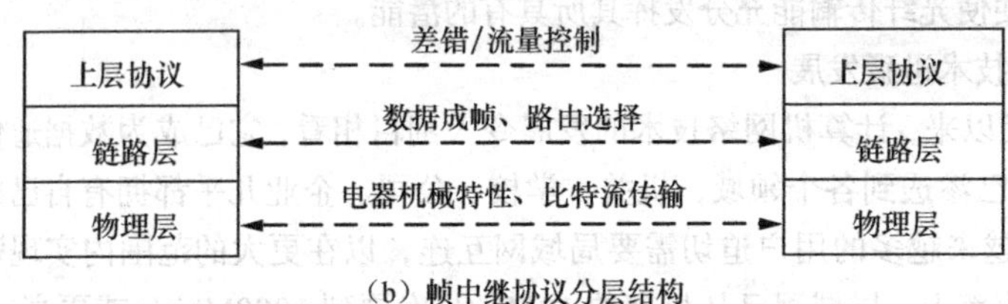

（b）帧中继协议分层结构

图 7.19　帧中继与分组协议分层结构

2. 帧中继与 X.25 的比较

（1）不同之处

- 与 X.25 相比，帧中继在第二层增加了路由的功能，但它取消了其他功能，例如在帧中继节点不进行差错纠正，因为帧中继技术建立在误码率很低的传输信道上，差错纠正的功能由端到端的计算机完成。在帧中继网络中的节点将舍弃有错的帧，由终端的计算机负责差错的恢复，这样就减轻了帧中继交换机的负担。
- 与 X.25 相比，帧中继不需要进行第三层的处理，它能够让帧在每个交换机中直接通过，即交换机在帧的尾部还未收到之前，就可以把帧的头部发送给下一个交换机，一些第三层的处理，如差错/流量控制，留给智能终端去完成。

正是因为处理方面工作的减少，给帧中继带来了明显的效果。首先帧中继有较高的吞吐量，能够达到 E1/T1（2.048/1.544Mbit/s）、E3/T3 的传输速率；其次，帧中继网络中的时延很小，在 X.25 网络中每个节点进行帧校验产生的时延为 5～10ms，而帧中继节点小于 2ms。

（2）相同之处

帧中继与 X.25 也有相同的地方。例如二者均可采用面向连接的通信方式，即采用虚电路交换，可以有交换虚电路（SVC）和永久虚电路（PVC）两种。

3. 帧中继的定义

通过以上比较可见，帧中继（Frame Relay，FR）技术是在 OSI 参考模型第二层上用简化的方法传送和交换数据单元的一种技术，由于第二层的数据单元为帧，故称之为帧中继。

7.6.3　帧中继的协议结构与帧格式

1. 帧中继协议结构

帧中继的协议结构如图 7.20 所示。

帧中继协议结构包括用户平面和控制平面 2 个平面。控制平面（C-plane）用于建立和释放逻辑连接，传送并处理呼叫控制信息；用户平面（U-plane）用于传送用户数据和管理信息。

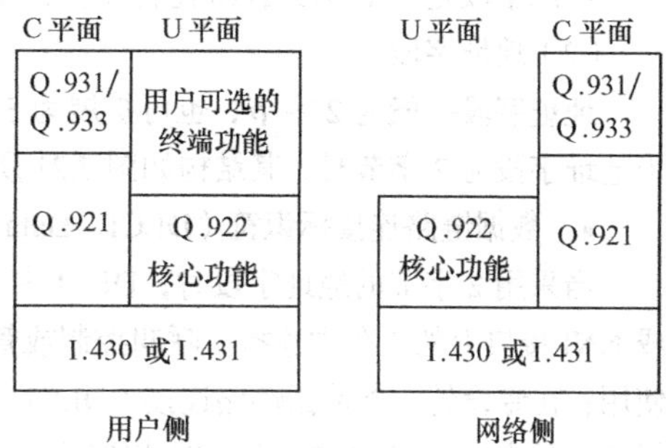

图 7.20　帧中继的协议结构

（1）控制平面

控制平面（简称 C 平面），它包括三层。第三层规范使用 ITU-T 的建议 Q.931/Q.933。Q.931/Q.933 定义了帧中继的信令过程，包括提供永久虚连接（PVC）业务的管理过程以及交换虚连接（SVC）业务的呼叫建立和拆除过程。第 2 层的 Q.921 协议是一个完整的数据链路协议——D 信道链路介入规程 LAPD（Link Access Procedures on the D-channel），它在 C 平面中为 Q.931/Q.933 的控制信息提供可靠的传输。C 平面协议仅在用户和网络之间操作。

（2）用户平面

用户平面（简称 U 平面），它使用了 ITU-T Q.922 协议，即帧方式承载业务的链路接入规程（LAPF，Link Access Procedures to Frame Mode Bearer Services），帧中继只用到了 Q.922 中的核心部分，称为 DL-Core。

（3）Q.922 中核心部分（DL-Core）的功能

帧定界、定位和透明性；

用地址字段实现帧多路复用和解复用；

对帧进行检测，确保 0 比特插入前/删除后的帧长是整数个字节；

对帧进行检测，确保其长度不至于过长或过短；

检测传输差错，将出错的帧丢弃（帧中继中不进行重发）；

拥塞控制。

2. 帧格式（LAPF）

我们知道，X.25 数据链路层采用 LAPB（平衡链路访问规程），而帧中继数据链路层规程采用 LAPD（D 信道链路访问规程，是综合业务数字网 ISDN 的第二层协议）的核心部分，称 LAPF（帧方式链路访问规程），它们都是 HDLC 的子集。

LAPF 是帧方式承载业务的链路接入规程，包含在 ITU-T 建议 Q.922 中，其帧格式如图 7.21 所示。

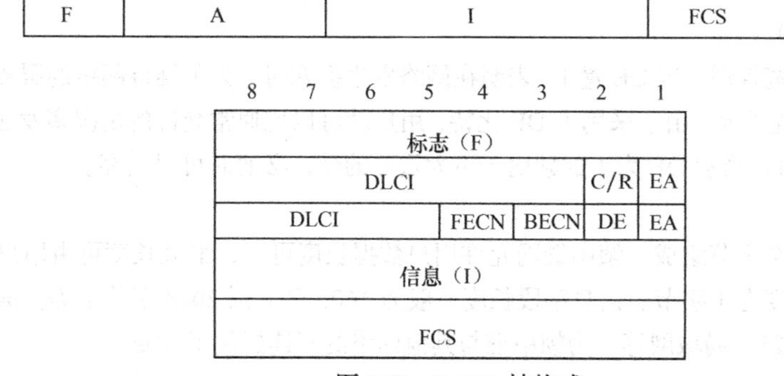

图 7.21　LAPF 帧格式

从图 7.21 可以看出，帧中继的帧格式和 LAPB 的格式类似，最主要的区别是帧中继的帧格式中没有控制字段 C。帧格式中各段的含义如下。

（1）标志字段（F）

标志字段是一个01111110比特序列，用于帧同步、定界（指示一个帧的开始和结束）。

（2）地址字段

地址字段一般为2字节，也可扩展为3或4字节。用于区分不同的帧中继连接，实现帧的复用。当地址字段为2字节时，其结构如图7.21所示，地址字段由以下几部分组成。

- 数据链路连接标识符（DLCI，Data Link Connection Identifier）

当采用2字节的地址字段时，DLCI占10位，其作用类似于X.25中的LCN，用于识别UNI接口或NNI接口上的永久虚连接、呼叫控制或管理信息。其中DLCI从16到1007共992个地址供帧中继使用；在专设的一条数据链路连接（DLCI = 0）上传送控制信息；DLCI = 1024用于链路管理，其他值保留，见表7.5。与X.25的LCN相似，对于标准的帧中继接口，DLCI只有本地（局部）意义。

表7.5　帧中继的DLCI说明（2字节地址字段）

DLCI	用途
0	传递帧中继呼叫控制报文
1～15	保留
16～1007	分配给帧中继过程使用
1008～1022	保留
1024	链路管理

- 命令/响应（C/R）

命令/响应与高层的应用有关，帧中继本身并不使用，它透明通过帧中继网络。

- 地址扩展（EA）

当EA为0时，表示下一个字节仍为地址字段；当EA为1时，表示下一个字节为信息字段的开始。依照此法，地址字段可扩展为3字节或4字节。

- 前向拥塞通知（FECN）

用于帧中继的拥塞控制，用来通知用户启动拥塞控制程序。若某节点将FECN置1，则表明与该帧同方向传输的帧可能受到网络拥塞的影响而产生时延。

- 后向拥塞通知（BECN）

若某节点将BECN置1，则指示接收者与该帧相反方向传输的帧可能受到网络拥塞的影响而产生时延。

- 丢弃指示（DE）

用于帧中继网的带宽管理。当DE置1，表明在网络发生拥塞时，为了维持网络的服务水平，该帧与DE为0的帧相比应先丢弃。由于采用了DE比特，用户就可以比通常允许的情况多发送一些帧，并将这些帧的DE比特置1。当然DE为1的帧属于不太重要的帧，必要时可以丢弃。

（3）信息字段（I）

用户数据应由整数个字节组成。帧中继网允许用户数据长度可变，最大长度可由用户与网络管理部门协商确定，最小长度为1字节。信息字段长度一般为1600字节到2048字节不等。信息字段可传送多种规程信息，如X.25、局域网等，为帧中继与其他网络的互连提供了方便。

（4）帧校验序列（FCS）

帧校验序列为2字节的循环冗余校验（CRC校验）。FCS并不是要使网络从差错中恢复过来，而是为网络节点所用，作为网络管理的一部分，检测链路上差错出现的频度。当FCS检测出差错时，就将此帧丢弃，差错的恢复由终端去完成。

7.6.4 帧中继的交换原理

1. 帧的转发过程

帧中继是在分组交换技术基础上发展起来的，它取消了分组交换技术的数据报方式，而仅采用虚电路方式，向用户提供面向连接的数据链路层服务。

帧中继也采用统计复用技术，但它是在链路层进行统计复用的，这些复用的逻辑链路是用 DLCI 来标识的，类似于分组交换的 LCN。当帧通过网络时，DLCI 并不指示目的地址，而是标识用户和网络节点以及节点与节点之间的逻辑虚连接。在帧中继中，由多段 DLCI 的级联构成端到端的虚连接（X.25 中称为虚电路），可分为交换虚连接（SVC）和永久虚连接（PVC）。由于标准的成熟度、用户需求以及产品情况等原因，目前，在帧中继网中，只提供 PVC 业务。无论是 PVC 还是 SVC，帧中继的虚连接都是通过 DLCI 来实现的。

当帧中继网只提供 PVC 时，每一个帧中继交换机中都存在 PVC 转发表，当帧进入网络时，帧中继通过 DLCI 值识别帧的去向。其基本原理与分组交换过程类似，所不同的是：帧中继在链路层实现了网络（线路和交换机）的资源的统计复用，而分组交换是在分组层实现统计复用的。帧中继的虚连接是由各段的 DLCI 级联构成的。

在帧中继网中，一般都由路由器作为用户，负责构成帧中继的帧格式，如图 7.22 所示。路由器在帧内置 DLCI 值，将帧经过本地 UNI 接口送入帧中继交换机，交换机首先识别到帧头中的 DLCI 值，然后在相应的转发表中找出对应的输出端口和输出的 DLCI 值，从而将帧准确地送往下一个节点。如此循环往复，直至送到远端的 UNI 处的用户，途中的转发都是按照转发表进行的。

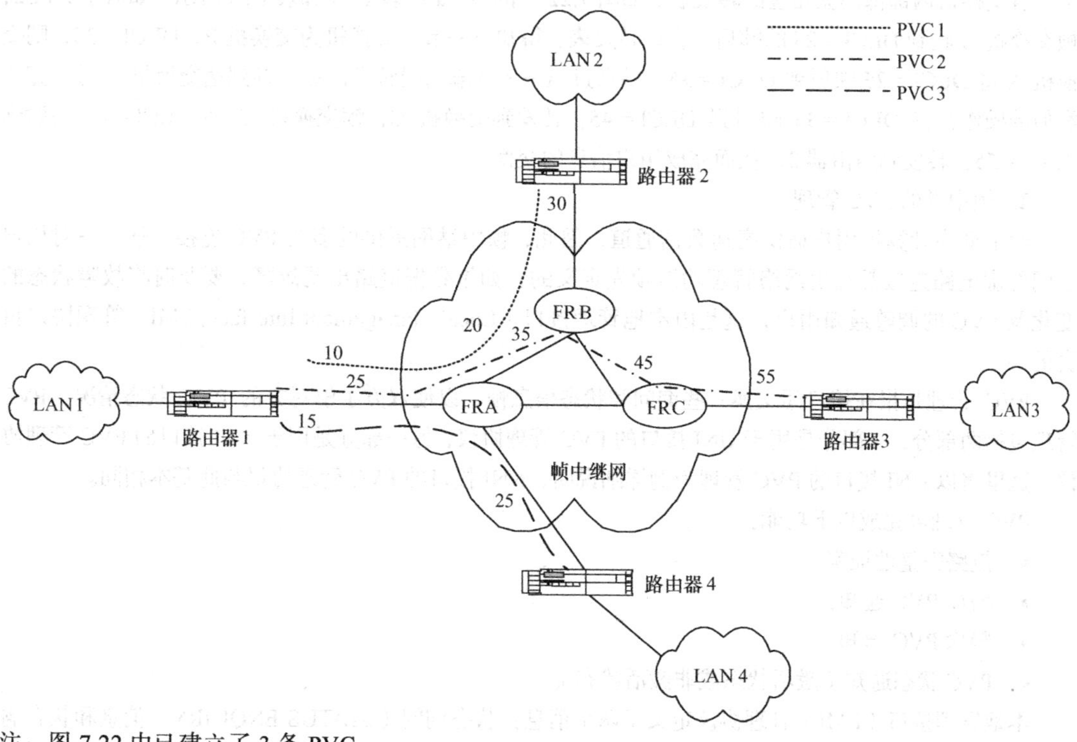

注：图 7.22 中已建立了 3 条 PVC：

图 7.22　帧中继的交换原理

① PVC1 为路由器 1 到路由器 2：10—20—30；

② PVC2 为路由器 1 到路由器 3：25—35—45—55；

③ PVC3 为路由器 1 到路由器 4：15—25。

表（a） FR A 的转发表

输入端	DLCI	输出端	DLCI
路由器 1	10	FR B	20
路由器 1	25	FR B	35
路由器 1	15	路由器 4	25

表（b） FR B 的转发表

输入端	DLCI	输出端	DLCI
FR A	20	路由器 2	30
FR A	35	FR C	45

表（c） FR C 的转发表

输入端	DLCI	输出端	DLCI
FR B	45	路由器 3	55

图 7.22 帧中继的交换原理（续）

各交换机内部都建立相应的转发表，如图 7.22 中的表（a）、表（b）和表（c）所示。如对于 PVC2，帧交换机 A 收到 DLCI = 25 的帧后，查询转发表，得知下一节点交换机为交换机 B，DLCI = 35，则交换机 A 将 DLCI = 25 映射到 DLCI = 35，并通过 A—B 的输出线转发出去。帧到达交换机 B 时，完成类似的操作，将 DLCI = 35 映射到 DLCI = 45，转发到交换机 C，帧交换机 C 将 DLCI = 45 映射到 DLCI = 55，转发到路由器 3，从而完成用户信息的交换。

2. 帧中继的 PVC 管理

帧中继为计算机用户提供高速数据通道，因此，帧中继网提供的多为 PVC 连接，任何一对用户之间的虚电路连接都是由网络管理功能预先定义的，如果数据链路出现故障，要及时将故障状态的变化及 PVC 的调整通知用户，这是由本地管理接口（Local Management Interface, LMI）管理协议负责的。

PVC 管理是指在接口间交换一些询问和状态信息帧，以使双方了解对方的 PVC 状态情况。PVC 管理包括两部分：一部分是用于 UNI 接口的 PVC 管理协议，另一部分是用于 NNI 接口的 PVC 管理协议。这里将以 UNI 接口的 PVC 管理为例详细说明，NNI 接口的 PVC 管理协议与此基本相同。

PVC 管理可完成以下功能：

- 链路完整性证实；
- 增加 PVC 通知；
- 删除 PVC 通知；
- PVC 状态通知（激活状态或非激活状态）。

本地管理接口（LMI）管理协议定义了两个消息：状态询问（STATUS ENQUIRY）消息和状态响应（ATATUS）消息。在 UNI 之间，通过单向周期性地交换 STATUS ENQUIRY 和 ATATUS 消息来完成以上功能，这种周期称为轮询周期。

UNI 接口的 PVC 管理示意图如图 7.23 所示，其过程如下：

（1）由用户端（如路由器）发出状态询问信息 STATUS ENQUIRY，目的是为了检验数据链路是否工作正常（keep alive），同时发起端的计时器 T 开始计时，T 的间隔即为每一个轮询的时间间隔；若 T 超时，则重发 STATUS ENQUIRY。同时，发起端的计数器 N 也开始计数（N 的周期数可人工设定或取缺省值），在发送 N 个用来检验数据链路是否正常工作的 STATUS ENQUIRY 后，用户发出一个询问端口上所有 PVC 状态的 STATUS ENQUIRY。

（2）轮询应答端收到询问信息后，以状态信息 STATUS 应答状态询问信息 STATUS ENQUIRY，该信息可能是链路正常工作的应答信息，也可能是所有 PVC 的状态信息。

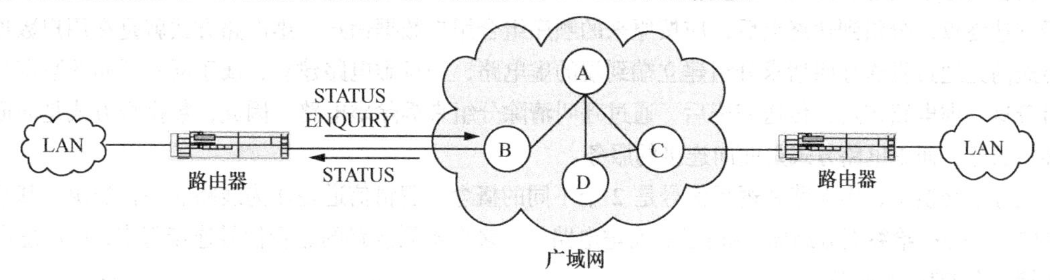

图 7.23　UNI 接口的 PVC 管理

虽然 PVC 管理协议增加了帧中继的复杂性，但这样能保证网络可靠运行，满足用户的服务质量。

7.6.5　帧中继的主要特点

从帧中继的协议体系可以看出，与 X.25 分组交换相比，帧中继技术有如下特点：

（1）帧中继协议取消了 X.25 的分组层功能，只有 2 个层次：物理层和数据链路层，使网内节点的处理大为简化。在帧中继网中，1 个节点收到 1 个帧时，大约只需执行 6 个检测步骤；而 X.25 中约需执行 22 个步骤。实验结果表明：采用帧中继时，1 个帧的处理时间可以比 X.25 的处理时间减少 1 个数量级，因而提高了帧中继网的处理效率。

（2）用户平面和控制平面分离。

（3）传送的基本单元为帧，帧的长度是可变的，允许的最大长度为 1KB，要比 X.25 网的缺省分组 128B 长，特别适合于封装局域网的数据单元，减少了分段与重组的开销。

（4）在数据链路层完成动态统计时分复用、帧透明传输和差错检测。与 X.25 网不同，帧中继网内节点若检测到差错，就将出错的帧丢弃，不采用重传机制，减少了帧序号、流量控制、应答等开销，由此减少了交换机的处理时间，提高了网络吞吐量，降低了网络时延。例如 X.25 网内每个节点由于帧检验产生的时延为 5～10ms，而帧中继节点的处理时延小于 1ms。

（5）帧中继技术提供了一套有效的带宽管理和拥塞控制机制，使用户能合理传送超出约定带宽的突发性数据，充分利用了网络资源。

（6）帧中继现在可提供用户的接入速率在 64kbit/s～2.048Mbit/s 范围内，以后还可更高。

（7）帧中继采用了面向连接的工作模式，可提供 PVC 业务和 SVC 业务。但由于帧中继 SVC 业务在资费方面并不能给用户带来明显的好处，实际上目前主要用 PVC 方式实现局域网的互连。

本章小结

数据通信技术就是按照通信协议，利用数据传输技术在功能单元之间传递数据信息，从而实现算机与计算机、计算机与终端以及终端与终端之间的数据信息传递而产生的一种通信方式。数据通信采用的信息交换方式有电路交换方式、报文交换方式和分组交换方式 3 种。

分组交换技术是数据通信发展的重要里程碑，该技术以分组为单位在网内传送信息。分组的长度可变，每个分组包含有分组头，分组交换机根据分组头中的地址信息将分组传送到目的地。分组交换采用“存储—转发”方式和统计复用技术，大大提高了线路资源的利用率。由于历史原因，分组交换还采用了差错控制、逐段转发、出错重发等技术，提高了系统信息传送的可靠性。

分组交换网采用数据报和虚电路两种方式向用户提供信息传送服务。数据报方式就是根据分组中包含的目的地址信息和网络状态为每个分组独立寻找路由，属于同一用户的不同分组可能沿着不同的路径到达终点，分组到达终点后，应按原来的顺序组合用户数据信息。虚电路方式就是在用户数据分组传送前先通过发送呼叫请求分组建立端到端的虚电路，一旦虚电路建立，属于同一呼叫的数据分组均沿着这一虚电路传送，传送完毕后，通过呼叫清除分组来拆除虚电路。因此，数据报方式是非面向连接的服务，而虚电路方式是面向连接的服务。

在分组交换中，虚电路和逻辑信号是 2 个不同的概念。逻辑信道是作为线路的一种资源，其总是存在的，并分配给终端分组做“标记”；而虚电路是由多个不同链路的逻辑信号连接起来，所以虚电路是连接 2 个 DTE 的通路。

X.25 协议定义了物理层、数据链路层和分组层，它分别和 OSI 的下三层一一对应。第一层为物理层，定义了 DTE 和 DCE 之间建立、维持、释放物理链路的过程，包括机械、电气、功能和规程等特性。第二层为数据链路层，规定了在 DTE 和 DCE 之间的线路上交换帧的过程。第三层为分组层，它利用链路层提供的服务在 DTE-DCE 接口上交换分组。

帧中继是在分组技术充分发展，光纤传输线路逐渐代替已有的模拟线，用户终端日益智能化的条件下诞生并发展起来的。该技术是在 OSI 第二层（数据链路层）上用简化的方法传送和交换数据单元的一种通信技术。帧中继技术吸纳了 X.25 的优点，以分组交换技术为基础，综合 X.25 统计复用、端口共享等技术，采用分组交换中把数据组成不可分割的帧，以帧为单位发送、接收和处理，帧中继省略了分组层（网络层）的功能，保留了链路层统计复用和核心子层中帧的透明传输和差错检测及虚电路复用功能，不提供出错后的重传功能，因此，帧中继大大节省了交换机的开销，而把这些功能全部交给用户终端去完成，具有吞吐量大、时延小、适合突发性业务等特点。

习题

一、填空题

7-1　随着技术的发展，人们对数据的理解也更加广泛，无论是文字、语音还是图像，只要它们能用________的方法形成各种代码的组合，都统称为数据。

7-2　数据通信包含两方面内容，首先是数据的________，其次是数据传输前后的处理。

7-3　数据通信网中可采用________交换方式、报文交换方式和分组交换方式 3 种。

7-4　分组交换实质上是在________基础上发展起来的。

7-5　数据终端设备按业务内容不同，可分为________型终端和非分组型终端。

7-6　分组交换网采用数据报和________两种方式向用户提供信息传送服务。

7-7　在分组交换方式中，普遍采用________、出错重发的控制措施，必须保证数据传送的正确无误。

7-8　在分组交换方式中，一条虚电路由多个________链接而成。

7-9　在分组中，实用化的路由选择算法有很多种，用得最多的有静态的________算法和动态的自适应路由算法。

7-10 流量控制是为了保证网络内的数据流量的平滑均匀、提高网络的吞吐能力和可靠性、防止________现象的发生。

7-11 数据链路（data link）是数据电路加上________规程。

7-12 分组交换机一般由接口模块、________模块、控制模块和维护操作与管理模块 4 个主要功能模块组成。

7-13 帧中继技术是在分组交换技术基础上发展起来的，它取消了分组交换技术的________方式，向用户提供面向连接的数据链路层服务。

7-14 帧中继将 X.25 网络的下三层协议进一步简化，差错控制、________控制推到网络的边界，从而实现轻载协议网络。

7-15 帧中继协议结构包括________平面和控制平面 2 个平面。

二、选择题

7-16 我们把用标志码标识的信道称为（ ）。

A. 标志化信道 B. 位置化信道 C. 时隙 D. 信元

7-17 在构成数据通信系统的 7 个部分中，DCE 在模拟技术体制下是（ ）。

A. 数据业务单元 B. 调制解调器 C. 终端 D. 计算机

7-18 数据通信网发展的重要里程碑是采用（ ）。

A. 报文交换方式 B. 电路交换方式 C. 分组交换方式 D. FR 方式

7-19 下列属于非分组型终端的设备是（ ）。

A. 数字传真机 B. 智能用户电报终端

C. 可视图文接入设备 D. 电传机

7-20 分组交换在分组网内根据每个分组的地址信息将数据分组由信源传送到信宿，采用的复用技术是（ ）。

A. 同步时分 B. 固定资源分配 C. 统计 D. CDMA

7-21 在分组交换技术中，分组的长度是（ ）。

A. 固定的 B. 可变的 C. 48 字节 D. 53 字节

7-22 与报文交换相比，短分组在分组网内传送的时间（ ）。

A. 较长 B. 较短 C. 固定 D. 可变

7-23 在分组交换中，每个分组都有一个分组头，它的字节数是（ ）。

A. 5 B. 32 C. 3～8 D. 3～12

7-24 下列不属于分组头的组成的是（ ）。

A. 通用格式识别符 B. 分组类型识别符

C. DLCI D. 逻辑信道组号和逻辑信道号

7-25 在分组交换中，主、被叫 DTE 之间建立的虚连接叫做（ ）。

A. 逻辑信道 B. 虚电路 C. 物理信道 D. 数据报

7-26 数据终端设备（DTE）和数据电路终接设备（DCE）之间的接口规程是（ ）。

A. TCP/IP 协议 B. X.25 协议 C. UDP 协议 D. IP 协议

7-27 在分组交换中，表示每秒通过交换机的数据分组的最大数量是（ ）。

A. 分组吞吐量 B. 链路速率 C. 并发虚呼叫数 D. 可利用度

7-28 在帧中继技术中，帧中继数据链路层规程采用（ ）。

A. LAPB B. LAPD C. LAPF D. HDLC

7-29 帧中继也采用统计复用技术，但它是在链路层进行统计复用的，这些复用的逻辑链路标识是（ ）。

A. LCN　　B. DLCI　　C. VPI　　D. VCI

三、判断题

7-30 数据是具有某种含义的数字信号的组合，字母、数字属于数据，但符号不属于。

7-31 数据通信就是按照通信信令要求，利用数据传输技术，在功能单元之间传递数据信息。

7-32 数据通信系统的传输信道只能是数字信道。

7-33 数据通信按交换方式分类，可以有 PSTN、PAPDN、FR、ATM 等。

7-34 分组交换的数据报方式继承了电路交换的优点。

7-35 分组交换的虚电路方式继承了电路交换的优点，所以它采用同步时分复用技术。

7-36 在分组交换中，非分组终端不能装拆分组。

7-37 在分组交换中，虚电路是在 DTE 与交换机接口或网内中继线上分配的，代表了信道的一种编号资源。

7-38 X.25 协议定义了物理层和分组层两层。

7-39 HDLC 是由 ISO 定义的面向比特的数据链路控制协议的总称。

7-40 目前在帧中继网中，只提供 PVC 业务。无论是 PVC 还是 SVC，帧中继的虚连接都是通过 DLCI 来实现的。

四、简答题

7-41 简述数据通信网的交换方式。

7-42 电路交换中的物理电路与分组交换的虚电路有何异同?

7-43 为什么说分组交换技术是数据交换方式中一种比较理想的方式?

7-44 简述分组交换的两种方式。

7-45 分组头由哪几部分组成? 并简述各部分的意义。

7-46 简述线路资源分配技术，并说明它们的优缺点。

7-47 简述虚电路与逻辑信道的概念及其关系。

7-48 流量控制在分组网中有什么意义?

7-49 简述分组交换机的组成，并简述各模块的作用。

7-50 为什么说帧中继是分组交换技术的改进?

7-51 简述帧中继的交换原理，并画图说明。

7-52 在帧中继中，DLCI 有何作用?

第8章

ATM交换技术

【本章内容简介】本章系统介绍了B-ISDN的核心技术——ATM技术，包括ATM技术的产生、特点，异步转移模式、ATN信元结构；ATM的体系结构、ATM信元传递处理原则，ATM交换机的组成以及ATM交换的基本原理，同时简要介绍了ATM网络的构成、ATM网与现有网络互连方式及用户接入方式。

【本章重点难点】重点掌握ATM基础知识和ATM交换原理；难点是ATM体系结构。

8.1 引言

20世纪70年代以来，人们就开始寻求一种通用的通信网络，为此引入了N-ISDN，以实现话音和数据在同一网络上的传递。随着新业务特别是多媒体业务（如高速数据通信、会议电视、HDTV、VOD等）的出现和发展，N-ISDN很快就显得无能为力了。1986年，ITU-T提出了宽带综合业务数字网络（B-ISDN）的概念。

B-ISDN的目标是以一个综合的、通用的网络来承载全部现有的和将来可能出现的业务。为此需要开发新的信息传递技术，以适应B-ISDN业务范围大、传输率高以及通信过程中比特率可变的要求。人们在研究和分析了电路交换和分组交换技术之后，融合了它们的优点，提出了信元中继交换技术。1988年，ITU-T正式把这种技术命名为异步传送模式（ATM），并推荐其作为未来宽带网络的信息传送模式。

【相关知识】ISDN：是由电话综合数字网（IDN）演变而成的一个网络，用来承载包括语音和非语音在内的多种电信业务，提供端到端的数字连接，用户能够通过有限的一组标准多用途用户和网络接口接入这个网络，享用各种类型的网络服务。

8.1.1 ATM交换技术的产生

1. 常用的信息传递方式

（1）电路交换技术

电路交换在进行信息传输时，要在收发端之间建立起具有一定速率的信道（连接通路），通路一旦建立，不论双方是否在传送信息，此信道则一直被双方所独占，直到信息传输结束双方拆除信道为止。

电话交换技术是电路交换技术的典型应用。在程控电话交换中，因为信道是按时隙周期性分配的，时隙的插入、分解比较简单，用高速度的硬件可以实现，信息在连接通路中传输时延和时延抖动非常小，信息传送速度恒定，可提供实时的、信息连续传送的通信业务。电话通信连接通路建立时间长，存在速率固定及网络资源利用率低的缺点。同时由于电路交换速率固定，各种业务的传输速率都不尽相同，尤其数据通信具有一定的突发性，即传输速率是不恒定的，因此，电路交换不适合数据业务传送的要求。电路交换虽然技术上可以实现多速率、高速的信息传送，但是难免造成处理、控制的复杂性，也使硬件设备成本提高。

（2）分组交换技术

分组传递方式继承了报文交换的思想，采用“存储—转发”传送分组，它的复用方式是统计时分复用（靠标志来识别每路信号），属于异步传送方式。在分组交换中，信息以分组的形式传输，分组的长度是可变的。

分组交换由于采用动态资源分配，克服了电路交换资源独占的缺点，分组交换把所传送的信息分成“组”，以“信息组”进行复用和交换，动态分配网络资源，因而网络利用率高。这种传递方式设计于 20 世纪 60 年代，当时由于光纤还没有被使用，只有质量低下或中等的传输介质，完成信息传输后误码率高，为了能对传输的信息提供合格的端到端的服务质量保证，有必要在网络的每段节点上都执行复杂的协议，以完成差错和流量控制等功能。分组传递方式的优点是：能以可变速率传送信息，动态分配网络资源，信道利用率高。其缺点是：协议复杂，交换机的处理速率慢，时延较大；另外由于分组的长度是可变的，网络内需要一个相当复杂的缓冲器管理，导致交换机的处理速度慢，特别是当信息传输速率高时，交换机的处理速度跟不上信息传输速率，成为网络的瓶颈。

（3）帧中继

帧中继是分组传递方式的演进，其传递方式属于异步传送方式，其传输、复用和交换都是以帧为单位，交换方式是帧交换。相对分组交换而言，帧中继使用数字光纤作为传输介质，可以达到很好的传输质量，不必像分组交换那样进行逐段链路的差错控制，而只需在端到端之间以出错重传的形式进行纠错。因此，帧中继的优点同样是能以可变速率传送信息，可动态分配网络资源，信道利用率高，而且纠错、重发及流量控制等不再由网络完成，直接留给终端处理，提高了网络的吞吐量，减小了网络时延。

2. 电信网的发展

（1）20 世纪 80 年代以前电信网的现状

① 在 ISN 产生以前，每一种通信网（现在还在应用）都是专为一种特定的业务而设计的，这些网络往往完全不适应于其他业务。这种业务专门化的一个重要后果是大量世界范围内的独立网并存，而每一种业务都需要自己的设计和维护，并且还会造成资源浪费，因为每一种网络的规模都按照一种特定的业务类型来设计，即使一个网络中有空闲的资源也不能被其他类型的业务应用。所以，无论是在经济效益方面，还是应用灵活性方面，专一的通信网都不能满足要求。

② 当时电信网按照电信业务的特征组建各种类型的业务网，每个业务网都有其各自的网络拓扑结构、接口标准、信号规范、编号方案，因此，以往电信网实际上是由各种业务网混合组成的叠加网。

（2）提出用单一网络支持不同类型的业务

随着数字技术的发展，在 1976 年 CCITT（现名为 ITU-T）开始研究用单一网络支持不同类型的业务。

N-ISDN：在 1980 年推出了综合业务数字网，当时由于技术和应用的限制，提供的业务速率一般不超过 2Mbit/s。

N-ISDN 的局限性：由于 N-ISDN 采用电路交换方式，传输速率和交换模式限制了提供具有更高速率和可变速率的业务，已不能适应未来通信网发展的需要。

【相关知识】	综合数字网（IDN）：是以数字技术为基础，将数字传输系统及数字交换系统综合在一起的数字网络。在 IDN 中，交换局之间用数字中继连接，而用户到交换局之间仍为模拟连接。数字技术是实现 IDN 和综合业务网（ISN）的基础。 综合业务网（ISN）：是指提供或支持各种不同通信业务的通信网。

（3）B-ISDN 的提出

在 20 世纪 80 年代，提出研究业务速率为 100 Mbit/s 的视频活动图像通信的 ISDN，称之为宽带综合业务数字网。

3. ATM 的出现

（1）20 世纪 80 年代以来，跨越广域网实现 LAN 的互连越来越多。同时随着多媒体技术的出现，人们对可视图文、视频电话、视频会议、图像传输等通信业务的需求迅速增加，对带宽的需求也越来越高。结果是 B-ISDN（Broadband-ISDN，宽带综合业务数字网）的标准问世。

（2）ATM 是支持 B-ISDN 服务的一种交换技术。

4. N-ISDN 和 B-ISDN 的区别

尽管 N-ISDN 和 B-ISDN 的名称相似，但各自的信息表示、交换和传输方式根本不同。

（1）N-ISDN 是以数字式电话网为基础，采用电路交换方式。

（2）B-ISDN 则是真正意义上的综合，采用信元中继方式，即 ATM 技术。

5. B-ISDN 网对传送模式的要求

（1）对信息的损伤要小。具有时间透明性（信息传送的时延和时延抖动要小），具有语义透明性（由传送引起的信息丢失和差错要小）。

（2）能灵活地支持各种业务。

（3）具有高速传送信息的能力。

8.1.2 ATM 与 B-ISDN 的发展

（1）1983 年，美国贝尔实验室的 Turner J.等人提出了快速分组交换（FPS，Fast Packet Switching）原理，并研制了原型机。同年，法国 Coudreuse J.P.提出了 ATD 交换概念，并在法国电信研究中心（CNET）研制了演示模型。

（2）20 世纪 80 年代中期，CCITT 也开始了这种新的传送模式的研究。

（3）1988 年，CCITT 18 研究组决定采用固定长度的信元，定名为 ATM，并认定 B-ISDN 将基于 ATM 技术，ATM 在全球得到了迅速发展。

（4）1990 年，CCITT 18 研究组制定了关于 ATM 的一系列建议，并在以后的研究中不断地深入和完善。

（5）1994 年投入运营的美国北卡罗来纳信息高速公路，是美国第一个在州的范围内公用的 ATM 宽带网。

（6）在欧洲由法国、德国、英国、意大利和西班牙等国发起的泛欧 ATM 宽带试验网于 1994 年 11 月开始运行，后来扩大到欧洲的十多个国家，是覆盖面较广的 ATM 试验网。

（7）在亚洲的许多国家也进行过以 ATM 为基础的宽带网试验。试验的业务平台有基于 TCP/IP 的宽带数据、VOD、会议电视。试验的应用系统大致有家庭购物、远程医疗、远程教学等。

8.1.3 ATM 的标准化组织

1. ATM Forum
2. IETF（Internet Engineering Task Force）
3. ITU-T

8.1.4 ATM 的研究热点

1. ATM 交换结构
2. ATM 网的业务流控制
3. 语音通过 ATM（VOA）
4. IP 与 ATM 的融合
5. ATM 与智能网（IN）的结合
6. 光 ATM 交换

8.2 异步传送模式基础

8.2.1 异步传送模式

1. 异步传送方式

传送方式：电信网中使用的传输、复用和交换方式的整体叫做传送方式。

在信息转移技术中，传送方式大致可分为两类，即同步传送方式和异步传送方式。同步传送方式是指“为每一个连接提供周期性的固定长度的传输时间的传送方式”；异步传送方式中的“异步”二字指属于某个特定用户的信息并不一定是在信道上周期性地出现。

在传统的电信工程中，异步二字表明通信双方时钟不是同步的，注意在这里它的意义是不同的。

2. ATM 定义

异步传送模式（ATM）：ITU-T 在 I.113 中是这样定义 ATM 的，ATM 是一种传送模式，在这种模式中，信息被分成信元来传递，而包含同一用户信息的信元不需要在传输链路上周期性地出现。因此这种传递模式是异步的。

在 ATM 中“异步”是指 ATM 取得它的非通道化带宽分配的方法。在同步传送方式中，每个发送源被分配一个基于位置的固定带宽；在频分复用（FDM）中是频段，在时分复用（TDM）中是时间槽。ATM 信元传送不是基于信元在数据流中的位置（当然不需要信元周期性地出现），而是用信头来标志它是谁的信息以及它前往何处。

在 ATM 这种传送方式中，来自某一用户信息的各个信元不是周期性地出现，这种方式是异步的，也叫异步时分复用。

3. 3 种时分复用信号

（1）同步时分复用（Synchronous Time-Division Multiplexing）如图 8.1 所示。

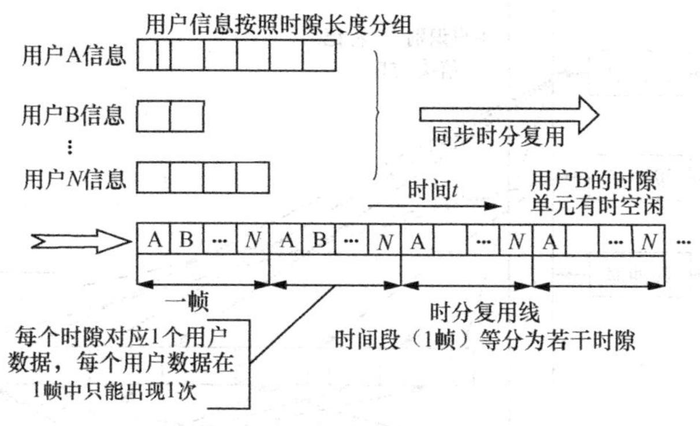

图 8.1 同步时分复用示意图

特点：

- 定义帧和时隙；
- 等分信道；
- 靠帧内的时隙位置来识别信道（仅凭时间轴上的位置就足以区分出各个信道）。

（2）分组时分复用如图 8.2 所示。

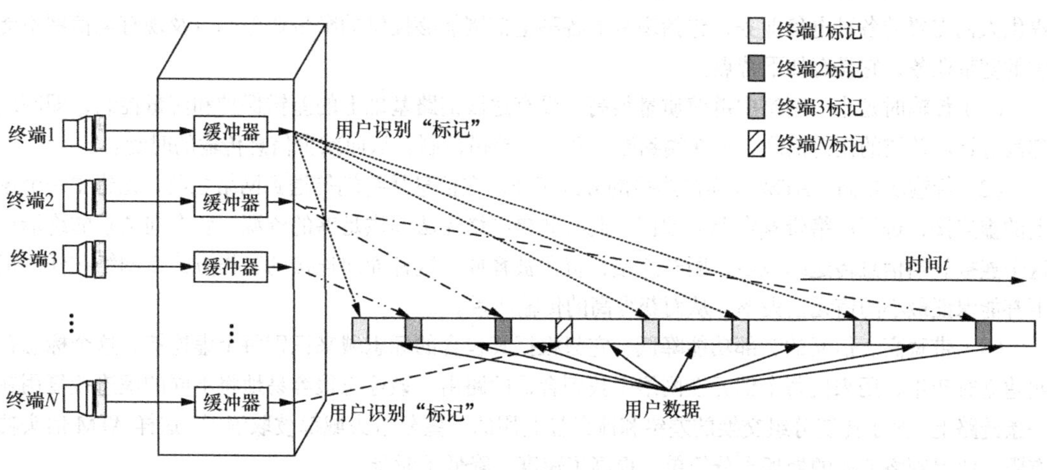

图 8.2 分组时分复用示意图

特点：

- 封装；
- 不需要等分信道；
- 分组头。

（3）信元时分复用如图 8.3 所示。

特点：

- 封装；
- 等分信道；
- 信头。

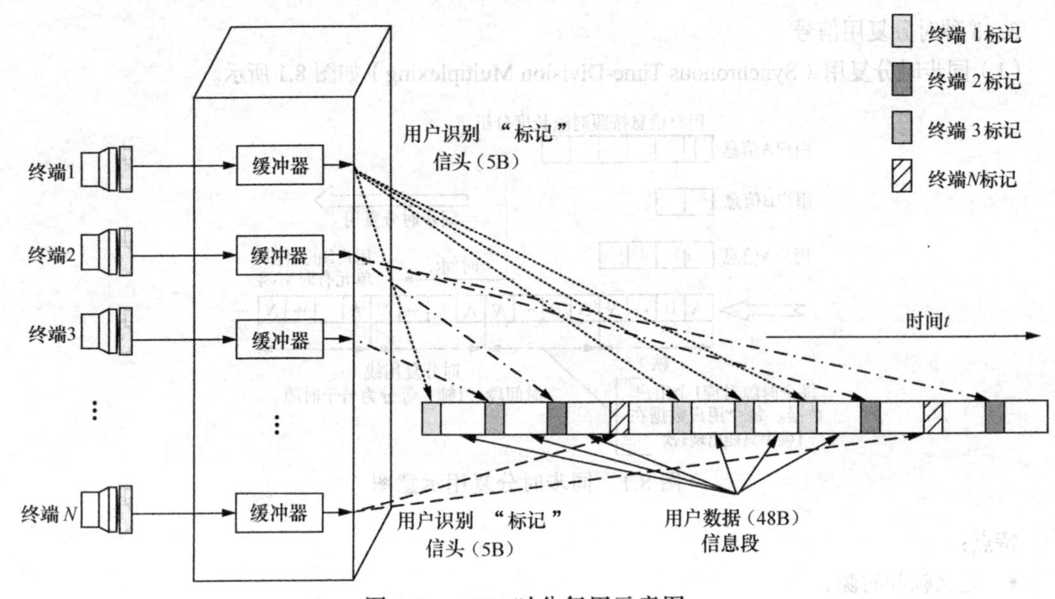

图 8.3　ATM 时分复用示意图

4. ATM 的特点

ATM 兼具电路传送方式和分组传送方式的基本特点，该技术适用于 B-ISDN 网络。B-ISDN 能够提供人们需要的各种电信业务，包括现有的各种电信网能够提供的窄带业务，以及现有电信网不能提供的宽带业务，它具有如下特点。

（1）传输时延小。网络中链路质量很高，没有逐段链路基础上的差错保护和流量控制，即网络内部没有针对差错的任何措施，只在端到端之间进行差错控制，从而减少信息传输的时延。

（2）传输质量高。ATM 以面向连接的方式工作。在信息从终端传送到网络之前，先建立一个逻辑上的虚连接，进行网络带宽资源的预留，此时如果网络无法提供足够的资源，就会向请求的终端拒绝这个连接。当信息传送结束后，断开连接，资源被释放。这种面向连接的工作方式使网络在任何情况下都能保证最小的信元丢失率，从而获得高的传输质量。

（3）带宽高。信元的头部功能降低，它只根据其包含的标志域来识别每个虚连接，这个标志在呼叫建立时产生，用来使每个信元在网络中找到合适的路由。该标志很容易地将不同的虚连接复用在同一条链路上。至于传统分组交换的差错和流量控制用的一些分组头域都被取消了。这样 ATM 信头功能有限，使得网络节点的处理十分简单，提高了速度，降低了时延。

（4）交换方式灵活。信元长度小且恒定，降低交换节点内部缓冲器的容量，可以保证实时业务所要求的时延，同时，由于信元等长，便于采用硬件和软件两种方式完成交换。

（5）信元在网络中传送速度高。用户信息透明地穿过网络。ATM 网络中的各节点只对 5B 的信元头部进行处理，而每个信元 48B 信息段的内容在整个通信过程中保持不变，这种方式也保证了 ATM 信元的快速传输。

5. ATM 兼具电路传送方式和分组传送方式的优点

（1）ATM 可以看做电路传送方式的改进

① 在电路传送方式中，时间被划分为时隙，每个时隙用于传送一个用户的数据，各个用户的数据在线路上等时间间隔地出现。不同用户的数据按照它们占有的时间位置的不同予以区别。

② 如果在上述的每个时隙中放入一个 ATM 信元（53B），则上述的电路传送方式就演变为 ATM。这样一来，由于可依据信头来区分不同用户的数据，所以用户数据所占用的时间位置就不必再受约束

（周期性出现），可采用动态资源分配。由此产生的好处是：

- 线路上数据传输率可以在使用它的用户中间自由分配，不必再受到固定速率的限制；
- 对于断续发送数据的用户来说，在他不发送数据时段，占用的信道资源可以提供给其他用户使用，从而提高了信道利用率。显然，这两个好处使它具备了与分组交换网中的数据业务相似的业务基础。

③ 在 ATM 中，由于采用了固定长度的分组——ATM 信元，并使用了空闲信元来填充信道，这样使信道被划分为等长的时间小段，可使信元向 STM 的时隙一样定时出现，这样，ATM 交换机可通过硬件实现选路和信元转移，从而大大提高了信息转移容量和速度。因此具有电路传送方式的特点，为提供固定比特率和固定时延的电信业务创造了条件。

（2）ATM 可以看做是分组传送方式的改进

由于在分组传送方式中其信道上传送的是数据分组（包），而 ATM 信元完全可以看做是一种特殊分组，所以把 ATM 看做是分组传送方式的演进更为自然。

① 在分组交换中，分组的转发也采用标记复用，但其分组长度在上限范围内可变，因而分组插入通信线路的位置是任意变化的；

② 分组传送方式中信道上传送的是分组，而 ATM 信元可以看做是一种特殊的分组（分组长度固定），它们都采用统计复用方式；

③ 可以由用户在申请信道时提出业务质量要求；

④ 由于传输信道质量得到改善，ATM 不使用逐段反馈重发方法，用户可以在必要时使用端到端（即用户之间）的差错纠正措施。

8.2.2 ATM 信元结构

1. ATM 信元的组成

信元（Cell，或称 ATM 信元），是一种固定长度的数据分组。ATM 信元结构和信元编码是在 I.361 建议中规定的，由 53 字节的固定长度数据块组成。其中前 5B 是信头，后 48B 是与用户数据相关的信息段。信元组成结构如图 8.4 所示。

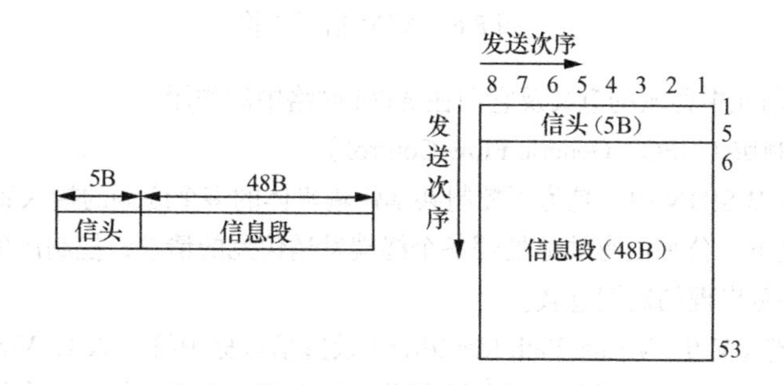

图 8.4　ATM 信元结构

在 ATM 网络中，所有需传送的数据信息都被分割成长度一定的数据块。ATM 采用 5B 的信头和短小的信息域，比其他通信协议的信息格式都小得多，这种小而固定的长度数据单元就是为了减少组装、拆卸信元以及信元在网络中排队等待所引入的时延，确保更快、更容易地执行交换和多路复用功能，从而支持更高的传输速率。

由于 ATM 是面向连接的，同一用户信息分解的信元在一条链路中传递，因此各信元到达目的地的顺序保持不变。53B 信元内部的比特位以连续流形式在线路上传输，发送顺序是从信头的第 1B 开始，然后按顺序增加；在 1B 内发送顺序是从第 8bit 开始，然后递减。对 ATM 的所有段，首先发送的比特总是最高有效位。

2. ATM 的信头结构

（1）ATM 交换机接口

在使用 ATM 技术的通信网上，用户线路接口称为用户—网络接口（User-Network Interface，UNI）；中继线路接口称为网络节点接口（Network Node Interface，NNI），如图 8.5 所示。

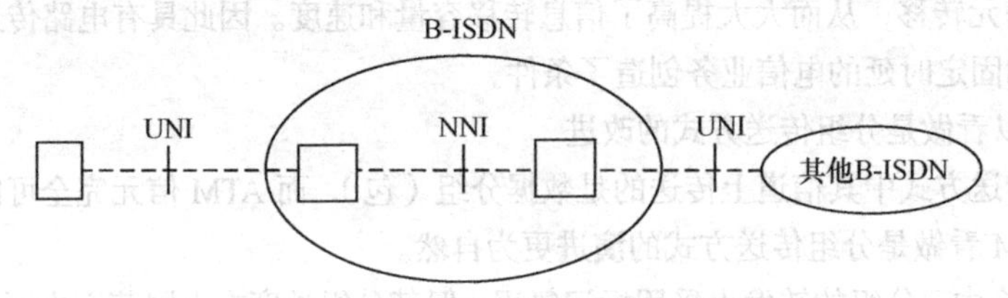

图 8.5　B-ISDN 组织结构示意图

（2）ATM 信元的信头格式

ATM 信元在网络中的功能由信头来实现。在传送信息时，网络只对信头进行操作，而不处理信息段的内容。网络中各节点靠信头标记的信息，来识别该信元究竟属于哪一个连接。因此，在 ATM 信元中，信头载有地址信息和控制功能信息，完成信元的复用和寻路，具有本地意义，它们在交换节点处被翻译并重新组合。图 8.6 分别是用户—网络接口的信头结构和网络节点接口的信头结构。

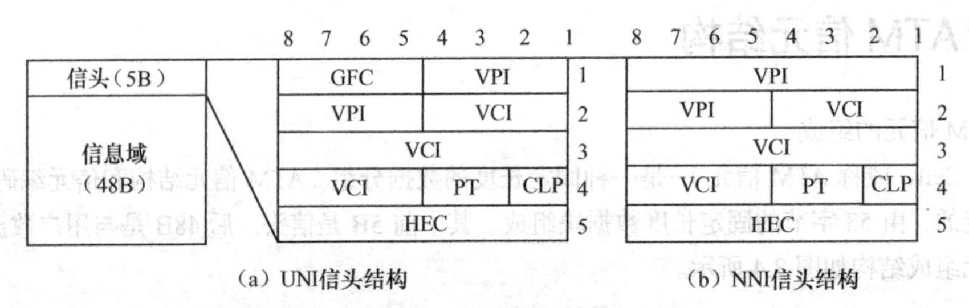

（a）UNI信头结构　　（b）NNI信头结构

图 8.6　ATM 信元结构

下面介绍 ATM 信元中各域的意义及它们在 ATM 网络中的作用。

① 一般流量控制域（GFC，Generic Flow Control）

GFC 占 4bit，在 B-SIDN 中，是为了控制共享传输媒体的多个终端的接入而定义的。GFC 能够在保证通信质量的前提下，公平而有效地处理各个终端发送信元的请求，控制产生于用户终端方向的信息流量，减小用户一侧出现的短期过载。

② 虚通道标识符（VPI，Virtual Path Identifier）及虚信道标识符（VCI，Virtual Channel Identifier）

在信元结构中，VPI 和 VCI 是最重要的两部分。这两部分合起来构成一个信元的路由信息，表示这个信元从哪里来，到哪里去。ATM 交换机就是根据各个信元上的 VPI 和 VCI，来决定把它们送到哪一条线路上去。

在异步传送方式中，使用虚通道（VP，Virtual Path）和虚信道（VC，Virtual Channel）的概念，表示一条通信线路划分成的若干个逻辑子信道（不是物理存在的）。VPI 和 VCI 分别是表示 VP 和 VC 的标识符。可以这样理解，将物理媒介划分为若干个 VP 子信道，又将 VP 子信道进一步划分为若干个 VC 子信道。例如在一条 B-ISDN 用户线路上要进行 5 个通信，其中到 A 地 2 个通信，到 B 地 3 个通信，这些通信里有电话通信、数据通信、图像通信等。我们可以这样划分：VPI = 1 表示向 A 地的通信，VPI = 2 表示向 B 地的通信。到 A 地的 2 个通信分别用 VCI = 1、VCI = 2 来表示，到 B 地的 3 个通信用 VCI = 1、VCI = 2、VCI = 3 来表示，如图 8.7 所示。在线路上所有 VPI = 1 的信元属于一个子信道（虚通道），所有 VPI = 2 的信元属于另一个子信道，这个例子包括 2 个虚通道和 5 个虚信道。对于 VP 和 VC 的带宽可以由用户根据业务需求任意设定，这就是 B-ISDN 可以为业务提供多种传输率，满足信息传输的实时性和突发性的原因。

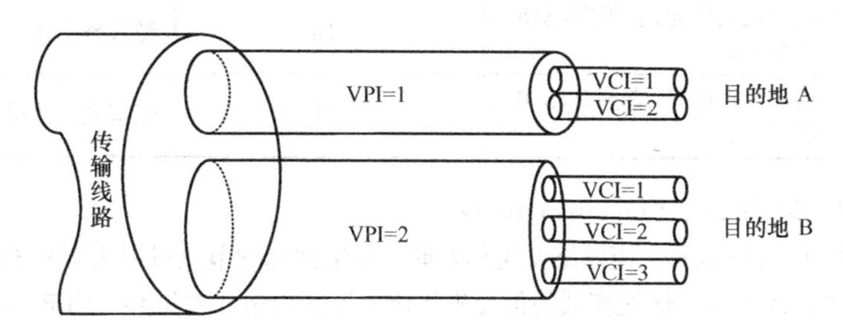

图 8.7　B-ISDN 划分成虚通道和虚信道示例

图 8.7 说明了物理线路上的虚通道和虚信道之间的逻辑关系，可以看到一条物理线路可划分多条虚通道，一条虚通道可携带多条逻辑虚信道。

B-ISDN 用户线路采用 STM 方式的重要优点是可以灵活地把用户线路分割成速率不同的各个子信道，以适应不同的通信要求。这些子信道就是虚通道和虚信道。根据用户的各种通信要求，合理使用虚通道和虚信道。当需要为某一用户传递信息时，ATM 交换机就为该用户选择一个空闲中的 VPI 和 VCI，在通信过程中，该 VPI 和 VCI 就一直被占用着，当该通信使用完毕后，这个 VPI 和 VCI 就可以被其他通信所用了。这种通信过程称为建立和释放虚通道、虚信道连接。

每个 ATM 连接分配唯一的虚通道标识符（VPI）和虚信道标识符（VCI）。VPI/VCI 的组合用来区分 ATM 网络内部的一个连接。采用 VPI/VCI 标识符，ATM 网上的许多端点可以互相映射。UNI 的 ATM 信元有 8bit 的 VPI 域和 16bit 的 VCI 域，表示在 UNI 的物理链路上可以划分 2^8 个 VP，而每个 VP 又可分成 2^{16} 个 VC，也就是一条物理链路可建立 2^{24} 个虚信道连接；同理，NNI 的 ATM 信元有 12bit 的 VPI 域和 16bit 的 VCI 域，NNI 的物理链路上可以划分 2^{12} 个 VP，而每个 VP 又可分成 2^{16} 个 VC，也就是一条物理链路可建立 2^{28} 个虚信道连接。

③ 载荷类型（PT，Payload Type）

PT 由 3 字节组成，用来表示载荷的类型。PT 中最左边的位说明 ATM 信元运载的是用户数据（此时，PT = 0××）还是操作管理和维护（OAM，Operation Administration and Maintenance）数据（此时，PT = 1××）。对于用户数据，PT 的第 2 位表示该信元在所途经的传送路由中是否遇到拥塞：用户发送信元时，先将拥塞指示位置为 0，若遇到拥塞，则由发生拥塞的节点将该位置为 1，然后将网内出现的拥塞通知给接收方用户和发送方用户，接到拥塞通知后，发送方用户抑制发送信元，从而降低流量，以便尽快恢复正常状态；若该位置为 0，则表示该信元在传送过程中没有遇到拥塞。对于 OAM 数据，该位可作它用。PT 的第 3 位主要用来表示一个用户数据块是起始数据块、中间数据块还是结束数据块。若该位置为 1，则表示这个信元是用户数据块（SDU）的结束；若为 0，则表示这个信元是用户数据块的起始信元或中间信元。

3bit 的 PT 可以定义 8 种载荷类型，其中 4 种为用户数据信息类型，3 种为网络管理信息，还有一种目前尚未定义，它用于指出后面 48B 信息域的信息类型是用户信息还是控制信息，见表 8.1。

表 8.1 PTI 标识值及净荷类型说明

PTI 编码比特 432	类型说明	PTI 编码比特 432	类型说明
000	用户数据信元，无拥塞，SDU 类型 = 0	100	分段 OAM F5 流信元
001	用户数据信元，无拥塞，SDU 类型 = 1	101	端到端 OAM F5 流信元
010	用户数据信元，有拥塞，SDU 类型 = 0	110	源管理信元
011	用户数据信元，有拥塞，SDU 类型 = 1	111	保留未来使用

④ 信元丢失优先度（CLP，Cell Loss Priority）

CLP 占 1bit。根据 ATM 规程，当网络发生拥塞时，发生拥塞的节点可以丢弃到来的信元，而 CLP 则用来表示信元丢失的优先度。优先度低的信元先于优先度高的信元被抛弃。CLP 可用来确保重要的信元不丢失。具体为：CLP = 0，信元具有高优先度；CLP = 1，信元具有低优先度，如果节点需要丢弃信元以缓解网络拥塞，则这个信元可以被首先丢弃。

⑤ 信头差错控制（HEC，Header Error Control）

在信头的 5 字节中，第 5 字节是用来对信头进行差错控制的字段 HEC。HEC 是一个多项式码，它采用 8bit 循环冗余编码方式，用于信头差错的检测、纠正，而不检测 48B 的负载域，这个字节用来保证整个信头的正确传输。

从 ATM 信元结构可以看出，信头含有信元去向的逻辑地址、优先等级等控制信息；后面 48B 信息段的内容是来自不同用户、不同业务的信息。任何业务的信息都经过切割封装成相同长度、统一格式的信元分组，在每个分组中加上头部，形成信元再发送到目的地。

3. 特殊信元

（1）信令信元

在宽带 ISDN 用户线路上传送的信息都是 ATM 信元，所以信令也用 ATM 信元来传送，传送信令的 ATM 信元叫做信令信元。

为了区别信令信元和其他 ATM 信元，将信令信元的信头规定一个特定值。例如，可以规定一个特定的 VPI—VCI，专供信令信元使用，其他 ATM 信元都不可以使用。也可以规定一个其他的 ATM 信元永远不用的 PT，专供信令信元使用。

（2）OAM 信元

除了承载用户信息的信元和信令信元之外，还有空闲信元，如 OAM 信元。如果在线路上没有其他消息发送，则发送“空闲信元”可以起“填充”空闲信道的作用。OAM 信元上承载的是宽带 ISDN 的运行和维护的信息，如故障、告警等信息，它是 ATM 交换机经常定时发送的，其 48B 信息域的内容是事先规定好的，收到这些信元的交换机，根据这些信元误码来判断线路质量，如是否有故障告警等。

8.3 ATM 体系结构

国际电信联盟电信标准化部门（ITU-T）在建议 I.321 中给出了 B-ISDN 的参考模型（B-ISDN PRM），B-ISDN 是一个基于 ATM 的网络，这个参考模型也是唯一的一个关于 ATM 规程的参考模型。因此，这个规程参考模型目前也广泛应用于描述基于 ATM 的通信实体。

8.3.1 ATM 参考模型

1. 功能群和参考点

在 ISDN 中，为了实现用户的标准化接口，ITU-T 将用户处的设备按照实际的物理情况加以组群，并将这种物理设备或设备组合的某些确定的安排称为功能群，即功能群表示用户接入 ISDN 所需要得一组功能，这些功能由一个或多个设备来实现。将用以分开功能群的概念性的点称为参考点。

2. B-ISDN 用户—网络接口参考配置

在 B-ISDN 中，UNI 处的参考配置如图 8.8 所示。参考点为 R、S_B、T_B、U_B，功能群有 B-TE2、B-TE1、B-NT2、B-NT1，其中 B 表示宽带，TE 为终端设备，NT 为网络终端。参考点 U_B 为 B-NT1 和公用 ATM 网之间的接口，是公用 UNI，主要采用基于 SDH STM-1 的 155Mbit/s 接口速率和 STM-4 的 622Mbit/s 接口速率；T_B 也是公用 UNI；而 S_B 为专用 UNI；R 接口的具体特性与终端设备的类型有关，如接入以太网时，R 接口用 IEEE802.3；接入 N-ISDN 时，接口用 I.430 或 I.431。

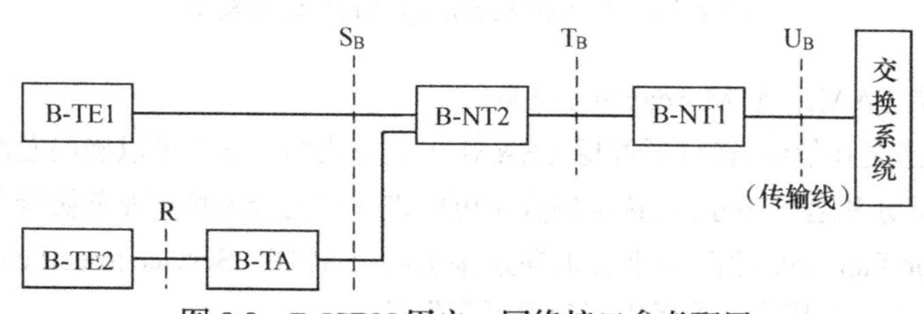

图 8.8 B-ISDN 用户—网络接口参考配置

3. ATM 参考模型

ITU-T 在 I.321 建议中，定义了 B-ISDN 协议的参考模型。B-ISDN 参考模型借鉴了 ISO 的 OSI 参考模型的方法，采用分层体系结构来表述和定义有关功能和接口规范。但同时引入了“平面”的概念。ATM 协议参考模型分成 3 个平面，即用户平面、控制平面和管理平面；3 个功能层，即物理层、ATM 层和 ATM 适配层（AAL），如图 8.9 所示。

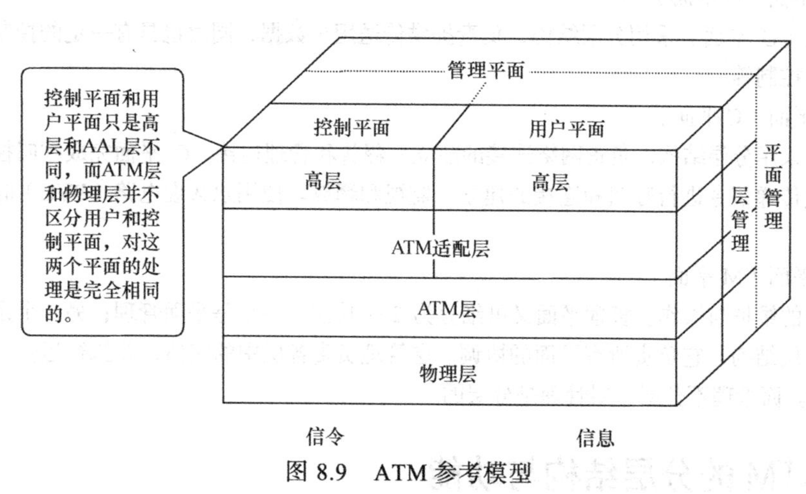

图 8.9 ATM 参考模型

由于 B-ISDN 是一个基于 ATM 的网络，因此这个参考模型目前广泛应用于描述基于 ATM 的通信实体，只要符合这个参考模型和相应标准的任何两个系统均可以互连进行通信。

由图 8.9 可以看出，ATM 参考模型不但具有层次结构，还具有平面的概念，是一个立体的体系结构。ITU-T 鼓励使用 SDH/SONET 技术来传送 ATM 信元，但是物理层还是可以由不同的媒体组成。

4. 放入相关协议的 ATM 参考模型

为了进一步理解 ATM 协议参考模型，我们可以在各个层面中放入可能的相关协议，采用如图 8.10 所示的一种较直观的方式来理解模型中各层面之间的关系和作用。这里虽然在物理层列出了其他选择，但 B-ISDN 模型建议用 SDH 作为其物理层。

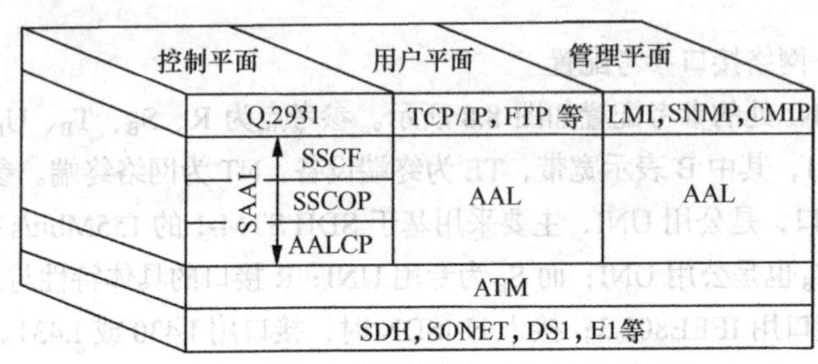

图 8.10 放入相关协议的 ATM 参考模型

5. ATM 适配层（AAL，ATM Adaptation Layer）

ATM 信息的发送是在信令 ATM 适配层（SAAL）上完成的，这样可以确保发送的可靠性。SAAL 被划分为服务特定部分和通用部分，而特定部分又可以进一步划分为特定业务协调功能（SSCF，Service Specific Co-ordination Function）和特定业务面向连接协议（SSCOP，Service Specific Connection Oriented Protocol），前者用于 SSCF 用户，后者用于确保可靠发送。

8.3.2 ATM 协议的平面功能

ATM 参考模型包括用户平面（User Plane）、控制平面（Control Plane）和管理平面（Management Plane）3 个平面。

1. 用户平面（U 平面）

用户平面（U 平面）采用分层结构，负责提供传送用户数据，同时也具有一定的控制功能，如流量控制、差错控制等。

2. 控制平面（C 平面）

控制平面采用分层结构，负责网络连接的建立、释放和管理连接。C 平面完成呼叫控制和连接控制功能，通过传递信令进行呼叫和连接的建立、监视和释放。使用永久虚电路（PVC）时不需要控制平面。

3. 管理平面（M 平面）

负责网络的维护与操作。管理平面又可细分为 2 个功能：一个是平面管理；另一个是层管理。平面管理没有分层结构，它负责所有平面的协调。层管理负责各层中的实体，并执行运营、监控和维护（OAM）功能。面管理不分层，层管理是分层的。

8.3.3 ATM 的分层结构与功能

ATM 协议参考模型包括 3 个功能层：物理层、ATM 层和 ATM 适配层（AAL）。表 8.2 给出了 ATM

各个层的功能。

表 8.2 ATM 各层及其功能

<table>
<tr><th></th><th>层功能</th><th colspan="2">层号</th></tr>
<tr><td rowspan="5">层管理</td><td>会聚子层</td><td>CS</td><td rowspan="2">ATM 适配层（AAL）</td></tr>
<tr><td>拆装子层</td><td>SAR</td></tr>
<tr><td>一般流量控制
信元头处理（产生与提取）
VPI/VCI 处理（信元 VPI/VCI 翻译）
信元复用和解复用</td><td colspan="2">ATM 层</td></tr>
<tr><td>信元速率解耦
HEC 序列产生和信头检验
信元定界
传输帧适配
传输帧创建和恢复</td><td>TC（Transmission Convergence）</td><td rowspan="2">物理层</td></tr>
<tr><td>比特定时
物理媒体</td><td>PM（Physical Medium）</td></tr>
</table>

1. 物理层

物理层主要提供 ATM 信元的传输通道，将 ATM 层传来的信元加上其传输开销后形成连续的比特流，同时在接收到物理介质上传来的连续比特流后，取出有效的信元传给 ATM 层。物理层使 ATM 层能独立于传输介质，让信元能在多种物理链路上运行。该层从上至下又可分为传输会聚子层（TC）和物理媒体子层（PM）。

（1）物理媒体子层（PM）

物理媒体子层（PM）的功能接近于在传统网络中的物理层，即类似于 OSI 参考模型的物理层。它在发送方向上从传输会聚子层取得比特流，并把比特流在链路上透明地传输；在接收方向上检测和恢复到达的比特流，并把比特流传送给传输会聚子层（TC），以便传输会聚子层能够从比特流中恢复传输帧（如果使用成帧传输的话）和 ATM 信元。

物理媒体子层的主要功能是在比特流传输、定时、线路编码等方面做出了规定，并针对采用的物理介质（如光纤、同轴电缆、双绞线等）定义其相应的特性，和媒体物理接入。物理层向上与 ATM 层交互的业务数据单元（SDU）是 53B 的信元，向下必须适配不同的传输系统。

① PM 提供的物理接口：ATM 物理接口分为 3 类，即基于 SDH、基于 PDH 和基于信元的接口。

- ITU-T 制定的接口标准

ITU-T 制定的接口标准见表 8.3。其中 STM-1 和 STM-4 是 ITU-T 在 I.432 建议中定义的 2 个基于 SDH 的物理接口，一个是速率为 155.52Mbit/s 的 STM-1，另一个是速率为 622.08Mbit/s 的 STM-4。

表 8.3 ITU-T 制定的接口速率标准

接口名称	速率（Mbit/s）
DS1	1.544（24 路）
E1	2.048（30 路）

续表

接口名称	速率（Mbit/s）
DS2	6.312（24 × 4）
E2	8.448（30 × 4）
E3	34.368（120 × 4）
DS3	44.736（96 × 7）
E4	139.264（480 × 4）
STM-1	155.52
STM-4	622.08

【相关知识】	T1 和 E1 是物理连接技术，T1 是美国标准，1.544M，E1 是欧洲标准，2.048M，我国的专线一般都是 E1，然后根据用户的需要再划信道分配（以 64K 为单位）。一个 DS1 信号可传送 24 路 DS0（64kbit/s）的语音信号，其速度为 1.544Mbit/s；一个 DS2 信号由 4 路 DS1 信号复用而成，其速度为 6.312Mbit/s；一个 DS3 信号由 7 路 DS2 信号或 28 路 DS1 信号复用而成，其速度分别为 44.736Mbit/s。

- ATM 论坛制定的接口标准

ATM 论坛定义了 4 个物理层接口速率，其中 2 个适用于公用网，分别对应于 ANSI 和 ITU-T 定义的 DS3 和 STC-3C 速率。下面是用于专用网的 3 个接口速率和介质：

a. 基于 FDDI 的 100Mbit/s 速率；

b. 基于光纤信道的 155.52Mbit/s 速率；

c. 基于屏蔽双绞线的 155.52Mbit/s 速率。

- ANSI 制定的接口标准

ANSI 标准 T1.624 为 ATM 用户网络接口定义了 3 个单模光纤的 ATM SONET 接口，见表 8.4。

表 8.4　　ANSI 制定的接口速率标准

接口名称	速率（Mbit/s）
STS-1	51.84
$STS\text{-}3_C$	155.52
$STS\text{-}12_C$	622.08

② 比特定时：物理媒体子层和传输会聚子层之间交换数据流时需要互相同步。正常工作模式下，发送端时钟锁定在接口处收到的定时基准时钟上。在基于信元的传输系统或网络供给时钟出错时，可以采用独立时钟工作模式（FRCM，Free Running Clock Mode），即时钟由用户本地设备供给，此时时钟允许偏差为 2×10^{-6}。

③ 线路编码：物理媒体子层的一个功能是线路编码和解码。物理媒体子层可以一位一位地传送，也可以一次操作一个位组。后者称为块编码传输，即在线路上传输之前把每个位组转换成另外一个码字。对线路编码，G.703 建议规定 155Mbit/s 电接口采用 CMI 码。光接口采用不归零码（NRZ），光纤线路采用 4B/5B（100Mbit/s）、8B/10B（155Mbit/s）码（将每 8 个比特组编为一个 10 比特的码字在线路上传输）。

【相关知识】 **CMI（Coded Mark Inversion）**：传号反转码，是一个为 STS-3_c传输和 DS-1 系统指定的 ITU-T 线路编码技术。

（2）传输会聚子层（TC）

传输会聚子层（TC）主要是实现比特流和信元流之间的转换。它的主要功能有传输帧适配、信头差错检测（HEC）、信元定界、扰码以及信元速率解耦等。

在 TC 中，传输帧的创建/恢复、传输帧适配是针对 SDH/SONET、PDH 等具有帧结构的传输系统而言，在这些系统中传送 ATM 信元时，必须将 ATM 信元装入传输帧中。对基于 PDH 的接口主要有两种方法：一是直接映射，如在 PDH 中用基于信元的传输方式，将 ATM 信元顺序放入 PDH 帧的有效信息位中；二是成帧传送，定义一种类似于 SDH 虚容器概念的帧结构，将 ATM 信元装入帧结构中，然后一起映射到 PDH 帧中传送。因此有关传输帧的适配、传输帧的创建/恢复和具体的传输媒体及相应的传输格式有关。

① 信头差错控制（HEC）。ATM 信元头部的一个差错控制字节由物理层的 TC 子层产生和处理。HEC 是一种循环冗余码（CRC），发送端生成 HEC 值的方法是：将信头前 4 个字节（不包括 HEC 字节）的内容与 X^8 相乘后被生成多项式（x^8+x^2+x+1）除，得到的余数（又称为校正子）与 01010101 模 2 加后的值就是 HEC。在接收端，利用这一算法的逆过程，即可检测出多比特错误，纠正单比特错误。接收端有两种工作方式，即单比特纠错和多比特检错。

在正常情况下，接收端的默认工作模式是按单比特纠错方式工作的。如果信头不出现差错，则一直处于该工作状态；一旦发生比特错误，则转入多比特检错方式。此时如果发现单比特错误，则将错误纠正；如发现多比特差错，则将信头出错信元丢弃。ATM 信元的检错和纠错是基于光纤传输系统的特点设计的，因为光纤通信绝大多数差错为单比特错误。

② 信元定界（Cell Delimitation）。信元定界就是在比特流中确定一个信元的开始。由于在 ATM 信元间没有使用特别的分隔符，目前建议的定界方法是基于信头的前 4 个字节和 HEC 的关系来设计的，如果在比特流中连续的 5 个字节满足 HEC 字段产生的算法，即认为是某个信元的开始。考虑到信元的其他部分也可能满足 HEC 算法，所以一般需要连续若干个 53B 中的前 5 个字节满足 HEC 算法，才认为找到了真正的信元边界。图 8.11 表示了信元定界的过程。

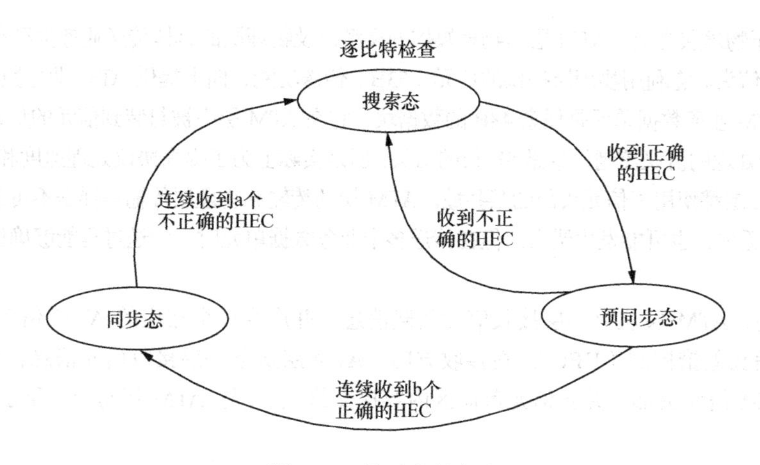

图 8.11　信元定界方法

在信元定界过程中，定义了 3 种状态：搜索态、预同步态和同步态。信元定界开始时处于搜索态，在搜索态中，系统对接收信号进行逐比特的 HEC 检验。在发现了一个正确的 HEC 检验结果后，系统进入预同步态。在这种状态下，系统认为已经发现了信元的边界，并按照此边界找到下一个信头进行 HEC 检验。若能连续发现 b 个信元的 HEC 检验都正确，则系统进入同步态。若在此过程中发现一个 HEC 检验的错误，则系统回到搜索态。在同步态，系统逐信元进行 HEC 检验，在发现连续 a 个不正确的 HEC 检验结果后，系统回到搜索态。ITU-T 规定：对基于 SDH 的信元定界，a = 7，b = 6；对基于信元方式的定界，a = 7，b = 8。

某些传送媒体中可能提供其他的信元定界手段，因而不必使用上述信元定界方法。但上述信元定界方法是基本的，它不依赖于所使用的传送媒体。

③ 信元速率解耦。信元速率解耦即速度匹配功能。它的作用是插入一些空闲信元，将 ATM 层信元速率适配成传输线路的速率。物理层传输的信元包括未分配信元、分配信元和物理层的 OAM 信元。分配信元和未分配信元是 ATM 层和物理层共有的，表示已经使用和尚未使用的信道容量，OAM 信元用于物理层的管理和控制。这 3 种信元组成的信元流可能小于物理媒体所允许的传输容量。这样，在发送端，当信元递交给物理层以适配相应传输系统时，系统必须插入空闲信元（Idle Cell）。在接收端，则执行相反的操作，去除空闲信元。将这种空闲信元插入和去除过程称为“信元速率解耦”。空信元采用特殊的预分配信头值，很容易识别，其信头值为：VPI = 0，VCI = 0，PTI = 0，CLP = 1。其信息段 48 个字节的值全部是 01101010，见表 8.5。

表 8.5　空信元的格式

第 1B	第 2B	第 3B	第 4B	第 5B	净荷（48B）
00000000	00000000	00000000	00000000	00000001	…01101010…

④ 扰码（Scrambling）。为了增强 HEC 信元定界算法的安全性，使信元信息字段假冒信头的概率减至最低，需要通过扰码使信元流负载字段中的数据随机化，ITU-T 建议通过扰码使信元中的数据随机化。ITU-T 对 ATM 信元扰码建议了两种方法：对基于 SDH 的物理层，采用多项式（$x^{43}+1$）的自同步扰码（SSS，Self Synchronous Scrambling）；对直接基于信元传送的物理层，采用分散值扰码（DSS，Discrete Sampling Scrambling）。

2. ATM 层

ATM 层位于物理层之上，ATM 层与物理媒体的类型以及物理层的具体传送业务类型是无关的，ATM 层只识别和处理信头。它利用物理层提供的信元（53B）传送功能，向上提供 ATM 业务数据单元（48B）的传送能力。ATM 业务数据单元是任意 48B 的数据块，它在 ATM 层中被封装到信元的负载区。从原理上说，ATM 层本身处理的协议控制信息是 5B 长的信头；但是实际上为了提高协议处理速度和降低协议开销，在物理层和 AAL 层都使用了信元头部的某些域。ATM 层的传输和物理层传输一样是不可靠的，传送的业务数据单元可能丢失，也可能发生错误。但在传送多个业务数据单元时，传送过程能够确保数据单元的顺序不会紊乱。

在发送方向，ATM 层从上一层接收信元负载信息，并产生一个相应的 ATM 信头，但是这里的信头还不包括信头差错控制（HEC）。在接收方向，ATM 层从下一层接收信元信息，ATM 层信头提取操作去掉 ATM 信元头部，并将信元负荷区内容提交给上一层。ATM 层与上、下层之间的关系如图 8.12 所示。

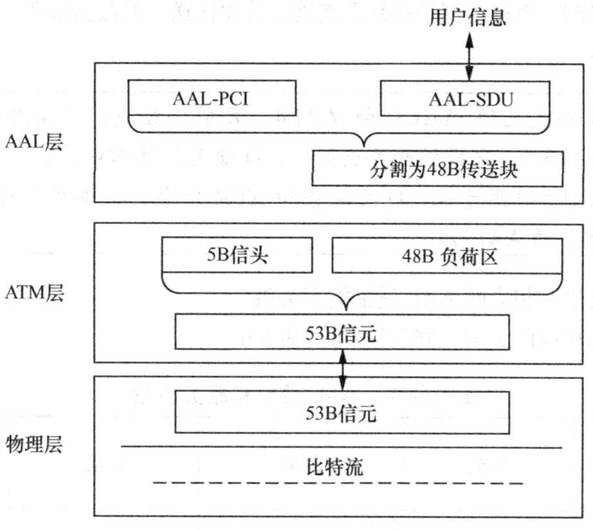

图 8.12 ATM 网络各层协议之间的数据传输

【相关知识】

AAL-PCI（AAL Protocol Control Information）：AAL 协议控制信息。

AAL-SDU（AAL Service Data Unit）：AAL 服务（业务）数据单元。

ATM 层的主要功能包括：

- 将不同连接的信元复用在一条物理通路上，并向物理层送出单一形式的信元流及其逆过程；
- 信元标识（VPI/VCI）的翻译变换，以达到 ATM 交换或交叉连接功能；
- 通过 CLP 来区分不同 QoS 的信元；
- 发生拥塞时，在用户信元头中增加拥塞指示；
- 将 AAL 递交的 SDU 增加信元头，并在逆向提取信元头；
- 在 UNI 上实施一般流量控制。

3. ATM 适配层（AAL）

AAL 层的主要作用是将高层的用户信息分段装配成信元，吸收信元延时抖动和信元丢失，并进行流量控制和差错控制。网络只提供到 ATM 层为止的功能。AAL 层的功能由用户本身提供，或由网络与外部的接口提供。

AAL 层用于增强 ATM 层的能力，以适合各种特定业务的需要。这些业务可能是用户业务，也可能是控制平面和管理平面所需的功能业务。在 ATM 层上传送的业务可能有很多种，但根据 3 个基本参数来划分，可分为 4 类业务。3 个参数是：源和目的之间的定时要求、比特率要求和连接方式。业务类划分为 A、B、C、D 四类。

A 类：固定比特率（CBR）业务，ATM 适配层 1（AAL1）。源和目的地之间有定时要求，比特率固定，业务是面向连接的。典型的例子就是在 ATM 上传输的 64kbit/s 语音业务和固定比特流图像。

B 类：可变比特率（VBR）业务，ATM 适配层 2（AAL2）。源和目的地之间有定时要求，比特率可变，业务是面向连接的。典型的例子就是在 ATM 网上传输压缩的分组语音通信和压缩的视频传输。

C 类：可变比特率（VBR）业务，ATM 适配层 3（AAL3）。源和目的地之间没有定时要求，比特率可变，业务是面向连接的。典型的例子就是文件传递和数据业务。

D 类：可变比特率（VBR）业务，ATM 适配层 4（AAL4）。源和目的地之间没有定时要求，比特率可变，业务是无连接的。典型的例子就是无连接的数据传送，如数据报业务和数据网业务。AAL3/4或 AAL5 均支持此业务。

【相关知识】

最初定义的 AAL3 和 AAL4，目前已经成为完全相同的协议，并统称为 AAL3/4。它提供业务类型 C、D 使用的通信能力。

AAL5 适用于 C、D 类业务和 ATM 信令，提供高速的数据传送，类似于简化了的 AAL3/4。

（1）参数、业务类别和相应的 AAL 适配类型关系

参数、业务类别和相应的 AAL 适配类型可见表 8.6。

表 8.6　　　　业务分类、AAL 类型和服务质量

业务 / 参数	A 类	B 类	C 类	D 类
源和目的定时	需要		不需要	
比特率	固定	可变		
连接方式	面向连接			无连接
AAL 类型	AAL 1	AAL 2	AAL 3 AAL 5	AAL 4 AAL 5
用户业务举例	电路仿真	运动图像视频声频	面向连接数据传输	无连接数据传输
服务质量	QoS1	QoS2	QoS3	QoS4

注：

AAL1—恒定比特率实时业务适配协议；　　AAL2—可变比特率实时业务适配协议；

AAL3/4—数据业务传送适配协议；　　AAL5—高效数据业务传送适配协议。

（2）各种 ATM 服务类型的特性比较

各种 ATM 服务类型的特性比较见表 8.7。

表 8.7　　　　ATM 服务类型的特性比较

服务特性	CBR	rt-VBR	nrt-VBR	ABR	UBR
带宽保证	是	是	是	可选	不
适用于实时通信	是	是	不	不	不
适用于突发通信	不	不	是	是	是
有关于拥塞的反馈	不	不	不	是	不

恒定比特率（Constant Bit Rate，CBR）主要用来模仿铜线或者光导纤维。没有差错校验，没有流量控制，也没有其余的处理。这个类别在当前的电话系统和将来的 B-ISDN 系统中作了一个比较圆滑的过渡，因为语音级的 PCM 通道、T1 电路以及其余的电话系统都使用恒定速率的同步数据传输。

可变比特率（Variable Bit Rate，VBR）被划分为两个子组别，分别是为实时传输和非实时传输而设立的。RT-VBR 主要用来描述具有可变数据流并且要求严格实时的服务，比如交互式的压缩视频（例如电视会议）。NRT-VBR 主要是用于定时发送的通信场合，在这种场合下，一定数量的延迟及其变化是可以被应用程序所忍受的，如电子邮件。

可用比特率（Available Bit Rate，ABR）是为带宽范围已大体知道的突发性信息传输而设计的。ABR

是唯一一种网络会向发送者提供速度反馈的服务类型。当网络中拥塞发生时，会要求发送者减小发送速率。假设发送者遵守这些请求，采用 ABR 通信的信元丢失就会很低。运行着的 ABR 有点像等待机会的机动旅客：如果有空余的座位（空间），机动的旅客就会无延迟地被送到空余座位处；如果没有足够的容量，他们就必须等待（除非有些最低带宽是可用的）。

未指定比特率（Unspecified Bit Rate，UBR）不做任何承诺，对拥塞也没有反馈，这种类型很适合于发送 IP 数据报。如果发生拥塞，UBR 信元也会被丢弃，但是并不给发送者发送反馈，也不给发送者希望放慢速度的期望。

8.4 ATM 信元传送处理原则

1. 信元传送

ATM 信元是定长的，所以时间是被划分成一个个等长的小片段，每个小片段就是 ATM 的信元，它有点类似于同步时分复用情况，但不同于分组交换网中的情况。

此外，作为一个高速的数据网，ATM 网络采用了一些有效的业务流量监控机制，对网上用户数据进行实时监控，把网络拥塞发生的可能性降到最小。对不同业务赋予不同的“特权”，如语音的实时性特权最高，一般数据文件传输的正确性特权最高，网络对不同业务分配不同的网络资源，这样不同的业务在网络中才能做到“和平共处”。

图 8.13 就是 ATM 的一般入网方式，与网络直接相连的可以是支持 ATM 协议的路由器或装有 ATM 卡的主机，也可是 ATM 子网。在一条物理链路上，可同时建立多条承载不同业务的虚电路，如语音、图像、文件传输等。

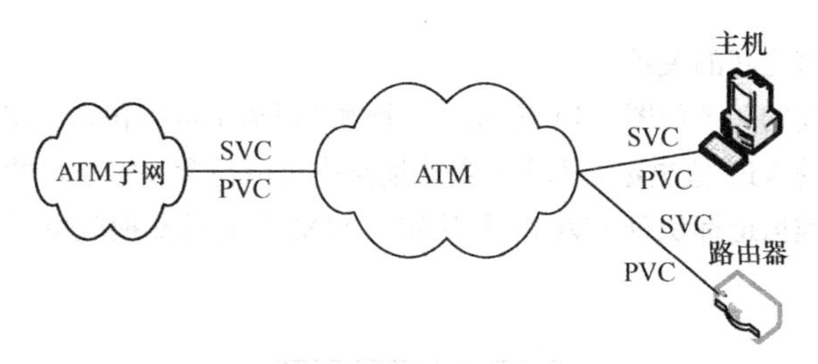

图 8.13　ATM 的一般入网方式

2. 误码处理方法

在传送 ATM 信元的系统中，通过对信头部分的 HEC（即信头差错控制码）进行检验，可以纠正信头中的一位错码和发现多位错码。对 HEC 已检验出信头有错而无法纠正时，则丢弃该信元。

在传送 ATM 的主要媒体——光纤中，ATM 信元头中出现误码大多也是只 1 位错误，因而在 ATM 信头纠错中采用了只能纠 1 位错码的校验序列。

通过统计 HEC 检验的结果，可以确定信元的传送质量。

对信息域不采取任何纠错和检错措施，例如反馈重发措施等。这使得：

（1）接收方收到的 ATM 信元的信头都是正确的；

（2）不是所有的 ATM 信元都能送到接收方，信头错误的信元被丢弃了；

（3）ATM 系统不保证传送信息的正确性，也就是说，接收方收到的 ATM 信元的信息域中可能有误码。

3. 信道填充

对于一条以恒定速率传送 ATM 信元的信道，若在它的发送端上没有其他信元传送时，则就向信道送出空闲信元。在信道的接收端，应把收到的空闲信元丢掉，对其信息域也不做任何处理。

对于上述信道填充方法使用权：

（1）信道上永远处于信元传送状态；

（2）信道上时间被等分为系列小段，每个小段传送 1 个信元。

4. 面向连接的工作方式

在 ATM 系统中，用户的通信采用面向连接的方式工作。“面向连接”指的是一种类似于电话业务和分组交换网中的虚电路业务的方式。其具体含义是：用户的通信是经过一个由系统分配给自己的虚电路来进行的，这个虚电路可能是这个用户长期占用的（专用电路）或者是用户在进行通信前临时申请的（临时电路）虚电路。

（1）虚通路与虚信道

ATM 传输通道可分割成若干个逻辑子信道，为便于应用和管理，逻辑子信道可按如下两个等级来划分。

虚通路（VP，Virtual Path）：虚通路的概念是为了响应高速连网的趋势而提出来的，在高速连网的情况下，网络控制费用成为占整个网络开销越来越多的一部分。虚通路技术有利于节省控制费用，因为它将共享公共通道的连接捆成一捆，通过网络到一个网络用户单元。这样一来，网络管理动作能够被应用到一个少量的连接组而代替大量的单个连接。

虚信道（VC，Virtual Channel）：一个虚信道是在两个或两个以上的地点之间的一个运送 ATM 信元的通信通路；一个虚通路 VP 是一组具有相同端点的虚信道，而这一组虚信道使用同一个虚通路标识符（VPI）。

（2）虚通路与虚信道之间的关系

虚通路与虚信道之间的关系如图 8.14 所示。一个物理通道中可以包含一定数量的虚通路（VP），虚通路的数量由信头中的 VPI 值决定。而在一条虚通路中可以包含一定数量的虚信道（VC），并且虚信道的数量由信头中的虚信道标识符（VCI）值决定。ATM 信元的交换既可以在 VP 级进行，也可以在 VC 级进行。

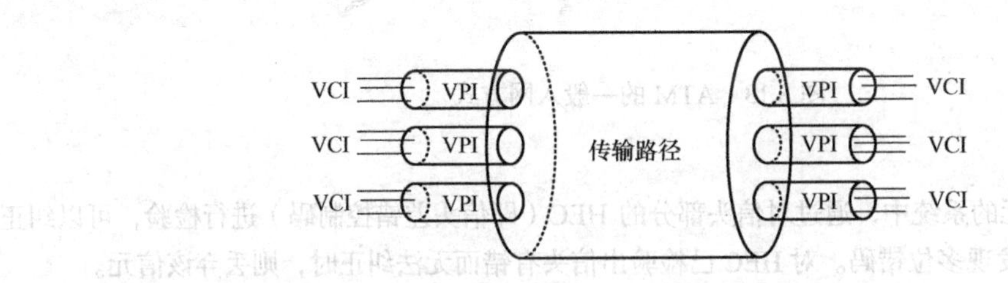

图 8.14 VPI 与 VCI 的关系

两种虚电路之间是一种等级关系，一个虚通路可由多个虚信道组成。

（3）VP 交换与 VC 交换

图 8.15 给出了一个 VP 和 VC 交换连接的示意图。VP 交换是指 VPI 的值在经过交换节点时，该交换点根据 VP 连接的目的地，将输入信元的 VPI 值改为接收端的新的 VPI 值赋予信元并输出。VC 交换是指 VCI 的值在经过 ATM 交换后，VPI 和 VCI 的值都发生了改变。理论上，VC 交换点终止 VC 链路和 VP 链路，VCI 与 VPI 将同时被改为新值，VC/VP 由此达到交换与传送数据的目的。

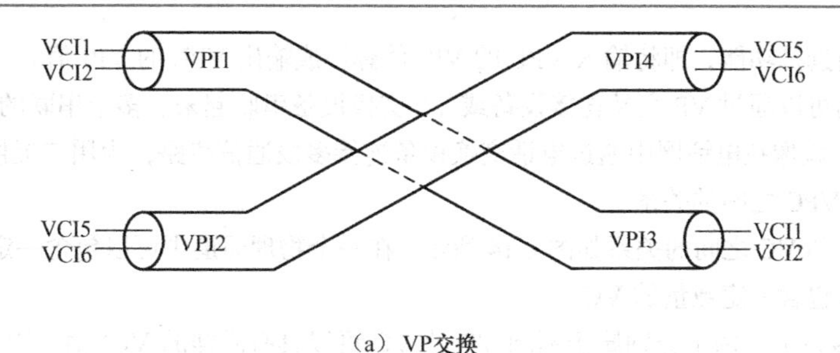

（a）VP交换

（b）VC交换

图 8.15　VP 交换和 VC 交换示意图

从图 8.15 可以看出，VP 交换是指仅变换 VPI 值而不改变 VCI 值的交换，即只进行虚通道的交换，虚通道里面的虚信道并不进行交换。VC 交换是指 VPI 值与 VCI 值都要进行改变的交换。因为虚信道（VC）是按照虚通路（VP）来划分的，当虚信道交换时，其所属的虚通路也要进行交换，即虚通路和虚信道都要进行交换。

（4）虚信道链路（VCL）和虚信道连接（VCC）

虚信道（VC）指 ATM 信元的单向传送能力，即在两个或两个以上端点之间的一个运送 ATM 信元的通信信道。与其相关的有虚信道链路（VCL，Virtual Channel Link）和虚信道连接（VCC，Virtual Channel Connection）。VCL 表示两个相邻节点间传递 ATM 信元的单向通信能力，用虚信道标识符（VCI，Virtual Channel Identifier）标识。ATM 局间传输线上具有相同 VCI 的信元在同一 VC 上传送。

VCL 级联构成 VCC，一条 VCC 是在两个 VCC 端点之间的延伸。在点到多点的情况下，一条 VCC 有两个以上的端点。在虚信道等级上，VCC 可以提供用户到用户、用户到网络或网络到网络的信息传送。在同一个 VCC 上，信元的次序始终保持不变。交换机完成 VC 路由选择功能，并将输入 VCL 的 VCI 值翻译成输出 VCL 的 VCI 值。

多个 VC 链路可以通过 VC 交叉连接设备或 VC 交换设备串联起来。多个串联的 VC 链路构成一个 VC 连接（VCC）。这点与电话网中通过电话交换设备连接多段通信线路为用户提供话路一样。

（5）虚通路链路（VPL）和虚通路连接（VPC）

对于规模较大的 ATM 骨干网，要支持多个终端用户的多种通信业务，因此，网中必定会出现大量速率不同的、特征各异的虚信道（VC），在高速环境下对这些虚信道进行管理，难度很大。为此，ATM 引入了分级的方法，即将多个 VC 组成 VP。

与 VC 相似，定义虚通路链路（VPL，Virtual Path Link）和虚通路连接（VPC，Virtual Path Connection）两个概念。VPL 是一束具有相同端点的 VC 链路，在 1 条通信线上具有相同 VPI 的信元所占有的子通路叫做 1 个 VP 链路（VP Link）。端到端的多段 VPL 级联构成虚通路连接（VPC），VPL 用虚通路标识符（VPI，Virtual Path Identifier）标识。一条虚通路连接（VPC）在两个 VPC 端点之间延伸，在点到多点的情况下，一条虚通路连接（VPC）中的每一条 VC 链路都能保证其上面的信元不改变交序。交换机完成 VP 路由选择功能，即将输入 VPL 的 VPI 值翻译成输出 VPL 的 VPI 值。

多个 VP 链路可以通过 VP 交叉连接设备或 VP 交换设备串联起来。多个串联的 VP 链路构成 1 个 VP 连接（VPC）。就像在电话网中通过电话交换设备连接多段通信线路，为用户提供话路一样。

（6）VCC 与 VPC 之间的关系

传输线路 VP 和 VC 之间的关系如图 8.14 所示。在一个物理通道中可以包含一定数量的 VP。而在一条 VP 中又可以包含一定数量的 VC。

在一个给定接口上，两个分别属于不同 VP 的 VC 可以具有同样的 VCI 值。因此一个接口上必须用 VPI 和 VCI 两个值才能完全地标识一个 VC。

VCC 和 VPC 的关系如图 8.16 所示。VCC 段由多段 VCL 组成，每段 VCL 有各自的 VCI，因此在 VCC 上任何一个特定的 VCI 都只具有本地意义。每条 VCL 和其他与其同路的 VCL 一起组成了一个 VPC，这个 VPC 可以由多段 VPL 连接而成。每当 VP 被交换时，VPI 就改变，但是整个 VPC 中的全部 VCL 都不改变其 VCI 值。因此，可以得出这样的结论：VCI 值改变时，相应的 VCI 一定要改变；而 VPI 改变时，其中的 VCI 不一定改变。换句话说，VP 可以单独交换，而 VC 的交换必然和 VP 交换一起进行。

虚连接 VC 有两种：一种为永久虚连接（PVC），网络两端点间固定连接，可以通过管理功能设置和修改；另一种为交换虚连接（SVC），呼叫时通过信令建立 SVC，每次呼叫建立的 SVC 可能都不一样。

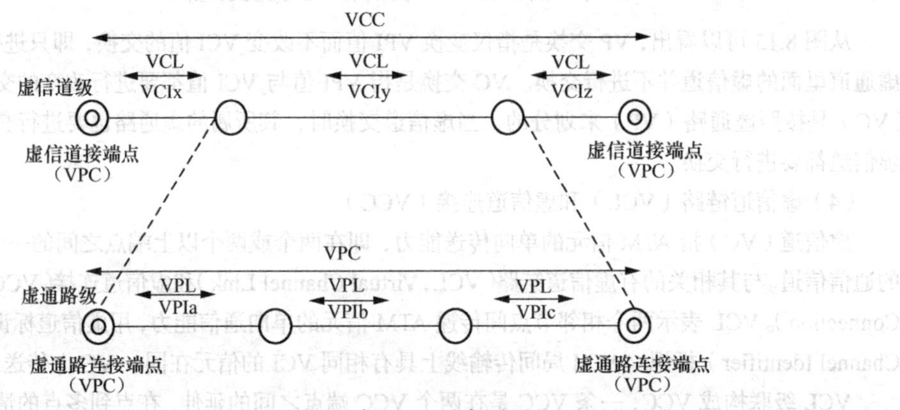

图 8.16 VCC 与 VPC 示意图

（7）ATM 连接的建立过程

在源 ATM 端点与目的 ATM 端点进行通信前的连接建立过程，实际上就是在这两个端点间的各段传输通道上找寻空闲 VC 链路和 VP 链路，分配 VCI 与 VPI，建立相应 VCC 与 VPC 的过程。VPC 和 VCC 的连接过程如图 8.17 所示。

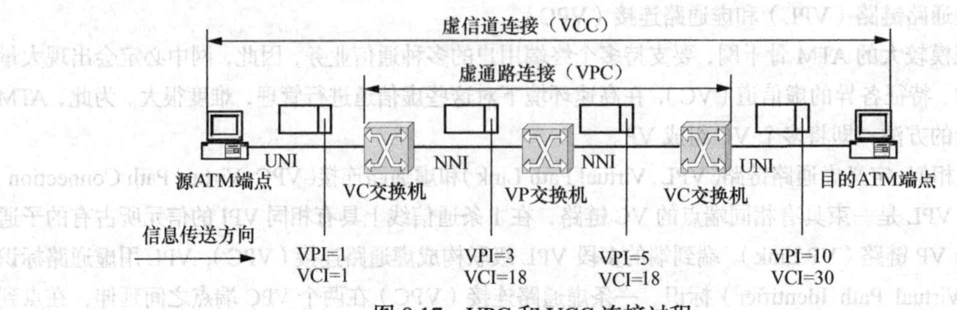

图 8.17 VPC 和 VCC 连接过程

8.5 ATM 交换技术

ATM 交换机是 ATM 网络的核心技术，其设计对 ATM 网络的性能起着决定性的作用。由于 B-ISDN 的业务范围非常广泛，为了保证各种业务的 QoS，要求宽带交换机在功能上能实现多速率交换、多点交换和多种业务的交换。

8.5.1 ATM 交换机的组成

ATM 交换机由输入模块（IM）、输出模块（IM）、信元交换机构（CSF）、控制模块（CM）和系统管理（SM）5 部分构成。如图 8.18 所示。

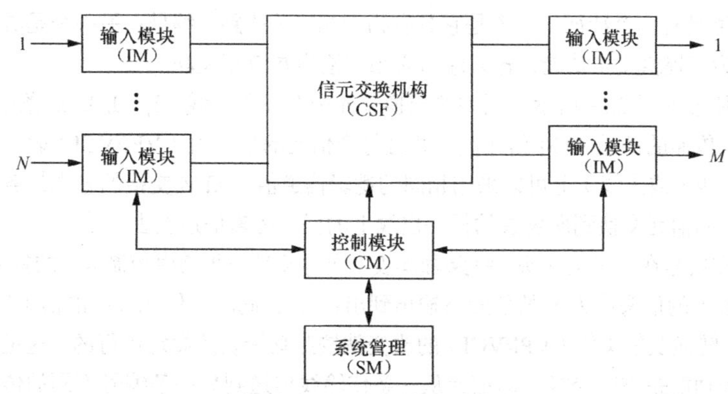

图 8.18　ATM 交换机的组成

1. 输入模块

输入模块将信元转换成为适合送入 ATM 交换单元的形式，包括信元定界、信元有效性检验、信元类型分离。因为输入线路上的信息流实际上是符合物理层接口信息格式的比特流，输入模块首先要将这些比特流分解成长度为 53B 的信元。然后再检测信元的有效性，将空闲信元、未分配信元及信头出错的信元丢弃，然后根据有效信元信头中的 PTI 标志，将 OAM 信元送交控制模块处理，其他用户信息信元送信元交换机构进行交换。

2. 输出模块

输出模块完成与入线处理模块作相反处理，主要将 ATM 交换机构输出的信元转换成适合在线路上传输的形式，把交换机构输出的信元流和控制模块输出的信元流以及相应的信令信元流复合，形成送往出线的特定形式比特流，并完成信息信元流速率和线路传输速率的适配。

3. 信元交换机构

信元交换机构是实际执行交换动作的实体，完成 ATM 信元交换的功能。根据路由选择信息，修改输入信元的 VPI/VCI 域的值，实现将输入信元送到指定输出线的目的。

4. 控制模块

控制模块对交换机构进行控制，主要功能是处理和翻译信令信息，完成虚通路、虚通道连接的建立、释放及带宽的分配。

5. 系统管理

执行一切管理功能，以确保交换系统的正确和有效操作。主要包括物理层的操作和管理，ATM 层的操作和管理，交换单元的组织管理，交换数据库的安全管理，交换资源的管理，通信管理，用户网的管理，网络管理的支持等。

8.5.2 ATM 交换的基本原理

在 ATM 网中，每一个 ATM 信元在网中独立传输。ATM 网是面向连接的通信网，端到端连接是在数据通信开始前建立。因此，ATM 网是基于存储的路由选择表，利用信头中的路由选择标识号（VPI/VCI）把 ATM 信元从输入线路传送到指定的输出线路。建立在交换节点上的接续主要执行两个功能：一是对于每一个接续，它指配唯一的用于输入和输出线路的接续识别符，即 VPI/VCI 交换；另一个是在交换节点上建立路由选择表，以对每一接续提供其输入和输出识别符间的联系。

ATM 交换就是从一条 ATM 逻辑信道到一条或多条输出 ATM 逻辑信道的信息交换（该交换可以在许多逻辑 ATM 信道中选择）。输出信道的确定是根据连接建立信令的要求在众多的输出信道中进行选择来完成的。

ATM 逻辑信道具有两个特征：一个是它具有物理端口（线路）编号；另一个是具有虚通路标识符/虚信道标识符。为了提供交换功能，输入端口必须与输出端口相关联。

ATM 的交换原理如图 8.19 所示。图中的交换单元中有 n 条入线（I_1～I_n），m 条出线（O_1～O_m）。每条入线和出线上传递的都是 ATM 信元流，并且每个信元的信头值（VPI/VCI）表明该信元所在的逻辑信道。不同的入线（或出线）上可以采用相同的逻辑信道值。ATM 交换的基本任务就是任一入线上的任一逻辑信道中的信元交换到所要去的任一出线上的任一逻辑信道上去。

图 8.19 中的交换是在一张信元头、链路翻译表（同时又是一张路由控制表）的控制下进行。例如，表中规定，入线 I_1 上的信头值为 x 的信元被输出到出线 O_1，同时，信元头中的信头值被翻译成 f……输入、输出连路的转换及信头值（VPI/VCI）的改变就按照翻译表的规定进行的。这里的交换包含了两方面的功能：一个功能是空间交换，即信元从一条传输线传送到另一条编号不同的传输线上去，这个功能又叫做路由选择；另一个功能是时间交换，即将信元从一个时隙改换到另一个时隙。请注意，在 ATM 交换中，逻辑信道和时隙之间并没有固定的关系，逻辑信道是靠信头的 VPI/VCI 值来标识的，因此实现时间交换要靠信头翻译表来完成，例如，I_1 的信头值 x 被翻译成 O_1 上的 f 值。图 8.19 所示，空间交换和时间交换功能可以用一张信头、链路翻译表来实现。

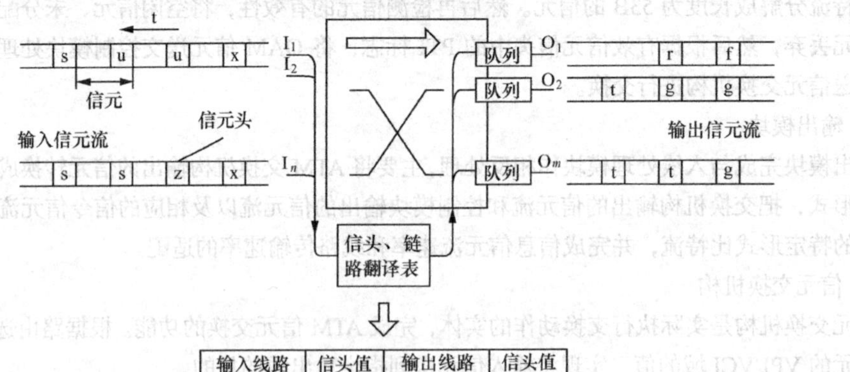

输入线路	信头值	输出线路	信头值
I_1	x u s	O_1 O_2 O_2	f g t
⋮	⋮	⋮	⋮
I_n	x z s	O_1 O_m O_m	r g t

图 8.19 ATM 交换的基本原理

由于 ATM 是一种异步传送方式，在逻辑信道上信元的出现是随机的，而在时隙和逻辑信道之间没有固定的对应关系，因此很有可能会存在竞争（或称碰撞），也就是说，在某一时刻，可能会发生两条或多条入线上的信元都要求转到同一输出线上去。当来自不同入线的信元同时到达并竞争同一出线时，就出现了竞争。例如入线 I_1 的第 1 个信元 x 和 I_n 的第 1 个信元 x 根据翻译表都要到达出线 O_1 的逻辑信道 f 和 r，当它们同时到达时就出现了竞争，因为在 O_1 上的当前时隙只能满足其中一个的需求，另一个必须被丢弃。为了不使在发生碰撞时引起信元丢失，因此交换节点中必须提供一系列缓冲区，以供信元排队用。

综上所述，我们可以得出这样的结论，ATM 交换系统执行 3 种基本功能：路由选择（空间交换）、信头变换（时分交换）和排队。对这 3 种基本功能的不同处理，就产生了不同的 ATM 结构和产品。

8.5.3 信元交换机构

1. 基本交换模块

基本交换模块（Basic Switching Building Block）也称交换单元，它是用于构造信元交换机构（CSF）的最小通用模块，在 ATM 交换机基本交换模块设计中，需要解决的主要是排队问题。

2. 信元交换机构

信元交换机构（Cell Switching Fabric）由相同的基本交换模块按照一定的拓扑结构互连而成。只有在基本交换模块和网络拓扑确定的情况下，才能定义信元交换机构（CFS）。

8.6 ATM 网接入方式

8.6.1 ATM 网络构成

ATM 网络是网状拓扑结构，包括两种网络元素，即 ATM 端点和 ATM 交换机。ATM 端点就是在网络中能够产生或接收信元的源站或目的站。ATM 端点与 ATM 交换机相连。ATM 交换机与 ATM 交换机相连，构成 ATM 网络，如图 8.20 所示。

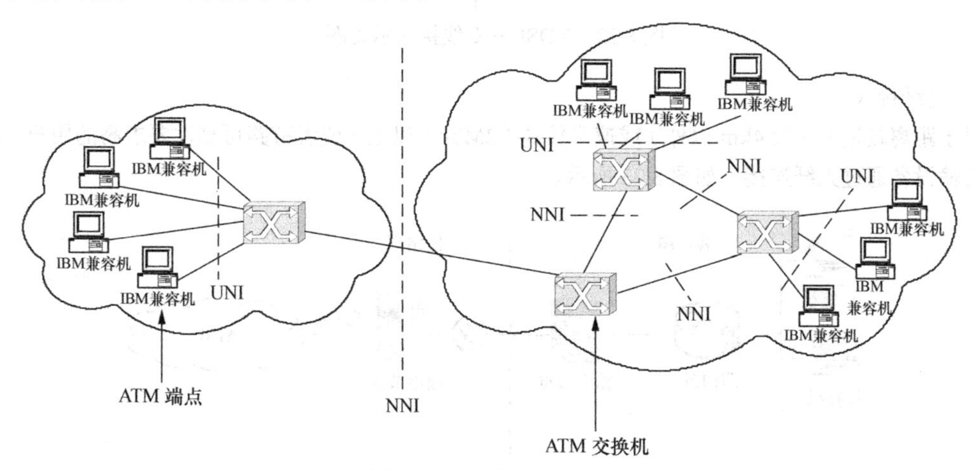

图 8.20　ATM 网络的构成

8.6.2 ATM 网中的用户接入方式

1. 铜线接入

（1）帧中继延伸接入

对于 ATM 网络暂时没有覆盖到的地区，可以通过帧中继网络进行延伸接入，用户端常用接口有 V.24、V.35、G.703 等，如图 8.21 所示。

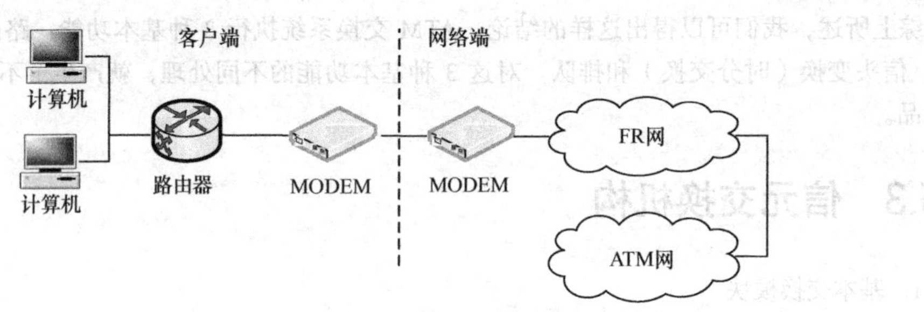

图 8.21 帧中继网与 ATM 网互连示意图

（2）XDSL + 专线接入

XDSL 是 ADSL（非对称的数字用户环路）、VDSL（对称的数字用户环路）、HDSL（对称的数字用户环路）等基于铜线的数字用户环路技术的总称。XDSL 的接入范围可达 3～5km，用户侧通过 XDSL 设备，经过双绞铜线，可以采用较高速率接入 ATM 网络。常用接口有 V.35、G.703 和以太网口等，如图 8.22 所示。

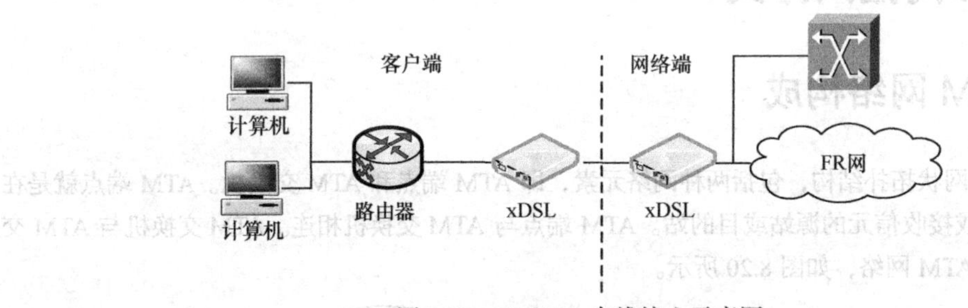

图 8.22 XDSL + 专线接入示意图

2. 光纤接入

对于距离较远（一般 4km 以外）或速率较高（2Mbit/s 以上）或者链路可靠性要求高的用户，可以利用传输设备通过光纤连接，如图 8.23 所示。

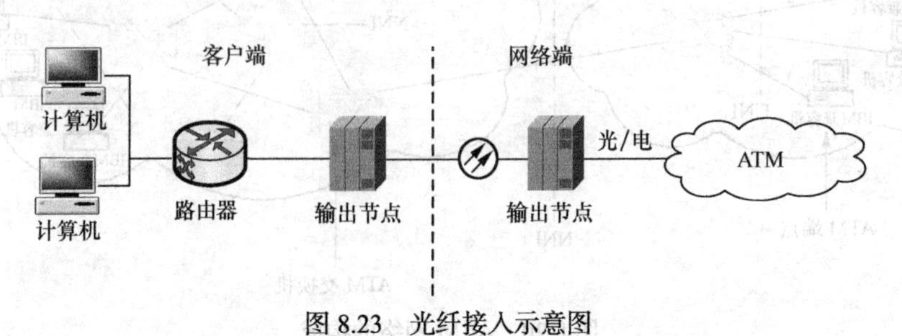

图 8.23 光纤接入示意图

本章小结

在 ATM 中，“异步”是指 ATM 取得它的非通道化带宽分配的方法。在同步传输方式中，每个发送源被分配一个基于位置的固定带宽：在频分复用（FDM）中是频段，在时分复用（TDM）中是时间槽。ATM 信元传送不是基于信元在数据流中的位置（当然不需要信元周期性地出现），而是用信头来标志它是谁的信息以及它前往何处。

ATM 是出现于 20 世纪 80 年代的传送方式，兼具电路传送方式和分组传送方式的基本特点，既适合电话网业务，又适合数据网业务，适用于宽带综合业务数字网。B-ISDN 是 21 世纪的电信网，它能够提供人们需要的各种电信业务，包括现有各种电信网能够提供的窄带业务以及现有电信网不能提供的宽带业务。

信元（Cell，或称 ATM 信元），是一种固定长度的数据分组。ATM 信元结构和信元编码是在 I.361 建议中规定的，由 53 字节的固定长度数据块组成。其中前 5B 是信头，后 48B 是与用户数据相关的信息段。

在传送 ATM 信元的系统中，通过对信头部分的 HEC 进行检验，可以纠正信头中的一位错码和发现多位错码。对 HEC 已检验出信头有错而无法纠正时，则丢弃该信元。由于传送 ATM 的主要媒体是光纤，传送 ATM 信元时，信头中出现误码多数时候只 1 位错误，因而在 ATM 信头纠错中采用了只能纠 1 位错码的校验序列。

在 ATM 系统中，用户的通信采用面向连接的方式工作。“面向连接”指的是一种类似于电话业务和分组交换网中的虚电路业务的方式。其具体含义是：用户的通信是经过一个由系统分配给自己的虚电路来进行，这个虚电路可能是这个用户长期占用的（专用电路）或者是用户在进行通信前临时申请的（临时电路）虚电路。

在 ATM 网中，一个物理通道中可以包含一定数量的虚通路（VP），虚通路的数量由信头中的 VPI 值决定。而在一条虚通路中可以包含一定数量的虚信道（VC），并且虚信道的数量由信头中的虚信道标识符（VCI）值决定。ATM 信元的交换既可以在 VP 级进行，也可以在 VC 级进行。

VP 交换是指仅变换 VPI 值而不改变 VCI 值的交换，即只进行虚通道的交换，虚通道里面的虚信道并不进行交换。VC 交换是指 VPI 值与 VCI 值都要进行改变的交换。因为虚信道（VC）是按照虚通路（VP）来划分的，当虚信道交换时，其所属的虚通路也要进行交换，即虚通路和虚信道都要进行交换。

ATM 参考模型不但具有层次结构，还具有平面的概念，是一个立体的体系结构，虽然 ITU-T 鼓励使用 SDH/SONET 技术来传送 ATM 信元，但是物理层还是可以有不同的媒体组成。

ATM 交换机由输入模块（IM）、输出模块（IN）、信元交换机构（CSF）、控制模块（CM）和系统管理（SM）5 部分构成。

ATM 交换就是在 ATM 节点将信元从输入端的逻辑信道到输出端逻辑信道的消息传递。输出信道的确定是根据连接建立信令的要求在众多的输出信道中进行选择来完成的。ATM 逻辑信道具有两个特征：一个是它具有物理端口（线路）编号；另一个是具有虚通路标识符/虚信道标识符。为了提供交换功能，输入端口必须与输出端口相关联。

习题

一、填空题

8-1　电信网中使用的传输、复用和________方式的整体叫做传送方式。

8-2　N-ISDN 是以数字式电话网为基础，采用________交换方式。

8-3 在信息转移技术中，传送方式大致可分为________方式和异步传送方式两类。

8-4 异步传送方式中的“异步”二字指属于某个特定用户的信息________是在信道上周期性地出现。

8-5 ATM 协议参考模型包括物理层、ATM 层和________ 3 个功能层。

8-6 信元定界就是在比特流中确定一个信元的________。

8-7 在信元定界过程中定义了________、预同步态和同步态 3 种状态。

8-8 信元速率解耦即速度匹配功能。其作用是插入一些空闲信元，将 ATM 层信元速率适配成________的速率。

8-9 ATM 交换机由输入模块、输出模块、________（CSF）、控制模块和系统管理 5 部分构成。

8-10 ATM 交换系统执行路由选择、________和排队 3 种基本功能。

二、选择题

8-11 下列支持 B-ISDN 服务的交换技术是（　　）。

A. PSTN　　B. PSPDN　　C. FR　　D. ATM

8-12 ATM 的标准化组织不包括（　　）。

A. ATM Forum　　B. IETF　　C. ITU-T　　D. ANSI

8-13 ATM 信元结构和信元编码是在 I.361 建议中规定的，其信元长度是（　　）。

A. 5 字节　　B. 48 字节　　C. 53 字节　　D. 128 字节

8-14 在使用 ATM 技术的通信网上，用户线路接口称为（　　）。

A. UNI　　B. SNI　　C. Q3　　D. V5

8-15 在信元结构中，构成一个信元路由信息的是（　　）。

A. VPI　　B. VCI　　C. VPI/VCI　　D. HDLC

8-16 在 ATM 技术中，用来表示信元丢弃的优先权的是（　　）。

A. VPI　　B. VCI　　C. CLP　　D. HEC

8-17 在 ATM 技术中，如果在线路上没有其他消息发送，则发送（　　）。

A. 空闲信元　　B. OAM 信元　　C. 信令信元　　D. 协议信元

8-18 在 ATM 技术中，采用分层结构，负责提供传送用户数据，同时也具有一定的控制功能，如流量控制、差错控制等的平面属于（　　）。

A. 用户平面　　B. 控制平面　　C. 管理平面　　D. 物理平面

8-19 完成呼叫控制和连接控制功能，通过传递信令进行呼叫和连接的建立、监视和释放的平面属于（　　）。

A. 用户平面　　B. 控制平面　　C. 管理平面　　D. 物理平面

8-20 在 ATM 技术中，一个物理通道中可以包含一定数量的虚通路（VP），虚通路的数量由信头中的（　　）。

A. VPI 值决定　　B. VCI 值决定　　C. CLP 值决定　　D. HEC 值决定

8-21 在 ATM 技术中，VPI 和 VCI 的值都发生了改变的交换属于（　　）。

A. VP 交换　　B. VC 交换　　C. VP/VC 交换　　D. 信元交换

8-22 在 ATM 技术中，虚通道里面的虚信道不进行交换属于（　　）。

A. VP 交换　　B. VC 交换　　C. VP/VC 交换　　D. 信元交换

8-23 在 ATM 技术中，执行交换动作的实体，完成 ATM 信元交换的功能是（　　）。

A. 信元交换机构　　B. 输入/输出模块　　C. 控制模块　　D. 系统管理模块

三、判断题

8-24 尽管 N-ISDN 和 B-ISDN 的名称相似，但各自的信息表示、交换和传输方式根本不同。

8-25　ATM 是一种传递模式，在这种模式中，信息被分成信元来传递，而包含同一用户信息的信元需要在传输链路上周期性地出现，因此这种传递模式是异步的。

8-26　在采用 ATM 技术进行信息传递时，可采用面向连接和非面向连接两种方式。

8-27　在 ATM 信元中，信头载有地址信息和控制功能信息，完成信元的复用和寻路，但不具有本地意义。

8-28　在 ATM 层上传送的业务可能有很多种，但根据源和目的之间的定时要求、比特率要求和连接方式 3 个基本参数来划分，可分为 4 类业务。

8-29　ATM 信元是定长的，所以时间是被划分成一个个可变长度的小片段，每个小片段就是 ATM 的信元。

8-30　在传送 ATM 信元的系统中，通过对信头部分的 HEC（即信头差错控制码）进行检验，可以纠正信头中的 2 位错码和发现多位错码。

8-31　ATM 信元的交换只能在 VP 级进行。

8-32　在一个物理通道中，可以包含一定数量的 VP。而在一条 VC 中，又可以包含一定数量的 VP。

四、简答题

8-33　ATM 交换技术中的“异步”指的是什么？

8-34　简述交换技术中用到的 3 种时分复用信号。

8-35　简述什么是 ATM 信元，并画出 ATM 信元结构。

8-36　ATM 技术有哪些特点？

8-37　为什么说 ATM 技术吸收了电路交换和分组交换的优点？

8-38　画出 ATM 信元的格式，并说明 UNI 和 NNI 信元格式有何不同。

8-39　什么是虚信道？什么是虚通路？它们之间存在怎样的关系？

8-40　一个信元中，VPI/VCI 的作用是什么？

8-41　在 ATM 协议结构中，用户平面、控制平面和管理平面的作用是什么？

8-42　ATM 分层模型由哪些部分组成？

8-43　简述 ATM 参考模型中 AAL 层的内容及其作用是什么。

8-44　简述 ATM 层的作用是什么。

8-45　ATM 传送过程中，ATM 系统对传送中的信元误码是如何处理的？

8-46　ATM 信元传送时，是如何完成信元定界功能的？

第 9 章

路由器与 IP 交换技术

【本章内容简介】本章介绍了 TCP/IP 的基本原理和协议，路由器的基本原理，路由相关协议，最后介绍了 IP 交换和三层交换技术。

【本章重点难点】重点掌握 TCP/IP 原理、路由器原理、IP 交换技术的概念；难点在于对路由器原理的理解。

因特网是一个由众多网络互连而成的世界范围内的计算机网络。因特网完成信息交互和网络互连的技术是通过路由器来实现的。每个计算机用户终端在发起一个呼叫前，首先把要进行交互的数据信息按照互联网协议的要求加入自己的地址和目的地址以及其他控制信息，并打成一个信息报交给路由器，路由器完成下一步转移线路的选择，并转发数据包到下一站，达到了信息转移的目的。Internet 实现互连的关键是 TCP/IP 协议。在 Internet 内部，计算机之间互相发送信息包进行通信，TCP/IP 协议对这种信息包的传输方式作了具体的规定。本章首先介绍 TCP/IP 基本原理，并分析路由转发的基本工作原理，接着介绍 IP 交换技术以及三层交换技术。

9.1 TCP/IP 原理

TCP/IP（Transmission Control Protocol/Internet Protocol，传输控制协议/互联网络协议）是 Internet 最基本的协议，是当今计算机网络最成熟、应用最广泛的互连技术，它拥有一套完整而系统的协议标准。该组协议具有支持不同操作系统的计算机网络的互连，支持多种信息传输介质和网络拓扑结构等特点。虽然 TCP/IP 不是国际标准，但它们已成为全球广大用户和厂商广泛接受的事实标准。

9.1.1 TCP/IP 体系结构

1. OSI 七层参考模型

网络发展中一个重要里程碑便是为了使各种计算机在世界范围内互连成网，国际标准化组织（ISO，Internet Standard Organization）在 1978 年提出了开放系统互连参考模型（OSI/RM, Open System Interconnection Reference Model），简称 OSI。在这里开放的意思是：只要遵循 OSI 标准，一个系统就可以与位于世界上任何地方的也遵循同一标准的其他任何系统进行通信。OSI 不但成为以前的和后续的各种网络技术评判、分析的依据，也成为网络协议设计和统一的参考模型。

OSI 参考模型把功能分成 7 个分立的层次。如图 9.1 所示，各层的功能如下。

（1）第一层：物理层

物理层定义了通信网络之间物理链路的电气或机械特性，以及激活、维护和关闭这条链路的各项操作。物理层特征参数包括：电压、数据传输率、最大传输距离、物理连接媒体等。物理层负责最后将信息编码成电流脉冲或其他信号用于网上传输。

（2）第二层：数据链路层

实际的物理链路是不可靠的，总会出现错误，数据链路层的作用就是通过一定的手段（将数据分成帧，以数据帧为单位进行传输），将有差错的物理链路转化成对上层来说没有错误的数据链路。链路层是为网络层提供数据传送服务的，这种服务要依靠本层具备的功能来实现。链路层应具备如下功能：链路连接的建立、拆除、分离；帧定界和帧同步；顺序控制；差错检测和恢复、链路标识和流量控制等。

（3）第三层：网络层

网络层负责在源和终点之间建立连接。它一般包括网络寻径，还可能包括流量控制、错误检查等。相同 MAC 标准的不同网段之间的数据传输一般只涉及数据链路层，而不同的 MAC 标准之间的数据传输都涉及网络层。例如 IP 路由器工作在网络层，因而可以实现多种网络间的互连。

（4）第四层：传输层

传输层提供对上层透明（不依赖于具体网络）的可靠的数据传输。如果说网络层关心的是“点到点”的逐点转递，那么可以说，传输层关注的是“端到端”（源端到目的端）的最终效果。它的功能主要包括：流控、多路技术、虚电路管理和纠错及恢复等。其中多路技术使多个不同应用的数据可以通过单一的物理链路共同实现传递；虚电路是数据传递的逻辑通道，在传输层建立、维护和终止；纠错功能则可以检测错误的发生，并采取措施（如重传）解决问题。

（5）第五层：会话层

会话层建立、管理和终止表示层与实体之间的通信会话。通信会话包括发生在不同网络应用层之间的服务请求和服务应答，这些请求与应答通过会话层的协议实现。它还包括创建检查点，使通信发生中断的时候可以返回到以前的一个状态。

（6）第六层：表示层

表示层定义了一系列代码和代码转换功能，以保证源端数据在目的端同样能被识别，比如大家所熟悉的文本数据的 ASCII 码、表示图像的 GIF 或表示动画的 MPEG 等。

（7）第七层：应用层

应用层是面向用户的最高层，通过软件应用实现网络与用户的直接对话，如：找到通信对方，识别可用资源和同步操作等。

建立七层模型的主要目的是为解决异种网络互连时所遇到的兼容性问题。它的最大优点是将服务、接口和协议这 3 个概念明确地区分开来；服务说明某一层为上一层提供一些什么功能，接口说明上一层如何使用下层的服务，而协议涉及如何实现本层的服务；这样各层之间具有很强的独立性，互连网络中各实体采用什么样的协议是没有限制的，只要向上提供相同的服务，并且不改变相邻层的接口就可以了。网络七层的划分也是为了使网络的不同功能模块（不同层次）分担起不同的职责，从而减轻问题的复杂程度，一旦网络发生故障，可迅速定位故障所处层次，便于查找和纠错。

七层模型是一个理论模型，实际应用则千变万化，完全可能发生变异。对于大多数应用，只是将它的协议族（即协议堆栈）与七层模型作大致的对应。

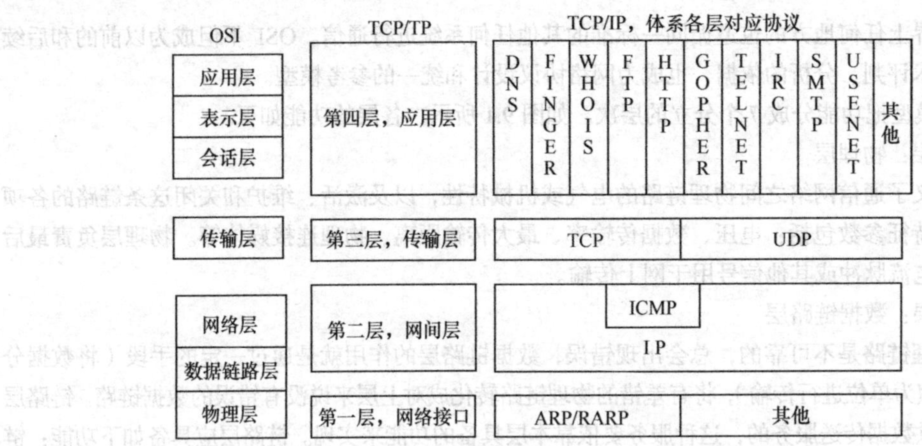

图 9.1　OSI 七层参考模型与 TCP/IP 四层参考模型

2. TCP/IP 分层模型

TCP/IP 仍采用分层体系结构，它与开放系统互连（OSI）模型的层次结构相似，可分为四层，由低到高依次为网络接口层、网间层（即 IP 层）、传输层（即 TCP 层）和应用层。

TCP/IP 分层模型的 4 个协议层分别完成以下功能。

（1）第一层：网络接口层

网络接口层包括用于协作 IP 数据在已有网络介质上传输的协议。实际上 TCP/IP 标准并不定义与 ISO 数据链路层和物理层相对应的功能。相反，它定义像地址解析协议（ARP，Address Resolution Protocol）这样的协议，提供 TCP/IP 协议的数据结构和实际物理硬件之间的接口。

（2）第二层：网间层（IP 层）

对应于 OSI 七层参考模型的网络层，网间层主要解决计算机之间的通信问题，它负责管理不同设备之间的数据交换，它是 INTERNET 通信子网的最高层，它所提供的是不可靠的无连接数据报服务，无论传输是否正确，不做验证，不发确认，也不保证分组的正确顺序。

【相关知识】 无连接服务的含义：发送端简单地把信息包发送到网络上，在传送信息包之前，发送端和接收端没有沟通的过程，也没有对方来确认，因而不知道目的地是否接收到。无连接服务和面向连接服务是相对的。

IP 层主要有以下协议。

- IP 协议（网络协议）：使用 IP 地址确定收发端，提供端到端的“数据报”传递，也是 TCP/IP 协议簇中处于核心地位的一个协议。
- ICMP 协议（网络控制报文协议）：处理路由，协助 IP 层实现报文传送的控制机制，提供错误和信息报告。
- ARP 协议（正向地址解析协议）：将网络层地址转换为链路层地址。
- RARP 协议（逆向地址解析协议）：将链路层地址转换为网络层地址。

（3）第三层：传输层

对应于 OSI 七层参考模型的传输层，提供两种端到端的通信服务。其中 TCP（Transmission Control Protocol）提供可靠的数据流运输服务，UDP（Use Datagram Protocol）提供不可靠的用户数据报服务。该层主要协议有：

- TCP：传输控制协议，提供可靠的面向连接的数据传输服务。

- UDP：用户数据报协议，采用无连接数据报传送方式，一次传输少量信息的情况，如数据查询等，当通信子网相当可靠时，UDP 协议的优越性尤为可靠。

（4）第四层：应用层

对应于 OSI 七层参考模型的应用层和表达层，应用层是将应用程序的数据传送给传输层，以便进行信息交换。它主要为各种应用程序提供了使用的协议，标准的应用层协议主要有以下几个。

- FTP 文件传输协议：为文件传输提供了途径，它允许数据从一台主机传送到另一台主机上（咱们用的 QQ 传送文件就用到这个协议），也可以从 FTP 服务器上下载文件，或者向 FTP 服务器上传文件。
- HTTP 超文本传输协议：用来访问在 WWW 服务器上的各种页面。
- DNS 域名服务系统：用于实现从主机域名到 IP 地址之间的转换。
- TELNET 虚拟终端服务：实现互联网中的工作站登录远程服务器的能力。
- SMTP 简单邮件传输协议：实现互联网中电子邮件的传输功能。
- NFS 网络文件系统：用于实现网络中不同主机之间的文件共享。
- RIP 路由信息协议：用于网络设备之间交换路由信息。

TCP/IP 是 Internet 事实上的标准，并且在最近几年已经成为专门网络所选择的协议，在最新的网络操作系统中，TCP/IP 已经成为默认协议。

9.1.2 IP 地址分配

1. IP 地址

计算机网络内的每台计算机必须具有唯一的身份标记。在 TCP/IP 协议中，这个身份标记就是 IP 地址。IP 地址由两部分组成：网络号和主机号。其中网络号标识一个物理的网络，同一个网络上所有主机需要同一个网络号，该号在互联网中是唯一的；而主机号确定网络中的一个工作端、服务器、路由器或其他 TCP/IP 主机。对于同一个网络号来说，主机号是唯一的。每个 TCP/IP 主机由一个逻辑 IP 地址确定。如 IP 地址为“192.168.100.128”，则网络 ID 为“192.168.100”，主机 ID 为“128”。

IP 地址有两种表示形式：二进制表示和点分十进制表示。每个 IP 地址的长度为 4 字节，由 4 个 8 位域组成，我们通常称之为八位体。八位体由句点（.）分开，表示为一个 0～255 之间的十进制数。一个 IP 地址的 4 个域分别标明了网络号和主机号。

为适应不同大小的网络，Internet 定义了 5 种 IP 地址类型，分别对应于 A、B、C、D 和 E 类 IP 地址，具体见表 9.1。

表 9.1　　IP 地址分类

网络类型	特征地址位	开始地址	结束地址
A 类	0xxxxxxxB	0.0.0.0	127.255.255.255
B 类	10xxxxxxB	128.0.0.0	191.255.255.255
C 类	110xxxxxB	192.0.0.0	223.255.255.255
D 类	1110xxxxB	224.0.0.0	239. 255.255.255
E 类	1111xxxxB	240.0.0.0	255.255.255.255

A 类地址：可以拥有很大数量的主机，最高位为 0，紧跟的 7 位表示网络号，余下 24 位表示主机号，总共允许有 126 个网络。

B 类地址：被分配到中等规模和大规模的网络中，最高两位总被置于二进制的 10，允许有 16384

个网络。

C 类地址：被用于局域网。高三位被置为二进制的 110，允许大约 200 万个网络。

D 类地址：被用于多路广播组用户，高四位总被置为 1110，余下的位用于标明客户机所属的组。

E 类地址：以“1111”开始，为将来使用保留。

2. IP 地址分配

在分配网络号和主机号时，应遵守以下几条准则：

（1）网络号不能为 127，该标识号被保留作回路及诊断功能。

（2）不能将网络号和主机号的各位均置 1。如果每一位都是 1 的话，该地址会被解释为网内广播而不是一个主机号（TCP/IP 是一个可广播的协议）。

（3）相应于上面一条，各位均不能置 0，否则该地址被解释为“就是本网络”。

（4）对于本网络来说，主机号应该是唯一的。否则会出现 IP 地址已分配或有冲突之类的错误。

分配网络号：对于每个网络以及广域连接，必须有唯一的网络号，主机号用于区分同一物理网络中的不同主机。如果网络由路由器连接，则每个广域连接都需要唯一的网络号。

分配主机号：主机号用于区分同一网络中不同的主机，并且主机号应该是唯一的。所有的主机包括路由器间的接口都应该有唯一的网络号。路由器的主机号要配置成工作站的缺省网关地址。

3. 子网掩码和 IP 地址

如果根据传统的 IP 地址分类方式来划分网络，那么有的网络就会很大，而且会迅速耗尽地址空间，因此需要在大的网络的基础上划分子网。子网划分是用来把一个单一的 IP 网络划分为多个更小的子网，划分子网需要引入子网掩码的概念。TCP/IP 上的每台主机都需要用一个子网掩码。它是一个 4 字节的地址，用来封装或“屏蔽”IP 地址的一部分，以区分网络号和主机号。当网络还没有划分为子网时，可以使用缺省的子网掩码；当网络被划分为若干个子网时，就要使用自定义的子网掩码了。

子网掩码不能单独存在，它必须结合 IP 地址一起使用。子网掩码只有一个作用，就是将某个 IP 地址划分成网络地址和主机地址两部分。

子网掩码的设定必须遵循一定的规则。与 IP 地址相同，子网掩码的长度也是 32 位，左边是网络位，用二进制数字“1”表示；右边是主机位，用二进制数字“0”表示。只有通过子网掩码，才能表明一台主机所在的子网与其他子网的关系，使网络正常工作。

我们来看看缺省的子网掩码，它用于一个还没有划分子网的网络。即使是在一个单段网络上，每台主机也都需要这样的缺省值。它的形式依赖于网络的地址类型。在它的 4 个字节里，所有对应网络号的位都被置为 1，于是每个八位体的十进制值都是 255；所有对应主机号的位都置为 0。例如，C 类网地址 192.168.0.1 和相应的缺省屏蔽值 255.255.255.0。

9.1.3 地址解析协议

要在网络上通信，主机就必须知道对方主机的硬件地址。IP 地址编号只是一个逻辑地址，不是硬件地址，想通过物理网络进行传递的帧必须含有目的地的硬件地址。因此在进行底层数据传输时，必须将 IP 地址转换为硬件地址，即介质访问控制地址。地址解析就是将主机 IP 地址映射为硬件地址的过程。

1. ARP 缓存

为减少广播量，ARP 在缓存中保存地址映射以备用。ARP 缓存保存有动态项和静态项。动态项是自动添加和删除的，静态项则保留在 Cache 中直到计算机重新启动。ARP 缓存总是为本地子网保留硬件广播地址（0xffffffffffffh）作为一个永久项。 此项使主机能够接受 ARP 广播。当查看缓存时，该项不会显示。每条 ARP 缓存记录的生命周期为 10 分钟，2 分钟内未用则删除。缓存容量满时，删除最老的记录。

2. 主机 IP 地址解析为硬件地址

（1）当一台主机要与别的主机通信时，初始化 ARP 请求。当该 IP 断定 IP 地址是本地时，源主机在 ARP 缓存中查找目标主机的硬件地址。

（2）如果找不到映射，ARP 建立一个请求，源主机 IP 地址和硬件地址会被包括在请求中，该请求通过广播，使所有本地主机均能接收并处理。

（3）本地网上的每个主机都收到广播并寻找相符的 IP 地址。

（4）当目标主机断定请求中的 IP 地址与自己的相符时，直接发送一个 ARP 答复，将自己的硬件地址传给源主机。以源主机的 IP 地址和硬件地址更新它的 ARP 缓存。源主机收到回答后，便建立起了通信。

3. 解析远程 IP 地址

不同网络中的主机互相通信，ARP 广播的是源主机的缺省网关。若目标 IP 地址是一个远程网络主机，ARP 将广播一个路由器的地址。

（1）通信请求初始化时，得知目标 IP 地址为远程地址。源主机在本地路由表中查找，若无，源主机认为是缺省网关的 IP 地址。在 ARP 缓存中查找符合该网关记录的 IP 地址（硬件地址）。

（2）若没找到该网关的记录，ARP 将广播请求网关地址而不是目标主机的地址。路由器用自己的硬件地址响应源主机的 ARP 请求。源主机则将数据包送到路由器以传送到目标主机的网络，最终达到目标主机。

（3）在路由器上，由 IP 决定目标 IP 地址是本地还是远程。如果是本地，路由器用 ARP（缓存或广播）获得硬件地址。如果是远程，路由器在其路由表中查找该网关，然后运用 ARP 获得此网关的硬件地址。数据包被直接发送到下一个目标主机。

（4）目标主机收到请求后，形成 ICMP 响应。因源主机在远程网上，将在本地路由表中查找源主机网的网关。找到网关后，ARP 即获取它的硬件地址。

（5）如果此网关的硬件地址不在 ARP 缓存中，通过 ARP 广播获得。一旦它获得硬件地址，ICMP 响应就送到路由器上，然后传到源主机。

4. ARP 结构的字段

ARP 的报头结构如图 9.2 所示。

<table>
<tr><td colspan="2">硬件类型</td><td>协议类型</td></tr>
<tr><td>硬件地址长度</td><td>协议长度</td><td>操作类型</td></tr>
<tr><td colspan="3">发送方的硬件地址（0～3 字节）</td></tr>
<tr><td colspan="2">源物理地址（4～5 字节）</td><td>源 IP 地址（0～1 字节）</td></tr>
<tr><td colspan="2">源 IP 地址（2～3 字节）</td><td>目标硬件地址（0～1 字节）</td></tr>
<tr><td colspan="3">目标硬件地址（2～5 字节）</td></tr>
<tr><td colspan="3">目标 IP 地址（0～3 字节）</td></tr>
</table>

图 9.2　ARP 报头结构

报头结构的字段如下。

- 硬件类型：使用的硬件（网络访问层）类型。
- 协议类型：解析过程中的协议使用以太类型的值。
- 硬件地址长度：硬件地址的字节长度，对于以太网和令牌环来说，其长度为 6 字节。
- 协议地址长度：协议地址字节的长度，IP 的长度是 4 字节。

- 操作号：指定当前执行操作的字段。
- 发送者的硬件地址：发送者的硬件地址。
- 发送者的协议地址：发送者的协议地址。
- 目的站硬件地址：目标者的硬件地址。
- 目的站协议地址：目标者的协议地址。

9.1.4 IP 协议

IP 协议定义在网络层，是 Internet 最重要的协议。在 IP 协议中，规定了在 Internet 上进行通信时应遵守的规则，例如 IP 数据包的组成、路由器如何将 IP 数据包送到目的主机等。

各种物理网络在链路层（二层）所传输的基本单元为帧，其帧格式随物理网络而异，各物理网络的物理地址（MAC 地址）也随物理网络而异。IP 协议的作用就是向传输层（TCP 层）提供统一的 IP 包，即将各种不同类型的 MAC 帧转换为统一的 IP 包，并将 MAC 帧的物理地址变换为全网统一的逻辑地址（IP 地址）。这样，这些不同物理网络 MAC 帧的差异对上层而言就不复存在了。正因为这一转换，才实现了不同类型物理网络的互连。

IP 数据报由报头和正文两部分组成。报头有 20 字节的固定段和任选的变长段，IP 数据报格式如图 9.3 所示。

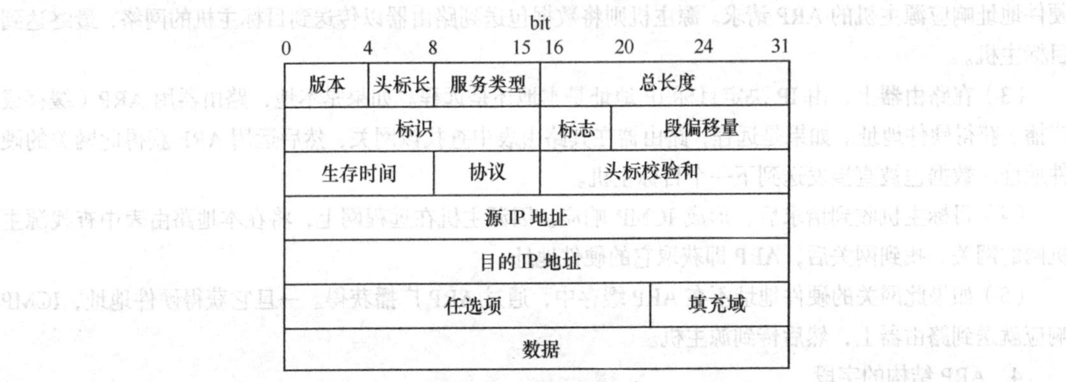

图 9.3　IP 数据报格式

对各字段详细说明如下。

版本（VERS）：记录该数据报文符合哪一个协议版本。

头标长（HLEN）：用于指明报头的长度。

服务类型（Type of Service）：主机用服务类型字段告诉子网自己想要的服务类型，如低延迟、高吞吐量、高可靠性、最低代价、常规传输还是紧急传输等。

总长度（Total Length）：指出整个报文的总长度，最大为 65536 字节。

标识（Identification）、标志（Flags）、段偏移量（Frag Offset）：对分组进行分片，以便允许网上不同 MTU 时能进行传送。

源 IP 地址（Source IP Address）：数据报发送者的 IP 地址。

目的 IP 地址（Destination IP Address）：定数据报目标的 IP 地址。

协议（Protocol）：告知目的主机是否将包传给 TCP 或 UDP。

头标校验和（Header Checksum）：用来证实收到的包的完整性。

TTL 生存有效时间：指定一个数据报被丢弃之前，在网络上能停留多少时间（以秒计）。它避免了包在网络中无休止循环。路由器会根据数据在路由器中驻留的时间来递减 TTL。其中数据报通过一次路由器，TTL 至少减少一秒。

IP 选项（IP Options）：网络测试、调试、保密及其他。

数据（Data）：上层协议数据。

IP 是一个无连接的协议，主要就是负责在主机间寻址并为数据包设定路由，在交换数据前，它并不建立会话。因为它不保证正确传递，另一方面，数据在被收到时，IP 不需要收到确认，所以它是不可靠的。

9.1.5 因特网控制消息协议（ICMP）

IP 协议并不是一个可靠的协议，它不保证数据被送达，那么自然的保证数据送达的工作应该由其他的模块来完成。其中一个重要的模块就是 ICMP（网络控制报文）协议，ICMP 协议是 IP 中不可分割的一部分。所有 IP 服务器和主机都支持这种协议。

当传送 IP 数据包发生错误——比如主机不可达，路由不可达等，ICMP 协议将会把错误信息封包，然后传送回给主机，给主机一个处理错误的机会。为防止 IMCP 的无限产生和传送，ICMP 差错报文不会产生 ICMP 差错报文。

ICMP 数据包由 8bit 的错误类型和 8bit 的代码和 16bit 的校验和组成。而前 16bit 就组成了 ICMP 所要传递的信息。ICMP 的报文结构如图 9.4 所示。

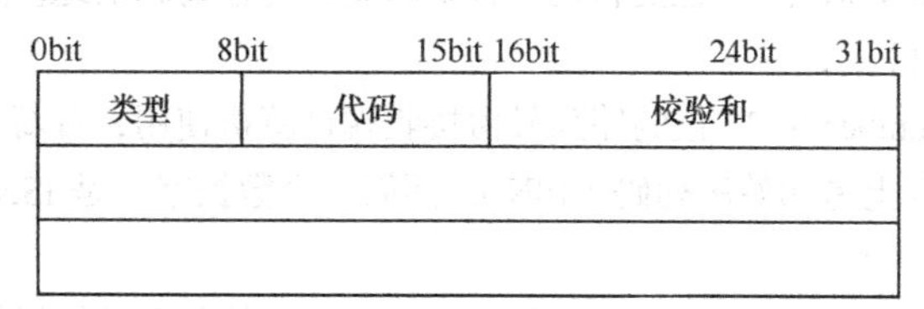

图 9.4 ICMP 报文结构

下面给出各字段的具体含义。

类型：一个 8 位类型字段，表示 ICMP 数据包类型。

代码：一个 8 位代码域，表示指定类型中的一个功能。如果一个类型中只有一种功能，代码域置为 0。

检验和：数据包中 ICMP 部分上的一个 16 位检验和。

剩余的内容是指随每个 ICMP 类型变化的一个附加数据，依赖于消息的类型。

9.1.6 TCP 协议

TCP 协议位于传输层。其代表的含义是传输控制协议（Transmission Control Protocol）。TCP 协议是为了在主机间实现高可靠性的包交换传输协议。

TCP 协议是面向连接的协议。它提供两台计算机之间的可靠通信：当一台计算机需要与另一台远程计算机通信时，TCP 协议会让它们建立一个连接、发送和接收资料以及终止连接。TCP 协议利用重发技术和拥塞控制机制，向应用程序提供可靠的通信连接，使它能够自动适应网上的各种变化。即使在 Internet 暂时出现堵塞的情况下，TCP 也能够保证通信的可靠。

一个 TCP 数据包的头是 20 字节，就像一个 IP 数据包一样。如果使用一些选项，IP 和 TCP 数据包头都可以放大。TCP 头不包含 IP 地址，它仅需要知道要连接哪一个端口。TCP 工作时，要一直跟踪状态表中的端对端的连接。这个状态表包含 IP 地址和端口。这就是说，只是 TCP 头不需要 IP 信息，因为它来自于 IP 头。

TCP 对所有的报文采用一种简单的格式，包括携带数据的报文，以及确认和三次握手中用于创建和终止一个连接的消息。TCP 采用段来指明一个消息，图 9.5 指明了段格式。

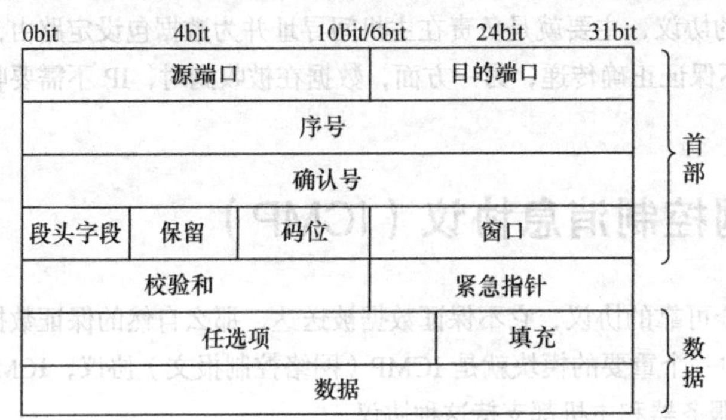

图 9.5　TCP 段格式

TCP 段格式各字段具体说明如下。

源端口（Source Port）：16 位的源端口，其中包含初始化通信的端口。源端口和源 IP 地址的作用是标示报文的返回地址。

目的端口（Destination Port）：16 位的目的端口域，定义传输的目的地。这个端口指明报文接收计算机上的应用程序地址接口。

序列号（Sequence Number）：32 位的序列号由接收端计算机使用，重新分段的报文成最初形式。当 SYN 出现，序列码实际上是初始序列码（ISN），而第一个数据字节是 ISN + 1。这个序列号（序列码）可以补偿传输中的不一致。

应答号（Acknowledgement Number）：32 位的序列号，由接收端计算机使用，重组分段的报文成最初形式，如果设置了 ACK 控制位，这个值表示一个准备接收的包的序列码。

数据偏移量（HLEN）：4 位包括 TCP 头大小，指示何处数据开始。

保留（Reserved）：6 位值域，这些位必须是 0。为了将来定义新的用途所保留。

标志（Code Bits）：6 位标志域。表示为紧急标志、有意义的应答标志、堆、重置连接标志、同步序列号标志、完成发送数据标志。按照顺序排列是：URG、ACK、PSH、RST、SYN、FIN。

窗口（Window）：16 位，用来表示想收到的每个 TCP 数据段的大小。

校验位（Checksum）：16 位 TCP 头。源机器基于数据内容计算一个数值，收信息机要与源机器数值结果完全一样，从而证明数据的有效性。

紧急指针（Urgent Pointer）：16 位，指向后面是优先数据的字节，在 URG 标志设置了时才有效。如果 URG 标志没有被设置，紧急域作为填充。加快处理标示为紧急的数据段。

选项（Option）：长度不定，但长度必须以字节为单位。如果没有选项，就表示这个字节的域等于 0。

填充：不定长，填充的内容必须为 0，它是为了数学目的而存在。目的是确保空间的可预测性。保证包头的结合和数据的开始处偏移量能够被 32 整除，一般额外的 0 以保证 TCP 头是 32 位的整数倍。

TCP 依靠滑动窗口来实现流量控制机制，接收者用该字段告诉发送者还有多少缓冲空间可以使用，传送者一次发送的数量总是小于可用缓冲区，所以不会引起接收缓冲区溢出。当接收者处理完一定的缓冲区数据后，便向发送者发送 ACK，指出缓冲区空间已经增加。发送者通过确认及被告知的窗口大小决定还要发送多少数据。

9.1.7 用户数据报协议（UDP）

用户数据报协议（UDP）也是 IP 之上的另外一个传输层协议，它与 TCP 不同，UDP 协议是一种无连接的传输层协议，提供面向事务的简单不可靠信息传送服务。UDP 协议适用端口分别运行在同一台设备上的多个应用程序。

与 TCP 不同，UDP 并不提供对 IP 协议的可靠机制、流控制以及错误恢复等功能。使用 UDP 数据服务的应用程序必须由自身提供可靠性，即由应用程序对重要数据提供重传控制。另外，UDP 也不保证数据的传输顺序。UDP 的数据报文格式如图 9.6 所示。由于 UDP 比较简单，UDP 头包含很少的字节，比 TCP 负载消耗少。

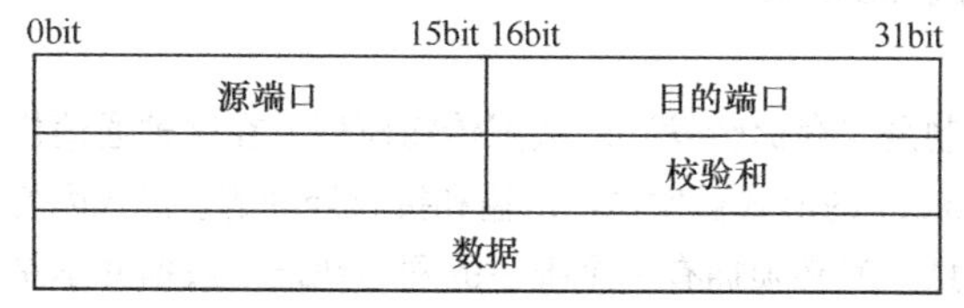

图 9.6　UDP 数据报文格式

- 源端口——16 位。源端口是可选字段。当使用时，它表示发送程序的端口，同时它还被认为是没有其他信息的情况下需要被寻址的答复端口。如果不使用，设置值为 0。
- 目的端口——16 位。目标端口在特殊因特网目标地址的情况下具有意义。
- 长度——16 位。该用户数据报的 8 位长度，包括协议头和数据。长度最小值为 8。
- 校验和——16 位。IP 协议头、UDP 协议头和数据位，最后用 0 填补的信息假协议头总和。如果必要的话，可以由两个八位复合而成。
- 数据——包含上层数据信息。

UDP 是轻权协议，处理开销小，由于简单，它适用于不需要 TCP 可靠机制的情形，比如，当高层协议或应用程序提供错误和流控制功能的时候。UDP 是传输层协议，服务于很多知名应用层协议，包括网络文件系统（NFS）、简单网络管理协议（SNMP）、域名系统（DNS）以及简单文件传输系统（TFTP）。

9.1.8 IP 的未来（IPv6）

IPv6 是“Internet Protocol Version 6”的缩写，也被称作下一代互联网协议，它是由 IETF 小组（Internet 工程任务组，Internet Engineering Task Force）设计的用来替代现行的 IPv4（现行的 IP）协议的一种新的 IP 协议。

IPv6 的全称是“互联网协议第 6 版”。目前的互联网协议为 IPv4，其地址为 32 位编码，可提供的 IP 地址大约为 40 多亿个，由于 Internet 的迅速发展，全球将面临严重的 IP 地址枯竭的危机。IPv6 的地址是 128 位编码，能产生 2^{128} 个 IP 地址，地址资源极端丰富。有人比喻，世界上的每一粒沙子都会有一个 IP 地址。也就是说，在 IPv6 下，IP 地址将可充分满足数字化生活的需要，不再需要地址的转换，还互联网本来的面目。更重要的是，将提供更安全、更为广阔的应用与服务。

与 IPv4 相比，IPv6 具有以下几个优势：

（1）IPv6 具有更大的地址空间。IPv4 中规定 IP 地址长度为 32，即有 $2^{32}-1$ 个地址；而 IPv6 中 IP 地址的长度为 128，即有 $2^{128}-1$ 个地址。

（2）IPv6 使用更小的路由表。IPv6 的地址分配一开始就遵循聚类（Aggregation）的原则，这使得路由器能在路由表中用一条记录（Entry）表示一片子网，大大减小了路由器中路由表的长度，提高了路由器转发数据包的速度。

（3）IPv6 增加了增强的组播（Multicast）支持以及对流的支持（Flow Control），这使得网络上的多媒体应用有了长足发展的机会，为服务质量（QoS，Quality of Service）控制提供了良好的网络平台。

（4）IPv6 加入了对自动配置（Auto Configuration）的支持。这是对 DHCP 协议的改进和扩展，使得网络（尤其是局域网）的管理更加方便和快捷。

（5）IPv6 具有更高的安全性。在使用 IPv6 网络中，用户可以对网络层的数据进行加密并对 IP 报文进行校验，极大地增强了网络的安全性。

9.2 路由器工作原理

因特网的核心通信机制是“存储转发”的数据传输模型。在这种通信机制下，所有在网络上流动的数据都是以数据包（Packet）的形式被发送、传输和接收处理的。接入因特网的任何一台电脑要与别的机器相互通信并交换信息，就必须拥有一个唯一的网络地址。数据并不是从它的出发点直接就被传送到目的地的，相反，数据在传送之前，按照特定的标准划分成长度一定的片断——数据包。每一个数据包中都包含目的计算机的网络地址，这就好比套上了一个写好收件人地址的信封，这样的数据包在网上传输的时候才不会迷路。这些数据包在到达目的地之前，必须经过因特网上为数众多的通信设备或者计算机的层层转发、接力传递。路由器在网络中正是起着路由查找和转发数据包的作用。路由器是互联网的主要节点设备。路由器通过路由决定数据的转发，转发策略称为路由选择（routing），这也是路由器名称的由来（router，转发者）。作为不同网络之间互相连接的枢纽，路由器系统构成了基于 TCP/IP 的国际互连网络 Internet 的主体脉络，也可以说，路由器构成了 Internet 的骨架。

9.2.1 路由器的硬件结构

路由器是一种连接多个网络或网段的网络设备，它能将不同网络或网段之间的数据信息进行“翻译”，以使它们能够相互“读”懂对方的数据，从而构成一个更大的网络。路由器主要完成两个功能：寻找去目的网络的最佳路径，由路由协议完成；转发分组，即对每一个经过路由器的分组都需要一系列操作，包括转发决策、交换分组、输出链路的调度等。

路由器包含硬件和软件两大部分。硬件主要由中央处理器、内存、接口、控制端口等物理硬件和电路组成；软件主要指路由器的 IOS 操作系统。

1. 中央处理器

与计算机一样，路由器也包含了一个中央处理器（CPU）。不同系列和型号的路由器，其中的 CPU 也不尽相同。路由器的 CPU 负责路由器的配置管理和数据包的转发工作，如维护路由器所需的各种表格以及路由运算等。路由器对数据包的处理速度很大程度上取决于 CPU 的类型和性能。

2. 内存

路由器采用了以下几种不同类型的内存，每种内存以不同方式协助路由器工作。

（1）只读内存

只读内存（ROM）在路由器中的功能与计算机中的 ROM 相似，主要用于系统初始化等功能。ROM 中主要包含：

① 系统加电自检代码（POST），用于检测路由器中各硬件部分是否完好；

② 系统引导区代码（Boot Strap），用于启动路由器并载入 IOS 操作系统；

③ 备份的 IOS 操作系统，以便在原有 IOS 操作系统被删除或破坏时使用。通常，这个 IOS 比现运行 IOS 的版本低一些，但却足以使路由器启动和工作。

由于 ROM 是只读存储器，不能修改其中存放的代码。如要进行升级，则要替换 ROM 芯片。

（2）闪存（Flash）

闪存（Flash）是可读可写的存储器，在系统重新启动或关机之后仍能保存数据。Flash 中存放着当前使用中的 IOS。事实上，如果 Flash 容量足够大，甚至可以存放多个操作系统，这在进行 IOS 升级时十分有用。当不知道新版 IOS 是否稳定时，可在升级后仍保留旧版 IOS，当出现问题时，可迅速退回到旧版操作系统，从而避免长时间的网络故障。

（3）非易失性 RAM

非易失性 RAM（Nonvolatile RAM）是可读可写的存储器，在系统重新启动或关机之后仍能保存数据。由于 NVRAM 仅用于保存启动配置文件（Startup-Config），故其容量较小，通常在路由器上只配置 32～128KB 大小的 NVRAM。同时，NVRAM 的速度较快，成本也比较高。

（4）随机存储器

随机存储器 RAM 也是可读可写的存储器，但它存储的内容在系统重启或关机后将被清除。和计算机中的 RAM 一样，路由器中的 RAM 也是运行期间暂时存放操作系统和数据的存储器，让路由器能迅速访问这些信息。RAM 的存取速度优于前面所提到的 3 种内存的存取速度。

运行期间，RAM 中包含路由表项目、ARP 缓冲项目、日志项目和队列中排队等待发送的分组。除此之外，还包括运行配置文件（Running-config）、正在执行的代码、IOS 操作系统程序和一些临时数据信息。

3. 接口

所有路由器都有接口（Interface），每个接口都有自己的名字和编号。一个接口的全名称由它的类型标志与数字编号构成，编号自 0 开始。

对于接口固定的路由器或采用模块化接口的路由器，在接口的全名称中，只采用一个数字，并根据它们在路由器的物理顺序进行编号，例如 Ethernet0 表示第 1 个以太网接口，Serial1 表示第 2 个串口。

4. 控制台端口

所有路由器都安装了控制台端口，使用户或管理员能够利用终端与路由器进行通信，完成路由器配置。该端口提供了一个 EIA/TIA-232 异步串行接口，用于在本地对路由器进行配置（首次配置必须通过控制台端口进行）。

路由器的型号不同，与控制台进行连接的具体接口方式也不同，有些采用 DB25 连接器 DB25F，有些采用 RJ45 连接器。通常，较小的路由器采用 RJ45 连接器，而较大的路由器采用 DB25 连接器。

5. 辅助端口

多数路由器均配备了一个辅助端口，它与控制台端口类似，提供了一个 EIA/TIA-232 异步串行接口，通常用于连接 Modem，以使用户或管理员对路由器进行远程管理。

9.2.2 路由器原理及路由协议

1. 路由表

路由器的主要工作就是为经过路由器的每个数据包寻找一条最佳传输路径，并将该数据有效地传送到目的站点。由此可见，选择最佳路径的策略即路由算法是路由器的关键所在。为了完成这项工作，在路由器中保存着各种传输路径的相关数据——路径表（Routing Table），供路由选择时使用。路径表中保存着子网的标志信息、网上路由器的个数和下一个路由器的名字等内容。路由表的构成见表 9.2。

表 9.2　　路由表的构成

目的 IP 地址	掩码	端口	下一跳地址	路由费用	路由类型	状态

（1）目的 IP 地址：目的网络 ID 号或者目的 IP 地址。

（2）掩码：掩码应用到分组的目的地址，以便找到目的地的网络地址或子网地址。

（3）端口：路由器的每一端口连接一个子网。

（4）下一跳地址：指同下一个路由器的端口地址。

（5）路由费用：在 RIP 中，是指到达目的 IP 网必须经过的路由器数目；在 OSPF 中，是路由器为某一路由选择的最佳成本。在任何时候到指定目的 IP 网都存在着不止 1 条可能性，但是正常情况下路由器只使用其中的 1 条，即成本最低的那条。

（6）路由类型：指明路由的来源类型。

（7）状态：指出路由是否有效或者路由的优先级。

路由表可以是由系统管理员固定设置好的，也可以由系统动态修改，可以由路由器自动调整，也可以由主机控制。

2. 路由器分组转发过程

当 IP 子网中的一台主机发送 IP 分组给同一 IP 子网的另一台主机时，它将直接把 IP 分组送到网络上，对方就能收到。而要送给不同 IP 网上的主机时，它要根据路由表选择一个能到达目的子网上的路由器，把 IP 分组送给该路由器，由路由器负责把 IP 分组送到目的地。如果没有找到这样的路由器，主机就把 IP 分组送给一个称为“缺省网关（default gateway）”的路由器上。

【相关知识】 “缺省网关”是每台主机上的一个配置参数，它是接在同一个网络上的某个路由器端口的 IP 地址。

路由器转发 IP 分组时，只根据 IP 分组目的 IP 地址的网络号选择合适的端口，把 IP 分组送出去。同主机一样，路由器也要判定端口所接的是否是目的子网，如果是，就直接把分组通过端口送到网络上，否则，也要选择下一个路由器来传送分组。路由器也有它的缺省网关，用来传送不知道往哪儿送的 IP 分组。这样，通过路由器把知道如何传送的 IP 分组正确转发出去，不知道的 IP 分组送给“缺省网关”路由器，这样一级一级地传送，IP 分组最终将送到目的地，送不到目的地的 IP 分组则被网络丢弃了。路由器不仅负责对 IP 分组的转发，还要负责与别的路由器进行联络，共同确定“网间网”的路由选择和维护路由表。

路由器包括两项基本功能：寻径和转发。寻径即判定到达目的地的最佳路径，由路由选择算法来实现。为了判定最佳路径，路由选择算法必须启动并维护包含路由信息的路由表，其中路由信息依赖于所用的路由选择算法而不尽相同。路由选择算法将收集到的不同信息填入路由表中，根据路由表，可将目的网络与下一站（next hop）的关系告诉路由器。路由器间互通信息进行路由表维护，维护路由表使之正确反映网络的拓扑变化，并由路由器根据量度来决定最佳路径。这就是路由选择协议（routing protocol），如路由信息协议（RIP）、开放式最短路径优先协议（OSPF）和边界网关协议（BGP）等。

转发即沿寻找好的最佳路径传送信息分组。路由器首先在路由表中查找，判明是否知道如何将分组发送到下一个站点（路由器或主机），如果路由器不知道如何发送分组，通常将该分组丢弃；否则就根据路由表的相应表项将分组发送到下一个站点，如果目的网络直接与路由器相连，路由器就把分组直接送到相应的端口上。这就是路由转发协议（routed protocol）。

路由转发协议和路由选择协议是相互配合又相互独立的概念，前者使用后者维护的路由表，同时后者要利用前者提供的功能来发布路由协议数据分组。

3. 路由协议

典型的路由选择方式有两种：静态路由和动态路由。

静态路由是在路由器中设置的固定的路由表。除非网络管理员干预，否则静态路由不会发生变化。由于静态路由不能对网络的改变作出反映，一般用于网络规模不大、拓扑结构固定的网络中。静态路由的优点是简单、高效、可靠。在所有的路由中，静态路由优先级最高。当动态路由与静态路由发生冲突时，以静态路由为准。

动态路由是网络中的路由器之间相互通信，传递路由信息，利用收到的路由信息更新路由器表的过程。它能实时地适应网络结构的变化。如果路由更新信息表明发生了网络变化，路由选择软件就会重新计算路由，并发出新的路由更新信息。这些信息通过各个网络，引起各路由器重新启动其路由算法，并更新各自的路由表，以动态地反映网络拓扑变化。动态路由适用于网络规模大、网络拓扑复杂的网络。当然，各种动态路由协议会不同程度地占用网络带宽和 CPU 资源。

静态路由和动态路由有各自的特点和适用范围，因此在网络中，动态路由通常作为静态路由的补充。当一个分组在路由器中进行寻径时，路由器首先查找静态路由，如果查到，则根据相应的静态路由转发分组；否则再查找动态路由。

根据是否在一个自治域内部使用，动态路由协议分为内部网关协议（IGP）和外部网关协议（EGP）。这里的自治域指一个具有统一管理机构、统一路由策略的网络。自治域内部采用的路由选择协议称为内部网关协议，常用的有 RIP、OSPF；外部网关协议主要用于多个自治域之间的路由选择，常用的是 BGP 和 BGP-4。下面分别进行简要介绍。

（1）RIP 路由协议

RIP 协议最初是为 Xerox 网络系统的 Xerox PARC 通用协议而设计的，是 Internet 中常用的路由协议。RIP 采用距离向量算法，即路由器根据距离选择路由，所以其路由选择只是基于两点间的“跳（hop）”数，穿过一个路由器认为是一跳。路由器收集所有可到达目的地的不同路径，并且保存有关到达每个目的地的最少站点数的路径信息，除到达目的地的最佳路径外，任何其他信息均予以丢弃。同时路由器也把所收集的路由信息用 RIP 协议通知相邻的其他路由器。这样，正确的路由信息逐渐扩散到了全网。

RIP 并没有任何链接质量的概念，也没有链路流量等级的概念，所有的链路都被认为是相同的。RIP 使用非常广泛，它简单、可靠，便于配置。但是 RIP 只适用于小型的同构网络，因为它允许的最大站点数为 15，任何超过 15 个站点的目的地均被标记为不可达。而且 RIP 每隔 30s 一次的路由信息广播也是造成网络广播风暴的重要原因之一。

（2）OSPF 路由协议

20 世纪 80 年代中期，RIP 已不能适应大规模异构网络的互连，OSPF 随之产生。它是因特网工程任务工作组（IETF）的内部网关协议工作组为 IP 网络而开发的一种路由协议。

OSPF 是一种基于链路状态路由算法的路由协议，需要每个路由器向其同一管理域的所有其他路由器发送链路状态广播信息。在 OSPF 的链路状态广播中包括所有接口信息、所有的量度和其他一些变量。利用 OSPF 的路由器，首先必须收集有关的链路状态信息，并根据一定的算法计算出到每个节点的最短路径。而基于距离向量的路由协议仅向其邻接路由器发送有关路由更新信息。

与 RIP 不同，OSPF 将一个自治域再划分为区，相应地即有两种类型的路由选择方式：当源和目的地在同一区时，采用区内路由选择；当源和目的地在不同区时，则采用区间路由选择。这就大大减少了网络开销，并增加了网络的稳定性。当一个区内的路由器出了故障时，并不影响自治域内其他区路由器的正常工作，这也给网络的管理、维护带来方便。

（3）BGP 和 BGP-4 路由协议

BGP 是为 TCP/IP 互联网设计的外部网关协议，用于多个自治域之间。它既不是基于纯粹的链路状态算法，也不是基于纯粹的距离向量算法。它的主要功能是与其他自治域的 BGP 交换网络可达信息。各个自治域可以运行不同的内部网关协议。BGP 更新信息包括网络号/自治域路径的成对信息。自治域路径包括到达某个特定网络须经过的自治域串，这些更新信息通过 TCP 传送出去，以保证传输的可靠性。

为了满足 Internet 日益扩大的需要，BGP 还在不断地发展。在最新的 BGP-4 中，还可以将相似路由合并为一条路由。

（4）路由表项的优先问题

在一个路由器中，可同时配置静态路由和一种或多种动态路由。它们各自维护的路由表都提供给转发程序，但这些路由表的表项间可能会发生冲突。这种冲突可通过配置各路由表的优先级来解决。通常静态路由具有默认的最高优先级，当其他路由表表项与它矛盾时，均按静态路由转发。

4. 路由算法

路由算法在路由协议中起着至关重要的作用，采用何种算法往往决定了最终的寻径结果，因此选择路由算法一定要仔细。通常需要综合考虑以下几个设计目标。

（1）最优化：指路由算法选择最佳路径的能力。

（2）简洁性：算法设计简洁，利用最少的软件和开销，提供最有效的功能。

（3）坚固性：路由算法处于非正常或不可预料的环境时，如硬件故障、负载过高或操作失误时，都能正确运行。由于路由器分布在网络联接点上，所以在它们出故障时，会产生严重后果。最好的路由器算法通常能经受时间的考验，并在各种网络环境下被证实是可靠的。

（4）快速收敛：收敛是在最佳路径的判断上所有路由器达到一致的过程。当某个网络事件引起路由可用或不可用时，路由器就发出更新信息。路由更新信息遍及整个网络，引发重新计算最佳路径，最终达到所有路由器一致公认的最佳路径。收敛慢的路由算法会造成路径循环或网络中断。

（5）灵活性：路由算法可以快速、准确地适应各种网络环境。例如，某个网段发生故障，路由算法要能很快发现故障，并为使用该网段的所有路由选择另一条最佳路径。

路由算法按照种类可分为以下几种：静态和动态、单路和多路、平等和分级、源路由和透明路由、域内和域间、链路状态和距离向量。

9.3 IP 交换技术

ATM 具有高带宽、快速交换和提供可靠服务质量保证的特点，Internet 的迅速发展和普遍应用，使得 IP 成为计算机网络应用环境的既成标准和开放系统平台。宽带网络的发展方向是把最先进的 ATM 交换技术和最普及的 IP 技术融合起来，因而产生了一系列新的交换技术。IP 交换就是 Ipsilon 公司提出的专门用于在 ATM 网上传送 IP 分组的技术，其目的是使 IP 更快并能提供业务质量支持。它将第三层的路由选择功能与第二层的交换功能结合起来，在下层通过 ATMPVC 虚电路建立连接，上层运行 TCP/IP 协议，从而实现在 ATM 硬件的基础之上直接进行 IP 路由的选择，进而同时获得 IP 的强壮性以及 ATM 交换的高速、大容量的优点。

所谓 IP 交换，就是利用第二层交换作为传送 IP 分组通过一个网络的主要转发机制的一组协议和机制。IP 交换利用交换的高带宽和低延迟优势，尽可能快地传送一个分组通过网络。基本上说，IP 交换技术是利用 IP 的智能化路由选择功能来控制 ATM 的交换过程，即根据通信流的特性来决定是进行路由选择还是进行交换。所以识别数据的特征是 IP 交换技术的基本功能。准确地说，一个数据流就是一个从特定源机到特定目标机发送的 IP 数据包序列，它们使用相同的协议类型（如 UDP 或 TCP）、服务类型和其他一些特性。用户可以自己定义 IP 交换机如何判断收到多少这样的数据包才算是一个数据流。

9.3.1 IP 与 ATM 的比较及相结合的模型

1. IP 与 ATM

以 IP 协议为基础的 Internet 的迅猛发展，使得 IP 成为当前计算机网络应用环境的当然标准和开放式系统平台。IP 技术的优点是易于实现异种网络的互连；对延迟、带宽和 QoS 等要求不高，适于非实时业务的通信；具有统一的寻址体系，便于管理。

ATM 是用于 B-ISDN 传输、复用和交换的技术，它是以分组传送模式为基础并融合了电路传送模式高速化的优点发展而成的。ATM 技术的优点是采用异步时分复用方式，实现了动态带宽分配，可适应任意速率的业务；有可信的 QoS 来保证语音、数据、图像和多媒体信息的传输；其面向连接的工作方式、固定长度的信元和简化的信头，实现了快速交换；具有安全和自愈能力强等特点。表 9.3 给出了 IP 与 ATM 的特性比较。

表 9.3　　IP 与 ATM 的特性比较

特性	IP	ATM
连接方式	无连接	面向连接
信息传送最小单位	可变长度分组	固定长度信元（53 个 bit）
交换方式	数据报方式	ATM 方式
路由方向	单向	双向
组播	多点到多点	点到多点
服务质量保证	尽力而为	根据不同业务提供 不同服务质量保证
成本	低	高
发展推动力	市场驱动	技术驱动

从上述对 ATM 与 IP 技术特点的介绍，可以看出 IP 技术和 ATM 技术各有优缺点，IP 技术应用广泛，技术简单，可扩展性好，路由灵活，但是传输效率低，无法保证服务质量；ATM 技术先进，可满足多业务的需求，交换快速，传输效率高，但是可扩展性不好，技术复杂。如果将两者结合起来，即将 IP 路由的灵活性和 ATM 交换的高速性结合起来，技术互补，将有效解决网络发展过程中困扰人们的诸多问题，将给网络发展带来很大的推动。为此，世界上各大通信公司、研究机构相继提出了许多 IP 与 ATM 融合的新技术，如 Ipsilon 公司提出的 IP 交换（IP Switch），Cisco 公司提出的标签交换（Tag Switch），IBM 提出的基于 IP 交换的路由聚合技术（ARIS，Aggregate Routed based IP Switching），IETF 推荐的 ATM 上的传统 IP 技术（IPOA，classic IP Over ATM）和多协议标记交换（MPLS，Multi-Protocol Label Switch），ATM Forum 推荐的局域网仿真（LANE，LAN Emulation）和 ATM 上的多协议（MPOA，Multi-Protocol Over ATM）等。这些技术的本质都是通过 IP 进行选路，建立基于 ATM 面向连接的传输通道，将 IP 封装在 ATM 信元中，IP 分组以 ATM 信元形式在信道中传输和交换，从而使 IP 分组的转发速度提高到了交换的速度。

2. IP 与 ATM 融合模型

根据 IP 与 ATM 融合方式的不同，其实现的模型可分为两大类：重叠模型（overlay model）和集成模型（integrated model）。

（1）重叠模型

重叠技术的核心思想是：IP（三层）运行在 ATM（二层）之上，IP 选路和 ATM 选路相互独立，系统运行两种选路协议：IP 选路协议和 ATM 选路协议；系统中的 ATM 端点具有两个地址：ATM 地址和 IP 地址。IP 路由功能仍由 IP 路由器来实现。通过地址解析协议实现 MAC 地址与 ATM 地址或 IP 地址与 ATM 地址的映射。

重叠模型的实现方式主要有：IETF 推荐的 IPOA、ATM Forum 推荐的 LANE 和 MPOA。

IPOA 也称为 CIPOA 或 CIP，IETF 在 RFC1577 中给出了 IPOA 技术的定义和说明。IPOA 网络结构如图 9.7 所示。

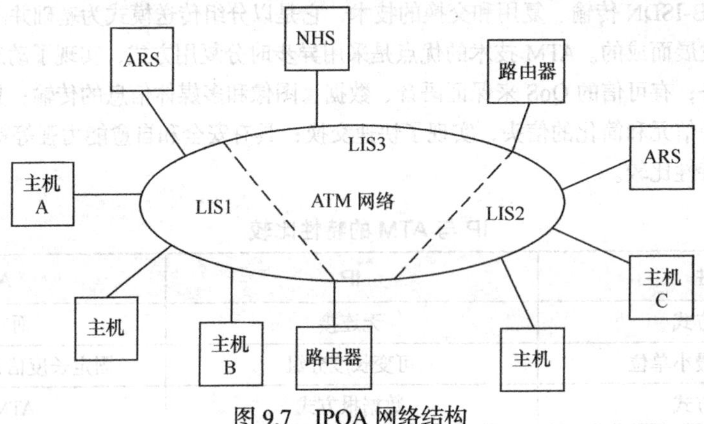

图 9.7　IPOA 网络结构

在图 9.7 中，连接到 ATM 网络的 IP 设备有主机和路由器，其中共享同一公共地址前缀的 IP 主机和路由器构成了一个逻辑 IP 子网（LIS，Logical IP Subnet）。从运行于 ATM 网络之上的 IP 设备来看，ATM 网络是形成 LIS 的共享媒体，在 ATM 网络之上可承载多个 LIS。ATM 网络使用自己的地址和选路协议，独立于其上的 IP 网络完成通信连接的建立与释放以及信息的传送。连接在 ATM 网络上的主机和路由器，具有两个地址：IP 地址和 ATM 地址，为了实现两种地址之间的映射，在每个 LIS 中设置了地址解析服务器（ARS，Address Resolution Server），主机和路由器通过地址解析协议（ARP，Address Resolution Protocol）与 ARS 交互，以获取相应的 ATM 地址。

如果主机 A 要与主机 B 通信，由于 A 和 B 在同一个 LIS 中，因此它可向本 LIS 中的 ARS 查询主机 B 的 ATM 地址，收到 ARP 的回复后，即可通过 ATM 网络建立主机 A 到主机 B 的 ATM 连接，主机 A 与主机 B 通过这个 ATM 的 SVC 来实现直接通信。

如果主机 A 要与主机 C 通信，由于 A 和 C 不在同一个 LIS 中，所以主机 A 先要向最近的下一跳地址解析服务器（NHS，Next Hop address resolution Server）查询主机 C 的 ATM 地址。这一查询请求沿着通常的逐跳转发的 IP 通路向主机 C 发送，如果沿着这一通路上的 NHS 获得主机 C 的 IP 地址解析信息，就向发出请求的 NHS 回送主机 C 的 ATM 地址或离主机 C 最近的 ATM 设备的 ATM 地址。一旦获得这个地址，主机 A 就建立一条直达目的目标的 SVC，从而实现主机 A 和主机 C 直接通过 SVC 来传送 IP 分组。

重叠模型使用的标准与标准的 ATM 网络及业务兼容。使用这种模型构建的网络不会对 IP 和 ATM 双方的技术和设备进行任何改动，只需在网络的边缘进行协议和地址的转换。但是这种网络需要维护两个独立的网络拓扑结构、地址重复、路由功能重复，因此网络扩张性不强，不便于管理，IP 分组的传输效率较低。

（2）集成模型

集成模型又称作对等模型，集成模型的核心思想是：ATM 层被看作是 IP 层的对等层，将 IP 层的路由功能与 ATM 层的交换功能结合起来，使 IP 网络获得 ATM 的选路功能。集成模型只使用 IP 地址和 IP 选路协议，不使用 ATM 地址与选路协议，即具有一套地址和一种选路协议，因此也不需要地址解析功能。集成模型需要另外的控制协议将三层的选路映射到二层的直通交换上。集成模型通常也采用 ATM 交换结构，但它不使用 ATM 信令，而是采用比 ATM 信令简单的信令协议来完成连接的建立。

集成模型基于标记进行分组的转发，因而速度快，其次，集成模型只需一套地址和一种选路协议，不需要地址解析协议，将逐跳转发的信息传送方式变为直通连接的信息传送方式，因而传送 IP 分组的效率高，但它只采用 IP 地址和 IP 选路协议，因而与标准的 ATM 融合较为困难。表 9.4 给出了重叠模型与集成模型技术特点的比较。

表 9.4　　重叠模型与集成模型技术特点的比较

特性	重叠模型	集成模型
地址	二套（IP 和 ATM 地址）	一套（IP 地址）
选路协议	IP 和 ATM 选路协议	IP 选路协议
地址解析功能	需要	不需要
ATM 信令	需要	不需要
IP 映射至直通连接专用协议	不需要	需要
实例	IPOA、LANE、MPOA	IP 交换、标记交换、ARIS、MPLS

集成模型的实现方式主要有：Ipsilon 公司的 IP 交换、Cisco 公司的标记交换、IBM 的 ARIS 和 IETF 的 MPLS。

3. IP 交换中的流

流是 IP 交换的基本概念，流是从 ATM 交换机输入端口输入的一系列有先后关系的 IP 包，它将由 IP 交换机控制器的路由软件来处理。

IP 交换的核心是把输入的数据流分为两种类型：

（1）持续期长、业务量大的用户数据流，包括文件传输协议（FTP）、远程登录（Telnet）、HTTP 数据、多媒体音频、视频等数据。

（2）持续期短、业务量小、呈突发分布的用户数据流，包括域名服务器（DNS）查询、简单邮件传输协议（SMTP）数据、简单网络管理协议（SNMP）查询等。

持续期长、业务量大的用户数据流在 ATM 交换机硬件中直接进行交换。由于多媒体数据常常要求进行广播和多发送通信，因此这些数据流在 ATM 交换机中交换时可以利用 ATM 交换机硬件的广播和多发送能力。持续期短、业务量小、呈突发分布的用户数据流可以通过 IP 交换机控制器中的 IP 路由软件进行传输，即与传统路由器一样，也采用一跳接一跳（hop-by-hop）和存储转发方法，省去了建立 ATM 虚连接（VC）的开销。

9.3.2　IP 交换

1. IP 交换机结构

IP 交换可提供两种信息传送方式：一种是 ATM 交换式传输；另一种是基于 hop-by-hop 方式的传

统 IP 传输。采用何种方式取决于数据流的类型，对于连续的、业务量大的数据流采用 ATM 交换式传输，对于持续时间短的、业务量小的数据流采用传统 IP 传输技术，IP 交换是基于数据流驱动的。

IP 交换机是 IP 交换的核心，它由 IP 交换控制器和 ATM 交换器两部分构成，如图 9.8 所示。

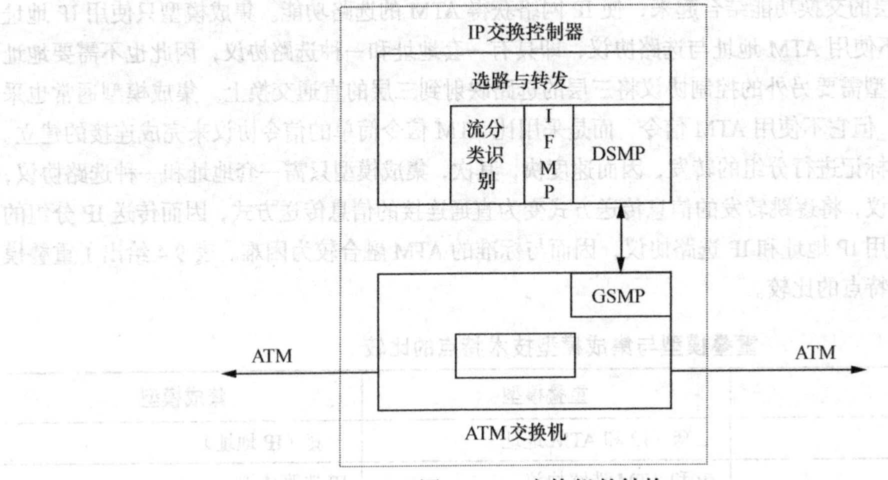

图 9.8　IP 交换机的结构

（1）IP 交换控制器

IP 交换控制器是系统的控制处理器。它上面运行了标准的 IP 选路软件和控制软件，其中控制软件主要包括流的判识软件、Ipsilon 流管理协议（IFMP，Ipsilon Flow Management Protocol）和通用交换机管理协议（GSMP，General Switch Management Protocol）。流的判识软件用于判定数据流，以确定是采用 ATM 交换式传输方式还是采用传统的 IP 传输方式。当 IP 交换机之间通信时，采用 IFMP 协议用以 IP 交换机之间分发数据流标记，即传递分配标记（VCI）信息和将标记与特定 IP 流相关联的信息，从而实现基于流的第二层交换。在 IP 交换控制器和 ATM 交换器之间所使用的控制协议是 GSMP，它是一个主/从协议，此协议用于 IP 交换器对 ATM 交换器的控制，以实现连接管理、端口管理、统计管理、配置管理和事件管理等。

（2）ATM 交换机

ATM 交换机实际上就是去掉了 ATM 高层信令（AAL 以上）、寻址、选路等软件，并具有 GSMP 处理功能的 ATM 交换器。它们的硬件结构相同，只存在软件上的差异。

2. 几个重要的概念

在 IP 交换中有几个重要的概念，在详细介绍 IP 交换的工作原理之前，我们先来介绍这些重要的基本概念。

（1）流

流是 IP 交换中的基本概念，IP 交换是基于数据流驱动的。在 IP 交换中将流分为两类：一种是端口到端口的流；另一种是主机到主机的流。前者是具有相同源 IP 地址、源端口号、目的 IP 地址和目的端口号的一个 IP 数据分组序列，被称为 IP 交换中的第一种类型的流，识别出这一类型的流，实际上就识别出了相同的一对主机之间的不同的应用；后者具有相同源 IP 地址、目的 IP 地址的一个 IP 数据分组序列，被称为 IP 交换中的第二种类型的流。

（2）输入输出端口

IP 交换网的输入输出端口是指数据流进入和离开 IP 交换网络的点，即边缘 IP 交换机，边缘 IP 交换机主要完成以下的功能：为进入和离开 IP 交换网的数据流提供默认缺省的分组转发；根据数据流的特性申请建立、参与维护和释放第二层交换路径；入口能判断到达分组头的有关标记，对到来的数据流进行拆解，并将相应的流放到对应的交换通道上；出口将二层送来的数据重新组合成原来的 IP 分组数据流，并在第三层上转发。

（3）直通连接

直通连接是在二层上建立的传输通道，它旁路了中间结点的三层功能，在该通道上经过的每个中间结点不再有如同三层上的存储转发，它是由数据流驱动请求建立的，可提供一定的 QoS，当直通连接因故障中断时，分组仍能在第三层进行转发而不被丢失。

3. IP 交换的工作原理

IP 交换机通过传统的 IP 方式和通过 ATM 交换机的直接交换方式来实现 IP 分组的传输，其工作过程可分为 4 个阶段。

（1）默认操作与数据流的判别

在系统开始运行时，输入端口输入的业务流是封装在信元中的传统 IP 数据包，该信元通过默认通道传送到 IP 变换机，由 IP 变换控制器将信元中的信息重新组合成为 IP 数据分组，按照传统的 IP 选路方式在第三层上进行存储转发，在输出端口上再被拆成信元在默认通道上进行传送。同时，IP 交换控制器中的流分类识别软件对数据流进行判别，以确定采用何种技术进行传输。对于连续、业务量大的数据流，则建立 ATM 直通连接，进行 ATM 交换式传输；对于持续时间短的、业务量小的数据流，则仍采用传统的 IP 存储转发方式。

（2）向上游节点发送改向消息

当需要建立 ATM 直通连接时，则从该数据流输入的端口上分配一个空闲的 VCI，并向上游节点发送 IFMP 的改向消息，通知上游节点将属于该流的 IP 数据分组在指定端口的 VC 上传送到 IP 交换机。上游 IP 交换机收到 IFMP 的改向消息后，开始把指定流的信元在相应 VC 上进行传送。

（3）收到下游节点的改向消息

在同一个 IP 交换网内，各个交换节点对流的判识方法是一致的，因此 IP 市换机也会收到下游节点要求建立 ATM 直通连接的 IFMP 改向消息，改向消息含有数据流标识和下游节点分配的 VCI。随后，IP 交换机将属于该数据流的信元在此 VC 上传送到下游节点。

（4）在 ATM 直通连接上传送分组

IP 交换机检测到流在输入端口指定的 VCI 上传送过来，并收到下游节点分配的 VCI 后，IP 交换控制器通过 GSMP 消息指示 ATM 控制器，建立相应输入和输出端口 VCI 的连接，这样就建立起 ATM 直通连接，属于该数据流的信元就会在 ATM 连接上以 ATM 交换机的速度在 IP 交换机中转发。

9.4 三层交换技术

计算机技术与通信技术的结合促进了计算机局域网的飞速发展，从 20 世纪 60 年代末 Aloha 网的出现，到 90 年代后期吉比特交换式以太网的登台亮相，短短 30 年间，经历了从单工到双工、从共享到交换、从低速到高速、从简单到复杂、从昂贵到普及、从第二层交换到多层交换的飞跃。

1. 三层交换的起源

二层交换技术从最早的网桥发展到 VLAN（虚拟局域网），在局域网建设和改造中得到了广泛的应用。第二层交换技术工作在 OSI 七层网络模型中的第二层，即数据链路层。它按照所接收到数据包的目的 MAC 地址来进行转发，对于网络层或者高层协议来说是透明的。它不处理网络层的 IP 地址，不处理高层协议的诸如 TCP、UDP 的端口地址，更不可能识别来自应用层的协议，它只需要知道数据包的物理地址，即 MAC 地址，数据交换是靠纯硬件来实现的，其速度相当快，从 10Mbit/s、100Mbit/s 到如今的 1000 Mbit/s 或更高，其发展相当迅速，这是二层交换的一个显著优点。但是，它不能处理不同 IP 子网之间的数据交换。这种网络结构扁平，没有层次化概念。传统的路由器可以处理大量的跨越 IP 子网的数据包，但是它的转发效率远远比二层要低得多，因此要想利用二层转发效率高这一优点，又要处理三层的 IP 数据包，三层交换技术就诞生了。三层交换技术的产生，凭借其革新的技术优势，迅速替代了纯二层交换技术，被广泛应用在各种场合。

2. 三层交换

三层交换技术也称多层交换技术或 IP 交换技术，是一种利用第三层协议中的信息来加强第二层交换功能的机制，是新一代局域网路由和交换技术。三层交换技术是相对于二层交换技术提出的，因工作在 OSI 七层网络标准模型中的第三层而得名。传统的路由器也工作在第三层，它可以处理大量的跨越 IP 子网的数据包，但是它的转发效率比较低，而三层交换技术在网络标准模型中的第三层实现了分组的高速转发，效率大大提高。简单地说，三层交换技术就是“二层交换技术 + 路由转发”。它的出现解决了二层交换技术不能处理不同 IP 子网之间的数据交换的缺点，又解决了传统路由器低速、复杂所造成的网络瓶颈问题。

第三层交换是在网络交换机中引入路由模块而取代传统路由器实现交换与路由相结合的网络技术。它根据实际应用时的情况，灵活地在网络第二层或者第三层进行网络分段。具有三层交换功能的设备是一个带有第三层路由功能的第二层交换机，但它是二者的有机结合，并不是简单地把路由器设备的硬件及软件叠加在局域网交换机上。

下面我们用一个例子来讲解三层交换的原理，假设两个使用 IP 协议的站点 A、B 通过第三层交换机进行通信，发送站点 A 在开始发送时，把自己的 IP 地址与 B 站的 IP 地址比较，判断 B 站是否与自己在同一子网内。若目的站 B 与发送站 A 在同一子网内，则进行二层的转发。若两个站点不在同一子网内，如发送站 A 要与目的站 B 通信，发送站 A 要向“缺省网关”发出 ARP（地址解析）封包，而“缺省网关”的 IP 地址其实是三层交换机的三层交换模块。当发送站 A 对“缺省网关”的 IP 地址广播出一个 ARP 请求时，如果三层交换模块在以前的通信过程中已经知道 B 站的 MAC 地址，则向发送站 A 回复 B 的 MAC 地址。否则三层交换模块根据路由信息向 B 站广播一个 ARP 请求，B 站得到此 ARP 请求后向三层交换模块回复其 MAC 地址，三层交换模块保存此地址并回复给发送站 A，同时将 B 站的 MAC 地址发送到二层交换引擎的 MAC 地址表中。从这以后，当 A 向 B 发送的数据包便全部交给二层交换处理，即“一次路由，处处交换”，信息得以高速交换。

3. 第三层交换技术的特点

第三层交换技术是“第二层交换技术 + 第三层转发技术”。这是一种利用第三层协议中的信息来加强第二层交换功能的机制。所以三层交换技术除具有第二层交换的功能外，相对于传统的二层交换机还有更优异的特性，这些特性可以给局域网、城域网等的网络建设带来更多优势。

（1）高扩充性

三层交换机在连接多个子网时，子网只是与第三层交换模块建立逻辑连接，不像传统外接路由器那样需要增加端口，而是预留各种扩展模块接口，在网络扩展时，可以插上模块来扩充，从而保护了用户对局域网、城域网等的设备投资，并满足企业网络不断扩充的需要。

（2）高性价比

三层交换机具有连接大型网络的能力，功能基本上可以取代某些传统路由器，但是价格比传统路由器低，仅接近二层交换机。

（3）路由功能

比较传统的交换机，第三层交换机不仅具有路由功能，而且路由速度快，而且配置简单。

（4）路由协议支持

第三层交换机可以通过自动发现功能来处理本地 IP 包的转发及学习邻近路由器的地址，同时也可以通过动态路由协议 RIP1、RIP2、OSPF 来计算路由路径。

（5）提高安全性

三层交换机可以与普通路由器一样，具有访问列表的功能，可以实现不同 VLAN 间的单向或双向通信。如果在访问列表中进行设置，可以限制用户访问特定的 IP 地址。

4. 第三层交换技术的应用

第三层交换机的应用很简单，主要用途是代替传统路由器作为网络的核心。因此，凡是没有广域网连接需求同时又需要路由器的地方，都可用第三层交换机来取代。在企业网和校园网中，一般会将第三层交换机用在网络的核心层，用第三层交换机上的吉比特位端口或百兆位端口连接不同的子网或 VLAN。这样的网络结构相对简单，结点数相对较少；另外，也需要较多的控制功能，并且成本较低。其主要应用包括下面几个方面。

（1）作为网络的骨干交换机

第三层交换机一般用于网络的骨干交换机和服务器群交换机，也可作为网络结点交换机。在网络中，同其他以太网交换机配合使用，网络管理员能构造无缝的 10/100/1000（Mbit/s）以太网交换系统，为整个信息系统提供统一的网络服务。这样的网络系统结构简单，同时还具有可伸缩性和基于策略的 QoS（质量服务）等功能。

（2）支持链路聚合的 Port Trunk 技术

在应用中，经常有以太网交换机相互连接或以太网交换机与服务器互连的情况，其中互连用的单根连线往往会成为网络的瓶颈。采用 Port Trunk 技术能将若干条相同的源交换交换机与目的交换机的以太网连接线从逻辑上看成一条连接线。这样既保证局域网不会出现环路，同时也有效地加大了连接带宽。性能良好的第三层交换机全面支持 Port Trunk 技术，有效满足了企业局域网对连接带宽的要求。

（3）实现组播和自学

一些第三层除了支持动态路由协议 RIP 和 OSPF 外，针对日渐流行的多点组播的需求，还能够实施基于标准的多点组播协议，如距离矢量多点组播路由协议 DVMRP、PIM 等。

本章小结

路由器技术按照 TCP/IP 协议实现计算机用户之间的交互，是面向无连接的共享媒体方式的信息交换技术。所谓 IP 交换，就是利用第二层交换作为传送 IP 分组通过一个网络的主要转发机制的一组协议和机制。第三层交换是在网络交换机中引入路由模块而取代传统路由器实现交换与路由相结合的网络技术。

TCP/IP 是 Internet 最基本的协议，是当今计算机网络最成熟、应用最广泛的互连技术，它拥有一套完整而系统的协议标准。该组协议具有支持不同操作系统的计算机网络的互连，支持多种信息传输介质和网络拓扑结构等特点。虽然 TCP/IP 不是国际标准，但它们已成为全球广大用户和厂商广泛接受的事实标准。

TCP/IP 仍采用分层体系结构，它与开放系统互连 OSI 模型的层次结构相似，它可分为四层，由低到高依次为网络接口层、网间层（既 IP 层）、传输层（既 TCP 层）和应用层。

地址解析就是将主机 IP 地址映射为硬件地址的过程。

IP 协议定义在网络层，是 Internet 最重要的协议。在 IP 协议中规定了在 Internet 上进行通信时应遵守的规则，如 IP 数据包的组成、路由器如何将 IP 数据包送到目的主机等。

TCP 协议位于传输层。其代表的含义是传输控制协议。TCP 协议是为了在主机间实现高可靠性的包交换传输协议。

路由器在网络中起着路由查找和转发数据包的作用。路由器是互联网的主要节点设备。路由器通过路由决定数据的转发，转发策略称为路由选择（routing），这也是路由器名称的由来（router，转发者）。

路由器的主要工作就是为经过路由器的每个数据包寻找一条最佳传输路径，并将该数据有效地传送到目的站点。由此可见，选择最佳路径的策略即路由算法是路由器的关键所在。

IP 交换技术是利用 IP 的智能化路由选择功能来控制 ATM 的交换过程，即根据通信流的特性来决定是进行路由选择还是进行交换。所以识别数据的特征是 IP 交换技术的基本功能。

三层交换技术也称多层交换技术或 IP 交换技术，是一种利用第三层协议中的信息来加强第二层交换功能的机制，是新一代局域网路由和交换技术。

习题

一、填空题

9-1 因特网是一个由众多网络互连而成的________范围内的计算机网络。

9-2 OSI 第一层定义了通信网络之间物理链路的________或机械特性，以及激活、维护和关闭这条链路的各项操作。

9-3 TCP 协议代表的含义是传输控制协议，它是为了在主机间实现高可靠性的包交换传输协议，位于________层。

9-4 用户数据报协议（UDP）也是 IP 之上的另外一个传输层协议，它与 TCP 不同，UDP 协议是一种________连接的传输层协议。

9-5 因特网的核心通信机制是________的数据传输模型。

9-6 路由器硬件主要由中央处理器、内存、________、控制端口等物理硬件和电路组成。

9-7 流是从 ATM 交换机输入端口输入的一系列有________关系的 IP 包，它将由 IP 交换机控制器的路由软件来处理。

9-8 IP 交换可提供两种信息传送方式：一种是________交换式传输；另一种是基于 hop-by-hop 方式的传统 IP 传输。

9-9 IP 交换机构提供两种信息传送方式，采用何种方式取决于________的类型。

9-10 二层交换技术从最早的________发展到 VLAN（虚拟局域网），在局域网建设和改造中得到了广泛的应用。

二、选择题

9-11 因特网完成信息交互和网络互连的技术是通过（　　）。

A. Hub　　B. Modem　　C. 路由器　　D. 交换机

9-12 OSI 七层模型中，（　　）负责在源和终点之间建立连接。它一般包括网络寻径，还可能包括流量控制、错误检查等。

A. 物理层　　B. 数据链路层　　C. 网络层　　D. 传输层

9-13 互联网技术的基础协议是（　　）。

A. IP 协议　　B. X.25 协议　　C. UDP 协议　　D. ARP 协议

9-14 IP 协议定义在（　　）。

A. 物理层　　B. 数据链路层　　C. 网络层　　D. 传输层

9-15 在互联网中，连接多个网络或网段的网络设备是（　　）。

A. Hub　　B. Modem　　C. 路由器　　D. 交换机

9-16 Ipsilon 公司提出的专门用于在 ATM 网上传送 IP 分组的技术是（　　）。

A. IP 交换　　B. 标志交换　　C. ATM 交换　　D. FR

9-17 具有应用广泛、技术简单、可扩展性好、路由灵活、但是传输效率低、无法保证服务质量等特点的技术是（　　）。

A. IP 技术　　B. ATM 技术

C. 电路交换技术　　D. 报文交换技术

三、判断题

9-18 宽带网络的发展方向是把最先进的 ATM 交换技术和最普及的 IP 技术融合起来，因而产生了一系列新的交换技术。

9-19 第三层交换是在网络交换机中引入路由模块而取代传统路由器实现交换与路由相结合的网络技术。

四、简答题

9-20 画图说明 TCP/IP 体系模型及各层功能。

9-21 简述 TCP/IP 协议原理。

9-22 TCP 协议的功能是什么？

9-23 地址解析协议的作用是什么？

9-24 IP 协议的功能是什么？

9-25 UDP 与 TCP 协议有什么区别？

9-26 在你看来，IPv6 将要解决哪些问题？

9-27 简述路由器基本原理。

9-28 简述什么是 IP 交换。

9-29 简述 IP 交换的工作原理

9-30 简述什么是三层交换。

第 10 章

下一代网络体系与软交换

【本章内容简介】本章首先简单介绍了 NGN 的概念、主要技术方向和 NGN 的特征，然后着重介绍了软交换产生的背景和概念、软交换的系统原理、组网方式和技术发展。

【本章重点难点】重点掌握下一代网络 NGN 的概念、软交换的概念和系统原理。难点在于对软件交换技术的应用。

10.1 引言

随着通信技术的迅速发展，人们对通信业务的需求已不仅仅满足于电话通信业务，而是由语音变为集数据、图像、语音为一体的综合需求，人们日益增长的对网络业务的需求对网络带宽、传输速率、业务质量保证、个性化和以用户为中心的网络增值业务都提出了更高的要求。而现有网络由于存在设备种类繁多、技术平台不一、网络拥塞严重、网络带宽不足等问题，已经不能满足用户对各种业务的需求。随着技术的成熟，电话网、有线网络和 Internet 网络之间的融合正成为电信发展的大趋势。首先是数字技术的迅速发展和全面应用，使电话、数据和图像信号都可以统一编码成“1”、“0”进行传输和交换；其次是光通信技术的发展，为综合传输各种业务提供了足够的带宽和质量，它是第三代网络的理想平台；再就是软交换技术的发展，使三大网络及其终端都能通过软件变更最终支持各种用户所需的特性、功能和业务；最后也是最重要的是统一 IP 协议的普遍采用，使得各种以 IP 为基础的业务都能在不同的网络上实现互通。人类具有了统一的并且三大网络都能接受的通信协议，从技术上为三网融合奠定了最坚实的基础。

下一代网络（Next Generation Network），又称为次世代网络。主要思想是在一个统一的网络平台上以统一管理的方式提供多媒体业务，在整合现有的市内固定电话、移动电话的基础上（统称 FMC），增加多媒体数据服务及其他增值型服务。其中语音的交换将采用软交换技术，而平台的主要实现方式为 IP 技术，逐步实现统一通信，其中 VoIP 将是下一代网络中的一个重点。为了强调 IP 技术的重要性，业界的主要公司之一思科公司（Cisco Systems）主张称其为 IP-NGN。

10.1.1 下一代网络

1. 下一代网络产生的背景

目前电信业务发展迅猛，以互联网为代表的新技术革命正在深刻地改变着传统电信的概念和体现，电信网正面临着一场百年未遇的巨变，推动网络向下一代发展的主要因素有两个方面：一是从基础技术层面看，微电子技术将继续按摩尔定律发展，CPU 的性能价格比 18 个月翻一番，估计还可以持续 7～12 年；光传输容量的增长速度以超摩尔定律发展，每 14 个月翻一番，估计至少还可持续 5～8 年，密集波分复用（DWDM）技术使光纤的通信容量大大增加，提高了核心路由器的传输能力。移动通信技术和业务的巨大成功正在改变世界电信的基本格局。目前，全球移动用户数已超过有线用户数；IP 的迅速扩张和 IPv6 技术的基本成熟，正将 IP 带入一个新的时代。技术的飞跃发展已经为下一代网络的诞生打下了坚实的基础。

从业务量的组成看，也出现了根本性变化。自从贝尔发明了电话机后，电话网，也就是以声音传输为目的的电路交换技术至今仍在使用。相对于它，以数据通信为主要目的的基于因特网的信息通信、分组交换技术也渐渐被使用。至 2000 年为止，第 1 代以语音为主的网络通信量占有优势。而现今，因数据通信大量增加的原因，更加节省费用的并同样可以支持声音传送的分组交换传送通信网络渐渐被使用，随着计算机的广泛使用，数据业务已经成为电信网的主导业务。因特网与电话网相比，简单性与安全性是一个弱点。于是，集合了 IP 网络的长处的下一代通信网络（NGN）应运而生。

我们知道，网络除了以上说的电话网、IP 网络以外，也包括播放网。以 NGN 为基础的流媒体服务和播放服务也在被标准化，融合了前两者网络的“通信与播放的融合网络”也正在被开发中。

2009 年，中国传感网标准体系已形成初步框架，向国际标准化组织提交的多项标准提案被采纳。传感网标准化工作已经取得积极进展。传感网在国际上又称为“物联网”，这是继计算机、互联网与移动通信网之后的又一次信息产业浪潮。物联网用途广泛，遍及智能交通、环境保护、政府工作、公共安全、平安家居、智能消防、工业监测、老人护理、个人健康等多个领域。这一技术将会发展成为一个上万亿元规模的高科技市场。随着传感器、软件、网络等关键技术迅猛发展，传感网产业规模快速增长，应用领域广泛拓展，带来信息产业发展的新机遇。中国对物联网的发展也高度重视，并将此称为传感网。经过长期艰苦努力，中国相关机构和企业攻克了大量关键技术，取得了国际标准制定的重要话语权，传感网发展具备了一定产业基础，在电力、交通、安防等相关领域的应用也初见成效。《国家中长期科学与技术发展规划（2006-2020 年）》和“新一代宽带移动无线通信网”重大专项中均将传感网列入重点研究领域。2009 年 9 月 11 日，经国家标准化管理委员会批准，全国信息技术标准化技术委员会组建了传感器网络标准工作组。标准工作组聚集了中国科学院、中国移动等国内传感网主要的技术研究和应用单位，将积极开展传感网标准制订工作，深度参与国际标准化活动，旨在通过标准化为产业发展奠定坚实技术基础。

2. 下一代网络的概念

所谓下一代网络（NGN），实质上是一个具有极其松散定义的术语，即泛指一个不同于当代或前一代的网络体系结构，通常是指以数据为中心的融合网络体系结构。NGN 的出现和发展是演进，而不是革命。从广义上讲，下一代网络应是一个能够提供包括语音、数据、视频和多媒体业务的以软交换为核心、光网络和分组型传送技术为基础的开放式融合网。NGN 明确的概念是：NGN 是以业务驱动为特征的网络，让电信与电视和数据业务灵活地构建在一个统一的开放平台上，构成可以提供现有 3 种网络上的语音、数据、视频和各种业务的网络解决方案。从 NGN 的概念出发，可以看到 NGN 的一个核心思想：媒体与业务分离，媒体与控制分离，即业务驱动，业务与网络分离。用户可以自行配置和定义自己的业务特征，而不必关心承载业务的网络形式以及终端类型，使得业务和应用的提供有较大的灵活性，从而满足用户不断发展更新的业务需求，也使得网络具备了可扩展性和快速部署新业务的能力，使网络运营者更具竞争力。

下一代网络整个网的核心功能结构将趋向扁平化的两层结构，即业务层上具有统一的IP通信协议，传送层上具有巨大的传输容量。核心网的发展趋势将更加倾向于传送层和业务层分离；而在网络边缘，则倾向于多业务、多体系的融合，允许多协议业务接入，能经济、灵活、可靠且持续支持一切已有的和将有的业务和信号。

【相关知识】软交换的基本含义就是将呼叫控制功能从媒体网关（传输层）中分离出来，通过软件实现基本呼叫控制功能，包括呼叫选路、管理控制、连接控制和信令互通，从而实现呼叫传输与呼叫控制的分离，为控制、交换和软件可编程功能建立分离的平面。

下一代网络的含义可以从多个层面来理解。从业务上看，它应支持语音、数据、视频和多媒体业务。从网络层面上看，在垂直方向，它应包括业务层和传送层等不同层面，在水平方向，它应覆盖核心网和边缘网。可见，下一代网络是一个内涵十分广泛的术语，不同的专业都可以应用。如果特指业务层面，则下一代网络是指下一代业务网。如果特指传送网层面，则下一代网络是指下一代传送网。如果特指数据网层面，则下一代网络是指下一代互联网。泛指的下一代网络实际上包容了所有新一代网络技术，也往往特指下一代业务网，特别是以软交换为控制层，兼容所有三网技术的开放式体系架构。

10.1.2 下一代网络的特点

下一代网络应具有以下特点：采用开放式体系架构和标准接口；呼叫控制与媒体层和业务层分离，通过提供开放接口，使得业务和提供业务的控制相分离；支持多业务的综合；可与现有网络互通，支持用户的可移动性；具有高速的物理层、高速链路层和高速网络层；网络层趋向于采用统一的 IP 协议实现业务融合；链路层趋向于采用电信级的分组节点，即高性能核心路由器加边缘路由器以及 ATM 交换机；传送层趋向于使用光网络，可提供廉价、网络带宽巨大、可持续发展网络结构，可透明支持任何业务和信号；接入层趋向于采用多元化的宽带无缝接入技术。下一代网络是可以提供包括语音、数据和多媒体等各种业务的综合开发的网络架构。NGN 主要有如下特征。

（1）NGN 是业务驱动的网络。对传统的电话网而言，业务网就是承载网，结果就是新业务很难开展。NGN 允许业务和网络分别提供和独立发展，提供灵活有效的业务创建、业务应用和业务管理功能，支持不同带宽的、实时的或非实时的各种媒体业务。用户可以自行配置和定义自己的业务特征，而不必关心承载的网络形式以及终端类型。使得业务和应用的提供有较大的灵活性，从而满足用户不断发展更新的业务需求，也使得网络具有可持续发展的能力和竞争力。

（2）NGN 采用开放的网络体架构体系。NGN 把传统交换机的功能模块分离成独立的网络部件，它们通过标准的开放接口进行互连，使得原有的电信网络逐步走向开放，运营商可以根据业务的需要，自由组合各部分的功能来组建新网络。部件间协议接口的标准化可以实现各种异构网的互通。

（3）NGN 能够与现有网络的互通。现有电信网规模庞大，NGN 可以通过网关等设备与现有网络互连互通，保护现有投资。同时 NGN 也支持现有终端和 IP 智能终端，包括模拟电话、传真机、ISDN 终端、移动电话、GPRS 终端、SIP 终端、H248 终端、MGCP 终端、通过 PC 的以太网电话、线缆调制解调器等。

（4）NGN 是安全并且支持服务质量的网络。传统的电话网是基于时隙交换的，为每一对用户都准备了双向 64kbit/s 的虚电路，传输网络提供的都是点对点专线，很少出现服务质量问题。NGN 将基于分组交换组建，则必须考虑安全以及服务质量问题。当前采用 IPv4 协议的互联网只提供尽力而为的服务。NGN 要提供包括视频在内的多种服务，则必须保证高度的安全性和服务质量。

10.1.3 下一代网络的功能层次

下一代网络采用分层、开放的体系结构，并将传统的交换机的功能模块分离成独立的网络实体，各实体采用开放的协议和 API 接口，从而打破了传统电信网封闭的格局，实现多种异构网络间的融合。下一代网络的体系通过将业务和与呼叫控制分离、呼叫控制与承载分离来实现相对独立业务体系，使得上层与下层的异构网络无关，灵活、有效地实现了业务的提供。下一代网络从功能上可以分为 4 个层次：接入和传输层、媒体层、控制层和网络服务层。

各层的功能如下。

（1）接入和传输层：将用户连接至网络，集中用户业务将它们传递至目的地，包括各种接入手段。

（2）媒体层：将信息格式转换成为能够在网络上传递的信息格式。例如：将语音信号分割成 ATM 信元或 IP 包。此外，媒体层可以将信息选路至目的地。

（3）控制层：包含呼叫智能，主要完成各种呼叫控制，并负责相应业务处理信息的传送。

（4）网络服务层：在呼叫建立的基础上提供多种增值业务。

10.2 软交换技术

软交换的概念最早起源于美国企业网应用。在企业网络环境下，用户可采用基于以太网的电话，再通过一套基于 PC 服务器的呼叫控制软件（Call Manager、Call Server），实现 PBX 功能（IP PBX）。对于这样一套设备，系统不需单独铺设网络，而通过与局域网共享来实现管理与维护的统一，综合成本远低于传统的 PBX。由于企业网环境对设备的可靠性、计费和管理要求不高，主要用于满足通信需求，设备门槛低，许多设备商都可提供此类解决方案，因此 IP PBX 应用获得了巨大成功。

传统的电路交换设备主要由少数几家设备供应商提供，价格一般都在几十万美元到数百万美元，且版本升级可能会花几个月时间和数十万美元，网络综合运营成本很高。运营商非常希望能够寻求到一种替代产品与技术。

受到 IP PBX 成功的启发，业界提出了这样一种思想：将传统的交换设备软件化，分为呼叫控制与媒体处理，二者之间采用标准协议（MGCP、H248），呼叫控制实际上是运行于通用硬件平台上的纯软件，媒体处理将 TDM 转换为基于 IP 的媒体流。于是，Soft Switch（软交换）技术应运而生，由于这一体系具有伸缩性强、接口标准、业务开放等特点，发展极为迅速。

10.2.1 什么是软交换

软交换的基本含义就是将呼叫控制功能从媒体网关（传输层）中分离出来，通过软件实现基本呼叫控制功能，包括呼叫选路、管理控制、连接控制（建立/拆除会话）和信令互通，从而实现呼叫传输与呼叫控制的分离，为控制、交换和软件可编程功能建立分离的平面。软交换主要提供连接控制、翻译和选路、网关管理、呼叫控制、带宽管理、信令、安全性和呼叫详细记录等功能。与此同时，软交换还将网络资源、网络能力封装起来，通过标准开放的业务接口和业务应用层相连，从而可方便地在网络上快速提供新业务。

我国原信息产业部电信传输研究所对软交换的定义是：“软交换是网络演进以及下一代分组网络的核

心设备之一，它独立于传送网络，主要完成呼叫控制、资源分配、协议处理、路由、认证、计费等主要功能，同时可以向用户提供现有电路交换机所能提供的所有业务，并向第三方提供可编程能力。”

软交换位于网络控制层，通过与媒体层网关的交互，接收处理中的呼叫相关信息，指示网关完成呼叫。其主要任务是在各点之间建立关系，这些关系可以是简单的呼叫，也可以是一个较为复杂的处理。软交换技术主要用于处理实时业务，如语音业务、视频业务、多媒体业务等，此外还提供一些基本补充业务，与传统交换呼叫控制和基本业务的提供非常类似。作为 NGN 网络的核心技术，软交换的发展因而受到越来越多的关注，作为下一代网络的控制功能模块，软交换为下一代网络（NGN）具有实时性要求的业务提供呼叫控制和连接控制功能。

10.2.2 软交换技术的主要特点和功能

1. 软交换技术的特点

软交换技术的主要特点表现在以下几个方面。

（1）支持各种不同的 PSTN、ATM 和 IP 协议等各种网络的可编程呼叫处理系统。

（2）可方便地运行在各种商用计算机和操作系统上。

（3）高效灵活性。例如：软交换加上一个中继网关便是一个长途/汇接交换机（C4 交换机）的替代，在骨干网中具有 VOIP 或 VTOA 功能；软交换加上一个接入网关便是一个语音虚拟专用网（VPN）/专用小交换机（PBX）中继线的替代，在骨干网中具有 VOIP 功能；软交换加上一个 RAS，便可利用公用承载中继来提供受管的 Modem 业务；软交换加上一个中继网关和一个本地性能服务器，便是一个本地交换机（C5 交换机）的替代，在骨干网中具有 VOIP 或 VTOA 功能。

（4）开放性。通过一个开放的和灵活的电话簿接口，便可以再利用 IN（智能网）业务。例如，它提供一个具有接入关系数据库管理系统、轻量级号码簿访问协议和事务能力应用部分号簿的号码簿嵌入机制。

（5）为第三方开发者创建下一代业务提供开放的应用编程接口（API）。

（6）具有可编程的后营业室特性。例如：可编程的事件详细记录、详细呼叫事件写到一个业务提供者的收集事件装置中。

（7）具有先进的基于策略服务器的管理所有软件组件的特性。包括展露给所有组件的简单网络管理协议接口、策略描述语言和一个编写及执行客户策略的系统。

【相关知识】

VOIP（Voice Over Internet Protocol），简而言之，就是将模拟声音讯号（Voice）数字化，以数据封包（Data Packet）的形式在 IP 数据网络（IP Network）上做实时传递。

VTOA，全称“Voice Telephone Over Asynchronous Transfer Mode”，定义为：一种综合的网络架构，该网络能可靠地高效处理各种用户电路信号（音频信号、数据、语音和视频等），包括交换和指定业务传送功能。

2. 软交换技术的功能

软交换是多种逻辑功能实体的集合，它提供综合业务的呼叫控制、连接和部分业务功能，是下一代电信网语音/数据/视频业务呼叫、控制、业务提供的核心设备。主要功能表现在以下几个方面。

（1）呼叫控制和处理

呼叫控制和处理功能是软交换的重要功能之一，可以说是整个网络的灵魂。具体提供下列功能：

① 为基本呼叫的建立、维持和释放提供控制功能，包括呼叫处理、连接控制、智能呼叫触发检出和资源控制等；

② 接收来自业务交换功能的监视请求，并对与呼叫相关的事件进行处理，接收来自业务交换的呼叫控制相关信息，支持呼叫的建立和监视；

③ 支持两方或多方呼叫控制功能，提供多方呼叫控制功能，包括多方呼叫特殊逻辑关系、呼叫成员的加入、退出、隔离、旁听和混音控制等；

④ 识别媒体网关报告的用户摘机、拨号和挂机等事件，控制媒体网关向用户发送音信号，如拨号音、振铃音、回铃音等，满足运营商的拨号计划。

（2）媒体网关接入功能

媒体网关功能是接入 IP 网络的一个端点/网络中继或几个端点的集合，它是分组网络和外部网络之间的接口设备，提供媒体流映射或代码转换的功能。例如，PSTN/ISDN IP 中继媒体网关、ATM 媒体网关、用户媒体网关和综合接入网关等，支持 MGCP 协议和 H.1248/MEGACO 协议，来实现资源控制、媒体处理控制、信号与事件处理、连接管理、维护管理、传输和安全等多种复杂的功能。

（3）协议功能

软交换是一种开放和多协议实体，采用标准协议与各种媒体网关、终端和网络进行通信，包括 H.248、SCTP、ISUP、TUP、INAP、H.323、RADIUS、SNMP、SIP、M3UA、MGCP、BICC、PRI、BRI 等。

（4）业务提供

在网络从电路交换向分组交换的演进过程中，软交换必须能够实现 PSTN/ISDN 交换机所提供的全部业务，包括：

① 提供 PSTN/ISDN 交换机业务，包括基本业务和补充业务；

② 可与现有智能网配合，提供现有智能网所能提供的业务；

③ 可与第三方合作，提供多种增值业务和智能业务。

（5）互通功能

① 可通过信令网关实现分组网与现有七号信令网的互通；

② 可通过信令网关与现有智能网互通，提供多种智能业务；

③ 允许 SCF 控制 VOIP 呼叫，并对呼叫信息进行操作（号码显示等）；

④ 可通过互通模块，实现与现有 H.323 体系的 IP 电话网的互通；

⑤ 可通过互通模块，采用 SIP 协议实现与 SIP 网络体系的互通；

⑥ 可实现与其他软交换的互通互连，采用 SIP、BICC 协议；

⑦ 可提供 IP 网内 H.248 终端、SIP 终端和 MGCP 终端之间的互通。

（6）资源管理

软交换应提供资源管理功能，对系统中的各种资源进行集中管理，如资源的分配、释放、配置和控制，资源状态的检测，资源使用情况统计，设置资源的使用门限等。

（7）计费功能

软交换应具有采集详细话单和复式计次的功能，可根据运营需求将话单传送至计费中心。对于记账卡计费业务，具备实时断线功能。

（8）认证/授权

软交换应支持本地认证功能，可以对管辖区域内的用户、媒体网关进行认证与授权，以防止非法用户/设备的接入。同时，它应能够与认证中心连接，并可以将所管辖区域内的用户、媒体网关信息送往认证中心进行接入认证与授权，以防止非法用户、设备的接入。

（9）地址解析

软交换设备应可以完成 E.164 地址至 IP 地址、别名地址至 IP 地址的转换功能，同时也可以完成重定向的功能。

（10）语音处理

软交换设备应可以控制媒体网关是否采用语音信号压缩，并提供可以选择的语音压缩算法，算法应至少包括 G.729、G.723.1 算法，可选 G.726 算法。同时，可以控制媒体网关是否采用回声抵消技术，并可对语音包缓存区的大小进行设置，以减少抖动对语音质量带来的影响。

10.2.3 软交换网络的体系结构

软交换网络是一个分层的体系结构，由接入层、传输层、控制层和业务层组成，并且这 4 个功能层完全地分离，并利用一些具有开放接口的网络部件去构造各个功能层。因此，软交换系统是具有开放接口协议的网络部件的集合，如图 10.1 所示。

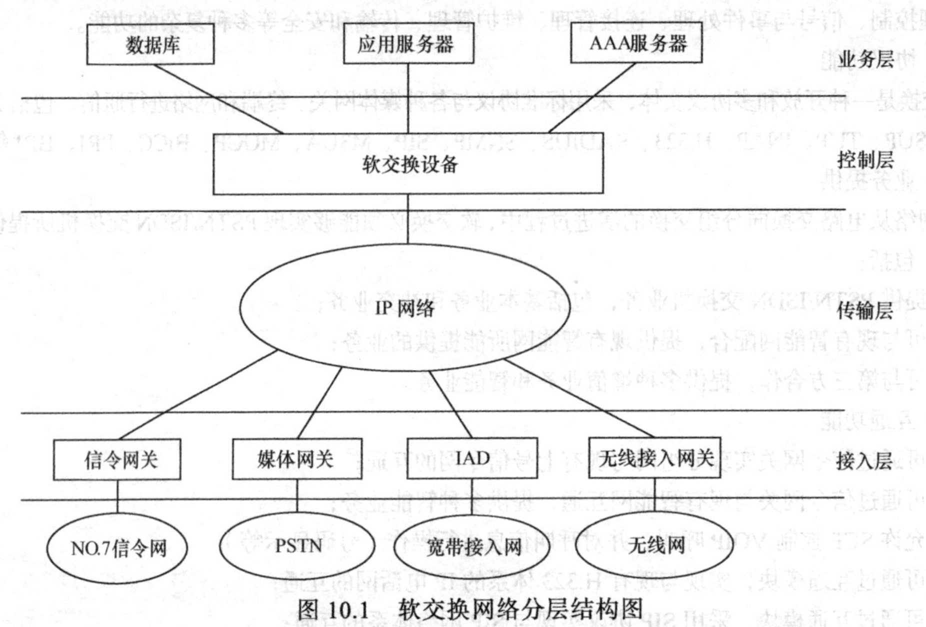

图 10.1　软交换网络分层结构图

1. 接入层

接入层提供各种用户终端，用户驻地网和传统通信网接入核心网的网关。主要的设备如下。

（1）媒体网关

媒体网关为软交换系统中跨接在电路交换网和分组网之间的设备，位于网络的接入层，主要功能是实现媒体流的转换。根据网关电路侧接口的不同，分为中继网关和接入网关两类。

总体来说，媒体网关提供的主要功能包括：

- 语音处理功能，包括语音信号的编解码、回声抑制、静音压缩、舒适噪声插入等；
- DTMF 生成和检测的功能；
- 对非 SS7 信令的处理功能，如 V5.2，Q.931 等。

（2）信令网关

信令网关位于接入层，为跨接在 No.7 信令网和分组网之间的设备，负责对 SS7 信令消息进行转接、翻译或终结处理。在软交换系统中，信令网关有两种组网方式：代理信令点组网方式和信令转接点组网方式。在代理信令点方式下，信令网关与软交换以及媒体网关共享一个信令点编码，共同提供完整的信令点功能，信令适配协议为 M3UA。在信令转接点方式下，信令网关和软交换分别分配不同的信令点编码，信令网关可提供完整的信令转接点功能。信令适配协议为 M2PA 或 M3UA。

【相关知识】	M2PA：MTP 第二级用户的对等适配层协议，该协议允许信令网关向 IP SP 处理传送 MTP3 的消息，并提供 MTP 信令网网管功能。 M3UA：MTP 第三级用户的适配层协议，该协议允许信令网关向媒体网关控制器或 IP 数据库传送 MTP3 的用户信息（如 ISUP/SCCP 消息），对 SS7 信令网和 IP 网提供无缝的网管互通功能。

（3）智能终端

软交换网络中可接入各种智能终端，如 SIP 终端、MGCP 终端、IAD 等。智能终端，顾名思义，就是终端具有一定的智能性，引入智能终端的目的是为了开发新的业务和应用，正是有了相对智能的终端，才有可能实现用户个性化的需要。智能终端具有强大的业务支持能力，每个终端都需要拥有一个公用 IP 地址才能实现通信。

2. 传输层

将信息格式转换成能够在核心网上传送的形式，各种媒体提供宽带传输通道，同时将信息选路到目的地。

3. 控制层

控制层主要提供呼叫控制与处理功能和协议功能，业务提供功能和互通功能；软交换设备是软交换网络的核心元素，位于网络的控制层，负责为具有实时性要求的业务提供呼叫控制和连接控制，它的主要功能如下。

（1）连接控制功能：通过 MGCP 或 H.248 协议，控制媒体网关、综合接入设备、H.248/MGCP 智能终端上媒体流的连接、建立和释放。

（2）呼叫控制功能：通过 SIP 协议，控制 SIP 终端上呼叫的连接、建立和释放。

（3）业务交换功能：通过此功能可实现软交换网络与现有智能网的互通，重用现有智能网的网络资源。

（4）路由功能：软交换可为其管辖区域内的呼叫提供路由服务，实现 E.164 地址与 IP 地址、别名地址与 IP 地址的转换。

（5）认证与授权功能：软交换可配合认证系统完成对用户的认证与鉴权。

（6）互通功能：通过软交换，可实现与其他系统的互通，如 H.323[5]或 IP 系统，以及软交换之间的互通。

4. 业务层

业务层利用底层的各种资源，为用户提供丰富多彩的网络业务和资源管理。应用服务器是软交换网络的重要功能组件，负责各种增值业务的逻辑产生及管理，网络运营商可以在应用服务器上提供开放的 API 接口，第三方业务开发商可通过此接口调用通信网络资源，开发新的应用。应用服务器的引入打破了传统电信网络闭门造“车”的封闭局面，降低了业务开发的门槛，充分体现了软交换网络业务开放的特性。

10.3　软交换的组网技术

10.3.1　软交换所使用的主要协议

软交换网络是一个开放的体系结构，各个功能模块之间采用标准的协议进行通信，因此，软交换网络中涉及的协议繁多，下面对几个主要协议做一简单介绍。

1. H.323 协议

H.323 是一套在分组网上提供实时音频、视频和数据通信的标准，是 ITU-T 制订的在各种网络上提供多媒体通信的系列协议 H.32x 的一部分。H.323 协议被普遍认为是目前在分组网上支持语音、图像和数据业务最成熟的协议，其主要目的是实现位于不同网络中的终端之间的音频交互通信。采用 H.323 协议，各个不同厂商的多媒体产品和应用可以进行互相操作，用户不必考虑兼容性问题。该协议为商业和个人用户基于 LAN、MAN 的多媒体产品协同开发奠定了基础。

H.323 的实体包括终端、Gatekeeper、Gateway、MC、MP 和 MCU。各种基于 H.323 标准的系统包括 IP 会议电视、IP Phone、IP Fax、协同计算、远程教学、远程交互式购物、技术支持等，遵循 H.323 标准的各种多媒体应用产品可以保证其互操作的兼容性。目前，H.323 在我国应用广泛。

H.323 基于集中式对等结构，其优点是协议成熟，定义完全，设备的稳定性强，互通性较好，缺点是协议复杂，成本高，不能与 No.7 集成，不适用于组建大规模网络，且没有拥塞控制机制，服务质量不能得到保证，效率和扩展性较差。

2. 会话初始协议

会话初始协议（SIP，Session Initiation Protoco1）是 IETF 提出的在 IP 网络上进行多媒体通信的应用层控制协议，可用于建立、修改和终结多媒体会话与呼叫。SIP 采用基于文本格式的 C/S 的工作方式，由客户机发起请求，服务器进行响应。SIP 独立于低层协议（TCP、UDP 或 SCTP），采用自己的应用层可靠性机制来保证消息的可靠传送。SIP 非常类似于其他的 Internet 协议，采用分布式的呼叫控制与管理模型。SIP 协议的特点是仅需利用已定义的消息头字段，对其进行简单必要的扩充，就能很方便地支持各项新业务和智能业务，具有很强的灵活性和扩充性。SIP 可以支持单播会话，也可以支持多播对话，此外，SIP 还支持多种地址格式，包括 E.164 和 URL 等。

在软交换系统中，SIP 协议用于软交换与 SIP 终端、软交换与应用服务器或软交换与 SIP 网络的互通。SIP 协议借鉴了 HTTP、SMTP 等协议，支持代理、重定向及登记定位用户等功能，支持用户移动。通过与 RTP/RTCP、SDP、RTSP 等协议及 DNS 配合，SIP 支持语音、视频、数据、E-mail、状态、IM、聊天、游戏等。SIP 协议可在 TCP 或 UDP 之上传送，由于 SIP 本身具有握手机制，可首选 UDP。

SIP 协议简单、灵活，扩展性强，很容易增加新业务，具备终端能力检测、在线检测、支持移动性、组播等能力；SIP 协议采用文本格式，开发人员容易理解，具有很大的发展前景。SIP 协议的主要缺点是不够成熟，需与其他协议配合使用，单独应用的范围很窄。

3. 媒体网关控制协议

软交换对媒体网关的控制是通过媒体网关控制协议来完成的，软交换对媒体网关和 IAD 设备之间的控制协议包括 MGCP 协议和 MEGACO/H .248 协议。

（1）MGCP

MGCP（Media Gateway Control Protoco1）是 1998 年年底 SGCP 与新的 VOIP 协议 IPDC（IP Device Control）合并而成，由 IETF（Internet Engineering Task Force）所提出的。

在软交换系统中，MGCP 主要用于软交换和媒体网关或软交换与 MGCP 终端之间，软交换通过此协议控制媒体网关/MGCP 终端上的媒体/控制流的连接、建立和释放。MGCP 协议基于主从结构，因此其解决方案有利于网关的互连，适合构建大规模网络，且可以和 No.7 信令网关配合工作，能与 No.7 信令网很好集成，协议具有很好的扩展性。此外，由于呼叫控制与媒体处理分离，使得运营商可用多个厂家的设备来构建网络。MGCP 的缺点是 MGCP 与 H. 248/MEGACO 存在竞争关系，而后者已于 2000 年年初由 IETF 和 ITU 签署认可。

（2）H.248 协议

在 MGCP 提出之后，IETF 在 1999 年年初便以现有的 MGCP 为基础制定了 MEGACO 协议，后来被提交给 ITU-TSGl6 并被采纳，形成了 ITU-TH. 248 协议，因而 H. 248 和 MEGACO 实质上是一样的，是 IETF 和 ITU-T 共同认可的标准协议。H.248/MEGACO（Media Gateway Control Protocol）协议用于媒体网关控制器和媒体网关之间的通信。H.248/MEGACO 协议是网关分离概念的产物。网关分离的核心是业务和控制分离、控制和承载分离。这样使业务、控制和承载可独立发展，运营商在充分利用新技术的同时，还可提供丰富多彩的业务，通过不断创新的业务提升网络价值。H.248/MEGACO 是在 MGCP 协议（RFC2705 定义）的基础上，结合其他媒体网关控制协议特点发展而成的一种协议，它提供控制媒体的建立、修改和释放机制，同时也可携带某些随路呼叫信令，支持传统网络终端的呼叫。

H.248 和 MGCP 均是网关分解的产物，也是基于主从工作模式，所以具备 MGCP 的所有优点，且 H.248 独立于承载，支持二进制和文本两种编码格式。其缺点是目前需要完善，尚不成熟。

4. SCTP

SCTP 是由 IETF 提出的一种关于流控制传送协议。主要是在无连接的网络上传送 PSTN 信令信息，该协议可以在 IP 网上提供可靠的数据传输。SCTP 可以在确认方式下无差错、无重复地传送用户数据，并根据通路的 MTU 的限制，进行用户数据的分段；在多个流上保证用户消息的顺序递交，把多个用户的消息复制到 SCTP 的数据块中。利用 SCTP 偶连的机制来保证网络级的部分故障自处理。SCTP 还具有避免拥塞和避免遭受泛播及匿名攻击的特点。SCTP 在软交换中起着控制协议的主要承载者的作用。

10.3.2 组网方案

在软交换技术的应用中，根据接入方式的不同，可分为窄带和宽带两类组网方案：窄带组网方案即利用软交换网络技术为现有的窄带用户提供语音业务，具体包括长途/汇接和本地两类方案；宽带组网方案即为新兴的宽带用户，主要为 DSL 和以太网用户提供语音以及其他增值业务解决方案。

1. 窄带组网方案

所谓窄带组网方案，简单地可以认为是利用软交换、网关等设备替代现有的电话长途/汇接局和端局。它的网络组织中除了包含软交换设备，还涉及以下两类接入设备：

（1）接入网关，是大型接入设备，提供 POTS、PRO/BRI、V5 等窄带接入，与软交换配合可以替代现有的电话端局；

（2）中继网关，提供中继接入，可以与软交换以及信令网关配合替代现有的汇接/长途局。

由于窄带组网方案的实质是用软交换网络技术组建现有的电话网，所以提供的业务以传统的语音业务和智能业务为主，主要包括 PSTN 的基本业务和补充业务、ISDN 的基本业务和补充业务以及智能业务等。

2. 宽带组网方案

所谓宽带组网方案，简单地可以认为是利用软交换等设备为 IAD、智能终端用户提供业务。它的网络组织中除了包含软交换等核心网络设备之外，更重要的是终端。

（1）IAD，可提供语音、数据、多媒体业务的综合接入，目前主要采用的技术有 VOIP 和 VODSL。VOIP 接入技术是指 IAD 的网络侧接口为以太网接口；VODSL 接入技术是指 IAD 的网络采用 DSL 接入方式，通过 DSLAM 接入网络中。IAD 可以根据端口容量的大小而提供不同的组网应用方式。对于小容量的 IAD（1 个 Z 接口 + 1 个以太网接口），可以放置到最终用户的家中；对于中等容量的 IAD（一般为 5～6 个 Z 接口 + 1 个以太网接口），可以放置在小型的办公室；对于大容量的 IAD（一般为十几至几十个 Z 接口），可以放置在小区的楼道和大型的办公室。

（2）智能终端，一般分为软终端和硬终端两种，包括 SIP 终端、H.323 终端和 MGCP 终端等。

宽带组网方案中的软交换网络除了可提供传统的语音业务之外，还可以提供新兴的语音与数据相结合的业务、多媒体业务以及通过 API 开发的业务。

10.3.3 软交换网络的路由

随着网络规模增大，交换机逐步增多，当网络有多个软交换机时，必然涉及组网路由问题。软交换机与软交换机之间的组网有 3 种结构：软交换平面路由结构、软交换分层路由结构和定位服务器分级路由结构。平面路由结构相对于分层路由结构而言，路由结构简单，建设成本低，因此在网络运营的初期可以采用该方式；当网络规模扩大到一定程度时，就需要采用分层路由结构。

1. 平面路由结构

平面路由结构即路由功能在软交换机内直接实现，每个软交换都维护着全网所有用户的路由数据，此时，就路由层面来看，软交换之间为逻辑网状网结构，通过一次地址解析就可定位到被叫软交换。软交换平面路由如图 10.2 所示。

此种路由结构的好处是节约投资，但仅适用于建设初期网络规模小、软交换数量少、路由更新少的情形。随着软交换网络规模的扩大和软交换数量的增加，平面路由结构扩展性差的特点暴露出来，一方面，由于每个软交换均需维护庞大的路由数据，既增加了软交换的负担，又使地址解析时间变长，影响了呼叫建立时间；另外，对于 SIP 这样的智能终端，由于移动性较强，位置信息需要经常更新，如果仍然采用平面结构，造成所有的软交换均需实时更新这些路由数据，势必会进一步增加软交换的处理负担。

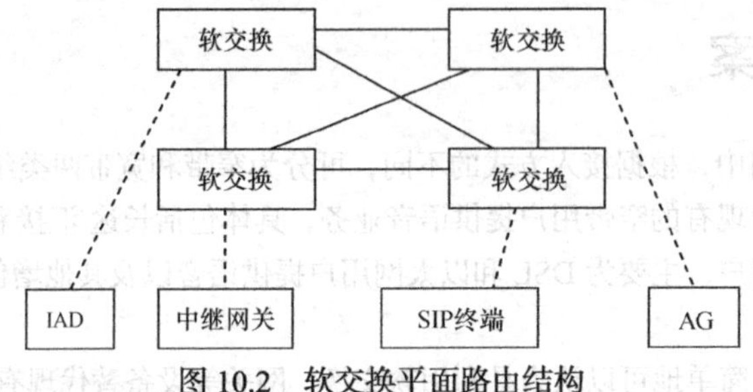

图 10.2 软交换平面路由结构

2. 分层路由结构

对于软交换网络，软交换机全互连的平面式结构将导致路由数据信息维护极其复杂，因此可借鉴 PSTN 网的分层思想，将软交换机划分为不同层次，实现分级路由。与 PSTN 不同的是，此时，软交换用户面的承载仍是端到端的分组承载。

如图 10.3 所示，可将软交换机划分为不同层次，如划分为省、大区或者国家顶级软交换等层次，实现多级路由。

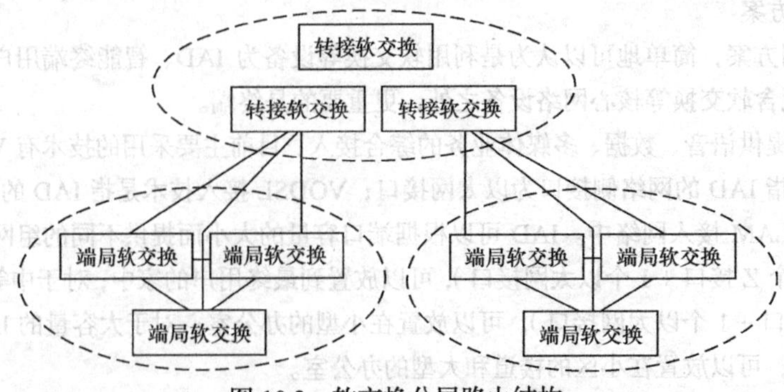

图 10.3 软交换分层路由结构

由于软交换机的处理性能和容量都比 PSTN 交换机有较大增强，而且用户面不再需要分级转发，所以路由层次与以前 PSTNC1～C5 的五级结构相比可以大大减少。一般来说，可考虑将软交换网络分成区域服务与域间互连两部分，类似于 PSTN 本地网和长途网的概念。

区域服务软交换机是指在某区域范围内服务的软交换机。如一个本地网内的服务软交换机，只需了解本区域内的路由信息，对于非本区域的路由，该软交换机只需要把请求转发到与之相连的域间互连软交换机即可。区域服务软交换机重点在于为其所带用户提供丰富的业务。

域间互连软交换机则负责软交换多个域间的路由功能，如省间路由，或者不同软交换网络间路由。当域间互连软交换机的路由数据过于庞大时，可考虑将其分成多级结构，如省级互连软交换机、大区级互连软交换机和国家级软交换机，但所有域内服务软交换机仍是平面结构。

为实现域间互连路由功能，需要为域间互连软交换机配置相应的路由信息。一般情况下，路由配置是静态配置的，其特点是，域内和域间路由信息分别保存。域间静态路由信息没有必要向区域服务软交换机广播或同步。区域服务软交换机只保留本身所带用户和区域内软交换机的路由信息。路由只需配置到下一跳软交换机，这样可减少每台软交换机中的路由信息，便于维护管理。同时，运营商之间的路由只需配置到对方的网间互连软交换机，没有必要也可能不允许了解到对方内部的路由结构。

总之，这种分层软交换机结构的静态路由方式沿袭了 PSTN 成熟的多级路由体系，使每台软交换机的路由数据相对简单，并使软交换组网的结构比较清晰。

3. 定位服务器的方式

软交换网络中任意一个软交换机设备都应能够直接定位对端设备，避免了 IP 网中呼叫信令的逐跳处理转发。这可通过集中设置的共享的定位服务器（LS，Location Server）来实现，其路由结构如图 10.4 所示。

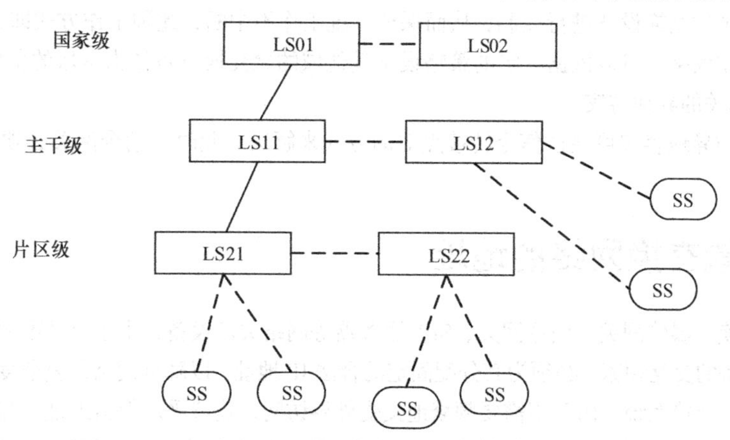

图 10.4 定位服务器分级路由结构

当某个地域的软交换机扩展到一定数量时，为保证本域内软交换机间可保持彼此的路由信息以确保快速的呼叫建立，可考虑设置 LS 为本域内某组软交换机提供路由服务。这时每台软交换机仅与特定的 LS 联系（根据主备用或者负荷分担的某些策略进行），由该 LS 完成对落地软交换机的定位并响应请求。

在设置 LS 时，应根据网络容量的大小灵活设置 LS 层次，若规划合理，能较好解决大型网络的组网问题。这时软交换机本身保存自己控制范围内用户的完整路由信息以及同一域内软交换机之间的路由数据。此外，软交换机还可考虑对一些常用地址建立本地映射库来加快常见呼叫的接通时间，也可由 LS 建立这样的本地映射库以便于维护。

LS 是在解决 NGN 网路由问题时提出的一个功能实体，LS 主要特征包括：通过协议完成 LS 之间的信息互换；通过协议接受路由查询申请；支持 E.164、IP 地址、URI 等多种路由信息；支持类似 PSTN 多层结构，可划分不同的域和不同的层次，各级 LS 均可具备汇接查询功能；提供安全性服务以及根据政府等方面的特别需求实现一些监控等特殊功能。

LS 有两种路由方式：采用静态目录服务实现的静态路由技术和动态路由协议实现的动态路由技术。静态路由指 LS 之间、软交换机和 LS 间路由信息静态配置。由于软交换机和 LS 一般都有静态 IP 地址，所以在它们中保存用户号码和 LS/软交换机 IP 地址的对应关系。动态路由则由 TRIP 协议实现，TRIP 协议用于 LS 之间以及软交换机与 LS 之间，用于保证软交换网上电话路由数据的一致性以及路由信息的自动更新。TRIP 基于 BGP-4 协议，在 LS 中完成类似于 IP 网络中路由器负责的 IP 路由信息自动生成和更新的功能。

网络的发展并非一蹴而就，可以根据网络发展情况逐步演进。在建设初期，可采用软交换机全互连的平面结构和分级结构相结合的方案。在建设中期，可采用一层定位服务器平面为软交换提供路由服务。在建设后期，可采用分层的定位服务器为全网提供路由服务。

10.3.4 软交换网络异地容灾

如果软交换和信令网关这样重要的信令处理节点瘫痪，对网络的影响面甚广，而异地容灾是保证网络可靠性的方法之一。

1. 软交换设备的异地容灾

软交换设备的异地容灾即系统在某个软交换节点故障的情况下还可以继续提供服务。从组网的角度讲，需要媒体网关能够归属两个软交换设备的管理，这两个软交换设备采用主/从工作机制，在正常情况下，媒体网关仅受主软交换设备的控制，从软交换设备则定时地查询主软交换设备的当前运行状况，一旦主软交换设备出现故障，媒体网关就根据预先配置的地址信息向从软交换设备注册，从软交换设备就接替主软交换设备进行控制，从而保证系统工作不中断，此种工作方式即为“双归属”。为提高双归属的工作效率，可以依据一定的策略设定其他域的软交换设备作为本域的备份软交换设备。

2. 信令网关的异地容灾

信令网关的异地容灾可通过信令转接点对的方式来解决。此时，信令网关必须支持信令转接点的组网方式。

10.3.5 软交换网络的地址

对于软交换、媒体网关、信令网关、SIP 服务器等网络关键设备，由于启动不频繁，并且与终端以及其他网络设备的交互频繁，必须为其分配固定的合法 IP 地址，以降低网络的复杂度和保证系统的稳定性。对于网管、计费系统，由于不需要频繁地接受外界访问，建议采用保留地址，与外界通信时，通过 NAT 进行地址转换，这样一方面可以节省地址资源，另一方面还可向外界屏蔽其内部结构，有助于网管和计费的安全。对于数量众多的 IAD 设备以及各种智能终端，只需动态分配一个临时合法 IP 地址。

10.4 软交换技术的发展和应用

10.4.1 软交换技术发展情况

软交换技术是下一代网络的核心技术，软交换思想吸取了 IP、ATM、IN 和 TDM 等众家之长，形成分层、全开放的体系架构，作为下一代网络的发展方向，软交换不但实现了网络的融合，更重要的是实现了业务的融合。

自从软交换概念提出以来，我国科研和生产部门就一直紧紧跟踪软交换技术的最新进展。早在 1999 年下半年，我国网络与交换标准研究组就启动了软交换项目的研究。2001 年 12 月，原信息产业部科技司印发了参考性技术文件——软交换设备总体技术要求。现在，网络与交换标准研究组在积极制定有关信令网关、媒体网关、相关协议的技术规范及网络开放式体系结构和设备单元的测试规范。

目前虽然不少厂家推出了软交换的解决方案，各运营商也在积极进行相关的试验，但新技术的应用需要相当长的时间来完善。从目前厂家所提供的解决方案来看，目前存在的主要问题如下。

（1）软交换是一种发展中的新技术，从信令系统到体系结构都还需要逐步完善和成熟，目前国际上尚无大型网络的组网和运营经验，仍仅处于起步阶段。而传统电信网经过长期的运营积累，在网络组织方面已经具有相当成熟的经验；而基于软交换的网络组织目前国内外尚无成功或失败的经验，是采用基于软交换的全平面结构还是分区域选路结构等，在技术和实践方面都有待进一步的探索。

（2）协议尚未做到兼容性，标准还在发展之中。不同厂家的软交换在技术标准的选用及协议的兼容性方面还难以做到相互兼容。BICC 协议、SIP-T 协议和 H.248 协议也在发展之中，协议的选项需要运营商根据业务的需要来进一步确定。

（3）软交换系统的很多业务仍然在软交换内部实现，这与软交换系统业务与呼叫控制分离的目标还有一段距离，如何真正实现业务的开放，软交换与应用服务器应如何配合工作，开放 API 接口的业务开发能力都值得我们去研究和探索。

（4）QoS 没有最终的解决方案。目前主要的解决方案只提供语音业务，新的业务，例如移动业务和多媒体业务正在积极开发和试验。

（5）NGN 的一大优点是业务和网络调配互不关联，但媒体网关和软交换的网络调配关系密切，必须对软交换和媒体网关进行综合网络管理，对于不同厂家设备之间的综合网络管理有待进一步的探索。

（6）软交换系统网管能力有限，不能达到与 PSTN 网、SDH 网那样的管理能力，无法监控网络状态，尤其是很难管理 IP 智能用户终端设备，用户故障后，用户的测试、故障排除和故障定位等功能都有待实现，不利于大规模网络的应用。

（7）还有像 IP 地址、号码资源、网络之间互通互连这样跨技术和政策领域的问题需要解决。

（8）如果应用于移动领域，软交换除了具有固定领域的功能外，还应该具有与移动管理相关的功能，支持和移动终端、位置数据库（HSS）、鉴权中心、短消息中心（SMS）、移动媒体网关（MGW）、信令网关（SGW）以及移动智能网的 SCF 等的接口。

（9）如果应用于多媒体领域，由于涉及图像等因素，在终端、业务、资源等方面都比单纯的语音业务要苛刻许多，此时，软交换必须具备多点会议控制、信息交换控制等控制功能，支持和多媒体终端、多点控制器以及多媒体网关等的协议接口，以实现各种多媒体业务。

10.4.2　软交换业务的发展

在软交换刚刚流行的时候，人们曾经希望软交换支持所有可以预见到的业务，包括语音业务、视频多媒体业务、数据业务等。随着时间的推移以及 IMS 的出现，人们应该更理性地对待软交换所支持的业务。

软交换的业务应该首先定位于对传统电话业务的继承。这些业务包括：传统的长途语音业务、传统的 C5 端局本地语音业务、各种公共交换电话网（PSTN）的补充业务，以及传真、综合业务数字网（ISDN）接入、调制解调器（Modem）接入等基本的窄带数据业务。

软交换的业务还可以在传统电话业务基础上进行增强和扩充。比如同样是呼叫前转类业务，在软交换上可以实现更为复杂的功能，只需要借助媒体服务器或者软交换上的媒体资源处理板，就可以很容易地实现语音的混音，因此会议电话业务一般都成为了软交换业务中的标准配置。

最后，在软交换网络中，还可以适当引入一些 IP 多媒体类业务，例如基于 SIP 的点对点可视电话。虽然基于 SIP 的业务更多地会在 IMS 中实现，但是对于同样支持 SIP 的软交换而言，提供某些基本的 SIP 业务非常容易，所增加的成本也不高。

10.4.3 软交换的应用

伴随着软交换多年的发展，现网上已经出现了很多的软交换应用。针对不同的网络状况和业务需求，目前软交换应用主要集中在以下 4 个方面。

（1）分组中继

针对用户数增加对汇接局、长途局容量需求激增以及传输带宽增加的情况，通过采用软交换技术构建分组中继叠加网络，利用媒体网关直接提供高速的分组数据接口，大大减少传输网络中低速交叉连接设备的数量，对语音进行静音抑制和语音压缩以及 AAL2/ATM 的可变速率适配，降低了网络传输成本和带宽需求（可以节省近 60%的传输资源），从而满足对现有的长途局和汇接局的扩容要求。

（2）本地接入

在多种多样的接入方式条件下，例如 DSL、以太网、Cable、WLAN、双绞线等，采用软交换技术实现分组语音的本地接入，从某种意义上讲，它不仅完成了 Class5 端局的替代或新建，而且为终端用户提供了数据和语音的综合业务。

（3）多媒体业务

针对用户多媒体业务的需求，利用软交换技术，将各种应用服务器上的新业务在软交换设备的集中呼叫控制下，通过各种网关设备最终提供给广大终端用户，其中软交换直接控制着各种新业务的发放与实施，保证了业务在全网开展的及时性。

（4）3G 核心网

软交换技术不仅适用于固定网络，同样，在 3GPPR4 定义的 3G 无线核心网中，也采用软交换技术，实现呼叫控制与媒体承载的分离。

本章小结

下一代网络（NGN）将是一个以软交换为核心、光网络和分组型传送技术为基础的开放式融合网。

软交换是网络演进以及下一代分组网络的核心设备之一，它独立于传送网络，主要完成呼叫控制、资源分配、协议处理、路由、认证、计费等主要功能，同时可以向用户提供现有电路交换机所能提供的所有业务，并向第三方提供可编程能力。

软交换技术实现了业务的融合，吸取了 IP、ATM、IN 和 TDM 等众家之长，形成分层的全开放的体系架构，是一个革命性的突破，支持多媒体业务和移动业务的软交换技术将成为未来新一代通信业务的核心，结合新一代通信业务支撑网络技术的研究，将为我国通信产业的发展提供强有力的支持。

总之，软交换体系是下一代网络发展的必然趋势，它在充分发展分组交换网络的同时，最大限度地融合了现有网络，保护了运营商对现有网络的投资，也为他们提供了简单有效的渠道来创造新的具有高附加值的新型业务。国内各运营商也对软交换技术非常关注，国内一些主要电信厂家已基本完成软交换系统的研制开发，软交换技术在中国的发展前景非常广阔。

习题

一、填空题

10-1　随着技术的成熟，电话网、________网络和 Internet 网络之间的融合正成为电信发展的大趋势。

10-2　下一代网络主要思想是在一个________的网络平台上以统一管理的方式提供多媒体业务，整合现有的市内固定电话、移动电话的基础上（统称 FMC），增加多媒体数据服务及其他增值型服务。

10-3　下一代网络整个网的核心功能结构将趋向扁平化的两层结构，即业务层上具有统一的________通信协议，传送层上具有巨大的传输容量。

10-4　下一代网络核心网的发展趋势将更加倾向于传送层和________层分离。

10-5　下一代网络在网络边缘则倾向于多业务、多体系的融合，允许________业务接入，能经济、灵活、可靠且持续支持一切已有的和将有的业务和信号。

10-6　下一代网络从功能上可以分为接入层、媒体层、控制层和________层 4 个层次。

10-7　软交换技术最早在企业网络环境下，用户可采用基于________的电话，再通过一套基于 PC 服务器的呼叫控制软件，实现 PBX 功能。

10-8　软交换网络是一个分层的体系结构，由________层、传输层、控制层和业务层组成。

二、选择题

10-9　目前，微电子技术仍将继续按摩尔定律发展，CPU 的性价比（　　）。

A. 3 个月翻一番　　B. 6 个月翻一番

C. 12 个月翻一番　　D. 18 个月翻一番

10-10　传感网在国际上又称为（　　）。

A. 信息网　　B. 智能网　　C. 物联网　　D. 计算机网

10-11　下一代网络从业务上看，它应支持的业务是（　　）。

A. 语音　　B. 数据　　C. 视频　　D. 多媒体

10-12　NGN 的组建基于（　　）。

A. 电路交换　　B. 分组交换　　C. 报文交换　　D. Hub 交换

10-13　软交换的概念最早起源于（　　）。

A. 中国　　B. 日本　　C. 美国　　D. 英国

三、判断题

10-14　NGN 的出现和发展是革命，而不是演进。

10-15　NGN 的一个核心思想是业务驱动，业务与网络分离。

10-16　下一代网络采用开放式体系架构和非标准接口。

10-17　下一代网络呼叫控制与媒体层和业务层分离。

10-18　对传统的电话网而言，业务网就是承载网，结果就是新业务很难开展。

10-19　传统的电话网是基于时隙交换的，为每一对用户都准备了双向 64kbit/s 的实电路。

四、简答题

10-20　简述什么是下一代网络，下一代网络具有什么特点。

10-21　简述下一代网络的分层结构及各层功能。

10-22　下一代网络具有哪些优势？

10-23　简述什么是软交换。

10-24　简述软交换的功能和应用。

10-25　简述软交换的发展情况。

10-26　简述软交换与下一代网络的关系。

10-27　简述软交换的网络结构。

第 11 章

光交换技术

【本章内容简介】光交换技术是交换技术未来的发展方向。本章从光交换概念出发，介绍了光纤通信的发展简史及主要特点，阐述了光交换技术的实现方式与原理，主要涉及光交换器件、各种光交换网络、光交换系统，同时对光交换技术的现状和发展概况进行了简要介绍。

【本章重点难点】重点掌握光交换器件和光交换网络，难点是光存储器的工作原理。

11.1 概述

20 世纪末出现的因特网标志着人类社会进入到一个崭新的时代——信息化时代，在这个时代，人们对信息的需求急剧增加，信息量像原子裂变一样呈爆炸式增长，传统的通信技术已经很难满足不断增长的通信容量的要求。于是一些新兴的通信技术就应运而生了，例如快速电路交换技术、帧中继技术、ATM 技术、IP 交换技术以及光通信技术，在这些技术中，光通信技术凭借其巨大潜在带宽的特点，成为支撑通信业务量增长最重要的通信技术之一。但在目前的光纤通信系统中，存在着较多的光—电、电—光变换过程，而这些转换过程存在着时钟偏移、严重串话、高功耗等缺点，很容易产生通信中的“信息瓶颈”现象。为了解决这一问题，充分发挥光纤通信的极宽频带、抗电磁干扰、保密性强、传输损耗低等优点，于是全光通信技术就“隆重登场”了。而光交换技术是全光通信网的重要组成部分。

光交换（photonic switching）技术是在光域直接将输入光信号交换到不同的输出端，完成光信号的交换。与电子数字程控交换相比，光交换无须在光纤传输线路和交换机之间设置光端机进行光/电（O/E）和电/光（E/O）转换，而且在交换过程中，还能充分发挥光信号的高速、宽带和无电磁感应的优点。光纤传输技术与光交换技术融合在一起，可以起到相得益彰的作用，从而使光交换技术成为通信网交换技术的一个发展方向。

11.1.1 光纤通信

1. 光纤通信技术的发展

1960 年，利用红宝石棒成功发射出空间相干光，从而发明了激光器，在盛行研究光波导的初期，所制作的光纤传输损耗高达几千分贝/km。因此，一般人认为将光纤应用于通信是不现实的。

1966 年，英国 STC 公司研究员分析了当时玻璃纤维损耗不能降低的原因，并指出有大幅度降低光损耗的可能性。

1970 年，美康宁玻璃公司等人发表了有关光纤的论文，经过 8 年的实验室研究，成功地制造出损耗为 20dB/km 的光纤。于是发展光纤通信成为现实。同年，半导体激光器在室温条件下连续振荡首次获得成功。光纤传输损耗是逐年降低的，目前为 0.2dB/km。

光纤用于通信是 1978 年，进行了商业性实验。1980 年，美国建成了长度为 1241.6km 的干线光缆。1985 年，纵贯日本的干线光纤宣告完成，全长为 3400km。1988 年，大西洋海底光缆宣告建成，长度为 13000km。

进入 21 世纪，光纤通信发展较快的几项技术是波分复用技术、光纤接入网技术（OAN）和全光网技术。

2. 光纤通信技术

所谓光纤通信，就是利用光纤来传送携带信息的光波以达到通信的目的。要使光波成为携带信息的载体，必须对之进行调制，在接收端再把信息从光波中检测出来。然而，由于目前技术水平所限，对光波进行频率调制与相位调制等仍局限在实验室内，尚未达到实用化水平，因此目前大都采用强度调制与直接检波方式（IM-DD）。又因为目前的光源器件与光接收器件的非线性比较严重，所以对光器件的线性度要求比较低的数字光纤通信在光纤通信中占据主要位置。光纤通信是现代通信技术中最为重要的技术之一。

（1）光纤通信的基本原理

光纤通信的原理是：在发送端首先要把传送的信息（如语音）变成电信号，然后调制到激光器发出的激光束上，使光的强度随电信号的幅度（频率）变化而变化，并通过光纤发送出去；在接收端，检测器收到光信号后，把它变换成电信号，经解调后恢复原信息。

（2）数字光纤通信系统

典型的数字光纤通信系统方框图如图 11.1 所示。

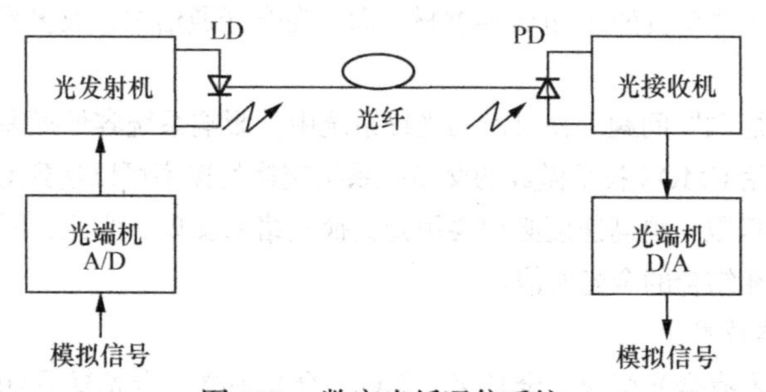

图 11.1 数字光纤通信系统

从图 11.1 可以看出，数字光纤通信系统基本上由光发射机、光纤与光接收机组成。在发射端，电端机把模拟信息（如语音）进行模/数转换，用转换后的数字信号去调制发射机中的光源器件（一般是半导体激光器 LD），则光源器件就会发出携带信息的光波。如当数字信号为"1"时，光源器件发射一个"传号"光脉冲；当数字信号为"0"时，光源器件发射一个"空号"（不发光）。光波经光纤传输后到达接收端。在接收端，光接收机把数字信号从光波中检测出来送给电端机，而电端机再进行数/模转换，恢复成原来的模拟信息。就这样完成了一次通信的全过程。

3. 光纤通信的优点

大家知道，光波也是电磁波，但它的频率比电信中利用的其他电磁波频率高出几个数量级：频率极高使得通信系统拥有极大的通信容量，所用光纤和由多根光纤组成的光缆体积小，重量轻，易于运输和施工。光纤的衰耗很低，故无中断，通信距离很长。此外，光纤是绝缘体，不会受高压线和雷电的电磁感应，抗核辐射的能力也强，因而在某些特殊场合，电通信受干扰不能工作而光纤通信却能照常工作。光纤几乎可做得不漏光，因此保密性好，光缆中的光纤也互不干扰。当通信容量较大、距离较远时，光纤通信系统的每话路公里的造价较电缆通信的低。光纤通信因有这些优点而得到迅速发展。

11.1.2 全光通信网

全光通信是指用户与用户之间的信号传输与交换全部采用光波技术，即数据从源节点到目的节点的传输过程都在光域内进行，而其在各网络节点的交换则采用全光网络交换技术。全光通信技术是针对普通光纤系统中存在着较多的光/电转换设备而进行改进的技术。

1. 全光通信的发展过程

全光通信的实现可以分为两个阶段来完成：首先是在点到点光纤传输系统中，整条线路中间不需要作任何光/电和电/光的转换，这样，网内光信号的流动就没有光电转换的障碍，信息传递过程无需面对电子器件速率难以提高的困难。这样的长距离传输完全靠光波沿光纤传播，称为发端与收端之间点到点全光传输。那么整个光纤通信网任一用户地点应该可以设法做到与任一其他用户地点实现全光传输，这样就组成全光传送网；其次，在完成上述用户间全程光传送网后，有不少的信号处理、储存、交换，以及多路复用/分接、进网/出网等功能都要由电子技术转变成光子技术完成，整个通信网将由光来实现信息传送的功能，完成网络端到端的光传输、交换和处理等，这就形成了全光通信发展的第二阶段，将是更完整的全光通信。

2. 全光通信的特点

全光通信与传统的通信网络与现有的光纤通信系统相比，具有其独具的特点：

（1）全光通信是历史发展的必然。电子交换机代替了模拟传输，在数字传输之后，引入了数字交换。现在采用光传输技术是历史的螺旋上升，光网络是下一步必然的发展对象。

（2）降低成本。在采用电子交换及光传输的体系中，光/电及电/光转换的接口是必要的，如果整个采用光技术，可以避免这些昂贵的光/电转换器材。而且在全光通信中，大多采用无源光学器件，从而降低了成本和功耗。

（3）解决了“电子瓶颈”问题。在目前的光纤系统中，影响系统容量提高的关键因素是电子器件速率的限制，如当前采用 CMOS 技术做成的交换机系统交换的速率可以达到 Gbit/s 范围，但是电子交换的速率也似乎达到了极限，更高速度必须要用光交换网络来实现。为此，网络需要更高的速度，则应采用光交换与光传输相结合的全光通信。

3. 全光网络的基本技术

全光网络的基本技术有全光交换、全光交叉连接、全光中继、全光复用与解复用等。

11.2 光交换器件

实现光交换的设备是光交换机。光交换器件是实现全光网络的基础。光交换机的光交换器件有光开关、光波长转换器和光存储器等。

11.2.1 光开关

光开关在光通信中的作用：一是将某一光纤通道中的光信号切断或开通；其次是将某波长光信号

由一个光纤通道转换到另一个光纤通道中去；再是在同一光纤通道中将一种波长的光信号转换成另一种波长的光信号。依据开关实现技术的物理机理来分，可分为机械式光开关、热光开关和电光开关等。

1. 半导体光开关

半导体光开关由半导体光放大器转换而来的。通常，半导体光放大器用来对输入的光信号进行放大，并且通过控制放大器的偏置信号来控制其放大倍数。当偏置信号为零时，输入的光信号被器件完全吸收，没有光信号输出；当偏置信号为某个定值时，输入的光信号会被放大输出。半导体光放大器只有一个输入端和一个输出端，常用作光开关用于切换光路。

半导体光放大器及等效开关如图 11.2 所示。

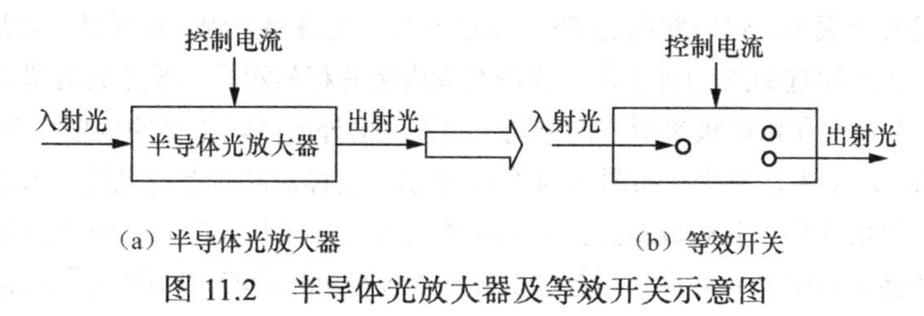

图 11.2 半导体光放大器及等效开关示意图

2. 耦合波导开关

耦合波导开关由一个控制端、两个输入端以及两个输出端构成。耦合波导光开关其原理是利用铁电体、化合物半导体、有机聚合物等材料的光电效应或电吸收效应，以及硅材料的等离子体色散效应，在电场的作用下改变材料的折射率和光的相位，再利用光的干涉或偏振等方法使光强突变或光路转变。

这种开关是通过在光电材料如铌酸锂（$LiNbO_3$）或其他化合物半导体、有机聚合物的衬底上制作一对条形波导及一对电极构成的，其示意结构和开关等效逻辑表示如图 11.3 所示。

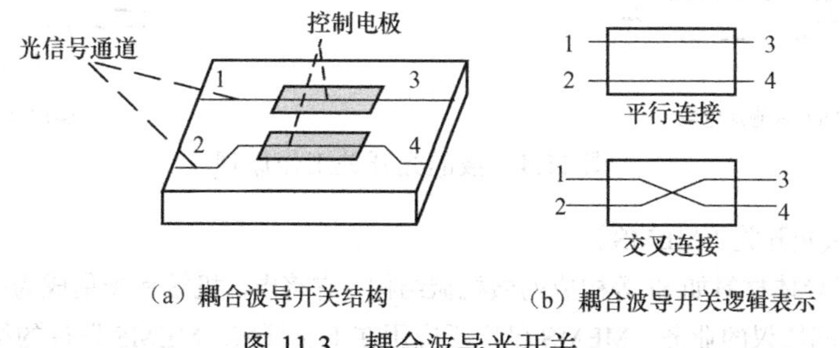

图 11.3 耦合波导光开关

铌酸锂是一种很好的电光材料，它具有折射率随外界电场变化而改变的光学特性。在铌酸锂基片上进行钛扩散，以形成折射率逐渐增加的光波导，即光通道，再接上电极，它便可以作为光交换元件了。当两个很接近的波导进行适当的耦合时，通过这两个波导的光束将发生能量交换，并且其能量交换的强度随着耦合系数、平行波导的长度和两波导之间的相位差而变化。只要所选的参数得当，那么光束就会在两个波导上完全交错。另外，若在电极上施加一定的电压，将会改变波导的折射率和相位差。由此可见，通过控制电极上的电压，将会获得如图 11.3 所示的平行和交叉两种状态。

3. 液晶光开关

液晶是介于液体与晶体之间的一种物质状态。一般的液体内部分子排列是无序的，而液晶既具有液体的流动性，其分子又按一定规律有序排列，使它呈现晶体的各向异性。当光通过液晶时，会产生偏振面旋转、双折射等效应。液晶分子是含有极性基因团的极性分子，在电场作用下，偶极子会按电场方向取向，导致分子原有的排列方式发生变化，从而液晶的光学性质也随之发生改变，这种引外电场引起液晶光学性质的改变称为液晶的光电效应。

液晶光开关一般由偏振光分束器、液晶和偏振光合束器三部分组成。由于液晶材料的电光系数是$LiNbO_3$的百万倍，因而成为最有效的电光材料，液晶光开关没有可移动部分，所以其可靠性高，同时，液晶光开关还具有无偏振依赖性、驱动功率低等优点。在液晶光开关发展的初期有两个主要的制约因素，即切换速度和温度相关损耗。

液晶光开关是利用液晶材料的电光效应，即用外电场控制液晶分子的取向而实现开关功能。偏振光经过未加电压的液晶后，其偏振态将发生 90°改变，而经过施加了一定电压的液晶时，其偏振态将保持不变。液晶的种类很多，仅以常用的TN（扭曲向列）型液晶为例，说明其工作原理。

液晶光开关的工作原理如图11.4所示。在液晶盒内装着相列液晶，通光的两端安置两块透明的电极。未加电场时，液晶分子沿电极平板方向排列，与液晶盒外的两块正交的偏振片P和A的偏振方向成45°，P为起偏片，A为检偏片，如图11.4（a）所示。这样液晶具有旋光性，入射光通过起光片P先变为线偏光，经过液晶后，分解成偏振方向相互垂直的左旋光和右旋光，两者的折射率不同，有一定相差，在盒内传播盒长距离L之后，引起光的偏振面发生90°旋转，因此不受检偏片A阻挡，器件为开启状态。当施加电场E时，液晶分子平行于电场方向，因此液晶不影响光的偏振特性，此时光的折射率接近于零，处于关闭状态，如图11.4（b）所示。撤去电场，由于液晶分子的弹性和表面作用又恢复原开启状态。

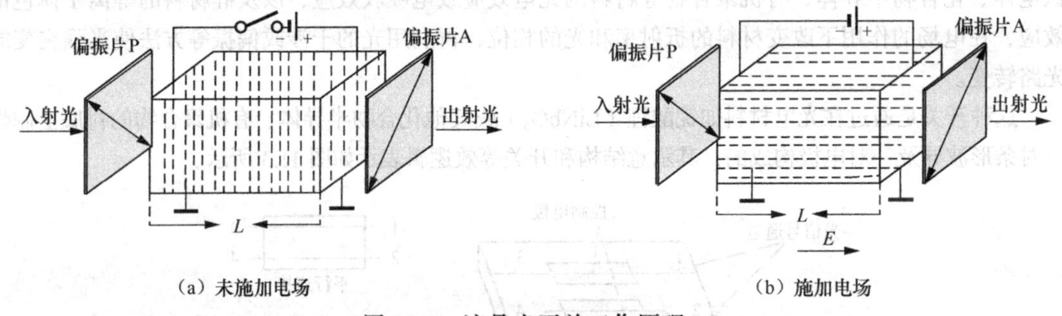

（a）未施加电场　　　　（b）施加电场

图11.4　液晶光开关工作原理

4. 微电子机械光开关（MEMS）

MEMS是由半导体材料如Si等构成的微机械结构。它将电、机械和光集成为一块芯片，能透明地传送不同速率、不同协议的业务。MEMS已广泛应用在工业领域。MEMS器件的结构很像IC的结构，它的基本原理就是通过静电的作用，使可以活动的微镜面发生转动，从而改变输入光的传播方向。MEMS既有机械光开关的低损耗、低串扰、低偏振敏感性和高消光比的优点，又有波导开关的高开关速度、小体积、易于大规模集成等优点。基于MEMS光开关交换技术的解决方案已广泛应用于骨干网或大型交换网。

11.2.2 光调制器

在光纤通信中，通信信息由光波携带，光波就是载波，把信息加载到光波上的过程就是调制。光调制器是实现电信号到光信号转换的器件，也就是说，它是一种改变光束参量传输信息的器件，这些参量包括光波的振幅、频率、位相或偏振态。

目前广泛使用的光纤通信系统均为强度调制——直接检波系统，对光源进行强度调制的方法有两类，即直接调制和间接调制。

1. 直接调制

直接调制又称为内调制，即直接对光源进行调制，通过控制半导体激光器的注入电流的大小来改变激光器输出光波的强弱。传统的 PDH 和 2.5Gbit/s 速率以下的 SDH 系统使用的 LED 或 LD 光源基本上采用的都是这种调制方式。

直接调制方式的特点是输出功率正比于调制电流，具有结构简单、损耗小、成本低的特点，但由于调制电流的变化将引起激光器发光谐振腔的长度发生变化，引起发射激光的波长随着调制电流线性变化，这种变化被称作调制啁啾，它实际上是一种直接调制光源无法克服的波长（频率）抖动。啁啾的存在拓宽了激光器发射光谱的带宽，使光源的光谱特性变坏，限制了系统的传输速率和距离。一般情况下，在常规 G.652 光纤上使用时，传输距离≤100km，传输速率≤2.5Gbit/s。

2. 间接调制

间接调制，这种调制方式又称为外调制。即不直接调制光源，而是在光源的输出通路上外加调制器对光波进行调制，此调制器实际上起到一个开关的作用。结构如图 11.5 所示。

恒定光源是一个连续发送固定波长和功率的高稳定光源，在发光的过程中，不受电调制信号的影响，因此不产生调制频率啁啾，光谱的谱线宽度维持在最小。光调制器对恒定光源发出的高稳定激光根据电调制信号以“允许”或者“禁止”通过的方式进行处理，而在调制的过程中，对光波的频谱特性不会产生任何影响，保证了光谱的质量。

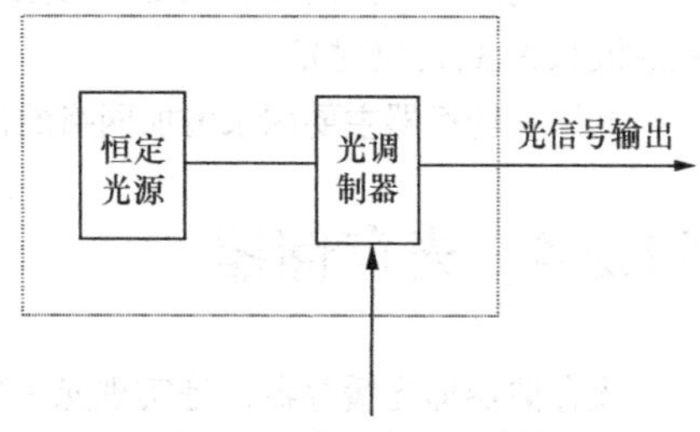

图 11.5　外调制器的结构

间接调制方式的激光器比较复杂、损耗大，而且造价也高，但调制频率啁啾很小，可以应用于传输速率≥2.5Gbit/s，传输距离超过 300km 以上的系统。因此，一般来说，在使用光线路放大器的 DWDM 系统中，发射部分的激光器均为间接调制方式的激光器。

常用的外调制器有光电调制器、声光调制器和波导调制器等。

光电调制器基本工作原理是晶体的线性电光效应。电光效应是指电场引起晶体折射率变化的现象，能够产生电光效应的晶体称为电光晶体。

声光调制器是利用介质的声光效应制成。所谓声光效应，是声波在介质中传播时，介质受声波压强的作用而产生变化，这种变化使得介质的折射率发生变化，从而影响光波传输特性。

波导调制器是将钛（Ti）扩散到铌酸锂（$LiNbO_3$）基底材料上，用光刻法制出波导的具体尺寸。它具有体积小、重量轻、有利于光集成等优点。

11.2.3　光波长转换器

光波长转换器是一种用于光交换的器件。它是一种能把带有信号的光波从一个输入波长转换为另一个输出波长的器件，从而使波分多路和波分多址网络系统的容量大大提高，避免了波长竞争。例如，当不同地点的发射机向同一目的地以同一波长发送信号时，在很多节点的多个波长上交换的信号会发生冲突。直接的解决方法是将光通道转移至其他波长，随着对复杂光网络的多重光通道进行管理需求的增加，人们对波长转换的兴趣也不断增长。波长转换器是解决相同波长争用同一个端口时引起信息阻塞的关键。理想的光波长转换器应具备较高的速率、较宽的波长转换范围、较大的信噪比以及消光比，且与偏振无关。

波长转换有两种方法：一种是直接转换，也就是光—电—光转换；另外一种是外调制间接转换。光波长转换器的结构示意图如图 11.6 所示。

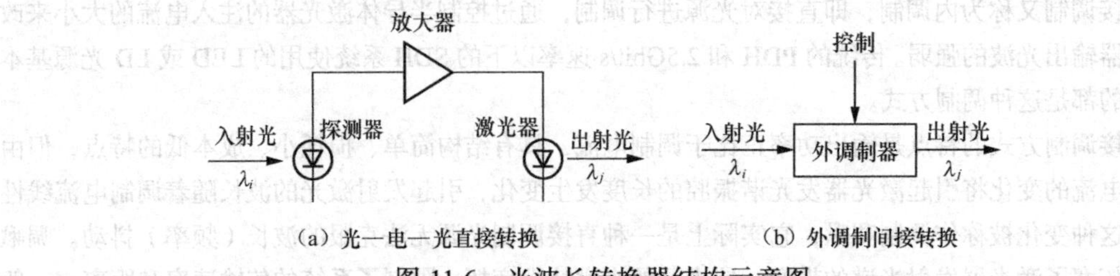

图 11.6　光波长转换器结构示意图

直接转换是将波长为 λ_i 的输入光信号由光电探测器转变为电信号，然后再去驱动一个波长为 λ_j 的激光器，使得出射光信号的波长为 λ_j。直接转换利用了激光器的注入电流直接随承载信息的信号而变化的特性。少量电流的变化（约为 1nm/mA，每毫安 1 纳米）就可以调制激光器的波长。

外调制间接转换是在外调制器的控制端上施加适当的直流偏置电压，使得波长为 λ_i 的入射光被调制成波长为 λ_j 的出射光。

光波长转换器主要用来增加网络的传输带宽和传输距离，并大大降低网络扩容的成本。

11.2.4　光存储器

光存储器即光缓存器，是实现光信号的存储、进行光域时隙交换的器件。在电交换中，存储器是常用的存储电信号的器件。在光交换中，同样需要能实现光信号存储的器件。在光存储方面，首先试制成功的是光纤延迟线光存储器，而后又研制出了双稳态激光二极管光存储器。

1. 光纤延迟线光存储器

光纤延迟线光存储器是利用光信号在光纤中传播时存在延时的特性，这样，在长度不相同的光纤中传播可得到时域上不同的信号，这就使光信号在光纤中得到了存储。N 路信号形成的光时分复用信号被送到 N 条光纤延迟线，这些光纤的长度依次相差 Δl，这个长度正好是系统时钟周期内光信号在光纤中传输的时间。N 路时分复用的信号要有 N 条延迟线，这样，在任何时间各光纤的输出端均包括一帧内所有 N 路信号。即间接地把信号存储了一帧时间，这对光交换应用已足够了。

光纤延迟线光存储器是无源器件，比双稳态存储器稳定。它具有无源器件的所有特性，方法简单，成本低，对速率几乎无限制。而且它具有连续存储的特性，不受各比特之间的界限影响，在现代分组交换中应用较广。其缺点是，它的长度固定，延时时间也就不可变，故其灵活性和实用性也就受到了限制。现在有一种“可重入式光纤延迟线光存储器”，可实现存储时间改变。

2. 双稳态激光二极管光存储器

双稳态激光二极管光存储器的原理是利用双稳态激光二极管对输入光信号的响应和保持特性存储光信号。双稳态半导体激光器具有类似电子存储器的功能，即它可以存储数字光信号。光信号输入双稳态激光器中，当光强超过阀值时，由于激光器事先有适当偏置，可产生受激辐射，对输入光进行放大。其响应时间小于 10^{-9}s，以后即使去掉输入光，其发光状态已可以保持，直到有复位信号（可以是电脉冲复位或光脉冲复位）到来，才停止发光。由于以上所述两种状态（受激辐射状态和复位状态）都可保持，所以它具有双稳特性。

用双稳态激光二极管作为光存储器时，由于其光增益很高，可大大提高系统信噪比，并可进行脉冲整形。其缺点是，由于有源器件剩余载流子的影响，其反应时间使速率受到一定的限制。

11.3 光交换网

光交换网络完成光信号在光域的直接交换，不需通过光—电—光的变换。根据光信号的复用方式，光交换技术可分为空分、时分和波分 3 种交换方式。若光信号同时采用两种或三种交换方式，则称为混合光交换。

11.3.1 空分光交换网络

空分光交换网络（space optical switch network）是光交换方式中最简单的一种。它通过机械、电或光 3 种不同方式对光开关及相应的光开关阵列/矩阵进行控制，为光交换提供物理通道，使输入端的任一信道与输出端的任一信道相连。空分光交换网络的最基本单元是 2 × 2 的光交换模块，如图 11.7 所示，输入端有两根光纤，输出端也有两根光纤。它有两种工作状态：平衡状态和交叉状态。

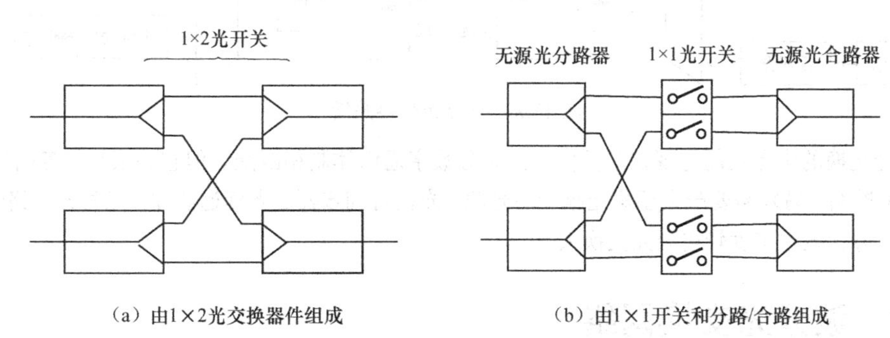

（a）由1×2光交换器件组成　（b）由1×1开关和分路/合路组成

图 11.7　基本的 2 × 2 空分光交换模块

空分光交换模块有以下几种：

（1）铌酸锂（$LiNbO_3$）晶体定向耦合器；

（2）由 4 个 1 × 2 光交换器件组成的 2 × 2 光交换模块（见图 11.7（a）），该 1 × 2 光交换器件可以由铌酸锂定向耦合器担当，只要少用一个输入端即可；

（3）由 4 个 1 × 1 开关器件和 4 个无源分路/合路器组成的 2 × 2 光交换模块（见图 11.7（b）），其中，1 × 1 开光器件可以是半导体激光放大器、掺铒光纤放大器、空分光调制器等。

以上器件均具有纳秒（ns）量级的交换速度。在图 11.7（a）所示的光交换单元中，输入信号只能在 1 个输出端出现，而图 11.7（b）所示的输入信号可以在两个输出端都出现。

用 1 × 1、2 × 2 等光开关为基本单元，并按不同的拓扑结构连接可组成不同形式的交换网络，根据组成网络的器件不同，对交换网络的控制也不同，可以是电信号、光信号等。

空分光交换直接利用光的宽带特性，开关速度要求不高，所用光电器件少，交换网络易于实现，适合中小容量光交换机。

11.3.2 时分光交换网络

我们知道，在电时分交换方式中，普遍采用电存储器作为交换的核心器件，通过输入控制或输出控制方式，把时分复用信号从一个时隙交换到另一个时隙。对于时分光交换，则是按时间顺序安排的各路光信号进入光时分交换网络后，在时间上进行存储或延迟，对时序有选择地进行重新安排后输出，即基于光时分复用中的时隙交换。

时隙交换离不开存储器，由于光存储器和光计算机还没有达到实用阶段，所以一般采用光延迟器件实现光存储，如前面提到的光纤延迟线光存储器和双稳态激光二极管光存储器。

采用光延迟器件实现光时分交换的原理是：先把时分复用光信号通过光分路器分成多个单路光信号，然后让这些信号分别经过不同的光延迟器件获得不同的时间延迟，再把这些信号经过光合路器重新复用起来。光分路器、光合路器和光延迟器件的工作都是在（电）计算机的控制下进行的，可以按照交换的要求完成各路时隙的交换功能，也就是光时隙互换。

由时分光交换网络组成的光交换系统如图 11.8 所示。

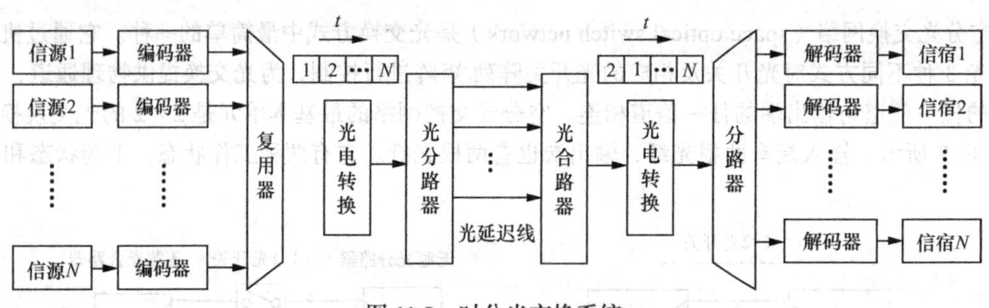

图 11.8　时分光交换系统

时分光交换的优点是能与现在广泛使用的时分数字通信体制相匹配。但它必须知道各路信号的比特率，即不透明。另外需要产生超短光脉冲的光源、光比特同步器、光延迟器件、光时分分路/合路器、高速光开关等，技术难度较空分光交换大。

11.3.3　波分光交换网络

波分复用技术在光传输系统中已得到广泛应用。一般来说，在光波复用系统中，其源端和目的端都采用相同的波长来传递信号。如果使用不同波长的终端进行通信，那么必须在每个终端上都具有各种不同波长的光源和接收器。为了适应光波分复用终端的相互通信而又不增加终端设备的复杂性，人们便设法在传输系统的中间节点上采用光波分交换。采用这样的技术，不仅可以满足光波分复用终端的互通，而且还能提高传输系统的资源利用率。

波分光交换是指光信号在网络节点中不经过光/电转换，直接将所携带的信息从一个波长转移到另一个波长上的交换方式。波分光交换网络是实现波分光交换的核心器件，可调波长滤波器和波长转换器是波分光交换的基本器件。实现波分光交换有两种结构：波长互换型和波长选择型。

1. 波长互换型

波长互换型光交换网络结构如图 11.9 所示。光波解复用器包括光分束器和可调波长滤波器，其中光分束器是采用熔拉锥技术或硅平面波导技术制成的耦合器，它的作用是把输入的多波长光信号功率均匀地分配到输出端上。可调波长滤波器的作用是从输入的多路波分光信号中选出所需波长的光信号；波长转换器是将可调波长滤波器选出的光信号变换为适当的波长后复用在一起输出。

2. 波长选择型

波长选择型光交换网络结构如图 11.10 所示。与波长互换型光交换网络正好相反，它是从各个单路的光信号开始，先用各种不同波长的单频激光器，即波长变换激光器将各路输入光信号变成不同波长的输出光信号，经过采用铌酸锂的星型耦合器交换单元，然后再由各个输出通路上的可调波长滤波器选出各个单路的光信号输出。

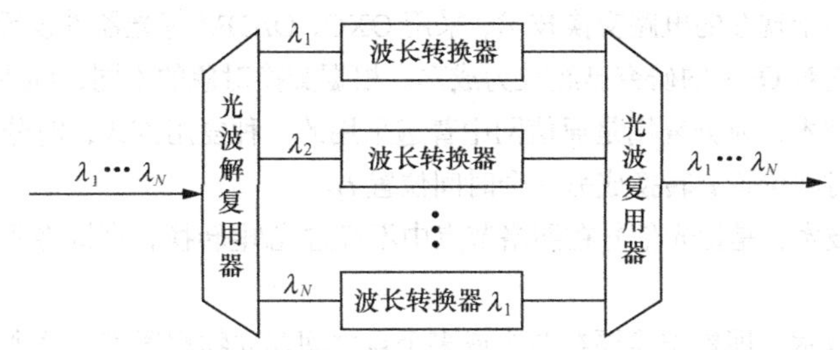

图 11.9 波长互换型光交换网络结构

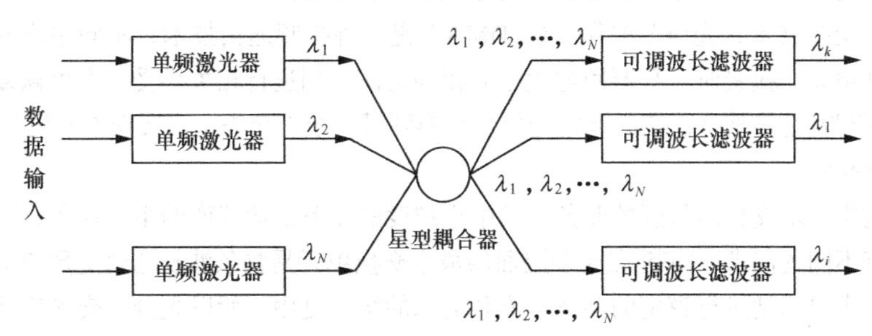

图 11.10 波长选择型光交换网络结构

11.4 光交换系统

11.4.1 光交换系统的组成

全光网仍是以交换机为核心构建，与其他通信网一样，网络由交换、传输和终端三部分构成。在全光网的三要素中，光交换机是全光网络的核心部分。

同电交换机一样，光交换机按功能结构可分为接口、光交换网络、信令和控制系统四大部分。

接口完成光信号输入，包括电/光或光/电信号的转换、光信号的复用/分路或信号的上路/下路。

光交换网络由光交换单元构成，它在控制系统的控制下完成光信号的交换。

信令是通信网络的神经系统，是通信网中的控制指令。它是终端、交换设备及传输设备之间的对话语言，并维护网络本身正常运行，其作用是协调光交换机和光交换机以及光交换机与终端之间的工作。

控制系统在信令的作用下完成对系统的控制。

如何实现交换网络和控制系统的光化是光交换系统主要研究的课题。要使交换机实现光化，就应解决光计算机问题。但至今光计算机还没有得到广泛使用，涉及的光交换机还是一个光交换网络和电子控制系统相结合的交换机。

11.4.2 光交换技术的分类

光交换技术可以分成光路交换技术和分组光交换技术。光路光交换可利用 OADM、OXC 等设备来实现，而分组光交换对光部件的性能要求更高，由于目前光逻辑器件的功能还较简单，不能完成控制部分复杂的逻辑处理功能，因此国际上现有的分组光交换单元还要由电信号来控制，即所谓的电控光交换。随着光器件技术的发展，光交换技术的最终发展趋势将是光控光交换。

1. 光电路交换

光的电路交换类似于现存的电路交换技术，采用 OXC、OADM 等光器件设置光通路，中间节点不需要使用光缓存，目前对 OCS 的研究已经较为成熟。根据交换对象的不同，OCS 又可以分为：

（1）光时分交换技术，时分复用是通信网中普遍采用的一种复用方式，时分光交换就是在时间轴上将复用的光信号的时间位置 t_1 转换成另一个时间位置 t_2。

（2）光波分交换技术，是指光信号在网络节点中不经过光/电转换，直接将所携带的信息从一个波长转移到另一个波长上。

（3）光空分交换技术，即根据需要在两个或多个点之间建立物理通道，这个通道可以是光波导，也可以是自由空间的波束，信息交换通过改变传输路径来完成。

（4）光码分交换技术，光码分复用（OCDMA）是一种扩频通信技术，不同用户的信号用互成正交的不同码序列填充，接受时，只要用与发送方相同的法序列进行相关接受，即可恢复原用户信息。光码分交换的原理就是将某个正交码上的光信号交换到另一个正交码上，实现不同码子之间的交换。

2. 光分组交换

未来的光网络要求支持多粒度的业务，其中小粒度的业务是运营商的主要业务，业务的多样性使得用户对带宽有不同的需求，OCS 在光子层面的最小交换单元是整条波长通道上数 Gbit/s 的流量，很难按照用户的需求灵活地进行带宽的动态分配和资源的统计复用，所以光分组交换应运而生。光分组交换系统根据对控制包头处理及交换粒度的不同，又可分为：

（1）光分组交换（OPS）技术，它以光分组作为最小的交换颗粒，数据包的格式为固定长度的光分组头、净荷和保护时间三部分。在交换系统的输入接口完成光分组读取和同步功能，同时用光纤分束器将一小部分光功率分出送入控制单元，用于完成如光分组头识别、恢复和净荷定位等功能。光交换矩阵为经过同步的光分组选择路由，并解决输出端口竞争。最后输出接口通过输出同步和再生模块，降低光分组的相位抖动，同时完成光分组头的重写和光分组再生。

（2）光突发交换（OBS）技术，它的特点是数据分组和控制分组独立传送，在时间上和信道上都是分离的，它采用单向资源预留机制，以光突发作为最小的交换单元。OBS 克服了 OPS 的缺点，对光开关和光缓存的要求降低，并能够很好地支持突发性的分组业务，同时与 OCS 相比，它又大大提高了资源分配的灵活性和资源的利用率，被认为很有可能在未来互联网中扮演关键角色。

（3）光标记分组交换（OMPLS）技术，也称为 GMPLS 或多协议波长交换。它是 MPLS 技术与光网络技术的结合。MPLS 是多层交换技术的最新进展，将 MPLS 控制平面贴到光的波长路由交换设备的顶部就具有 MPLS 能力的光节点。由 MPLS 控制平面运行标签分发机制，向下游各节点发送标签，标签对应相应的波长，由各节点的控制平面进行光开关的倒换控制，建立光通道。2001 年 5 月，NTT 开发出了世界首台全光交换 MPLS 路由器，结合 WDM 技术和 MPLS 技术，实现全光状态下的 IP 数据包的转发。

3. 光交换技术的分类

光交换技术按交换方式可分为光路光交换和分组光交换两大类型，其结构如图 11.11 所示。

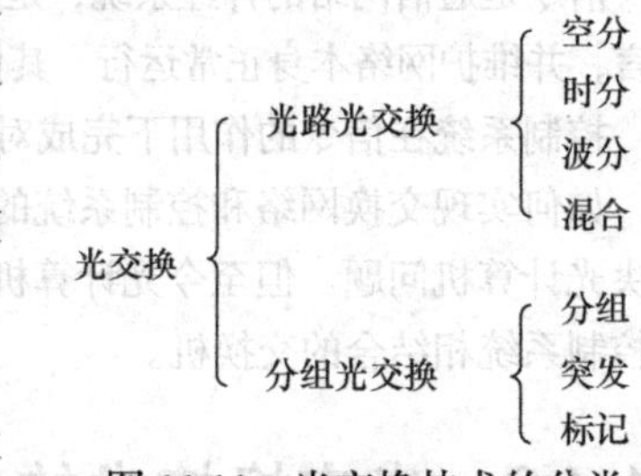

图 11.11　光交换技术的分类

11.4.3　光分插复用器和光交叉连接

在基于 WDM 的光网络中，属于光纤和波长级的粗粒度带宽处理的光节点设备，主要是光分插复用器（OADM，Optical Add-Drop Multiplexer）和光交叉连接（OXC，Optical Cross Connect），通常由

WDM 复用/解复用器、光交叉矩阵（由光开关和控制部分组成）、波长转换器和节点管理系统组成。主要完成光路上、下层的带宽管理，光网络的保护，恢复和动态重构等功能。

1. 光分插复用器

OADM 的功能是在光域内从传输设备中有选择地下路、上路或直通传输信号，实现传统 SDH 设备中电的分插复用功能。它能从多波长波道中分出或插入一个或多个波长。光分插复用器有固定型和可重构型两种。固定型只能上下一个或多个固定的波长，节点的路由是确定的，缺乏灵活性，但性能可靠，延时小。可重构型能动态交换 OADM 节点上、下通道的波长，可实现光网络的动态重构，使网络的波长资源得到合理的分配，但结构复杂。图 11.12 所示为一种基于波分复用/解复用和光开关的 OADM 结构示意图。

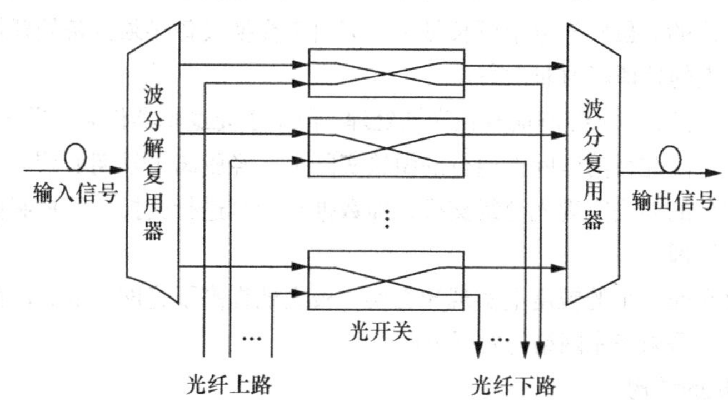

图 11.12　基于波分复用/解复用和光开关的 OADM 结构示意图

2. 光交叉连接

OXC 的功能与 SDH 中的数字交叉连接设备（SDXC）类似，它主要是在光纤和波长两个层次上提供贷款管理，如动态重构光网络，提供光信道的交叉连接，以及本地上下话路功能，动态调整各个光纤中的流量分布，提高光纤的利用率。此外，OXC 还在光层提供网络保护和恢复等生成性功能，如出现光纤断裂情况，可通过光开关将光信号倒换至备用光纤上，实现光复用段 1＋1 保护。通过重新选择波长路由实现更复杂的网络恢复，处理包括节点故障在内的更广泛的网络故障。

OXC 有以下 3 种实现方式。

（1）光纤交叉连接：以一根光纤上所有波长的总容量为基础进行的交叉连接，容量大但灵活性差。

（2）波长交叉连接：可将任何光纤上的任何波长交叉连接到使用相同波长的任何光纤上，它比光纤交叉连接具有更大的灵活性。但由于不进行波长变换，这种方式的灵活性还是受到一定的限制，其示意图如图 11.13 所示。

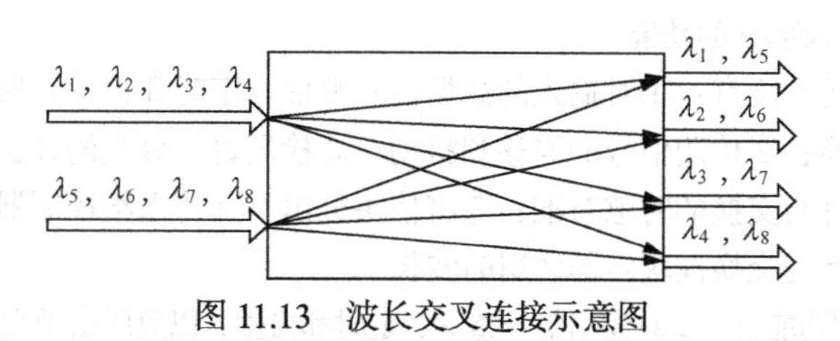

图 11.13　波长交叉连接示意图

（3）波长变换交叉连接：可将任何输入光纤上的任何波长交叉连接到任何输出光纤上。由于采用了波长变换技术，这种方式可以实现波长之间的任意交叉连接，具有最高的灵活性。关键技术是波长变化。其示意图如图 11.14 所示。

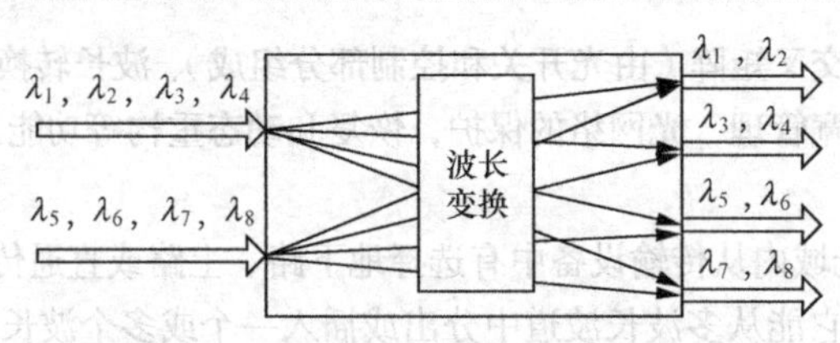

图 11.14　波长变换交叉连接示意图

11.4.4　光分组交换

光分组交换的概念与电分组交换的概念是类似的，只不过是在光域内的扩展，即交换粒度是以高速传输的光分组为单位的。虽然光分组可长可短，但由于交换设备必须具备处理最小分组的能力，因此光分组交换要求节点的处理能力非常高。

最先提出的全光交换，要求控制信号在光域处理，但由于光逻辑器件到目前为止依然无法实用化，只能进行实验室演示。因此目前国际上通行的做法实际上已经脱离了早期所谓实现分组透明交换的初衷，采用的是光电混合的办法实现光分组交换，即数据在光域进行交换，而控制信息在交换节点被转换成电信号后再进行处理。

光分组交换能够在非常小的粒度上实现光交换，极大地提高了光网络的灵活性和带宽利用率，非常适合数据业务发展，是未来光网络的发展方向。

1. 光分组交换机的结构

光分组交换机的结构如图 11.15 所示。它主要由输入/输出接口、交换模块和控制单元等部分组成。

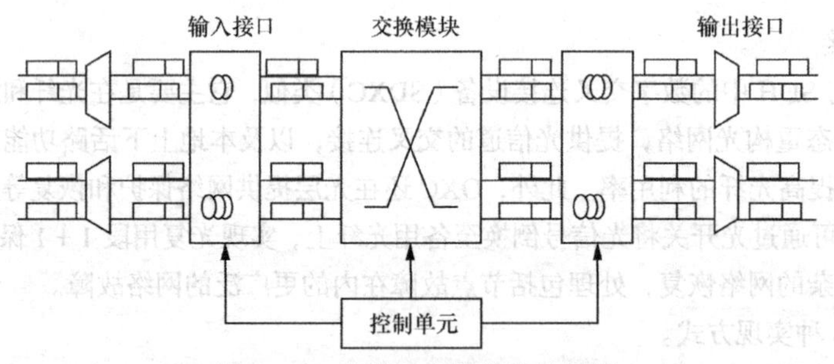

图 11.15　光分组交换节点结构图

2. 光分组交换的关键技术

光分组交换的关键技术有光分组的产生、同步、缓存、再生，光分组头重写及分组之间的光功率的均衡等。

3. 光分组交换各组成部分的功能

（1）输入接口完成的功能有：①对输入的数据信号整形、定时和再生，形成质量完善的信号，以便进行后续的处理和交换；②检测信号的漂移和抖动；③检测每一分组的开头和末尾、信头和有效负载；④使分组获取同步并与交换的时隙对准；⑤将信头分出，并传送给控制器，由它进行处理；⑥将外部 WDM 传输波长转换为交换模块内部使用的波长。

（2）输出接口完成的功能有：①对输出信号整形、定时和再生，以克服由于交换引起的串扰和损伤，恢复信号的质量；②给信息有效负载加上新的信头；③分组的描绘和再同步；④按需要将内部波长转换为外部用的波长；⑤由于信号在交换模块内路程不同、插损不同，因而信号功率也不同，需要均衡输出功率。

（3）光交换模块完成的功能就是按照控制系统的指示，对信息有效负载进行交换操作。

（4）控制单元完成的功能有：借助网络管理系统（NMS）不断更新，参考在每一节点中保持的专发表，处理信头信息，进行信头更新（或标签交换），并将新的信头传给输出接口。目前这些控制功能都是由电子器件操作的。

11.5 光交换的现状和发展

1. 光交换技术现状

现代光通信是从 1880 年贝尔发明“光话”开始的。他以日光为光源，大气为传输媒质，传输距离是 200m。1881 年，他发表了论文“关于利用光线进行声音的复制与产生”。但贝尔的光话始终未走上实用化阶段。究其原因有二：一是没有可靠的、高强度的光源；二是没有稳定的、低损耗的传输媒质，无法得到高质量的光通信。在此后几十年的时间里，由于上述两个障碍未能突破，也由于电通信得到高速发展，光通信的研究一度沉寂。这种情况一直延续到 20 世纪 60 年代。

1970 年被称为光纤通信元年，在这一年发生了通信史上的两件大事：一是美国康宁（Corning）玻璃有限公司制成了衰减为 20dB/km 的低损耗石英光纤，该工艺理论由英国标准电信研究所的华裔科学家高锟博士于 1966 年提出；二是美国贝尔实验室制作出可在室温下连续工作的铝镓砷（A1GaAs）半导体激光器，这两项科学成就为光纤通信的发展奠定了基础。此后，光纤通信以令人炫目的速度发展起来，70 年代中期即进入了实用化阶段，其应用遍及长途干线、海底通信、局域网、有线电视等各领域。其发展速度之快，应用范围之广，规模之大，涉及学科之多（光、电、化学、物理、材料等），是此前任何一项新技术所不能与之相比的。现在，光纤通信的新技术仍在不断涌现，生产规模不断扩大，成本不断下降，显示了这一技术的强大生命力和广阔应用前景。它将成为信息高速公路的主要传输手段，是将来信息社会的支柱。

人们对光交换的研究也始于 20 世纪 70 年代，到 80 年代中期发展比较迅速。首先是在对各种光基本器件进行了技术研究，其次对全光网络技术进行了探索。当今对光交换所需器件的研究已具有相当的水平，在光器件技术推动下，光交换技术也有了很大进展。光交换技术的发展分为两个步骤：第一步进行电控光交换，即信号交换是全光的，而光器件的控制全由电子电路完成；第二步为全光交换技术，即系统的逻辑、控制和交换均由光子完成。

随着 Internet 的迅速普及以及宽带综合业务数字网（B-ISDN）的快速发展，人们对信息的需求呈现出爆炸性的增长，几乎是每半年翻一番。在这样的背景下，信息高速公路建设已成为世界性热潮。而作为信息高速公路的核心和支柱的光通信技术更是成为重中之重。很多国家和地区不遗余力地斥巨资发展光通信技术及其产业，光通信事业得到了空前发展。此外，由于信息的生产、传播、交换以及应用对国民经济和国家安全有决定性的影响，所以，与其他行业相比，全光通信网更具有特殊意义。

目前世界各国研究开发中的全光网络主要集中在美国、欧洲和日本。例如前几年开始的美国 ARPA（Advanced Research Projects Agency）一期计划（ONTC、AON 等）和二期全球网计划（MONET、NTON、ICON、WEST 等）；欧洲的 RACE（Research and development in Advanced Communications technologies in Europe）和 ACTS（Advanced Communications Technologies and Services）光网络计划；日本有 NTT、NEC 和富士通等主要大公司和实验室进行的研究开发项目；此外，在法国、德国、意大利和英国同时也在做全光网络方面的研究。最近有 Oxygen 计划、美国光互联网规划、加拿大光网络规划、欧洲光网络规划等，既建立了许多试验平台，又进行了现场试验，以研究光网络结构、光网络管理、光纤传输、光交换和光网络对新业务的适应性等关键技术。比较著名的有美国的多波长光网络（MONET，Multiwavelength Optical Networking）和国家透明光网络（NTON）；欧洲 ACTS 计划中的泛欧光传送网 OPEN 和光纤城域网 METON；日本 NTT 的企业光纤骨干 COBNET 和光城域网 PROMETEO 等。在我国则有中科院、高等院校和科研院所进行的国家“863”计划重大项目“中国高速信息示范网 CAINONET”等。

2. 光交换技术的发展

市场和用户是决定光网络去向何方的重要因素。目前光的电路交换技术已发展得较为成熟，进入实用化阶段。值得注意的是，随着 Internet 的发展，当网络业务变得以 IP 为中心时，在光领域的分组交换将具有明显的优点。因为它可以有效地将各种业务量集中在一起，提高每一波长或光路的利用率，降低每比特的费用，而不必过多地仅依靠配置和增加波长来疏通调节业务量，所以，将光分组交换与光波长交换相结合，才是一条实现全光通信网的技术坦途。

面向未来 IP 业务的全光网络的研究已经成为各国和跨国公司研究计划的重点，光网络已经由过去的点到点光波分复用（WDM）链路发展到今天面向连接的 OADM/OXC 和自动交换光网络（ASON），再演进到下一代 DWDM 基础上宽带电路交换与分组交换融合的智能光网络。

综上所述，以高速光传输技术、宽带光接入技术、节点光交换技术、智能光联网技术为核心，并面向 IP 互联网应用的光波技术已构成了今天的光纤通信研究热点，在未来的一段时间里，人们将继续研究和建设各种先进的光网络，并在验证有关新概念和新方案的同时，对下一代光传送网的关键技术进行更全面、更深入的研究。从技术发展趋势角度来看，WDM 技术将朝着更多的信道数、更高的信道速率和更密的信道间隔的方向发展。从应用角度看，光网络则朝着面向 IP 互联网、能融入更多业务、能进行灵活的资源配置和生存性更强的方向发展，尤其是为了与近期需求相适应，光通信技术在基本实现了超高速、长距离、大容量的传送功能的基础上，将朝着智能化的传送功能发展。

本章小结

光交换技术是一门刚刚兴起且具有美好前景的交换技术，随着光器件技术的不断进步，光交换将逐步显现出它强大的优越性，并且将成为交换技术的未来。

光交换（photonic switching）技术是在光域直接将输入光信号进行交换的技术。与电子数字程控交换相比，光交换无须在光纤传输线路和交换机之间设置光端机进行光/电（O/E）和电/光（E/O）交换，而且在交换过程中，还能充分发挥光信号的高速、宽带和无电磁感应的优点。光纤传输技术与光交换技术融合在一起，可以起到相得益彰的作用，从而使光交换技术成为通信网交换技术的一个发展方向。

全光通信是指用户与用户之间的信号传输与交换全部采用光波技术，即数据从源节点到目的节点的传输过程都在光域内进行，而其在各网络节点的交换则采用全光网络交换技术。全光通信技术是针对普通电—光系统中存在着较多的光/电转换设备而进行改进的技术。

实现光交换的设备是光交换机。光交换器件是实现全光网络的基础。光交换机的光交换器件有光开关、光波长转换器和光存储器等。

光存储器即光缓存器，是实现光信号的存储、进行光域时隙交换的器件。在电交换中，存储器是常用的存储电信号的器件。在光交换中，同样需要能实现光信号存储的器件。在光存储方面，首先试制成功的是光纤延迟线光存储器，而后又研制出了双稳态激光二极管光存储器。

光交换网络完成光信号在光域的直接交换，不需通过光—电—光的变换。根据光信号的复用方式，光交换技术可分为空分、时分和波分 3 种交换方式。若光信号同时采用两种或三种交换方式，则称为混合光交换。

习题

一、填空题

11-1　光交换技术是在________直接将输入光信号交换到不同的输出端，完成光信号的交换。

11-2　光交换无须在光纤传输线路和交换机之间设置光端机进行光/电和电/光转换，而且在交换过程中，还能充分发挥光信号的高速、宽带和无________的优点。

11-3　1960 年，利用红宝石棒成功发射出空间相干光，从而发明了________器。

11-4　进入 21 世纪，光纤通信发展较快的几项技术是波分复用技术、光纤接入网技术（OAN）和________网技术。

11-5　全光通信技术是针对普通光纤系统中存在着较多的________转换设备而进行改进的技术。

11-6　光交换机的光交换器件有光开关、光波长转换器和________器等。

11-7　液晶是介于液体与晶体之间的一种________。

11-8　液晶光开关是用________控制液晶分子的取向而实现开关功能。

11-9　光波长转换器是一种用于光________的器件。

11-10　根据光信号的复用方式，光交换技术可分为空分、时分和________3 种交换方式。

二、选择题

11-11　光纤用于通信的时间是（　　）。

A. 1946 年　　B. 1970 年　　C. 1978 年　　D. 1994 年

11-12　实现光交换的设备是（　　）。

A. 程控交换机　　B. 电子交叉设备　　C. 路由器　　D. 光交换机

11-13　实现全光网络的基础是（　　）。

A. 交换单元　　B. 交换网络　　C. 光交换器件　　D. 电子器件

11-14　在全光交换网中，实现光信号的存储，进行光域时隙交换的器件是（　　）。

A. 光存储器　　B. 光开关　　C. 光调制器　　D. 光交换机

11-15　空分光交换网络的最基本单元是（　　）。

A. 2×2 的光交换模块　　B. 4×4 的光交换模块

C. 8×8 的光交换模块　　D. 16×16 的光交换模块

11-16　在光域内从传输设备中有选择地下路、上路或直通传输信号，实现传统 SDH 设备中电的分插复用功能的设备是（　　）。

A. 光分插复用器（OADM）　　B. 光交叉连接（OXC）

C. 光开关　　D. 液晶

三、判断题

11-17　全光通信是指用户与用户之间的信号传输与交换全部采用光波技术。

11-18　耦合波导开关由两个控制端、两个输入端以及两个输出端构成。

11-19　直接调制就是直接对光源进行的调制方式，又称为外调制。

11-20　光交换技术可以分成光路交换技术和分组光交换技术。

11-21　光分组交换机主要由输入/输出接口、交换模块和控制单元等部分组成。

四、简答题

11-22　什么是光交换技术？为什么要研究和发展全光交换网络？

11-23　光交换机的交换器件主要有哪些？并简要说明。

11-24　简要说明液晶光开关的工作原理。

11-25　简述光波分复用交换网络的工作原理。

11-26　在光时分交换网络结构中，为什么要用光延迟线或光存储器？

参考文献

[1] 穆维新，靳婷．现代通信交换技术．北京：人民邮电出版社，2005.
[2] 劳文薇．程控交换技术与设备．北京：电子工业出版社（第 2 版），2008.
[3] 桂海源．软交换与 NGN．北京：人民邮电出版社，2009.
[4] 景晓军．现代交换原理与应用．北京：国防工业出版社，2005.
[5] 郑少仁．现代交换原理与技术．北京：电子工业出版社，2006.
[6] 金惠文，陈建亚，纪红．现代交换原理．北京：电子工业出版社（第 2 版），2005.
[7] 尤克，黄静华．现代电信交换技术与通信网．北京：北京航空航天大学出版社，2007.
[8] 桂海源．现代交换原理．北京：人民邮电出版社（第 2 版），2007.